林业“3S”技术应用

主　审◎汪　鹏

主　编◎李秀梅　唐志强

副主编◎袁　率　杨　繁

编　者◎李秀梅　湖北生态工程职业技术学院

唐志强　湖北生态工程职业技术学院

袁　率　湖北生态工程职业技术学院

汪　鹏　湖北生态工程职业技术学院

杨　繁　湖北生态工程职业技术学院

周鸣惊　湖北生态工程职业技术学院

周火明　湖北生态工程职业技术学院

姚敏敏　湖北生态工程职业技术学院

赵玉清　湖北生态工程职业技术学院

李大银　海南汇大农业科技发展有限公司

刘力萍　湖北省麻城市林业技术推广站

屈　曼　湖北省太子山林场管理局

万文龙　湖北省林业调查规划院

何贵平　湖北省孝感市云梦县林业局

鲍家兴　湖北省仙桃市林业事业发展中心

叶　武　湖北省随州市随县自然资源和规划局

華中科技大學出版社

http://press.hust.edu.cn

中国·武汉

内 容 简 介

本书详细介绍了“3S”及“3S”集成的概念、特点、功能和实践应用方法。全书分为基础篇和案例篇2个部分。基础篇包括5个项目，共25个工作任务：GPS外业踏勘路线规划和数据采集，RS遥感影像预处理，GIS林业空间数据库建立、小班提取、小班外业核查、小班拓扑检查、属性因子检查和林业专题图制图等。案例篇包括6个典型案例，主要是应用基础篇中的技能点重组森林资源管理岗位中森林督查、征占用林地、林地更新和病虫害监测等不同工作案例。本书将“3S”技术融入各项目和工作案例中，给出了各工作任务或案例详细的实施步骤，注重理论与实践的结合，可以作为专业教学参考书，也可以作为森林资源调查与规划管理岗位技术指导手册。

图书在版编目(CIP)数据

林业“3S”技术应用 / 李秀梅，唐志强主编. -- 武汉 ：华中科技大学出版社，2024. 6. -- ISBN 978-7-5680-6419-4

Ⅰ. S757.2

中国国家版本馆 CIP 数据核字第 2024PW9782 号

林业“3S”技术应用 李秀梅　唐志强　主编

Linye “3S” Jishu Yingyong

策划编辑：袁　冲
责任编辑：李曜男
封面设计：廖亚萍
责任校对：王亚钦
责任监印：朱　玢
出版发行：华中科技大学出版社(中国・武汉)　电话：(027)81321913
武汉市东湖新技术开发区华工科技园　邮编：430223
录　排：华中科技大学惠友文印中心
印　刷：武汉市洪林印务有限公司
开　本：787mm×1092mm　1/16
印　张：19.5
字　数：473千字
版　次：2024年6月第1版第1次印刷
定　价：69.00元

前 言

林业“3S”技术应用是高等职业学校林草相关专业的必修课。本书依据专业人才培养目标和课程教学标准编写，融合岗位工作规范，对接森林资源监测“新手段”，融入知林、护林、用林“新理念”，为推动森林资源可视化管理和智慧林业建设服务。

本书体现高职特色，遵循职业性和服务性原则，通过产教融合建立了“项目引领，任务驱动，行动贯通”的教材内容结构，根据岗位对技能和知识的需求选取和组织内容，有利于“教、学、做”一体化教学，也提高了教材的使用广度。本书可以作为专业教学参考书，也可以作为森林资源调查与规划管理岗位技术指导手册。

本书分为基础篇和案例篇。基础篇包括 5 个项目，共 25 个任务，以工作模式成熟、流程性强、涉及“3S”技能点最全面系统的森林资源规划设计调查工作流程为主线，融入森林资源调查技术规程、工作细则和各项数字林业标准，形成了基于生产逻辑的“3S”技术应用课程内容结构；根据活页式教材建设方法，尽量将工作任务细化到不可拆分的颗粒；为了实现学生综合能力的培养，针对每个工作任务配套建设了数字化资源。案例篇包括 6 个典型案例，是根据森林资源调查与规划管理岗位其他典型工作内容、要求、流程，利用基础篇的颗粒化工作任务重组形成的个性化工作案例。

本书由李秀梅和唐志强担任主编，负责教材大纲设计和定稿工作；由袁率和杨繁担任副主编，承担统稿、校稿和数字化资源的设计工作。基础篇具体分工如下：李秀梅编写课程导入、项目 5；汪鹏编写项目 1；唐志强编写项目 2；袁率编写项目 3；杨繁编写项目 4 的任务 4.1、任务 4.2、任务 4.3；周火明编写项目 4 的任务 4.4、任务 4.5、任务 4.6；姚敏敏编写项目 4 的任务 4.7；刘力萍编写项目 4 的任务 4.8；李大银编写项目 4 的任务 4.9；万文龙编写项目 4 的任务 4.10。案例篇具体分工如下：何贵平重组案例 1；鲍家兴重组案例 2；屈曼重组案例 3；叶武重组案例 4；赵玉清重组案例 5；周鸣惊重组案例 6。微课数字化资源由李秀梅、周火明、姚敏敏、汪鹏、杨繁、李大银等制作。湖北生态工程职业技术学院高级工程师汪鹏担任本书的主审。典型案例重组人员本人及其所在单位对本书的内容建设进行了具体指导。

本书与“高等职业教育创新发展行动计划《林业“3S”技术》精品在线开放课程（XM-06-02_S42）”同步建设，在编写过程中得到了湖北省各地市州林业单位的大力协助，同时得到了湖北省林业技术专业群建设团队的支持，并参考引用了国内一些著作资料，在此一并向上述团队、单位和编著者表示诚挚的谢意。由于作者水平有限，书中的错误疏漏在所难免，诚盼广大读者批评指正。

目　录

0　课程导入——认识林业“3S”技术 ………………………………………… 1
任务 0.1　认识卫星导航系统 ………………………………………………… 1
任务 0.2　认识遥感及遥感影像处理 ………………………………………… 5
任务 0.3　认识 GIS ……………………………………………………… 12
任务 0.4　认识“3S”技术集成应用 ………………………………………… 15

第一篇　基　础　篇

项目 1　GNSS 外业数据采集 …………………………………………… 27
任务 1.1　设计外业调查路线 ……………………………………………… 27
任务 1.2　GNSS 接收机外业数据采集 ……………………………………… 31
项目 2　林业遥感影像预处理 …………………………………………… 37
任务 2.1　遥感影像获取 …………………………………………………… 37
任务 2.2　遥感影像彩色合成与融合 ……………………………………… 47
任务 2.3　遥感影像投影坐标变换 ………………………………………… 57
任务 2.4　遥感影像几何校正 ……………………………………………… 64
任务 2.5　遥感影像剪裁与拼接 …………………………………………… 72
项目 3　林业遥感影像信息分类与判读 ………………………………… 78
任务 3.1　建立森林资源信息分类系统 …………………………………… 78
任务 3.2　森林资源信息判读 ……………………………………………… 82
项目 4　林业专题信息提取 ……………………………………………… 91
任务 4.1　认识 ArcGIS 软件 ……………………………………………… 91
任务 4.2　建立林业地理数据库概念模型 ……………………………… 105
任务 4.3　建立 GIS 林业地理数据库 …………………………………… 109
任务 4.4　确定小班区划要求 …………………………………………… 119
任务 4.5　小班预区划 …………………………………………………… 124
任务 4.6　完善小班属性信息 …………………………………………… 130
任务 4.7　检查小班属性信息 …………………………………………… 142
任务 4.8　ArcGIS 软件小班核查与修改 ………………………………… 153
任务 4.9　移动端通图采集软件小班外业核查 ………………………… 159
任务 4.10　小班图拓扑检查 ……………………………………………… 169
项目 5　林业专题图输出 ……………………………………………… 185
任务 5.1　出图设计 ……………………………………………………… 185
任务 5.2　出图方法 ……………………………………………………… 190

任务 5.3　专题信息分子式注记 …… 211
任务 5.4　建立林业专题图样式库 …… 227
任务 5.5　输出标准分幅基本图 …… 248
任务 5.6　输出林相图 …… 264

第二篇　案　例　篇

案例 1　森林督查 …… 279
案例 2　征占用林地报告编制 …… 285
案例 3　公益林年度更新 …… 291
案例 4　办理林权类不动产证 …… 296
案例 5　林区森林病虫害调查监测 …… 299
案例 6　造林规划专题图制图 …… 304

0　课程导入——认识林业“3S”技术

“3S”技术是遥感(remote sensing,RS)、地理信息系统(geographic information system,GIS)和全球卫星导航系统(global navigation satellite system,GNSS)的总称。RS是空间信息覆盖面最大、最迅速的信息获取手段;GIS是空间信息采集、分析、处理的工具;GNSS是空间实体快速、精密定位、导航、测量的现代化工具。与传统的资源调查方法相比,“3S”技术具有明显优势:①实现可视化,把属性数据与位置对接;②打破时间限制、空间限制和视觉限制,提供周期数据及实时数据,压缩信息更新间隔;③提高效率,节省内业和外业时间,节约经费,与人力相比在总体上可节省80%的经费;④更客观,遥感影像提供的第一手空间资料保证了数据可靠性。

本项目在认识“3S”技术的基础上,根据森林资源调查与规划管理工作过程,设计基于“3S”技术的课程内容框架,建立包含多项工作任务的课程内容体系,使学习任务与工作任务一一对应,让学生对课程内容、岗位工作任务及工作流程有整体认识。

任务0.1　认识卫星导航系统

任务描述

介绍卫星导航系统组成、硬件系统组成、软件系统功能,以及我国北斗卫星导航系统的建设和应用情况。

每人提交一份GPS系统与北斗系统发展与应用情况的调查报告。

任务目标

一、知识目标

(1)熟悉卫星导航系统的特点。

(2)熟悉卫星导航系统的软硬件系统。

(3)熟悉北斗系统的发展、建设和应用情况。

二、能力目标

(1)会手持接收器基本操作方法。

(2)会数据传输软件安装与基本操作方法。

三、素质目标

(1)体会我国北斗卫星定位系统为林业工作带来的便利。
(2)增强我国自主研发技术水平提高为每个人带来的荣誉感。

知识准备

全球卫星导航系统主要有我国北斗、美国GPS、欧盟Galileo、俄罗斯GLONASS。目前我国主要使用的是北斗系统和GPS,因此本书中的卫星导航系统指该两者。北斗系统由我国自主研发和建设,已经服务于我国及周围国家的各个领域;GPS是美国研制的空间卫星导航定位系统。卫星导航系统利用接收机接收和计算沿地球轨道运行卫星发送的位置、时间以及速度信息,可实现三维导航与定位能力,具有全天候、高精度、高效率和应用广泛等特点:①功能多、用途广,GPS系统不仅可以用于测量、导航,还可以用于测速、测时,测速的精度可以达到0.1 m/s,测时的精度可以达到毫秒、微秒;②定位精度高,可以为各类用户连续提供动态目标的三维位置、三维速度及其时间信息;③实时定位,利用卫星导航系统进行导航,可以实时确定运动目标的三维位置和速度,这样不但可以实时保障运动载体沿预定航线运行,也可以选择最佳航线。近年来,卫星导航技术在林业生产,特别是森林资源调查与监测、林区境界线的勘测与放样、森林防火等工作中发挥越来越大的作用,成为当前森林资源调查与动态监测的有力工具。

任务实施

一、确定工作任务

认识我国北斗系统。

二、操作步骤

1.分析卫星导航系统硬件组成

卫星导航系统由卫星段、地面段和用户段三部分组成,如图0-1所示。

1)卫星段

北斗系统全球星座由35个卫星构成,即5个地球静止轨道(GEO)卫星、3个地球同步倾斜轨道(IGSO)卫星、27个地球中轨道(MEO)卫星。星座已真正实现全球覆盖,不再有盲区,全天24小时任何时间都能精密定位。

2)地面段

地面段包括主控站、注入站和监测站等若干个地面站,执行导航卫星系统的运行控制、时间同步、卫星轨道确定、星历形成和各类用户导航定位任务,承担系统完好性监测和预报

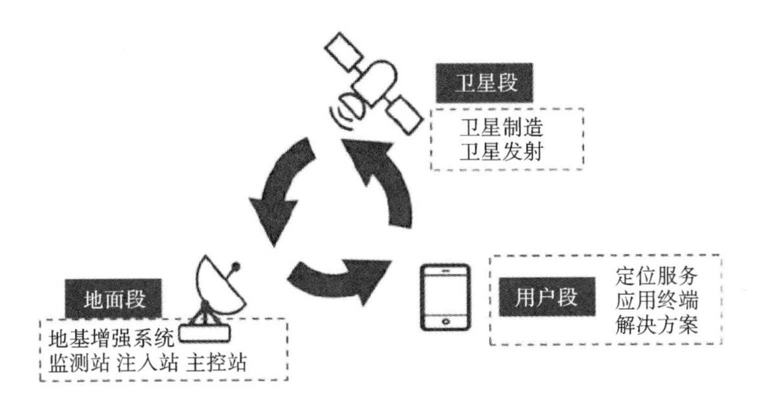

图 0-1　GPS 定位系统

任务，进行用户位置解算、跟踪、识别和指挥调度。

3）用户段

用户段包括北斗用户终端以及与其他卫星导航系统兼容的终端，目前主要有北斗户外经纬度仪美国天宝，中国南方、华测、RTK 集思宝等不同类型接收机，其主要功能是能够捕获按一定卫星截止角选择的待测卫星，并跟踪这些卫星的运行。

2. 分析卫星导航系统软件功能

1）信息采集

通过手持终端内软件的航点、航迹、面的采集功能可进行林地样点、样线、林班调查。

2）编辑

采集中可设置工程文件名称、采集数据、采集者、航点名称、坐标系统等基本信息，可新建测量工程，可删除样点、样线、林班。

3）输出

各种接收端采集的点、线、面数据一般为矢量格式，直接拷贝出来即可，部分类型接收端需要借助专业软件完成，如手持 G 系列集思宝采集的数据用后处理软件包 GIS Office 完成输出。GIS Office 软件与手持 GPS 连接，进行样点、样线、林班数据下载。数据格式：样点为 GPX、样线为 GMT、林班为 KML。

3. 认识我国北斗卫星导航系统的特点与建设发展过程

1）发展历程

北斗卫星导航系统（Compass）是中国卫星导航系统的总称。

从目前来说，我们可以将 Compass 建设过程分为两个阶段。第一阶段是试验系统，即北斗卫星导航试验系统，又称为双星定位系统或有源定位系统，因为它是通过双向通信方式来实现中心定位的，于 2000 年建成，使我国成为继美、俄之后的世界上第三个拥有自主卫星导航系统的国家。该系统已成功应用于测绘、电信、水利、渔业、交通运输、森林防火、减灾救灾和公共安全等诸多领域，产生了显著的经济效益和社会效益，特别是在 2008 年北京奥运会、汶川抗震救灾中发挥了重要作用。第二阶段从 2005 年开始，我国实施新一代卫星导航系统的建设，这是与国际上 GPS、GLONASS、Galileo 系统类似的系统，称为无源定位系统。接收机接收卫星广播的导航信号，由接收终端来实现位置结算。2012 年底，该系统形成了由 12 个卫星组成且具有能够覆盖我国和周边地区的区域服务能力的星座；2020 年，我国建成北斗三号系统，为全球提供服务。其全球星座由 35 个卫星构成，其中 5 个是地球静止轨道（GEO）卫星、3 个是倾斜地球同步轨道（IGSO）卫星，还有 27 个地球中轨道（MEO）卫星。

2）建设原则

北斗卫星导航系统的建设与发展，以应用推广和产业发展为根本目标，不仅要建成系统，更要用好系统，强调质量、安全、应用、效益，遵循以下建设原则。

（1）开放性。

北斗卫星导航系统的建设、发展和应用将对全世界开放，为全球用户提供高质量的免费服务，积极与世界各国开展广泛且深入的交流与合作，促进各卫星导航系统的兼容与互操作，推动卫星导航技术与产业的发展。

（2）自主性。

中国将自主建设和运行北斗卫星导航系统。北斗卫星导航系统可独立为全球用户提供服务。

（3）兼容性。

在全球卫星导航系统国际委员会（ICG）和国际电信联盟（ITU）框架下，北斗卫星导航系统与世界各卫星导航系统实现兼容与互操作，使所有用户都能享受到卫星导航发展的成果。

（4）渐进性。

中国将积极稳妥地推进北斗卫星导航系统的建设与发展，不断完善服务质量，并实现各阶段的无缝衔接。

3）服务

北斗卫星导航系统致力于向全球用户提供高质量的定位、导航和授时服务，包括开放服务和授权服务两种方式。开放服务是向全球免费提供定位、测速和授时服务，定位精度为 10 m，测速精度为 0.2 m/s，授时精度为 10 ns。授权服务是为有高精度、高可靠卫星导航需求的用户，提供定位、测速、授时和通信服务以及系统完好性信息。

为使北斗卫星导航系统更好地为全球服务，加强北斗卫星导航系统与其他卫星导航系统的兼容与互操作，促进卫星定位、导航、授时服务的全面应用，中国愿意与其他国家合作，共同发展卫星导航事业。

拓展知识

认识 GPS

任务 0.2 认识遥感及遥感影像处理

任务描述

介绍遥感的概念、产品，遥感影像处理方法及其在林业上的应用。

每人提交一份目前常用卫星影像参数特征内容列表。

任务目标

一、知识目标

(1)掌握 RS 的含义。

(2)熟悉 RS 软硬件系统。

(3)熟悉不同来源影像特征。

二、能力目标

(1)会根据影像特征判断影像来源。

(2)会根据任务要求选取不同来源的影像。

三、素质目标

具备探索新知识和使用新材料的兴趣。

知识准备

进行森林资源调查除了借助 GPS 获取部分实地数据，还需要借助遥感技术获取展现研究区域资源状况的宏观数据，从而全面掌握资源特征。遥感(RS)技术是获取宏观数据的手段，其获取的遥感影像是后期进行信息提取的原始资料。狭义遥感指从远距离、高空、外层空间的平台上，利用可见光、红外、微波等遥感器，通过摄影、扫描等方式，接收来自地球表层各类地物的电磁波信息，并对这些信息进行加工处理，从而识别地面物质的性质和运动状态的综合技术。其原理是根据不同目标物对电磁波的反射、辐射和散射差异特性实现目标物的采集成像，以识别和区分地物属性，并探测其时空变化。广义遥感指各种非直接接触的、远距离探测目标的技术，光波、声波、外力波和地震波等都包含其中。遥感技术为分析和提取森林资源信息提供影像资料，也是进行卫星影像、航空影像和地形图合成、校正、投影等处理不可或缺的工具。

任务实施

一、确定工作任务

认识遥感及遥感影像处理。

二、操作步骤

1. 分析遥感系统组成

遥感技术系统由遥感平台、传感器，以及遥感信息的接收处理系统、分析解译系统组成。地物反射或辐射电磁波，搭载在卫星、飞机和地面设备等平台上的传感器获取电磁波，并以信息码、影像胶片或数据磁带等记录下来，通过回收或传输到地面站，经过预处理后供不同类型用户对影像进行判读、分析和应用，如图 0-2 所示。

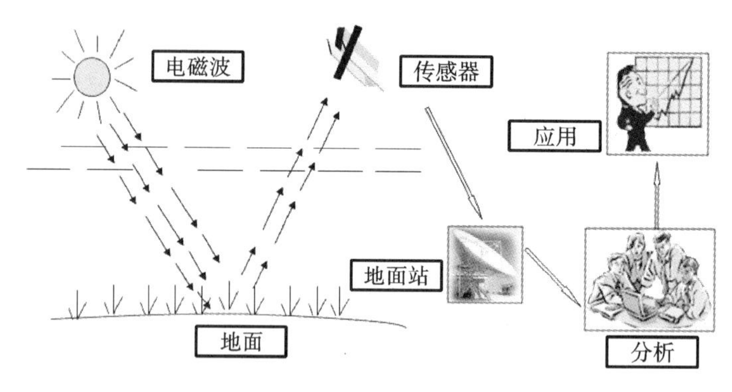

图 0-2　遥感技术系统

2. 认识遥感影像

记录各种地物电磁波谱的胶片（或相片），称为遥感影像，是遥感技术的主要产品，也是林业调查与规划管理工作的重要数据源，主要有航空照片和卫星照片。分辨率是衡量遥感影像质量的重要特征，分为时间分辨率、空间分辨率、光谱分辨率和辐射分辨率。时间分辨率是指对同一目标进行重复探测的最小时间间隔，可以用于动态监测。空间分辨率指遥感影像上能够详细区分的最小单元的尺寸或大小，通常用像元大小来衡量。光谱分辨率指传感器接收目标辐射时选用的波段数量的多少、各波段的波长位置、波长间隔的大小。一般间隔越小，分辨率越高，专题研究的针对性越强。传统多光谱影像波段数较少，通常采取多波段合成以改善信息识别和提取精度；高光谱影像能得到几十或上百个通道的连续波段的图像，可用于分析地物连续、精细的光谱信息。辐射分辨率指传感器对光谱信号的灵敏度，一般用灰度的分级数来表示。卫星影像是资源调查、环境监测、灾害评价等工作的主要数据源，下面重点介绍目前主要的陆地资源卫星产品特征参数。

1）Landsat 系列卫星

美国 Landsat 陆地资源卫星在波段的设计上，充分考虑了水、植物、土壤、岩石等不同地物在波段反射率敏感度上的差异，目前为止有MSS、TM、ETM＋和OLI系列影像。最新的Landsat 8卫星影像包括9个波段，多光谱分辨率为30 m，全色分辨率为15 m，成像宽幅为185 km×185 km，主要用于大范围地表资源宏观监测。

2)spot系列卫星

法国spot系列卫星至今已发射1～7号。spot 5～7卫星影像有5个波段，即1个全色波段和4个多光谱波段。在空间分辨率上，spot 5全色最高达2.5 m，多光谱为10 m；spot 6全色为1.5 m，多光谱为6 m；spot 7性能指标与spot 6相同，两者共同组网，双星座运行。

3)高分系列卫星

高分系列卫星是中国高分辨率对地观测系统。高分一号卫星影像全色分辨率是2 m，多光谱分辨率为8 m，幅宽达到了800 km，其重复周期只有4天，是高空间分辨率和高时间分辨率的完美结合；高分二号卫星影像空间分辨率优于1 m，同时具有高辐射精度、高定位精度和快速姿态机动能力等特点，主要用户是自然资源部、住建部、交通运输部；高分三号卫星是我国首颗分辨率达到1 m的C频段多极化合成孔径雷达(SAR)卫星，对地观测系统重大专项“形成高空间分辨率、高时间分辨率、高光谱分辨率和高精度观测的时空协调、全天候、全天时的对地观测系统”的目标的重要组成部分，服务于海洋环境监测与权益维护、灾害监测与评估、水资源评价管理、气象研究及其他多个领域；高分四号卫星是我国第一颗地球同步轨道遥感卫星，可见光分辨率为50 m，中波红外分辨率为400 m，幅宽大于400 km，通过指向控制实现观测，为我国灾害风险预警预报、林火灾害监测、地震构造信息提取、气象天气监测等提供数据。

4)中巴资源卫星

中巴资源卫星是中国和巴西联合研制的地球资源卫星。资源一号卫星，简称ZY1，由5颗卫星组成，空间分辨率为全色5 m、多光谱10 m，HR相机分辨率达2.36 m；资源三号测绘卫星，简称ZY3，是中国第一颗民用高分辨率光学传输型测绘卫星，于2012年1月9日发射，搭载了4台光学相机，全色波段空间分辨率最高达2.1 m，多光谱分辨率为5.8 m，主要用于地形图制图、高程建模以及资源调查等。

3. 认识遥感影像处理方法

遥感影像处理是林业遥感的重要内容，影响着森林资源调查技术的进步更新。

首先，林业工作中通过免费申请、网络平台下载或购买获取到的影像，或多或少存在坐标系问题、几何问题或光谱问题，需要进行预处理；其次，为了进一步增加影像信息量或提高影像判识度，使遥感应用者易于从经过增强处理的遥感图像上获得感兴趣的有用信息，快速实现从遥感数据向有用信息的转化，需要对影像进行增强处理；最后，对处理后的影像进行信息自动提取，弥补人工提取信息速度较慢的不足，也是今后遥感技术在林业上应用的重要方向。遥感影像处理主要包括影像预处理、增强处理、计算机信息自动提取。

1)影像预处理

影像预处理主要包括辐射校正、几何校正、投影与坐标变换等。

(1)辐射校正。

遥感监测系统、大气散射和吸收等原因引起的图像模糊、分辨率和对比度下降等辐射失真，又称辐射畸变，使影像存在“同物异谱，同谱异物”现象，导致测量值与实际值不一致。辐射校正能消除辐射畸变,提高影像上地物辨识度,以提高人工解译或计算机自动分类精度。

(2)几何校正。

遥感平台运动状况变化、地形起伏、地球表面曲率等导致的遥感影像几何变形,即几何畸变,表现为影像地物的形状相对于真实地物形态产生了平移、缩放、旋转、弯曲、形状不规则变化及其他变形综合作用。几何校正能消除影像畸变,使像元大小与地面实际大小一致,同时实现影像坐标系的变换,如图 0-3 所示。

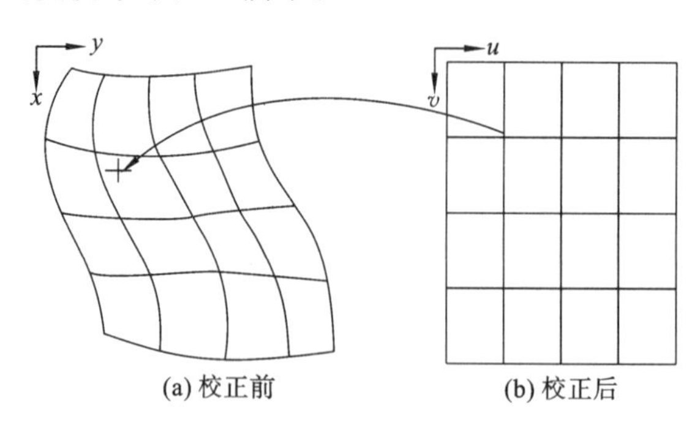

图 0-3　几何校正

(3)投影与坐标变换。

转换三维地球表面到二维地图平面的数学处理方法称为地图投影。林业用图主要是大比例尺图,投影方式选择高斯-克吕格投影(Gauss-Kruger projection)。坐标系统是描述物质存在的空间位置(坐标)的参照系。CGCS2000 是目前林业用图的坐标系,WGS84、北京54、西安 80 也曾是林业用图常用坐标系。不同来源或不同时期图件坐标系可能不同,通过投影与坐标变换统一不同图件的坐标系,让图件具有统一的数学基础。

2)增强处理

增强处理主要包括彩色增强、直方图拉伸、直方图匹配、空间滤波、图像运算、多信息融合等。

(1)彩色增强。

原始影像是不同灰度阶的单波段灰度图像,而人对色彩的辨识能力远高于对灰度阶的辨识能力。通过彩色增强把单波段灰度图像变为多波段彩色图像以增加影像信息量和改善图像的可视性,能提高信息提取精度,如图 0-4 所示。

图 0-4　彩色增强

(2)直方图拉伸。

直方图拉伸是将影像中像元值分布范围过于集中的部分拉开扩展,将分布范围过于分散的部分压缩,扩大影像反差,如图 0-5 所示。

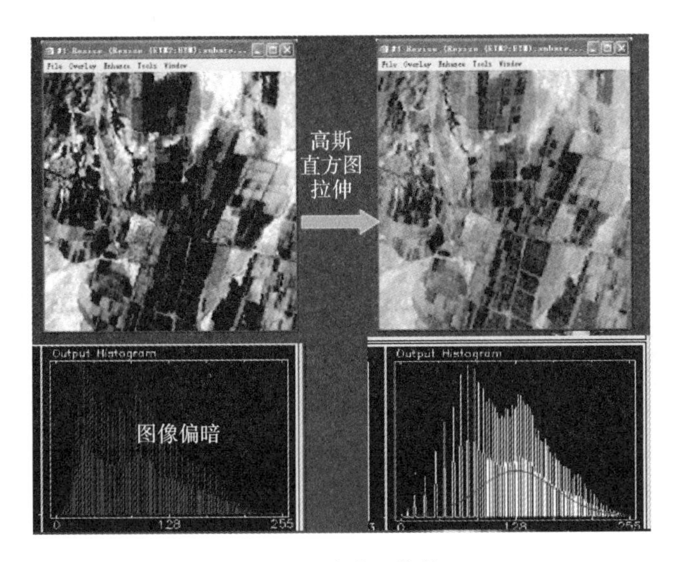

图 0-5 直方图拉伸

(3)直方图匹配。

直方图匹配常作为相邻图像拼接或应用多时相遥感图像进行动态变化研究的预处理工作，以部分消除相邻图像的效果差异，如图 0-6 所示。参考图像的直方图对另一幅图像实施灰度变换，使其直方图与参考图像的直方图类似。

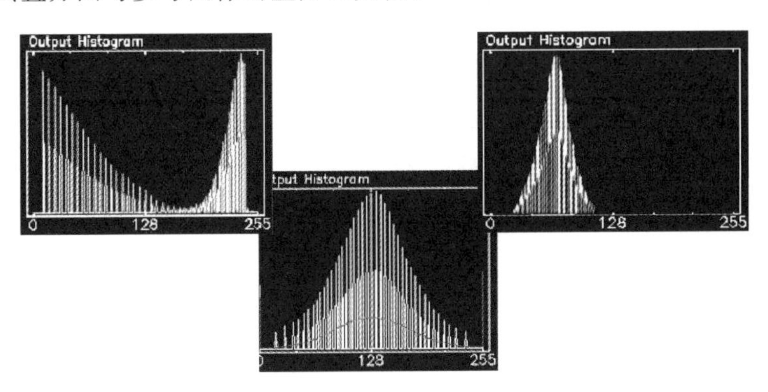

图 0-6 直方图匹配

(4)空间滤波。

空间滤波可以以重点突出影像上的某些特征为目的(如突出边线或纹理等)，也可以有目的地去除某些特征(如抑制图像上的各种噪声)，如图 0-7 所示。

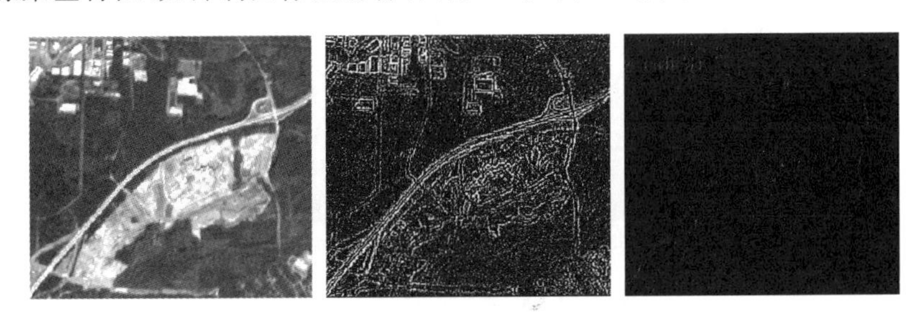

图 0-7 空间滤波

(5)图像运算。

图像运算指应用地物不同波段的光谱差异，将完成空间配准后的多幅单波段影像或一幅遥感图像的不同波段，通过一系列运算(+、-、×、÷)实现图像增强，达到提取某些信息或去掉某些不必要信息的目的，如图 0-8 所示。

图 0-8　图像运算

(6)多信息融合。

多信息融合指为了增加影像信息量，对不同传感器的影像进行融合或将低分辨率与高分辨率影像融合，以提高影像分辨率或弥补单一传感器的不足，如图 0-9 所示。

(a) 彩色多光谱影像

(b) 融合全色后影像

图 0-9　多信息融合

3)计算机信息自动提取

计算机信息自动提取指利用图像的光谱信息、空间信息以及多时相信息对目标进行识别、归类(方法)，并从图像中提取各种专题信息(目的)，如图 0-10 所示。

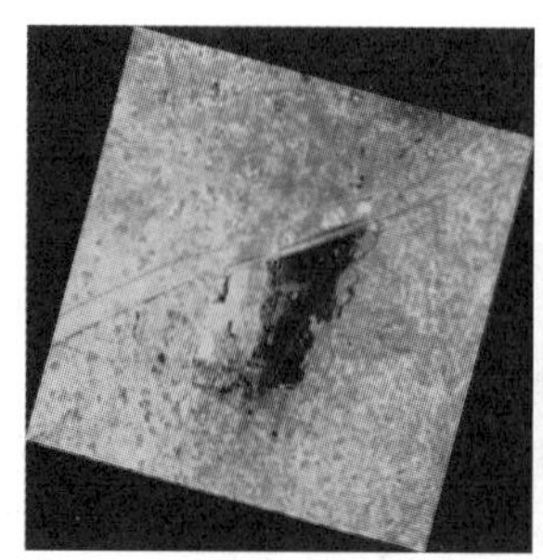
(a) 原始影像

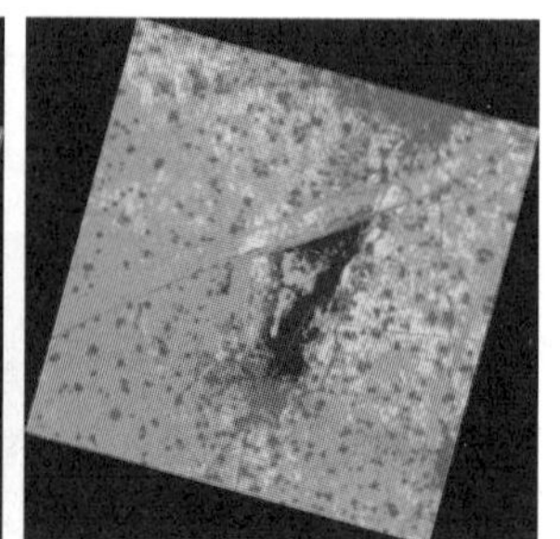
(b) 分类结果

图 0-10　计算机信息自动提取

对处理后的影像进行计算机信息自动提取的方法主要有非监督分类法、监督分类法、神经网络分类法等。

非监督分类法：不需要过多人为干预，计算机根据指定的类型数量进行像元的归类，一般分类精度较低。

监督分类法：需要人工选取样本，计算机根据各类型样本特征，提取出不同类型地物，分类精度有所提高。

神经网络分类法：需要建立具有反馈关系的模型来分类，以达到更高的分类精度。

4. 了解遥感技术在林业中的应用

目前，遥感在林业中的应用日渐广泛和深入，主要集中在以下几个方面：①森林资源调查方面，如森林资源一类清查、二类清查等；②森林资源分析和评价方面，包括林业土地利用变化监测与管理，以及林分、树种、林种、蓄积量等因子分析；③森林生物、化学参数监测，包括叶面积指数、叶绿素含量、氮含量等；④森林健康状况，包括长势、病虫害监测等。遥感在森林资源调查、森林资源分析和评价中的应用较为成熟。

工作成果展示

不同分辨率卫星影像如图 0-11 所示。

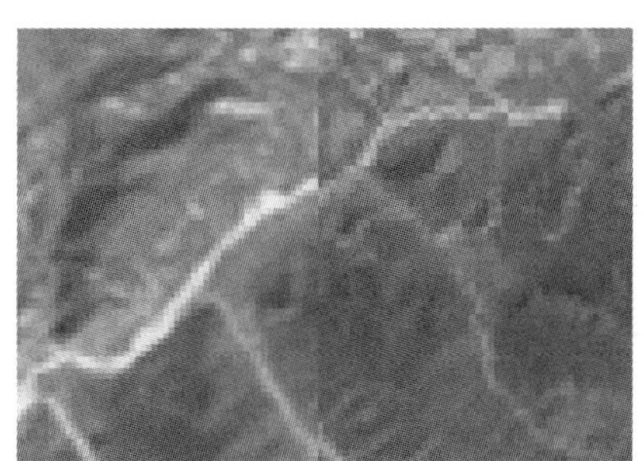

(a) 低分辨率

(b) 高分辨率

图 0-11　不同分辨率卫星影像

拓展知识

认识遥感

遥感影像预处理

任务0.3 认识GIS

任务描述

介绍GIS概念、数据特征、功能组成、产品类型及其在林业上的应用。

每人收集并整理一份不同GIS产品及其用途说明表。

任务目标

一、知识目标

(1)掌握GIS含义。

(2)理解信息与数据的区别。

(3)熟悉空间信息的特征。

(4)熟悉空间数据特征。

二、能力目标

(1)会根据任务要求选取不同来源的空间数据。

(2)会判断哪些现象或问题需要借助空间数据分析或解决。

三、素质目标

(1)具备探索新知识和使用新材料的兴趣。

(2)具备用空间数据解决特殊问题的意识。

知识准备

信息是事物或现象的属性，是一个抽象的概念，具有客观性、共享性、时间性、多样性、多源性，如内容、数量、位置等特征。数据是表达信息的载体，指文字、数字、符号、语言、图像等任何可以表示事件、事物、现象等的内容、数量或特征的介质，是有形的，所以能实现信息的传递、储存。地理信息指人对地理现象的感知，包括地理系统诸要素的分布特征、数量、质量、相互联系和变化规律等。地理信息除了信息的一般属性，还有以下属性：空间性，即空间定位的特点，先定位后定性，并在区域上表现出分布式特点；信息量大，既有空间特征，又有属性特征和时间特征；信息载体有多样性和多源性，包括文字、数字、图形等符号，以及纸质、磁带、光盘等物理介质。地理信息系统即GIS，是以地理空间数据为基础，在计算机软硬件支持下，对空间数据进行采集、管理、操作、分析和显示的计算机技术系统，即空间数据采集、分析、处理等的工具。

任务实施

一、确定工作任务

认识 GIS。

二、操作步骤

1. 分析 GIS 组成

GIS 由计算机硬件、软件、空间数据库、数据管理和分析、专业人员组成。

1）计算机硬件

计算机硬件是数据输入、存储、处理和输出的设备或介质，如图 0-12 所示。

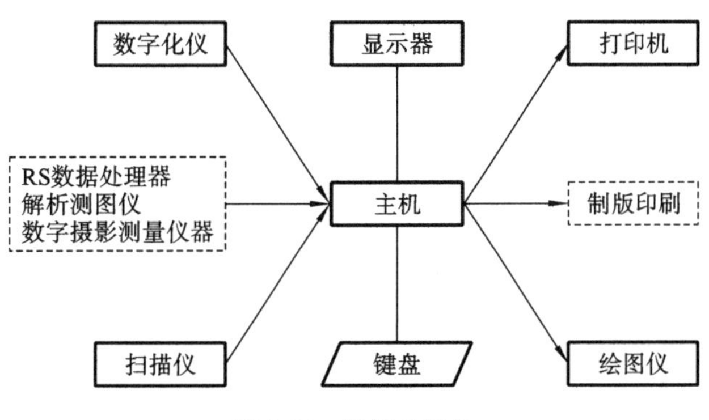

图 0-12　计算机硬件

2）软件

GIS 软件系统是包括计算机系统软件、GIS 专业软件和其他末端应用软件的完整的数据输入、存储、处理和输出的程序，如图 0-13 所示。GIS 软件系统包括安装在电脑中的桌面端软件和安装在手机与平板中的移动端软件。

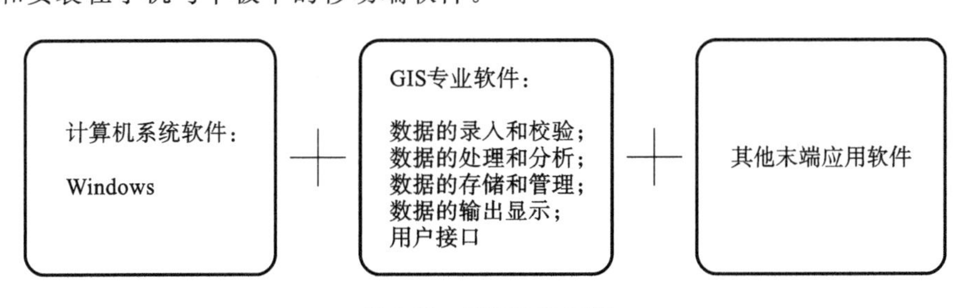

图 0-13　GIS 软件系统

3）空间数据库

空间数据库指按一定的组织结构存储的空间数据和非空间数据的集合。其中空间数据是描述对象(地球表面)空间位置与空间特征和与对象有关的非空间特征关系的数据。空间数据库结构如图 0-14 所示。

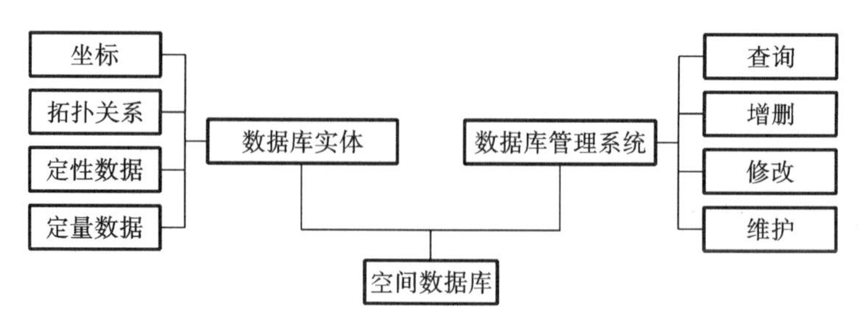

图 0-14 空间数据库结构

4)数据管理和分析

数据管理和分析主要包括数据采集和编辑、数据处理和变换、数据存储和管理、数据查询和分析、数据显示和输出等。

5)专业人员

专业人员主要指管理、开发、决策人员。

2. 认识 GIS 数据

地图资料和遥感资料是 GIS 空间数据的主要来源:地图资料包括普通地图(如地理图、地形图)和专题地图(如林相图、森林分布图);遥感资料包括遥感影像(如卫片、航片)和图片(如普通照片)。空间数据具有空间特征、时间特征、专题特征:空间特征指空间目标的位置、形状和大小等几何特征,以及与相邻地物的空间关系;时间特征指空间目标随时间的变化;专题特征指空间现象或空间目标除时间和空间特征以外的其他属性特征。

3. 分析 GIS 功能

GIS 主要功能包括数据采集和编辑、数据处理和变换、数据存储和管理、数据查询和分析、数据显示和输出。GIS 能解决空间现象的位置(何处)、分布范围(波及区域)、分布格局(怎样分布)、变化趋势(随时间变化的过程)等问题,并能对发展进行模拟预测(未来发展状况)。

4. 了解 GIS 产品

将 GIS 的原始数据或经过系统分析、转换、重新组织的数据以某种用户可以理解的方式提交给用户,即 GIS 产品,如以地图、表格、数字或曲线的形式表示于某种介质上,采用 CRT (cathode ray tub)显示器、胶片拷贝机、点阵打印机、笔式绘图仪等输出,将结果数据记录于磁存储介质设备或通过通信线路传输到用户的其他计算机系统,如图 0-15 所示。

5. 了解 GIS 在林业上的应用

目前林业上主要应用 GIS 进行林业资源调查与分析,如林班区划、小班区划、建立林业地理数据库、数据库查询、空间叠加分析、缓冲区分析和成果显示输出等方面。GIS 能快速准确地获取多种组合形式的林业资源统计数据,清晰直观地表现数据之间的联系和发展趋势,实现数据可视化以及空间地理分析与实际应用的集成以满足森林资源管理和领导决策的需求,进而可以对林业资源质和量的变化进行动态监测与规划,为后续规划管理提供基础数据。

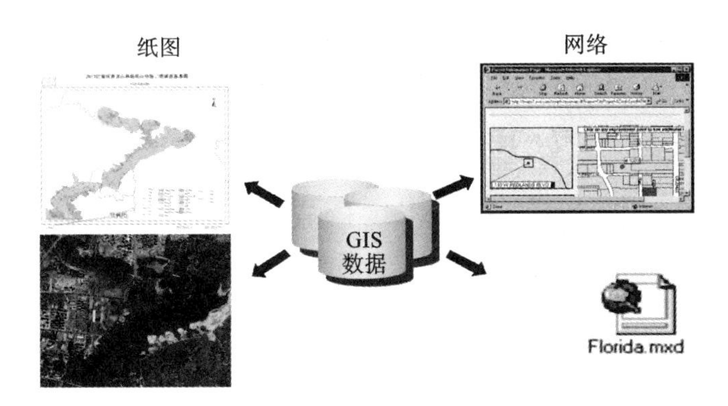

图 0-15 GIS 产品类型

拓展知识

认识 GIS

任务 0.4 认识“3S”技术集成应用

任务描述

介绍“3S”技术集成应用，尤其是在林业中的应用，梳理基于“3S”技术的森林资源调查技术流程，提取工作任务，选择并组织学习任务，形成本课程内容体系。

任务目标

一、知识目标

(1)掌握“3S”组成。
(2)掌握 GNSS、GIS、RS 在“3S”中的作用。
(3)掌握“3S”技术在林业中的应用。

二、能力目标

(1)能从森林资源调查技术流程中提取出不同阶段的工作任务。

(2)能从森林资源调查技术的工作任务中提取出“3S”技术承担的任务。
(3)能将案例中“3S”技术承担的任务转化为基于林业调查的“3S”技术课程内容体系。

三、素质目标

(1)培养学习新技术的兴趣。
(2)培养服务林业工作的热情。

知识准备

一、“3S”技术集成

1. GNSS、GIS、RS在“3S”中的角色

RS为“3S”提供数据源,是GIS空间数据库的原始空间数据源,还能利用多角度遥感数字影像获取地面高程;GIS是“3S”数据处理中枢,用于完成数据采集与管理、空间分析、属性分析功能和可视化表现;GPS具有精确的定位能力、准确定时与测速能力,以及精确导航与测量面积的能力,因此可以辅助外业调查。GNSS、GIS、RS相辅相成,如图0-16所示。

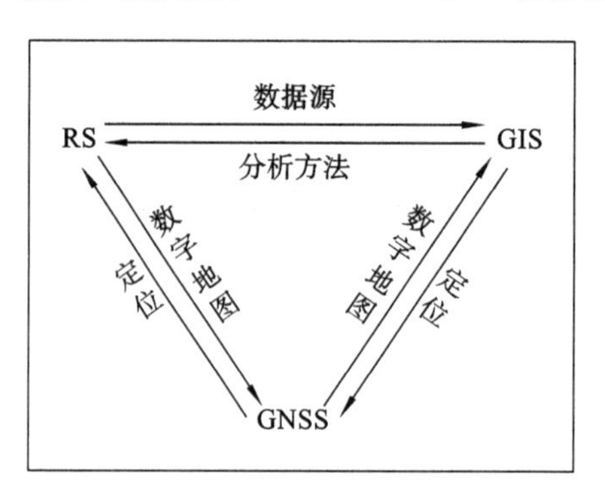

图0-16 GNSS、GIS、RS相辅相成

2. GNSS、GIS、RS集成应用

1)GIS+GNSS

利用GIS中的电子地图和GNSS接收机的实时精确定位技术,可以组成GIS+GNSS的各种电子导航技术系统,通过固定站与移动目标(飞机、车船等)之间两台GNSS接收机伪距差分技术,通过数据通信,实现对移动目标进行监视或构成自动导航、无人驾驶等技术系统。

2)RS+GNSS

实现无地面控制点(GCP)的直接空-地定位,是实现“3S”集成的前提。将传感器空间位置和姿态参数同步记录下来,通过相关软件,快速产生直接地学编码图像,从理论上和技术上实现GNSS和RS的高集成化结合,解决了“3S”技术的首要难题——遥感图像无控制点定位。

3)RS＋GIS

对于各种 GIS,RS 是其重要的外部信息源,是其数据更新的重要手段。反之,GIS 可为 RS 的图像处理提供所需的辅助数据,以增大遥感图像的信息量和分辨率,提高解译精度。

4)“3S”技术集成

“3S”技术集成是“3S”的高级形式,集 RS、GIS、GNSS 技术的功能于一体完成一项工作,可构成高度自动化、实时化、智能化的地理信息系统,为各种应用提供科学的基础数据和决策咨询,以解决用户可能提出的各种复杂问题,如表 0-1 所示。

表 0-1　“3S”技术集成

技术名称	主要平台组成	特点和运用	简单理解
RS	气球、飞艇、飞机、卫星、飞船、空间站等	地表观察、地理数据收集	有什么
GNSS	空间定位卫星	空间位置(地理坐标)的确定、导航	在哪里
GIS	计算机、GIS 软件	空间信息的处理、图形显示、空间统计、空间分析、空间决策	是什么、为什么、有何联系、结果如何

二、“3S”技术在林业生产中的应用

1. 森林资源动态监测

遥感数据源与地面抽样技术结合,及时更新森林资源数据,实现森林资源长期发展的预测预报,从而及时为森林资源管理与决策部门提供翔实信息。其中 RS 提供信息源,GPS 定位导航配合地面调查,GIS 进行区划数据提取或更新。

2. 野生生物资源调查

野生动物栖息地的监测;野生动物数量、分布、迁移及其动态变化规律与其栖息地保护管理关联;古树、珍稀树种精准定位,实现点对点的单独养护和管理。

3. 火灾防御

实时监控,预测预报森林火灾趋势,指导林火扑救,评估灾后损失和过火面积。其中 RS 监测和提供信息源,GNSS 定位起火点,GIS 进行灾后评估。

4. 病虫害防治

实时监控,预测预报森林资源健康状况、病虫害面积和程度(见图 0-17),评估并确定灾后损失。其中 RS 提供信息源,GNSS 进行定位和飞防,GIS 进行灾后评估。

5. 森林资源经营管理

根据资源调查空间数据,对伐区进行规划,确定合理的采伐顺序、采伐面积及最优集材方式;进行立地评价、立地划分,进而确定采伐后的造林小班,再根据立地评价与适地适树,实现森林资源有效管理。其中 RS 提供信息源,GNSS 定位,GIS 进行区划和绘制作业设计图。

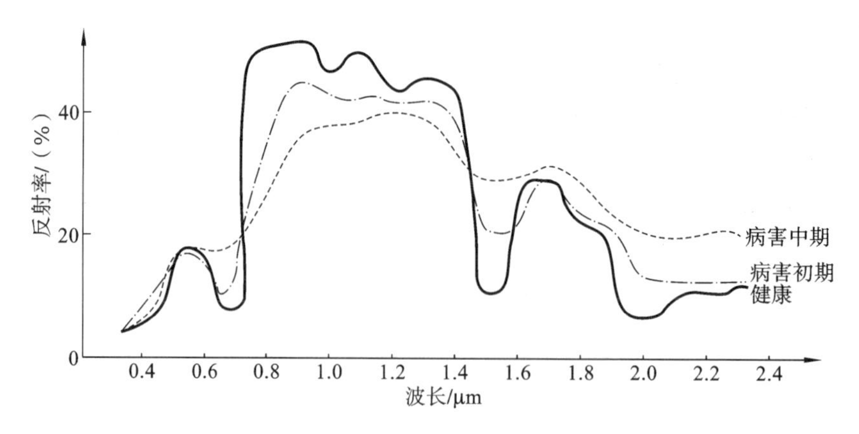

图 0-17　不同病害发展程度松树光谱曲线

6. 森林资源信息管理系统

森林资源信息管理系统是在依据信息编码规则对森林属性信息进行统一编码的基础上借助计算机技术将森林属性特征与空间特征紧密联系起来，以实现各种森林资源信息的储存、查询、处理和共享的一个完整的管理系统，是准确监测和预测森林资源动态变化以及加快信息反馈的有效手段。

例如，目前建立的国家森林资源智慧监测与数字管理平台(简称“平台”)，是在大数据技术支撑下，以推动林业和草原业务数字化、网络化、智能化为目标，在全国森林资源管理一张图(简称“一张图”)的基础上，按照“1 个平台＋N 个业务应用”模式搭建的基于互联网在线运行的森林资源大数据管理与业务应用系统。国家林业主管部门通过该系统进行“一张图”数据的分发、采集、编码、传输、处理、更新、储存、综合查询、报表统计、专题图统计等，对森林资源的数量、质量及其动态变化进行及时有效的监测，以实现全省森林资源“一张图”管理、“一个体系”监测、“一套数”评价。

7. 林业专题图制图

GIS 可以代替人工手绘、转绘、算小班面积、出图等大部分工作。各种调查数据经过专题提取后还可以形成各自的专题图。

8. 行业优化

提高林业项目的科技含量，改变传统的作业方式，引入先进的技术手段，为未来的现代化林业奠定基础，加强林业技术人才队伍建设。

三、“3S”技术在林业调查中的应用

“3S”技术是林业调查新技术，既快速准确，又省时省力，正广泛应用于森林资源调查规划。RS 是卫星影像、航空照片、地形图合成、校正、投影等预处理中必不可少的工具，为林业调查提供正确的第一手底图数据；GIS 在林业规划和管理中已得到广泛应用，成为不可或缺的工具之一；GNSS 技术可以使人快速、便捷地直接采集准确的地面目标的坐标信息。

1. 森林资源调查类型

森林资源调查是指采用一定的方法查清某一范围内森林资源的数量、质量、结构及分布

情况。森林资源调查的具体内容因调查目的的不同而有所不同。森林资源调查一般分为以下三类：①一类调查，即国家森林资源连续清查，是以掌握宏观森林资源现状与动态为目的，以省(直辖市、自治区)为单位，利用固定样地为主进行定期复查的森林资源调查方法；②二类调查，即森林资源规划设计调查(也叫森林经理调查)，是以国有林业局(场)、自然保护区、森林公园等森林经营单位或县级行政区域为调查单位，以满足森林经营方案编制、总体设计、林业区划与规划设计等需要而进行的森林资源调查；③三类调查，即森林资源作业设计调查，是指林业基层单位为满足伐区设计、造林设计、抚育采伐设计等而进行的调查。

2. 森林资源调查内容

1)一类调查

一类调查即国家森林资源连续清查，主要对象是森林资源及其生态状况。一类调查主要包括以下内容。

(1)土地利用与覆盖：土地类型(地类)、植被类型的面积和分布。

(2)森林资源：森林、林木和林地的数量、质量、结构与分布，森林起源、权属、龄组、林种、树种的面积和蓄积，生长量、消耗量及其动态变化。

(3)生态状况：森林健康状况与生态功能，森林生态系统多样性，土地沙化、湿地类型的面积、分布及其动态变化。

(4)林业生产和社会经济情况调查：人口及林业从业人员，国民生产总值及林业产值，造营林情况，木材生产及消耗，森林资源管理，森林公园、自然保护区等生态建设等。

2)二类调查

(1)利用现有行政区划界，现场对县、乡、村、社界进行核实或调绘。

(2)完成森林资源小班区划，明确林地权属关系。

(3)以小班为单元，查清森林资源的种类、数量、分布、起源、健康状态、可及程度、受灾害情况等。

(4)查清四旁资源、散生资源、下木资源的种类、数量、质量，包括用材乔木树种、经济林木、竹类。

(5)调查主要树种单株材积和主要林分不同龄组近5年的生长量和上述主要树种的生长率；调查近5年内各林分消耗量(如采伐、盗伐等)、损失量(如林地征占用、塌方、病虫灾害、雪压、风折、火灾等)。

(6)对区划小班进行拍照，作为建立林业资源地理信息管理系统重要的可视化资源，要求拍摄小班全貌照片(如确实不能拍摄全貌，应尽量拍摄大范围的照片)。

(7)调查与森林资源有关的地形、地势、土壤、植被、气象、水文等自然环境因子，并提出经营措施建议。

(8)调查已建苗圃地、母树林、种子园、采穗圃、林木良种繁育基地及有关的内容。

(9)依据森林分类经营区划结果，在维持国家林业和草原局2010年认定的国家公益林面积总量不变的前提下，根据国家公益林区划条件，对国家公益林进行核实和调整。

(10)开展名木古树调查，将名木古树定位在1∶10000地形图上。

(11)按照国家林业和草原局有关林业信息化建设标准和要求，开展1∶10000地形图全图矢量化工作，包括等高线、道路、水系、建筑物(群)、管网线、地类界、行政界线、符号、文字标注等，并对高程进行赋值。

(12)对小班进行矢量化，并录入小班各类属性信息。

(13)购置高分辨率卫星影像数据并进行正射校正处理，建立数字正射遥感影像数据库。

(14)以“3S”和计算机网络技术为核心，使用统一开发的林业空间数据管理系统，建立林业行业现代化管理体系，促进森林资源信息化建设。

3)三类调查

(1)清查一个伐区内或者一个抚育改造林分范围内的森林资源数量、出材量、生长状况、结构规律等，据此确定采伐或抚育改造的方式、采伐强度，预估出材量以及拟定更新措施、工艺设计等。

(2)调查造林区立地条件，进行造林作业设计区划，确定每个作业小班造林和管理措施。

3. 基于“3S”技术的森林资源调查方法

在信息采集、输入、分析、处理、输出的森林资源调查工作的不同阶段，GNSS、GIS、RS担任不同的角色。

(1)基于“3S”技术的森林资源一类调查技术流程如下。

①利用RS+GNSS技术进一步完善全省森林资源清查体系，复查上期地面方形样地；在遥感卫星影像图上对前期样地进行判读，并进行数据采集器技术试验。

②利用RS+GIS技术调查全省森林资源数量、质量、结构、分布和动态变化，进行森林资源与生态状况的统计、分析和评价。

③利用RS技术进行森林生态功能和健康状况调查，并收集有关生态环境因子、林业生产和社会经济情况等材料。

④用GIS技术建立森林资源连续清查数据库和信息管理系统。

⑤利用GIS技术，结合RS遥感判读成果，绘制森林分布图、沙化土地分布图、湿地分布图。

⑥提供全省森林资源连续清查成果。

(2)基于“3S”技术的森林资源二类调查技术流程如下。

①利用RS进行遥感影像预处理。

②利用RS建立遥感影像图解译标志。

③利用GIS开展室内图斑区划。

④利用GNSS+GIS开展外业调查，核实、修正或调绘各级行政界线、小班界；填写小班因子；拍摄小班照片；调查小样方小班蓄积并对总体蓄积进行抽样控制；开展树干解析工作并造材；调查名木古树和四旁资源等。

⑤利用GIS矢量化1∶10000地形图、小班界、行政区划界、名木古树等。

⑥利用GIS录入属性数据。

⑦利用GIS建立区县林业资源地理信息管理系统，搭建本区县森林资源数据中心。

⑧提交二类调查成果。

(3)基于“3S”技术的森林资源三类调查技术流程如下。

①用桌面端GIS对照林相图、高空间分辨率遥感图像、地形图等基础信息，在室内进行坐标配准、压缩和特定数据格式转换等处理，并定义调查因子。

②移动端 GIS 导入处理后的调查用图层。

③在移动端 GNSS 辅助下进行作业小班边界实测，记录调查信息。

④移动端 GIS 导出桌面端 GIS 能接收的外业采集的所有数据。

⑤桌面端 GIS 成图。

四、建立基于林业调查的“3S”技术应用案例化课程内容体系

以标准化高、涉及“3S”技术点最全面、系统的国家级项目森林资源二类调查的工作流程为主线，融入森林资源调查技术规程、二类调查操作细则和各项数字林业标准，形成了基于生产逻辑的“3S”技术课程内容结构。展现工作的具体流程和实施任务的实际方法，让课程学习过程转换成实施岗位工作过程。这样形成的课程内容体系，便于学生通过突破一点激发链式学习行为，也为知识和技能转化成生产创造最短路径。课程内容体系如图 0-18 所示。

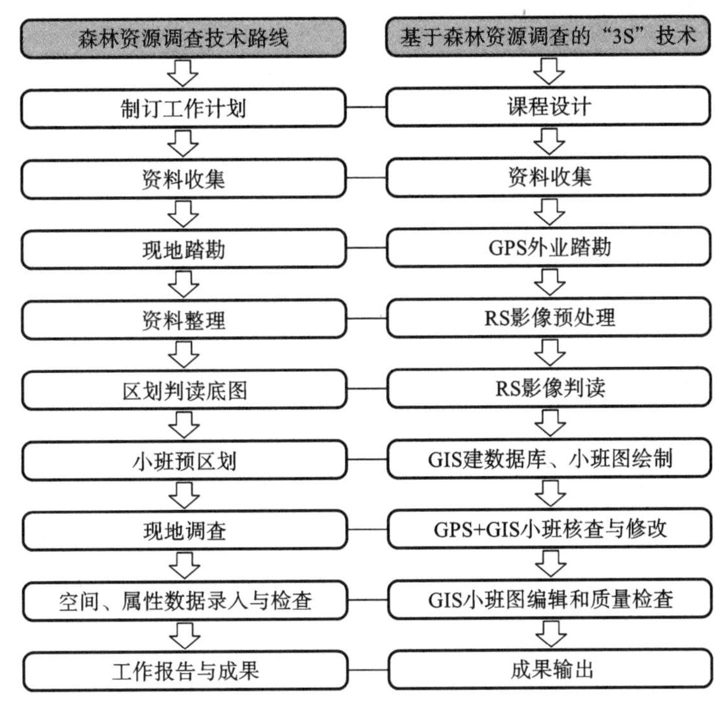

图 0-18　课程内容体系

1. 课程设计

梳理和组织课程内容，建立基于森林资源二类调查的基于生产逻辑的“3S”技术课程内容体系，让学生对课程内容框架和学习思路、学习过程、学习目标有整体的掌握。

2. 资料收集

主要收集林业调查工作所需的遥感影像、地图和统计数据。遥感影像通常向省林业部门申请高分辨率影像，时效性要求不高时也可在 Google 地球或 91 卫图上下载，低分辨率影像可以在地理空间云数据库下载；现有矢量图件（如行政界线图和上一年度林地变更图）由省林业部门提供；地形地貌、气候、土壤、植被、水文、经济、社会等统计数据一般由林业单位

存档，也可以到对口部门申请。

3. GNSS 外业踏勘

设计外业调查路线，借助 GNSS 进行实地踏勘，初步了解调查区域并获取典型地块或点位数据。

4. RS 影像预处理

通过影像彩色合成、融合、几何校正（配准）、坐标变换、拼接与剪裁等预处理，提高分辨率、消除几何畸变、统一坐标系，最终获得正确的覆盖完整感兴趣区影像。

5. RS 影像判读

结合踏勘或实践工作经验，根据影像的颜色、色调、形状、纹理、位置等特征识别影像上信息，尤其是地类、优势树种信息。

6. GIS 建数据库、小班图绘制

建 GIS 数据库，将分类代码表、坐标系、字段等写入数据库，在新规则下进行小班预区划。实际林业工作中一般由省级林业部门提供数据库，在下发的上一期林地变更图的基础上修订形成新的区划数据。

7. GPS+GIS 小班核查与修改

对判断有误或影像实时性差造成的小班界线落界问题进行核查与修改，对室内不能判读或判读有误的小班属性进行补充和校对。

8. GIS 小班图编辑和质量检查

完善小班面积、编码和制图人等属性数据，并进行属性逻辑检查和边界拓扑问题检查。

9. 成果输出

制作并输出统计表、统计图和基本图、林相图、森林类型图等专题图。

其中 1 属于项目一：建立课程内容体系；2、3 属于项目二：资料收集与外业踏勘；4 属于项目三：遥感影像预处理；5 属于项目四：遥感影像判读；6、7、8 属于项目五：林业专题图绘制；9 属于项目六：林业专题图输出。

拓展知识

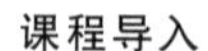

课程导入

林业“3S”技术概述

参考文献

[1] 韩东锋，李云平，亓兴兰. 林业“3S”技术[M]. 2 版. 北京：中国林业出版社，2021.

[2]　李天文,等.GPS原理及应用[M].2版.北京:科学出版社,2010.
[3]　常庆瑞,蒋平安,周勇.遥感技术导论[M].北京:科学出版社,2004.
[4]　孙家抦.遥感原理与应用[M].3版.武汉:武汉大学出版社,2013.
[5]　廖建国,黄勤坚.森林调查技术[M].厦门:厦门大学出版社,2013.
[6]　管健.森林资源经营管理[M].3版.北京:中国林业出版社,2021.

第一篇　基　础　篇

在认识“3S”技术的基础上，根据森林资源规划设计调查岗位工作流程组织基础篇内容结构，通过本篇内容的学习，使学生掌握工作流程并能完成GNSS外业数据采集、RS数据收集与预处理以及基于GIS的林业信息判读、信息提取、数据分析和专题图输出等工作任务，提高工作信息化水平，养成应用新技术服务林业的自豪感和生态保护责任意识，以满足全国“林草一张图”可视化管理和智慧林业建设对森林资源规划设计调查岗位工作的要求。

项目 1　GNSS 外业数据采集

为了初步了解研究区和获取研究区重点点位的详细准确数据，以提高宏观层次数据判读的准确性，在进行室内森林资源信息判读前需要借助 GNSS 终端设备进行实地勘察。根据林业调查要求，结合地形地貌和土地利用分布特征，在设计外业调查路线的基础上，实地进行外业点、线、面数据采集。

任务 1.1　设计外业调查路线

任务描述

在判读地形图的基础上，参考遥感影像设计外业调查路线，确定调查点。

每人提交一份外业调查路线图。

任务目标

一、知识目标

(1)了解外业调查程序。

(2)掌握设计调查路线的原则。

(3)掌握地形图读图顺序。

二、能力目标

(1)会判读地形图。

(2)会设计调查路线和调查点。

三、素质目标

(1)合理规划工作，养成做有准备工作的习惯。

(2)把日常工作经验转换成专业能力，提升专业素养。

知识准备

外业调查是林业资源调查中前期踏勘和后期小班现地核查必不可少的一项工作。为了提高外业工作效率，一般借助地形图和 GIS 软件并参考遥感影像先在室内规划调查路线并确定调查点，再把规划的调查路线和调查点导入手持 GNSS 终端设备手持接收机，如手持 GPS 或平板电脑等移动端去展开外业工作。设计的调查路线要尽量短、调查目标覆盖较全、不走回头路、充分利用林间小路。

任务实施

一、确定工作任务

设计外业调查路线和调查点。

二、工具与材料

手持 GPS；ArcGIS 10.2 软件；地形图。

三、操作步骤

1. 地形图判读

地形图具有文字和数字形式所不具备的直观性、一览性、量算性和综合性的特点，这就决定了地形图的独特功能和广泛的用途。例如，森林资源清查、林业规划设计、工程造林、森林环境保护等林业生产，都是以地形图作为重要的基础资料开展工作的。地形图判读是必备的工作能力，判读顺序一般如下：先图外后图内；先地物后地貌；先主要后次要；先室内后室外。

1）地形图图外注记判读

（1）图名：本幅图的名称，一般以本幅图内主要地名命名，注记在图的正上方。

（2）图号：本幅图的编号，注记在图名的下方。

（3）图廓：地形图的边界，有外图廓和内图廓之分。外图廓起装饰作用，用粗实线表示。内图廓表明本图幅的边界，用细实线表示。

（4）接图表：表明该幅图与相邻图幅之间的关系，一般列于图幅的左上方。

2）地形图地物判读

根据形状不同，地物在地形图上有以下几种表示法。

（1）比例符号：地物的大小、形状与实地成比例，如房屋、草地、公路等。

（2）半比例符号：长度成比例，但宽度不成比例，如电力线、围墙、活树篱笆、小路等。

（3）非比例符号：地物较小，只在图上确定其中心位置，用规定符号表示，如三角点、独立树、消火栓、路灯等。

（4）注记符号：用文字或数字对地物加以说明，如名称、海拔高度、地块面积等。

3）地形图地貌判读

等高线密集，表示坡度较陡；等高线稀疏，表示坡度较缓。地形地貌类型如图 1-1-1 所示。

（1）等高线数值。

①平原：海拔在 200 m 以下，平坦开阔，起伏很小。颜色为成片深绿色，等高线稀疏。

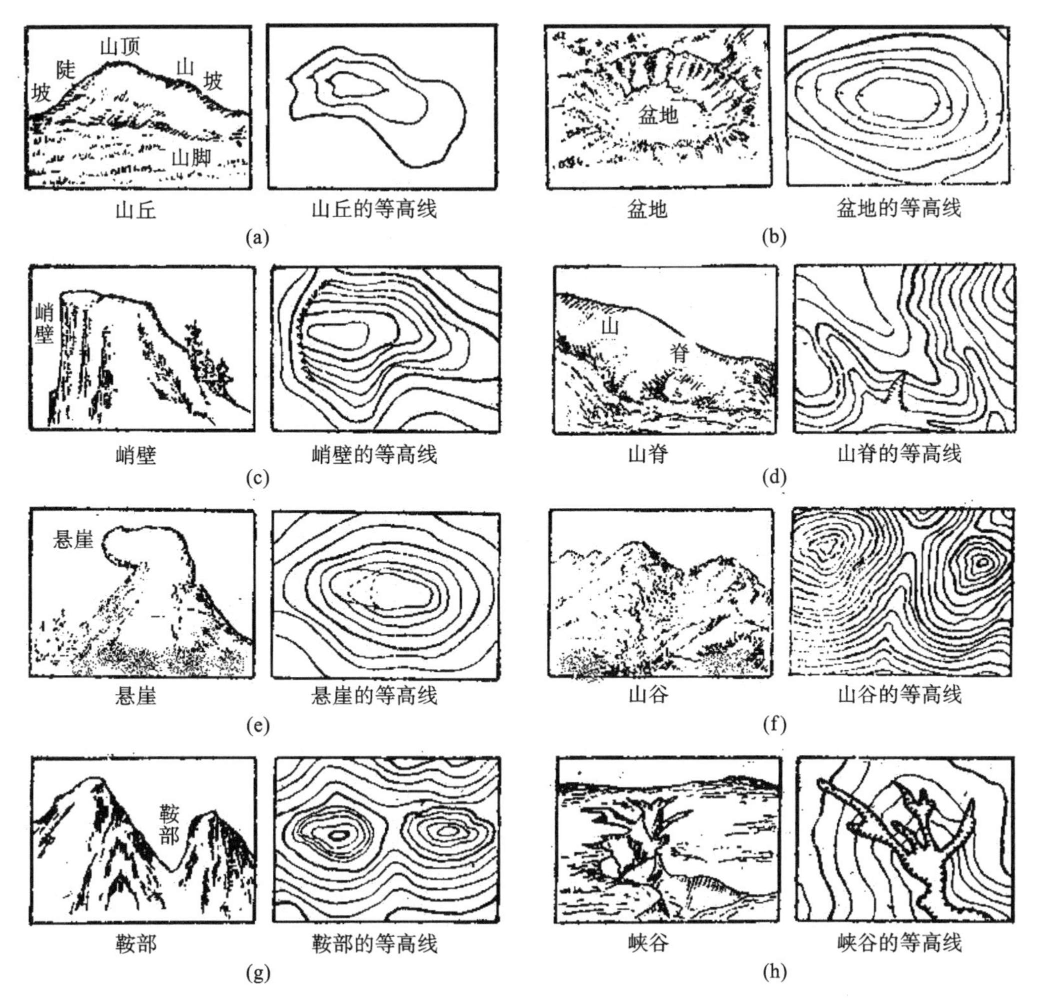

图 1-1-1　地形地貌类型

②山地:海拔在 500 m 以上,相对高度大于 200 m,地势起伏很大,坡陡谷深,多呈脉状分布。颜色呈黄色、棕黄色或紫色,颜色变化大,等高线密集且弯曲,颜色和等高线的变化多呈长条分布。

③丘陵:海拔为 500 m 以下、相对高度一般不超过 200 m 的高地,地势起伏不大,坡度和缓。颜色为小片的黄色散布在绿色之间,等高线多呈较小的闭合曲线。

④高原:海拔为 1000 m 以上、相对高度为 500 m 以上的高地。边缘地势起伏大,高原面上比较平缓开阔。颜色呈黄色或棕黄色,中间颜色变化少,等高线较稀疏;边缘颜色变化大,等高线较密集。

⑤盆地:海拔不定,四周为较高的山地、丘陵或高原,中部地势较低平。颜色不定,四周呈海拔高的颜色,等高线较密集;中间呈海拔低的颜色,等高线较稀疏。

(2)等高线形状。

等高线形状如图 1-1-2 所示。

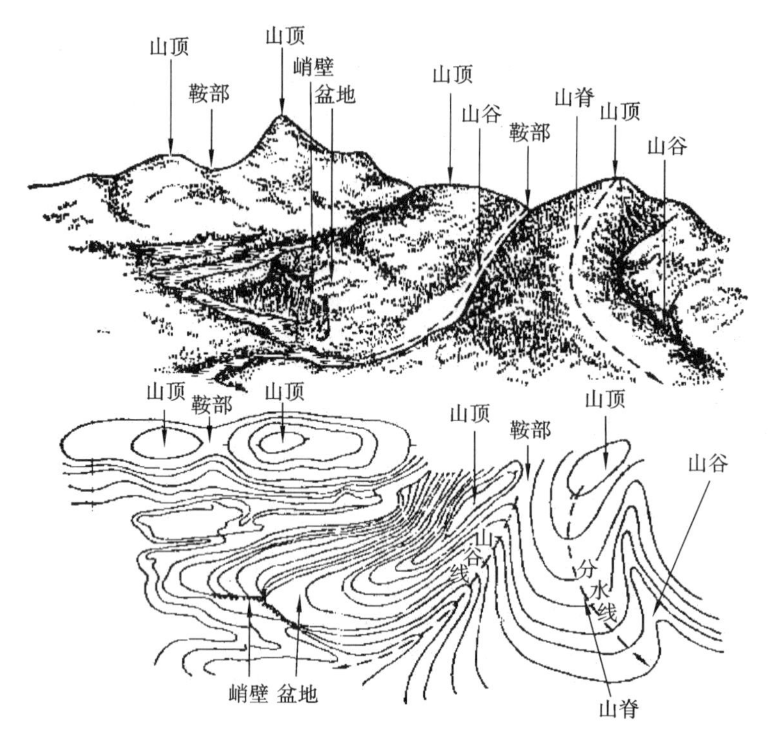

图 1-1-2　等高线形状

①等高线闭合,数值从中心向四周逐渐降低——山顶。

②等高线闭合,数值从中心向四周逐渐升高——盆地或洼地。

③等高线凸出部分指向海拔较低处——山脊。

④等高线凸出部分指向海拔较高处——山谷。

⑤正对的两山脊或山谷等高线之间的空白部分——鞍部。

⑥等高线重合处——峭壁。

2. 内业规划调查路线

在覆盖目的地范围的精确地形图上规划调查路线。如果样点较少,在地形图上查出样点的坐标(x,y),利用“存点”、“航点编辑”与“保存”功能,将样点的坐标输入并保存于手持 GPS 机中;如果样点较多,在电脑上绘制样点,利用“导入”功能,将样点导入手持 GPS 机中。

制订行程计划可以按照路线的复杂情况和里程,建立一条或多条路线(route),读出路线特征点的坐标,输入 GPS 建立路线的各条“腿”(legs),把一些单独的标志点作为路标(landmark/waypoint)输入 GPS。

工作成果展示

调查路线与调查点如图 1-1-3 所示。

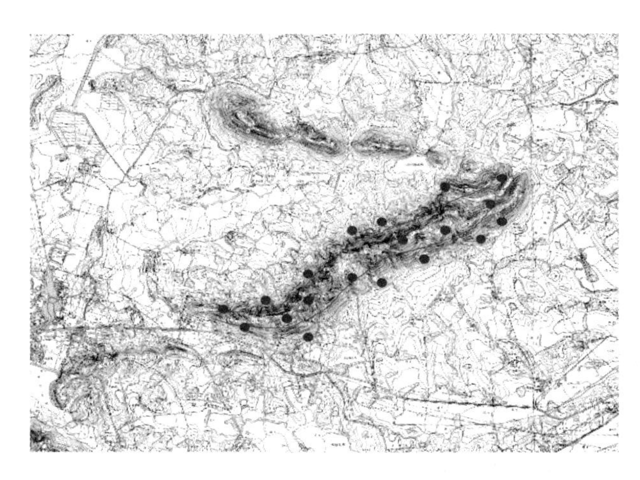

图 1-1-3　调查路线与调查点

拓展知识

手持 GPS 基本知识介绍

拓展训练

选择实验林场，参照以下地形图判读方法，结合遥感影像图森林分布特征，确定林场外业踏勘路线和重点调查地点，形成调查路线图和调查点图。

地貌要素的阅读

地形图的判读

任务1.2　GNSS接收机外业数据采集

任务描述

以手持集思宝为例介绍 GNSS 手持接收机软硬件安装、界面组成、系统设置、导出数据等基本操作方法。结合调查路线和调查点，用手持终端设备导航到达目的地，采集样点、绕测小班、记录航迹、计算小班面积、计算路线长度，用桌面端 GIS Office 软件导出点、线、面图层。

每人提交一份 GNSS 手持接收机外业调查点、线、面矢量数据。

任务目标

一、知识目标

(1)掌握 GNSS 手持接收机常用名词。
(2)了解 GNSS 应用在哪些林业工作中。

二、能力目标

(1)会使用 GNSS 手持接收机采集点、线、面。
(2)会使用专业软件导入、导出数据。

三、素质目标

(1)培养探索和使用新工具的兴趣。
(2)培养爱护工具、设备的意识。

知识准备

GPS 在林业工程规划设计、确定林区面积、测定林班界线、测定道路位置、造林施工放样、林地复位等方面可以发挥其独特的重要作用。GNSS 测量在林业专项调查中发挥的作用尤其重要。在林地中进行常规测量相当困难，而 GNSS 定位技术可以发挥它的优越性，可以精确测定森林位置和面积，可以绘制精确的自然保护区规划图、名树古木分布图、野生动物迁移路线图，以及病虫害、森林火灾等传播路径图。GNSS 可大大节省人的体力，特别是在测量工作中，可以减少测量时的烦琐工序和繁重仪器的运输，提高工作效率。

任务实施

一、确定工作任务

GNSS 手持接收机外业采集点、线、面数据。

二、工具与材料

GNSS 手持接收机；GIS Office 软件；花山影像图、地形图、规划调查点、规划调查路线、纸质调查表。

三、操作步骤

1. GNSS手持接收机常用名词

1)航点

GNSS手持接收机所有的点，都可以称为航点。

2)航路点

航路点是由使用者自行设定的航点。

3)航线

航线是依次经过若干航点的由使用者自行编辑的行进路线。

4)航迹

航迹是使用者已经行进过路线的轨迹。航迹以点的形式储存在接收机中，这些点称为航迹点。

2. 应用软件GIS Office的安装与应用

1)安装GIS Office和驱动

根据安装教程安装GIS Office和驱动。

2)软件应用基础

(1)熟悉视图窗口。

视图窗口用于预览测量数据。需要熟悉菜单、快捷工具。

(2)熟悉数据导出窗口。

数据导出窗口用于导出测量数据。数据导出窗口的快捷工具为【从手持接收机接收】。

需要熟悉菜单、快捷工具、数据列表、电脑硬盘和文件夹列表。

其中连接手持接收机命令：快捷工具【连接】加外接设备的下拉菜单设备型号选项(如G1系列设备，型号选择G1 G1)。

3. 手持接收机操作方法

手持接收机操作面板如图1-1-4所示。

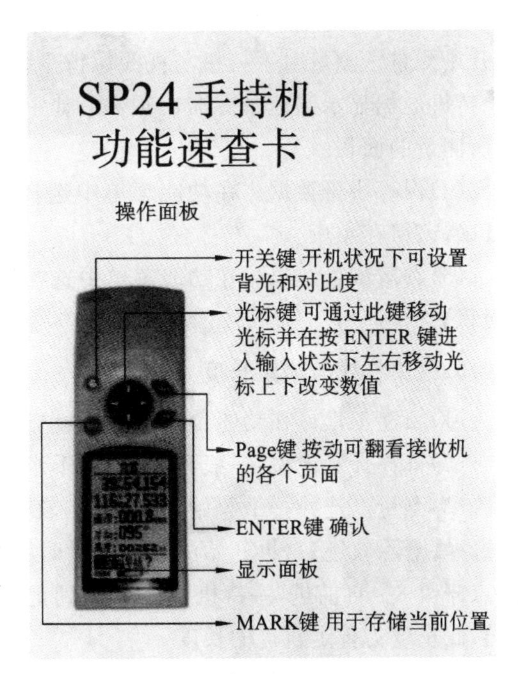

图1-1-4　手持接收机操作面板

1)安装电池

按照电池盒内的正负极标志安装2节1.5 V的AA电池，更换电池时存储的数据不会丢失。

2)开机、关机

(1)开机：按住电源键并保持至开机，屏幕显示开机欢迎画面和警告页面。按翻页键后进入设备信息页面。当足够的卫星(一般需要3颗以上的卫星)被锁定时,接收机将计算出当前的位置。

(2)关机:按住红色电源键2 s,将关闭机器。

3)系统设置

(1)综合设置:工作模式设置为"省电模式";语言选择"中文"。

(2)单位设置:高度选择为"米""公制"。

(3)坐标设置:导航系统提供的坐标系统有WGS84、北京54、西安80和CGCS2000。

4. 采集样点

储存任何一点的位置坐标,保存在机器中的位置点成为"航点"。

在航点页面中,按输入键,即可捕获当前位置,机器会从01开始为航点分配默认的名称(也可手动输入:用方向键选择要编辑的项目,如点号、图标和创建信息),确认后,开始编辑;用方向盘上的左右键移动光标,用上下键选择字母和数字,确认后,完成编辑;用上下键选择保存航点,确认后返回。该点定位操作完成,保存了点号、图标、坐标、海拔高度、时间、日期等创建信息,点击屏幕右下角的"确定"按钮保存航点。

5. 采集小班与测量面积

(1)新建工程。在功能菜单中选择面积测量,新建小工程文件,输入文件名称。

(2)选择计算的单位。视情况而定,单位只影响显示结果,不影响测量,如果待测面积小,选择"平方米"比较适合。

(3)测量。行到待测区域(待测区域须在空旷地,卫星信号强,精度至少要大于7 m。如果没有精度显示界面,在地图界面按确认键选择自定义字段,再按确认键选择精度项,确认,即可把精度显示在地图界面),先在功能菜单中查看【轨迹】,并清除轨迹;选择一个起始点,再开始测量。测量时手持机与视线保持平行。测量方形区域拐弯时在拐点停留3 s再前进(手持机数据显示到记录有滞后现象),走一个闭合圈后按确认键,点击【计算面积】,就能得到所测量的面积。

(4)保存小班数据。在功能菜单中选择【面积测量】,点击【查看】,在弹出来的菜单中选择【确认】保存小班。

(5)查看测量结果。在功能菜单中选择【面积测量】,选中保存的小班,点击【查看】,选择【面积】。

6. 采集样线与测量长度

(1)新建工程。在功能菜单中选择【航迹】,新建航迹工程文件,输入文件名称。

(2)选择计算单位,一般为"米"或"千米"。

(3)测量。选择一个起始点,先清空轨迹(在功能菜单中选择【查看】,然后选择【轨迹】,再选择【清除轨迹】),再开始测量。测量时手持机与视线保持平行。测量方形区域拐弯时在拐点停留3 s再前进(手持机数据显示到记录有滞后现象),测量完按确认键,点击【计算长度】,此长度为行走轨迹的长度。

(4)保存样线数据。在功能菜单中选择【航迹】,点击【查看】,在弹出来的菜单中选择【保存样线】,确认即可。

(5)查看测量结果。在功能菜单中选择【导航】,再选择【航迹】,选中保存的航迹名,功能键右键查看航迹信息。

7. 导出数据

(1)打开桌面端软件 GIS Office。

(2)连接 GIS Office 软件与手持接收机。保证设备处于开机状态,将设备主机用数据线串口或 USB 接口与 PC 机相连。

(3)将手持接收机数据复制到 PC 机。用鼠标右键点击文件弹出快捷菜单,通过复制将手持接收机的文件复制到 PC 机。

(4)从桌面端软件输出数据。打开一个任务文件,在文件上点鼠标右键,可通过导出功能将任务中的 GIS 数据以文件的形式导出,可以导出的文件类型包括 shp 文件(ArcGIS)、mif 文件(MapInfo)、dxf 文件(AutoCAD)、csv 文件(Excel)、特征库文件、航点/航线文件。

拓展知识

手持 GPS 基本知识介绍

拓展训练

将调查路线和调查点导入手持接收机或 PC 机,利用 GNSS 的定位导航功能沿路线进行调查,对目标点位进行重点调查,并填写调查表(见表 1-1-1)。

表 1-1-1　地块属性记录表

地块号	地类	海拔	坡向	坡度	坡位	地块面积
1						
2						
……						

手持 GPS 操作

参考文献

[1] 韩东锋,李云平,亓兴兰. 林业“3S”技术[M]. 2版. 北京:中国林业出版社,2021.

[2] 李天文,等. GPS原理及应用[M]. 2版. 北京:科学出版社,2010.

[3] 何宗宜,宋鹰,李连营. 地图学[M]. 武汉:武汉大学出版社,2016.

项目2　林业遥感影像预处理

在进行森林资源信息提取前需要进行数据预处理，尤其是遥感影像预处理。介绍遥感和遥感软件，熟悉软件基本操作方法，并通过网络数据共享平台获取遥感影像。在此基础上用ArcGIS软件对影像进行彩色合成，以形成低分辨率多波段彩色影像，并将其与高分辨率单波段影像融合以提高其分辨率；通过影像校正消除随机几何问题；根据目前林业工作要求进行影像投影与坐标变换以统一坐标系统；进行影像拼接与剪裁以使其匹配完整研究区域。最终形成无几何错误、数学基础统一、覆盖调查区域的遥感影像图。

任务2.1　遥感影像获取

任务描述

介绍遥感影像获取途径，展示通过网络共享平台免费获取影像的方法，从而为后续工作提供基础数据。

每人提交一份网络共享平台下载的特定区域的遥感影像。

任务目标

一、知识目标

(1)掌握太阳同步轨道卫星和地球同步轨道卫星的特征和应用领域。

(2)了解遥感影像获取途径。

(3)了解遥感影像行列号。

二、能力目标

(1)会确定下载的目标影像。

(2)会在资源共享平台下载遥感影像。

三、素质目标

(1)养成自主拓展知识面的习惯。

(2)锻炼资源收集和筛选能力。

知识准备

不同类型、不同系列卫星的功能不同，搭载的传感器类型不同，其拍摄的影像的分辨率和影像包含的信息也不同，在实际工作中，用户要根据不同的应用目的获取不同类型遥感影像。卫星根据轨道类型分为地球同步轨道卫星和太阳同步轨道卫星。

地球同步轨道卫星的运行周期等于地球的自转周期，如果从地面上各地方看过去，卫星在赤道上的一点是静止的，所以又称静止轨道卫星，如气象卫星、通信卫星，特点是长期观测特定地区，卫星高度高，观测范围大。气象卫星主要用于云移、云顶高度、云分布、海洋表面温度、对流层上部水蒸气分布以及辐射平衡等方面的测定和研究，有低轨和高轨两种（低轨卫星较多，飞行高度为 800～1500 km；高轨卫星的飞行高度近 36000 km），轨道为圆形，周期为 24 h，轨道面与赤道平面重合，与地球转动同步。美国诺阿卫星系列（NOAA）的传感器包括 AVHRR（高分辨率扫描辐射计）和 TIROS（泰罗斯垂直分布探测仪）；我国风云卫星系列的传感器上有 2 台高分辨率扫描辐射计，与 NOAA 的 AVHRR 相似。

太阳同步轨道卫星的轨道面与地球的公转轨道面相同，是同时旋转的近圆形轨道（见图 1-2-1），在同一地方通过的时间相近、方向相同，类似太阳按周期升落，又称极地卫星，优点是有利于卫星在固定的时间飞临接收站上空，在相近的光照条件下对地面进行观测。

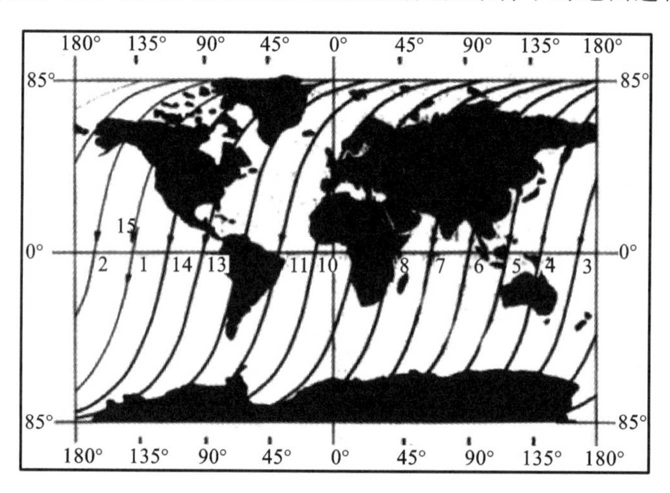

图 1-2-1　太阳同步轨道卫星轨迹

陆地资源卫星属于太阳同步轨道卫星，如美国 Landsat 系列、法国 spot 系列、我国资源一号、资源二号和资源三号卫星。

陆地资源卫星影像在林业工作中应用最广，通常采取以下方式获取：①在中国的地理空间数据云、美国的 USGS 等网络共享平台免费下载部分时效相对差的单波段低分辨率影像，如 Landsat 系列卫星影像；②在谷歌地球或 91 卫图下载彩色合成后的图片格式的高分辨率影像，如 spot、高分系列卫星影像；③向数据管理中心或公司订购各卫星系列最新的高分辨率影像；④因公益项目需求，向隶属的上级部门或国土资源部门免费申请高分辨率影像，一般是国产的高分系列卫星影像和资源系列卫星影像。

无论免费下载还是订购陆地资源卫星影像均要确定影像空间范围，可以通过经纬度、影像行列号或行政区划范围等方法来确定。其中影像行列号指依据卫星地面轨迹的重复特性，结合星下点成像特性而形成的固定地面参考网格分别沿横向和纵向对网格单元顺序编号形成的一对唯一编码，用于表示该幅影像在地球表面的空间位置。不同系列卫星传感器的影像行列号一般不同。下载影像时，为了能快速准确地得到研究区内的影像数据，要先知道该幅影像的行列号。美国 Landsat 卫星采用的全球参考系网格为 WRS（worldwide reference system），是国际上非常具有代表意义的全球参考系之一，其参考系网格与 Landsat 卫星数据的成像区域契合。WRS 网格的二维坐标采用 PATH 和 ROW 进行标识，PATH 表示条带号（列），ROW 表示行编号。目前 WRS 有两个系统，分别为 WRS1（1983 年之前的参考系，Landsat 1～3 号卫星采用此参考系）和 WRS2（1983 年之后的参考系，Landsat 4、5、7、8 号卫星采用此参考系）。中国区域范围内 WRS 参考系的条带号、行编号与行政区划和经纬度对应（WRS1 系统条带号为 121～163，行编号为 22～56；WRS2 系统条带号为 113～151，行编号为 22～56）。

任务实施

一、确定工作任务

以地理空间数据云平台为例展示低分辨率 Landsat 8 卫星影像的下载方法。

二、操作步骤

1. 下载低分辨率 Landsat 卫星影像

1）平台注册

申请邮箱后，打开地理空间数据云网站（网址为 http://www. gscloud. cn/sources/index? pid=1&rootid=1），用邮箱进行用户注册，也可以不注册，直接通过 QQ、微信、微博等第三方软件认证登录，如图 1-2-2 所示。注册或登录后需要完善个人信息才能进行影像下载。

2）确定产品类型

（1）相同网络平台可以提供多种类型产品，登录后在“公开数据”列表中选择产品类型，如“LANDSAT 系列数据”，如图 1-2-3 所示。

（2）单击某卫星的【识别】命令 i ，查看该卫星产品的最早时间、波段数量、更新升级情况，以及每个波段波长、分辨率、反映的主要信息等，如图 1-2-4 所示。

（3）单击系列卫星中的其中一个卫星，进入卫星数据列表，如图 1-2-5 所示。

3）影像检索

在卫星数据列表界面，输入条带号、行编号、经纬度、拍摄时间、云量等参数，检索出符合条件的影像。“有”数据表明该影像已经共享，可下载；“无”数据表明该影像未上传共享至平台。

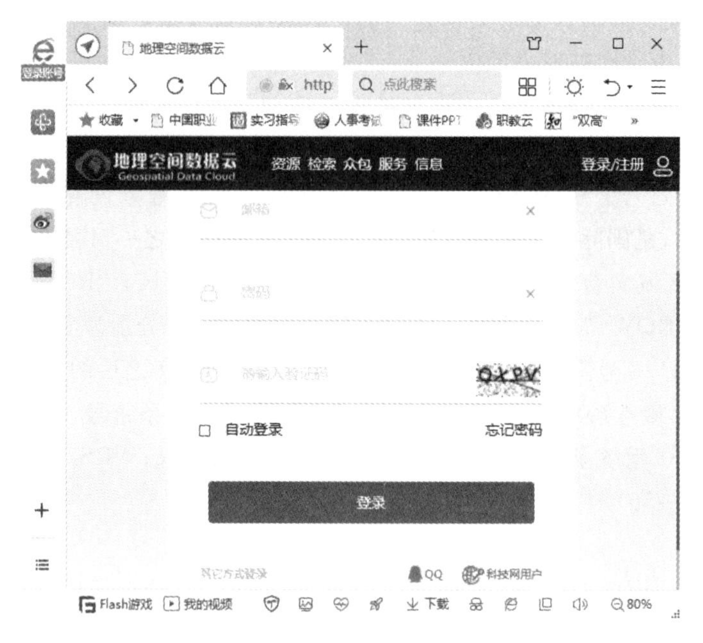

图 1-2-2　登录地理空间数据云平台

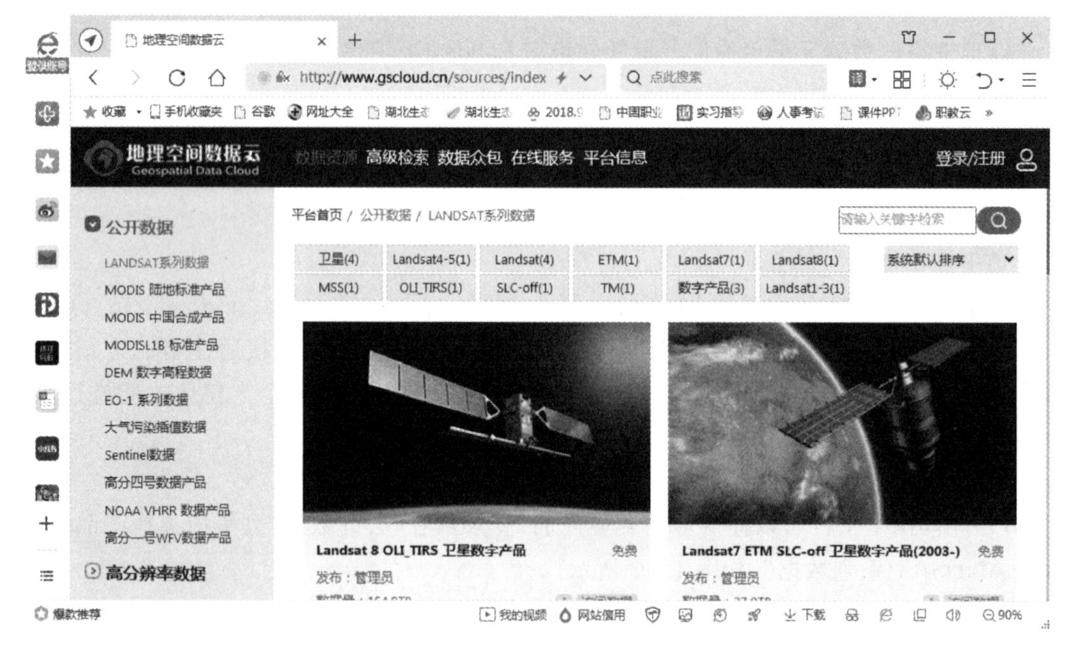

图 1-2-3　LANDSAT 系列数据

4)影像数据下载

在卫星数据列表界面，单击有数据记录的“操作”栏的【下载】命令 ，弹出【新建下载任务】对话框，设置数据名称和保存路径，如图 1-2-6 所示。解压下载的压缩文件，即为不同单波段影像，如图 1-2-7 所示。

图 1-2-4　卫星产品信息

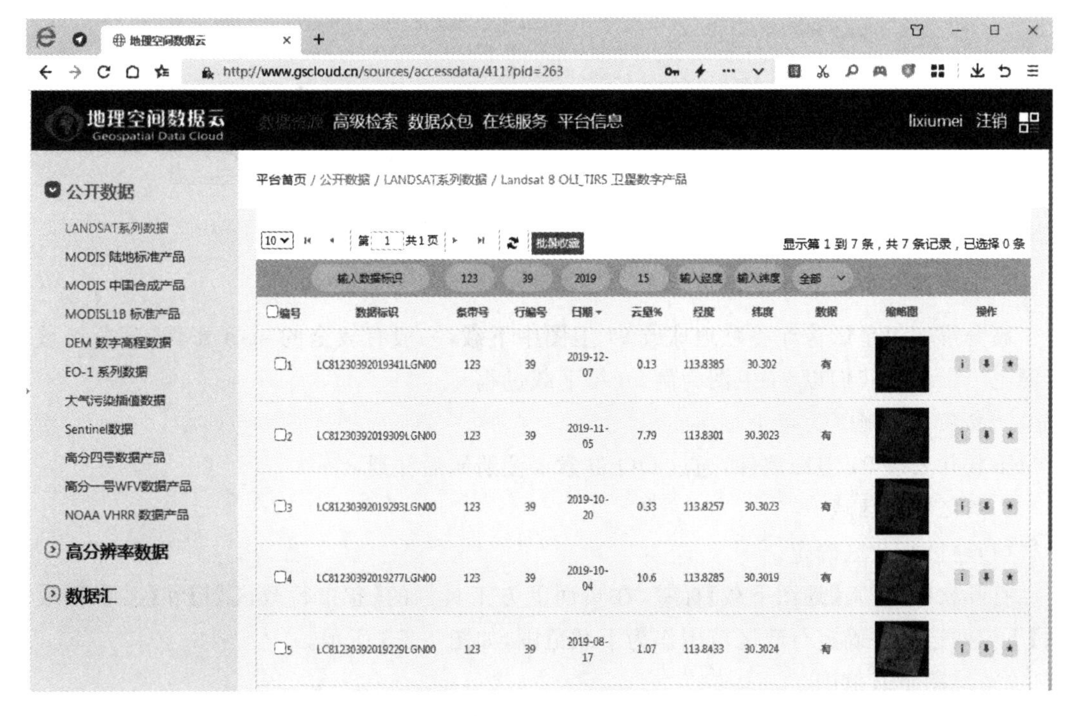

图 1-2-5　卫星数据列表

图 1-2-6　保存影像

图 1-2-7　不同单波段影像

2. 下载高分辨率卫星影像

高分辨率卫星影像在谷歌地球或 91 卫图中下载，一般有较全的 spot 影像，部分区域有资源卫星影像。我们以 91 卫图为例，介绍下载过程。

1）安装与注册

下载并安装 91 卫图软件，通过 QQ 群索要注册码后注册。

2）确定下载区域

（1）通过行政区确定。

打开软件，进入【地图下载】标签，在页面上方工具栏的【省市行政区划】和【县乡行政区划】下拉框选择并确定行政区范围作为下载范围，如图 1-2-8 所示。

（2）绘制下载范围。

用【地图下载】标签中的【拉框选择】或【多边形选择】工具绘制矩形或不规则多边形作为下载范围，如图 1-2-9 所示。

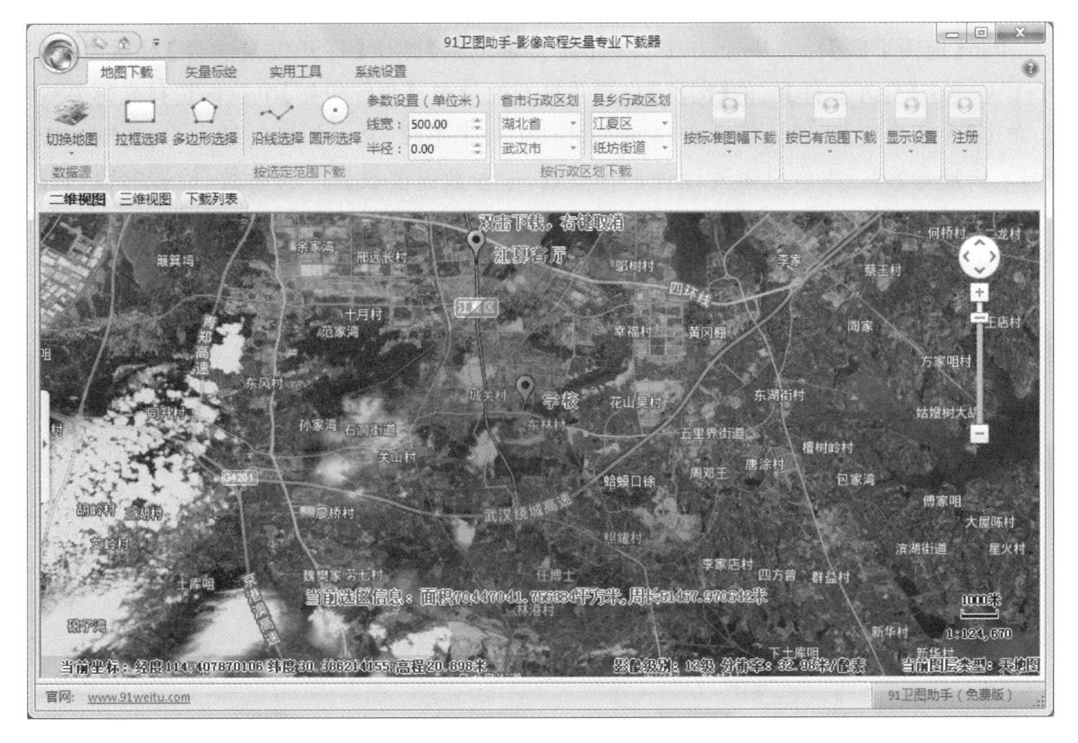

图 1-2-8　以行政区划为下载范围

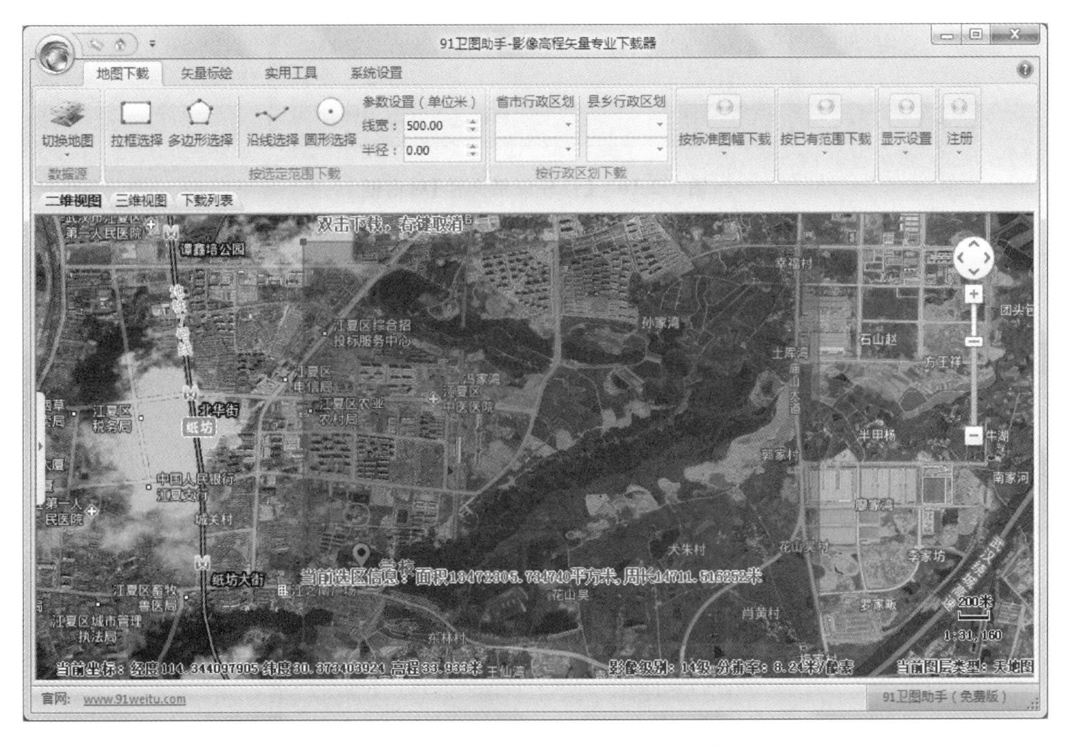

图 1-2-9　绘制下载范围

(3)用矢量图确定下载范围。

单击【地图下载】标签中上方工具栏的【矢量范围】弹出【打开矢量文件】对话框(见图1-2-10),单击【打开文件】后的【浏览】找到并打开矢量图;【坐标投影】下拉框选择坐标系统类型,单击【参数设置】设置分带方式(3 度分带)、中央子午线、是否加投影带号(勾选则加投影带号)、转换参数(三参数只需要设置平移参数,七参数需要设置平移参数、旋转参数和缩放参数)等(见图 1-2-11),单击【确定】;对象类型为“面”,单击【确定】打开面文件作为下载范围(见图1-2-12)。

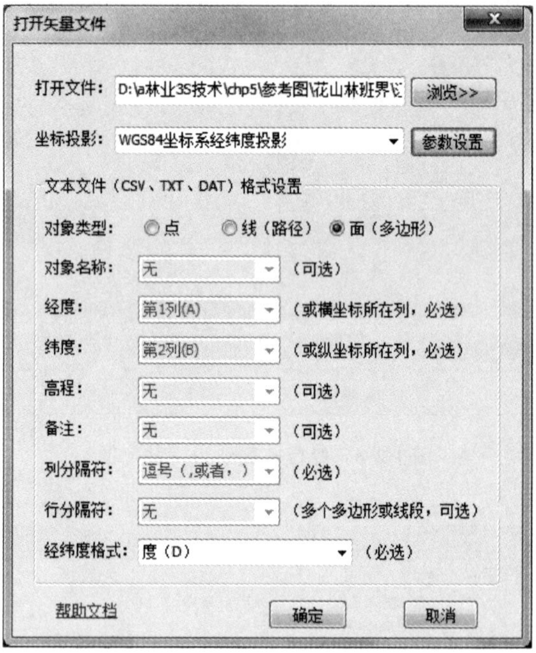

图 1-2-10 【打开矢量文件】对话框

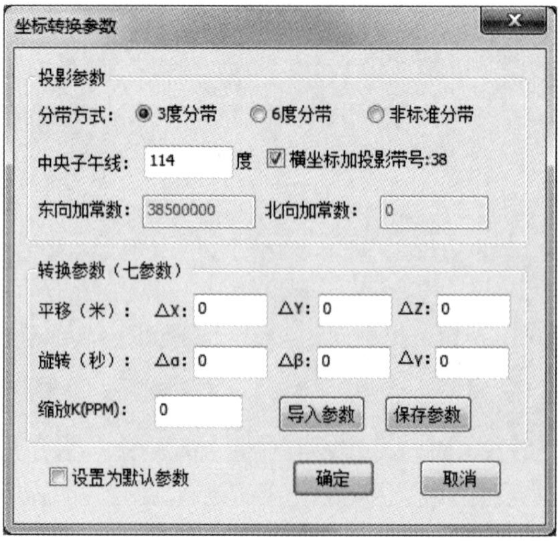

图 1-2-11 投影与坐标系参数

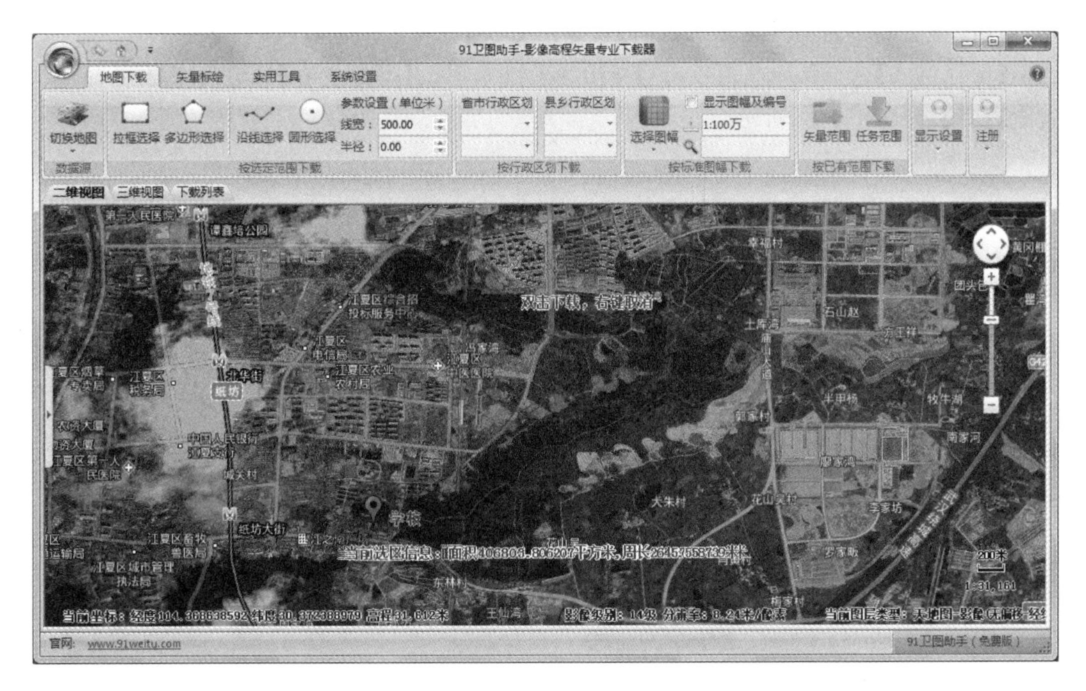

图 1-2-12　以面矢量图作为下载范围

3）下载数据

双击下载范围弹出【下载对话框】，【存储目录】即保存影像文件夹的路径，勾选【下载类型】为【天地图-影像】；【选择影像级别】中勾选将下载影像的级别，级别越高分辨率越高，如图 1-2-13 所示。

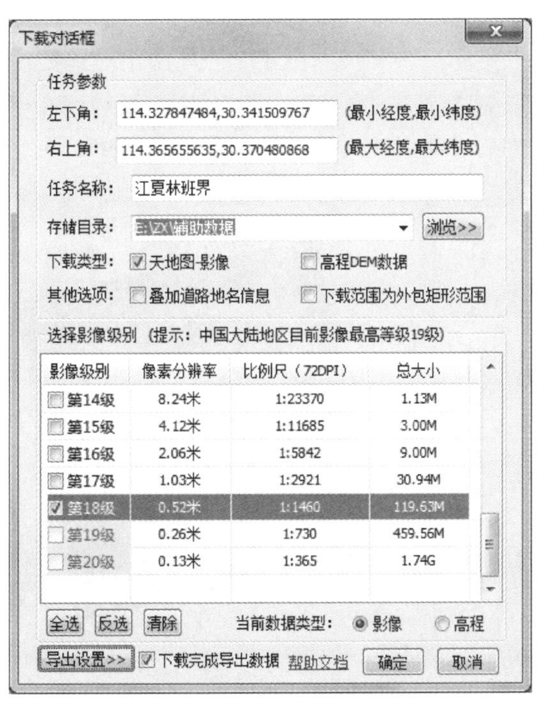

图 1-2-13　【下载对话框】

单击【导出设置】打开【导出对话框】,【导出方式】选择【导出单个文件】将导出一幅完整的图,【保存格式】选择【GeoTiff(.tif)】导出为 tif 图,更改【坐标投影】并进行参数设置,勾选【背景透明】,如图 1-2-14 所示。

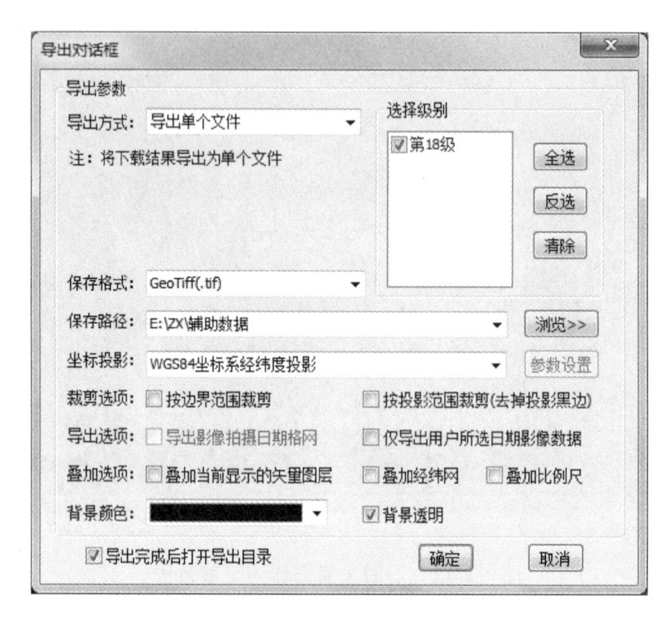

图 1-2-14 导出参数设置

工作成果展示

低分辨率影像如图 1-2-15 所示。高分辨率影像如图 1-2-16 所示。

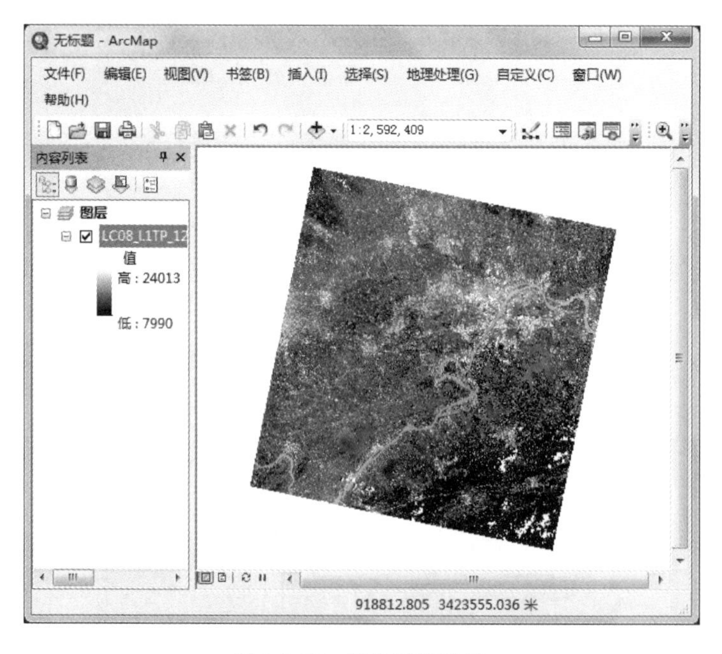

图 1-2-15 低分辨率影像

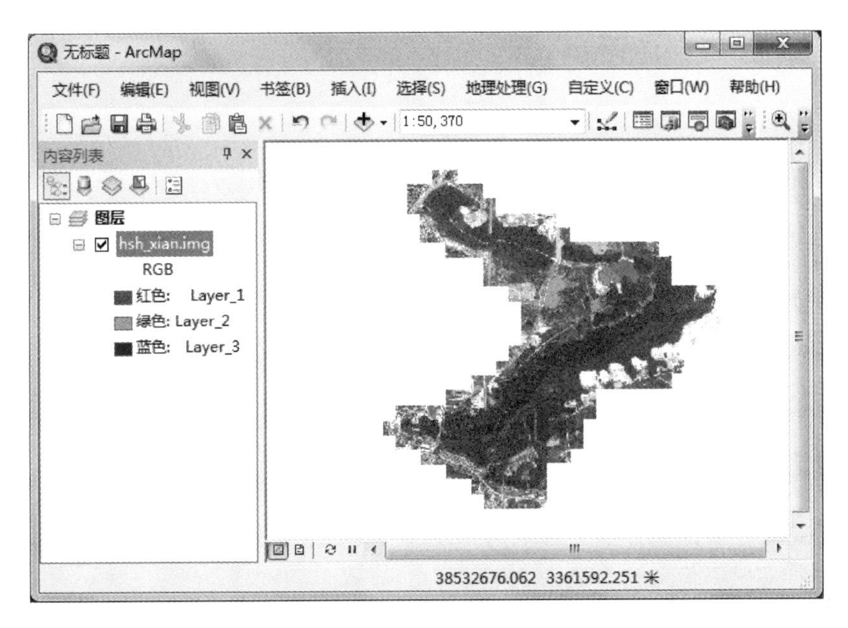

图 1-2-16　高分辨率影像

拓展训练

（1）参考遥感影像获取方法，查阅资料确定包含武汉市在内的 L8 卫星遥感影像的条带号和列号，在地理空间数据云平台下载最近一期、云量不超过 10%的低分辨率影像图。

（2）参考遥感影像获取方法，在 91 卫图软件中通过检索武汉市江夏区行政区位置确定影像下载范围，并查看该范围可下载的最高等级高分辨率影像图。

遥感影像获取

任务 2.2　遥感影像彩色合成与融合

任务描述

在介绍不同波段遥感影像特征差别的基础上，通过 RGB 彩色合成将原始的单波段灰白影像合成彩色多光谱影像，再将低分辨率多光谱影像与高分辨率全色波段融合，最终形成光谱分辨率和空间分辨率较高的彩色遥感影像以提高信息提取精度和可靠性。

每人提交一幅高分辨率彩色遥感影像图。

任务目标

一、知识目标

(1)了解波段和波段特征。
(2)掌握大气窗口。
(3)掌握典型地物光谱反射曲线。
(4)掌握遥感影像彩色合成与融合的含义和目的。

二、能力目标

(1)会根据工作目的选择参与合成的单波段影像。
(2)会进行遥感影像彩色合成。
(3)会进行遥感影像融合。

三、素质目标

(1)锻炼资源收集、筛选和科学研究的能力。
(2)锻炼根据工作需要和专业知识做出正确的判断和选择的能力。

知识准备

一、遥感影像波段特征

前期通过购买或在数据共享平台下载获取的遥感影像为以灰度(灰阶)表达的单波段灰白影像。不同波段影像的波长、分辨率和所反映的主要信息不同,对应的用途也不同。以美国 Landsat 系列卫星的 Landsat 8 陆地成像仪 OLI 和热红外传感器 TIRS 数据为例,各波段的影像特征及其主要用途存在差别,如表 1-2-1 所示。

表 1-2-1　Landsat 8 卫星传感器影像波段特征

传感器类型	波段	波长范围/μm	空间分辨率/m	主要应用
陆地成像仪 OLI	Band 1 Coastal(海岸波段)	0.433~0.453	30	主要用于海岸带观测
	Band 2 Blue(蓝波段)	0.450~0.515	30	用于水体穿透,分辨土壤、植被
	Band 3 Green(绿波段)	0.525~0.600	30	用于分辨植被

续表

传感器类型	波段	波长范围/μm	空间分辨率/m	主要应用
陆地成像仪OLI	Band 4 Red（红波段）	0.630～0.680	30	处于叶绿素吸收区，用于观测道路、裸露土壤、植被种类等
	Band 5 NIR（近红外波段）	0.845～0.885	30	用于估算生物量、分辨潮湿土壤
	Band 6 SWIR 1（短波红外 1）	1.560～1.660	30	用于分辨道路、裸露土壤、水，还能在不同植被之间有好的对比度，并且有较好的大气、云雾分辨能力
	Band 7 SWIR 2（短波红外 2）	2.100～2.300	30	用于岩石、矿物的分辨，也可用于辨识植被覆盖和湿润土壤
	Band 8 Pan（全色波段）	0.500～0.680	15	为15 m分辨率的黑白图像，用于增强分辨率
	Band 9 Cirrus（卷云波段）	1.360～1.390	30	包含水汽强吸收特征，用于云检测
热红外传感器TIRS	Band 10 TIRS 1（热红外 1）	10.60～11.19	100	感应热辐射的目标
	Band 11 TIRS 2（热红外 2）	11.50～12.51	100	感应热辐射的目标

二、地物光谱特征

1）电磁波

电磁振荡进入空间，变化的磁场激发了涡旋电场，变化的电场又激发了涡旋磁场，使电磁振荡在空间传播，这就是电磁波。按波长或频率的大小排列的电磁波形成了电磁波谱，该波谱以频率从高到低排列，可以划分为γ射线、X射线、紫外线、可见光、红外线、微波、无线电波（见图1-2-17）。根据波长不同，可见光又划分为七个波段，红外线又划分为近红外、短波红外、中红外、热红外和远红外。电磁波在传播过程中遇到气体、液体或固体介质时会发生反射、折射、衍射、干涉、吸收、散射等现象。

2）大气窗口

通常把电磁波通过大气层时较少被反射、吸收或散射而透过率较高的波段称为大气窗口，如图1-2-18所示。大气窗口的光谱主要有以下几种。

（1）0.3～1.3 μm，即紫外线、可见光、近红外波段。这一波段是摄影成像的最佳波段，也是许多卫星传感器扫描成像的常用波段，如Landsat卫星的TM传感器的1～4波段，spot卫星的HRV波段。

（2）1.5～1.8 μm和2.0～3.5 μm，即近红外、中红外波段。这是白天日照条件好时，扫描成像的常用波段，如Landsat卫星TM传感器的5、7波段，用以探测植物含水量以及云、

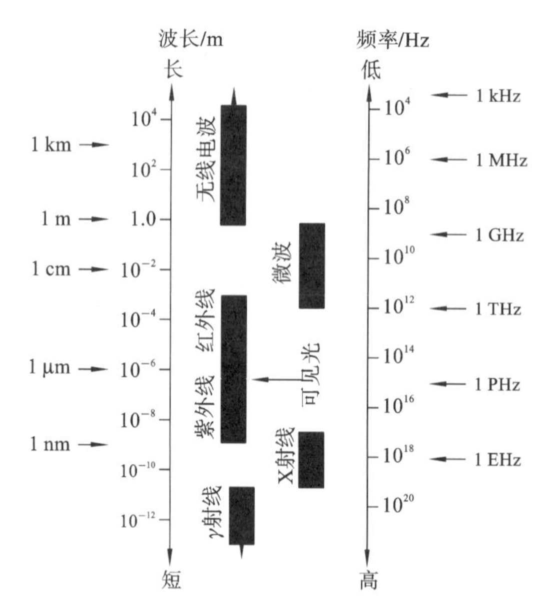

图 1-2-17　电磁波谱

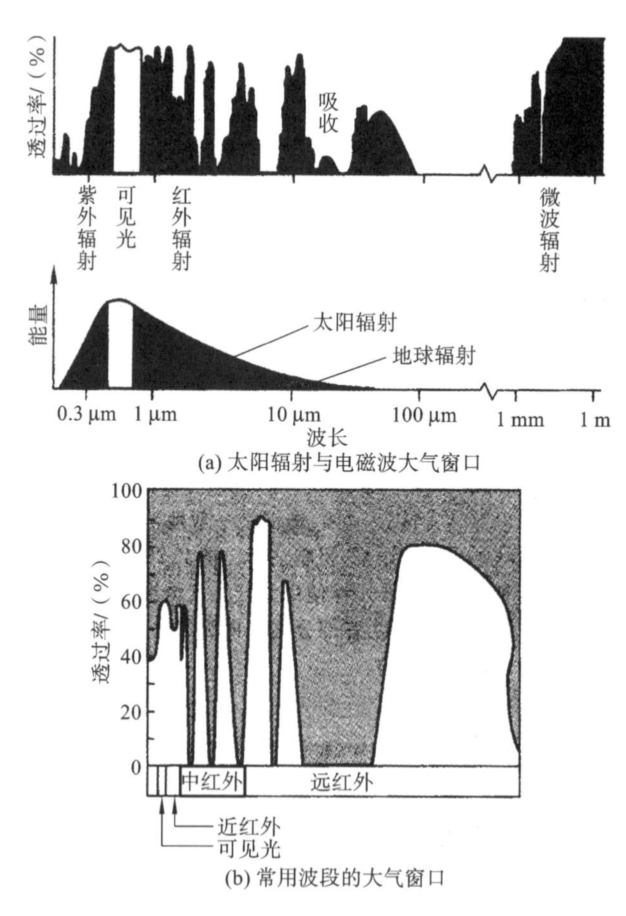

图 1-2-18　大气窗口

雪等，用于地质制图等。

(3)3.5～5.5 μm，即中红外波段。该波段除通透反射光外，也通透地面物体自身发射的热辐射能量。如NOAA卫星的AVHRR传感器用3.55～3.93 μm波段探测海面温度，获得昼夜云图。

(4)8～14 μm，即远红外波段，主要通透来自地物热辐射的能量，适合夜间成像。

(5)0.8～2.5 cm，即微波波段。由于微波穿云透雾能力强，这一区间可以全天候观测，而且采用主动遥感方式，如侧视雷达。Radarsat的卫星雷达影像也在这一区间，常用的波段为0.8 cm、3 cm、5 cm和10 cm，甚至可将该窗口扩展为0.05～300 cm。

3)地物光谱特征

任何地物都具有自身的电磁辐射规律，可以反射和吸收来自太阳的紫外线、可见光和红外线等，也可以发射某些红外线、微波，少数地物还可以透射电磁波，这些特性称为地物光谱特征。以波长为横坐标，以反射率为纵坐标，可以形成反映波长对地物反射电磁辐射能力的影响的地物光谱反射曲线，如图1-2-19所示。其中干土壤光谱反射曲线很少有反射峰和吸收谷；水体在可见光波段只有不明显的反射，红外波段以后完全吸收；绿色植被在近红外波段有较高的反射率，其次是绿色波段，在红色波段有较强的吸收能力，因此，绿色植被在近红外、红和绿3个光谱范围的光谱反射曲线与其他地物的光谱反射曲线能有效分离，该特征被林业用于提取和研究森林植被。此外，植物波谱在上述基本特征下仍有细部差别，这种差别与植物种类、季节、病虫害影响、含水量等有关系，如图1-2-20所示。

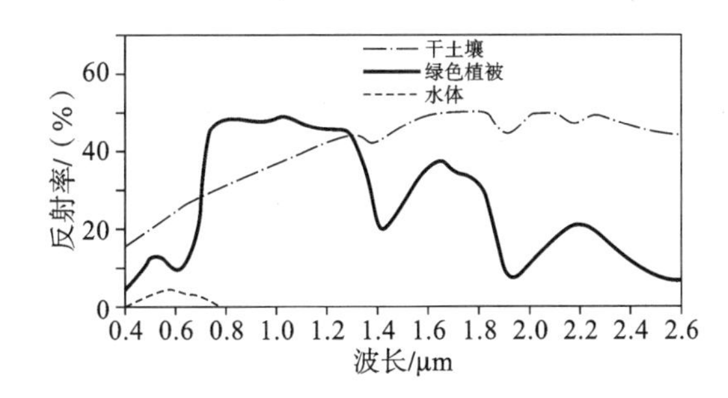

图1-2-19　典型地物光谱反射曲线

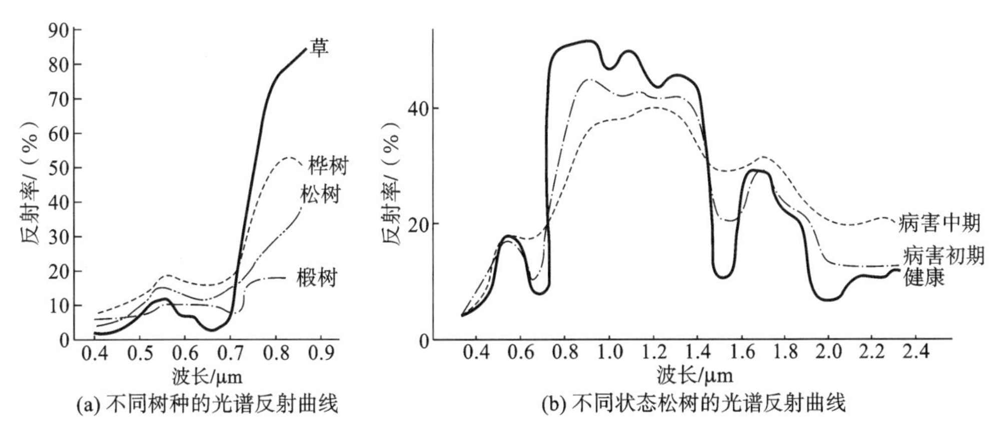

(a) 不同树种的光谱反射曲线　(b) 不同状态松树的光谱反射曲线

图1-2-20　树木光谱反射曲线

三、遥感影像彩色合成

人眼对色彩的分辨能力远远大于对灰度(或亮度)的分辨能力。为了充分利用色彩在遥感影像判读和信息提取中的优势,我们常使用数字技术进行彩色合成的光谱增强方法将单波段灰度级影像合成多波段彩色影像,再依据加色法原理,选择遥感影像的某三个波段,分别赋予红(R)、绿(G)、蓝(B)三原色进行波段组合(三个波段分别对应 RGB 三个分量),以实现彩色表达。

由于不同波段反映的主要信息和用途不同,我们需要根据波段特征和工作需要选择不同组合方案。我们通常以组合后的影像信息量最大、波段间的信息相关性最小、尽可能有针对性地突出所需信息作为波段选取原则。

彩色影像分为真彩色影像和假彩色影像。真彩色影像是把红、绿、蓝波段分别作为合成影像中的红、绿、蓝分量进行组合的结果,影像上地物的颜色与实际地物颜色基本一致,判图经验不足者习惯使用该类型影像。假彩色影像是指影像上地物的颜色与实际地物颜色不一致的影像。最常见的假彩色影像是彩色红外合成影像,又称标准假彩色影像,它是把近红外、红、绿波段分别作为合成影像中的红、绿、蓝分量进行组合的结果。植被在近红外波段有较高的反射率,其次是绿色波段,在红色波段有较强吸收能力,因此,标准假彩色影像在该 3 个光谱范围的光谱反射曲线与其他地物的光谱反射曲线能有效分离,可以突出植被信息,有利于植被的判读和研究。Landsat 8 卫星传感器影像常用波段组合方式及其主要用途如表 1-2-2 所示。

表 1-2-2 Landsat 8 卫星传感器影像常用波段组合方式及其主要用途

<table>
<tr><th>R、G、B</th><th>主要用途</th></tr>
<tr><td>4、3、2</td><td rowspan="2">自然真彩色</td></tr>
<tr><td>Red、Green、Blue</td></tr>
<tr><td>7、6、4</td><td rowspan="2">城市边界</td></tr>
<tr><td>SWIR2、SWIR1、Red</td></tr>
<tr><td>5、4、3</td><td rowspan="2">标准假彩色,植被判读</td></tr>
<tr><td>NIR、Red、Green</td></tr>
<tr><td>6、5、2</td><td rowspan="2">农业生产</td></tr>
<tr><td>SWIR1、NIR、Blue</td></tr>
<tr><td>7、6、5</td><td rowspan="2">穿透大气层</td></tr>
<tr><td>SWIR2、SWIR1、NIR</td></tr>
<tr><td>5、6、2</td><td rowspan="2">健康植被</td></tr>
<tr><td>NIR、SWIR1、Blue</td></tr>
<tr><td>5、6、4</td><td rowspan="2">陆地、水界线</td></tr>
<tr><td>NIR、SWIR1、Red</td></tr>
</table>

续表

R、G、B	主要用途
7、5、3	移除大气影响的自然表面
SWIR2、NIR、Green	
7、5、4	短波红外
SWIR2、NIR、Red	
6、5、4	植被分析
SWIR1、NIR、Red	

四、影像融合

为了最大限度地改善计算机解译精度和可靠性，我们将多光谱彩色影像与高分辨率的全色波段进行融合，以提高影像空间分辨率和光谱分辨率。遥感影像融合（image sharpening）是指将由多源通道采集的同一目标的图像经过一定的处理，提取各通道的信息来复合多源遥感影像，综合形成统一影像或综合利用各影像信息的技术。遥感影像融合按融合的层次可分为像素级融合、特征级融合和决策级融合，目前最常用的是像素级融合。融合方法有加权平均、IHS（饱和度）变换、主成分分析和小波变换等。

任务实施

一、确定工作任务

Landsat 8 单波段影像合成彩色多波段影像，并进一步与全色波段融合。

二、工具与材料

ArcGIS 10.2 软件、工具箱、波段合成工具面板、全色锐化工具面板；Landsat 8 单波段影像图。

三、操作步骤

1. 彩色合成

1）打开工具面板

单击标准工具条上的 打开【工具箱】，单击【数据管理工具】，展开【栅格】工具包，在【栅格处理】小工具箱中选择【波段合成】工具面板，如图 1-2-21 所示。

2）加载单波段数据

在【波段合成】工具面板上单击【打开】 ，找到储存参与彩色合成的单波段影像的文件

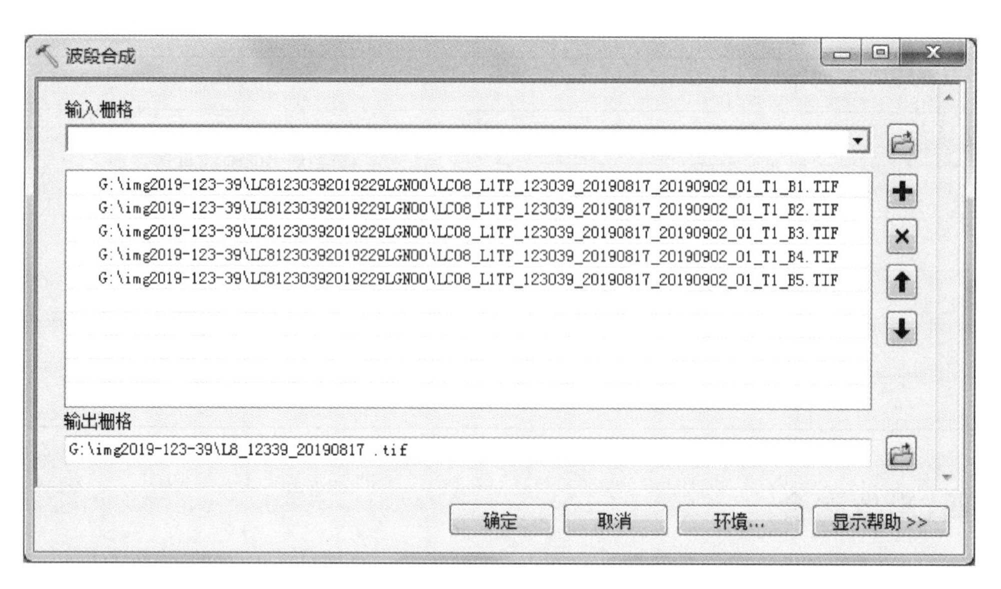

图 1-2-21　波段合成

夹并加载单波段。

选中波段，单击右侧箭头调整波段顺序，使波段从小到大排列。

3）输 出

在【输出栅格】中确定保存路径并命名，文件名后缀为 tif，单击【确定】命令执行彩色合成。彩色合成图如图 1-2-22 所示。

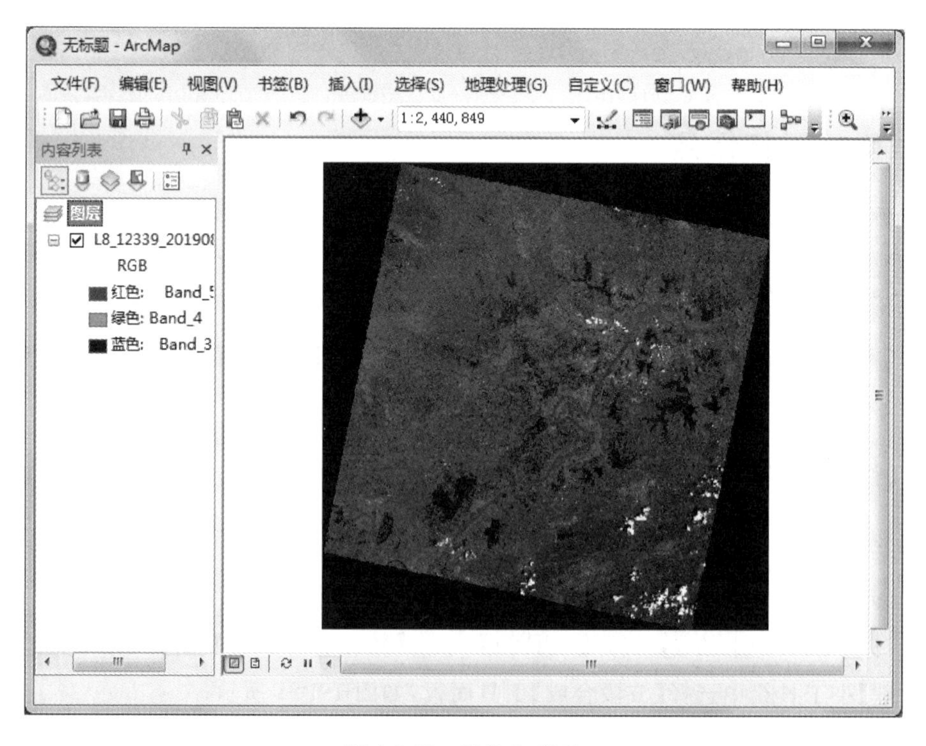

图 1-2-22　彩色合成图

在内容列表中单击彩色影像通道的图标，可在弹出的波段列表中选择波段，通过调整红、绿、蓝通道对应的波段，展示不同的波段组合方式。

2. 融合

1）打开工具面板

单击标准工具条上的 打开【工具箱】，单击【数据管理工具】，展开【栅格】工具包，在【栅格处理】小工具箱中选择【创建全色锐化的栅格数据集】打开融合工具面板，如图 1-2-23 所示。

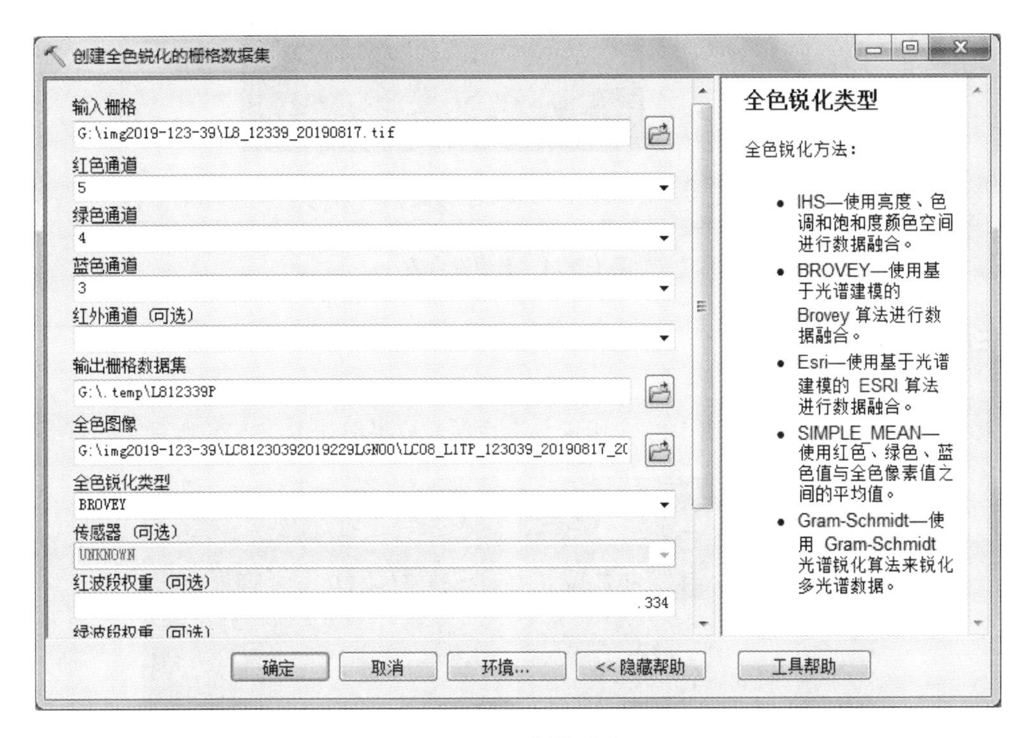

图 1-2-23　影像融合

2）设置融合参数

在【输入栅格】中打开彩色多光谱影像；查阅卫星影像波段特征确定红、绿、蓝通道对应的波段，以确定参与融合的多光谱影像的波段组合方式（如 Landsat 8 标准假彩色影像的 5、4、3 波段分别对应红、绿、蓝通道）；在【输出栅格数据集】中确定保存路径并命名，文件名后缀为 tif；设置【全色图像】为全色波段；在【全色锐化类型】中选择融合方法。

3）输出

在【输出栅格数据集】中确定融合后影像保存路径并命名，文件名后缀为 tif，单击【确定】命令执行融合。影像融合图如图 1-2-24 所示。

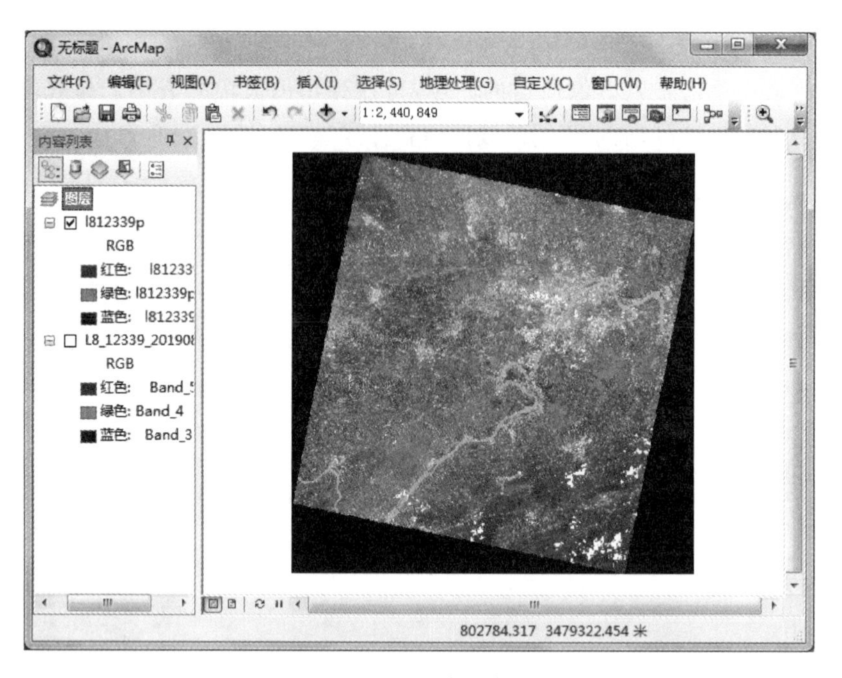

图 1-2-24 影像融合图

工作成果展示

影像彩色合成成果图如图 1-2-25 所示。影像融合成果图如图 1-2-26 所示。

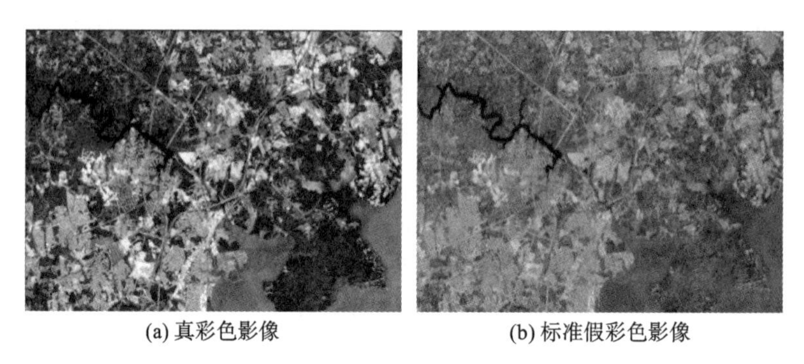

(a) 真彩色影像　　(b) 标准假彩色影像

图 1-2-25 影像彩色合成成果图

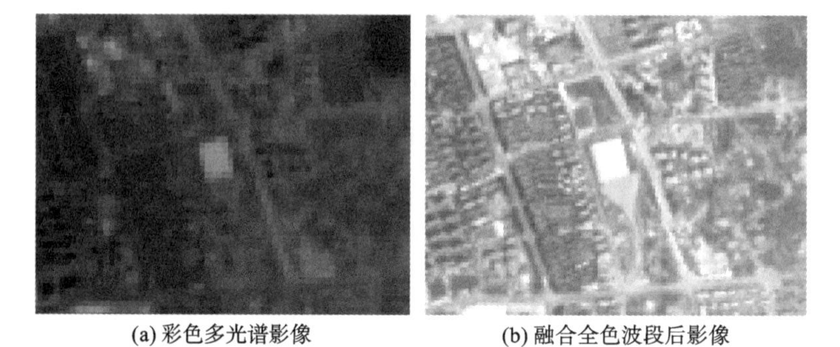

(a) 彩色多光谱影像　　(b) 融合全色波段后影像

图 1-2-26 影像融合成果图

拓展知识

遥感影像彩色
合成与融合(理论)

拓展训练

用 Erdas 和 ArcGIS 两种软件，将获取的单波段遥感影像合成为多波段彩色影像，再将其与全色波段融合。

遥感软件 Erdas 基本操作方法

Erdas 软件遥感影像彩色合成

ArcGIS 软件安装

认识 ArcGIS 软件

ArcGIS 遥感影像彩色合成与融合(实操)

任务 2.3　遥感影像投影坐标变换

任务描述

在介绍坐标、坐标系统、我国常用投影坐标系统和坐标系统变换基础上，通过地理坐标变换将北京 54 基准面转变为西安 80 基准面，再通过栅格投影将北京 54 坐标系影像投影到西安 80 投影坐标系，实现影像从北京 54 投影坐标系到西安 80 投影坐标系的变换。

通过坐标变换，每人提交一幅坐标系统与工作要求相符的图件。

任务目标

一、知识目标

（1）了解坐标概念。

（2）掌握坐标系统类型。

（3）掌握我国曾经使用的几种坐标系。

（4）掌握坐标变换方法。

二、能力目标

（1）会进行椭球基准变换。

（2）会进行投影变换。

（3）会进行遥感影像融合。

三、素质目标

（1）增强学生的规则意识，引导学生遵守技术规范。

（2）培养学生勤学苦练的学习态度，锻炼学生根据问题查阅专业相关信息解决问题的能力。

知识准备

在参照系中，为确定空间一点的位置，按规定方法选取的有次序的一组数据，叫作"坐标"。地球上任何点的位置都是相互联系的，都有一定的相对关系。因此确定一个起算标准，才能测绘地面上点的位置，不然就分不出远近和高低了。测绘地面上某个点的位置时，需要两个起算点：一个是平面位置，另一个是高程。计算这两个位置所依据的系统，称为坐标系统。

坐标系统是空间数据重要的数学要素之一，是保证图件信息具有空间性和准确性的前提。地理坐标系和投影坐标系是坐标系统的两种重要表达方式。地理坐标系直接用经纬度表示地球表面点在椭球面上的位置，也称球面坐标系，单位是度分秒；投影坐标系把球面通过投影转换成平面，用二维笛卡儿坐标(x,y)表示地球表面点在平面上的位置，也称平面直角坐标系，单位是 m。地理坐标系是基于球体或旋转椭球体的坐标系，投影坐标系是基于地理坐标系投影的坐标系。椭球面和基准面是地理坐标系的重要参数。投影坐标系由地理坐标系和投影方式确定。

根据原点不同，坐标系分为地心坐标系和参心坐标系。地心坐标系的原点位于地球质心，适合全球应用。参心坐标系的原点不位于地球质心，适合局部应用。参心坐标系有利于局部大地水准面更好地符合参考椭球面，具有能保持国家坐标系统稳定等优点。

一、我国常用坐标系

我国资源调查空间数据有 4 种常用坐标系：北京 54、西安 80、CGCS2000 和 WGS84。继北京 54 坐标系后，西安 80 坐标系沿用至近期，至 2019 年第三次全国土地资源调查结束后改用 CGCS2000 国家大地坐标系。进行资源信息提取时经常需要从网络数据共享平台下载遥感影像图和 DEM 图作参考数据，其坐标系一般是国际上常用的 WGS84。鉴于实际工作中数据来源多且下一次资源调查数据一般是在上一次资源调查数据的基础上进行修改校对而得的，因此会经常涉及这 4 种坐标系的变换，即把空间数据由一种投影或坐标系变换为另一种投影或坐标系。不同坐标系的参数如表 1-2-3 所示。

表 1-2-3　不同坐标系的参数

坐标系	分类	椭球	投影
北京 54	参心坐标系	克拉索夫斯基	高斯-克吕格
西安 80	参心坐标系	IAG-75	高斯-克吕格
CGCS2000	地心坐标系	CGCS2000	高斯-克吕格
WGS84	地心坐标系	WGS84	墨卡托

二、坐标变换

坐标变换指把一种球面坐标系变为另一种球面坐标系或把一种平面坐标系变为另一种平面坐标系；投影指把球面坐标系变为平面坐标系，实际上也是一种坐标变换。坐标变换包括地理坐标变换（基准变换）和投影。

三、坐标变换的数学模型及其应用情况

我们应针对不同情况采取不同的坐标变换方式，从数学原理上讲有正解变换、反解变换和数值变换。当两种坐标系椭球相同、基准面相同时，采用正解变换法；当两种坐标系椭球不相同、基准面不相同时，采用反解变换；当无法得到两种坐标系的转换关系时用数值变换，如通过几何校正实现坐标变换。

1. 正解变换

正解变换指直接由一种投影的坐标变换到另一种投影的坐标。这种方法不需要反解出原地图投影点的地理坐标，而是直接求出两种投影点的直角坐标关系式。

2. 反解变换

反解变换又称间接变换，是一种过渡的方法，由一种投影的坐标反解出地理坐标，然后将其代入新图的投影公式求得其坐标，从而实现由一种投影的坐标到另一种投影的坐标的变换。

3. 数值变换

如果不知道原投影点的坐标解析式或不易求出两投影坐标的直接关系，可以采用多项

式逼近的方法，即用数值变换法来建立两投影的变换关系式，根据两种投影在变换区内的若干同名数字化点，采用插值法或待定系数法等，实现由一种投影的坐标到另一种投影的坐标的变换。

四、基准变换方法

基准变换方法有三参数法(1 个点)和七参数法(3 个点)。七参数指三个平移因子(x、y、z)、三个旋转因子(x 旋转、y 旋转、z 旋转)、一个比例因子(尺度变化 k)；三参数指三个平移因子(x、y、z)。三参数法将旋转因子与比例因子视为 0，是七参数法的一种特例。七参数法包括旋转角度按逆时针定义的 Position_Vector 布尔莎法(一般在欧洲使用)、旋转角度按顺时针定义的 Coordinate_Frame 布尔莎法(一般在美国使用)；三参数法包括地心偏移算法(Geocentric_Translation)、莫洛琴斯基地球模型(Molodensky)和简化莫洛琴斯基公式(Molodensky_Abridged)等。

三参数和七参数均是非公开的，可以通过向测绘部门申请获得，如果知道 3 个以上的同名地物点对应的 2 个坐标系中的坐标，则可以用软件(MapGIS 软件和 COORD 软件)计算获得。如果 2 个坐标系的 3 个轴都是平行的且没有比例差异，或者区域范围不大(最远点的距离不大于 30 km)，可以不做旋转和比例调整，则选用三参数法。

任务实施

一、确定工作任务

北京 54 投影坐标系变为西安 80 投影坐标系。

二、工具与材料

ArcGIS 10.2 软件、工具箱、地理坐标变换工具、投影工具、栅格影像。

三、操作步骤

1. 创建自定义地理坐标变换

1)打开工具面板

打开【工具箱】中的【数据管理工具】小工具箱中的【投影和变换】工具包中的【创建自定义地理(坐标)变换】对话框，如图 1-2-27 所示。

2)设置参数

(1)自定义【地理(坐标)变换名称】，即为地理坐标变换命名。

(2)【输入地理坐标系】为原图对应的地理坐标系。单击【属性】 打开【空间参考属性】对话框，在【地理坐标系】下的【Asia】文件夹中选择【Beijing 1954】，如图 1-2-28 所示。

(3)【输出地理坐标系】为坐标系变换后的目标图件对应的地理坐标系(打开方式与步骤

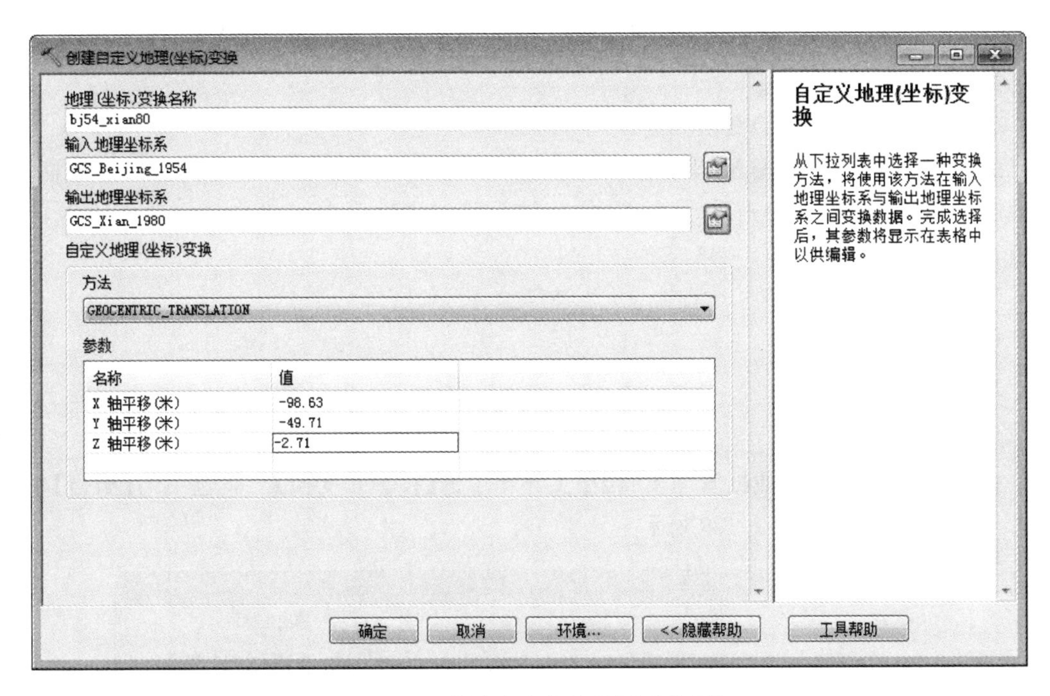

图 1-2-27　创建自定义地理(坐标)变换

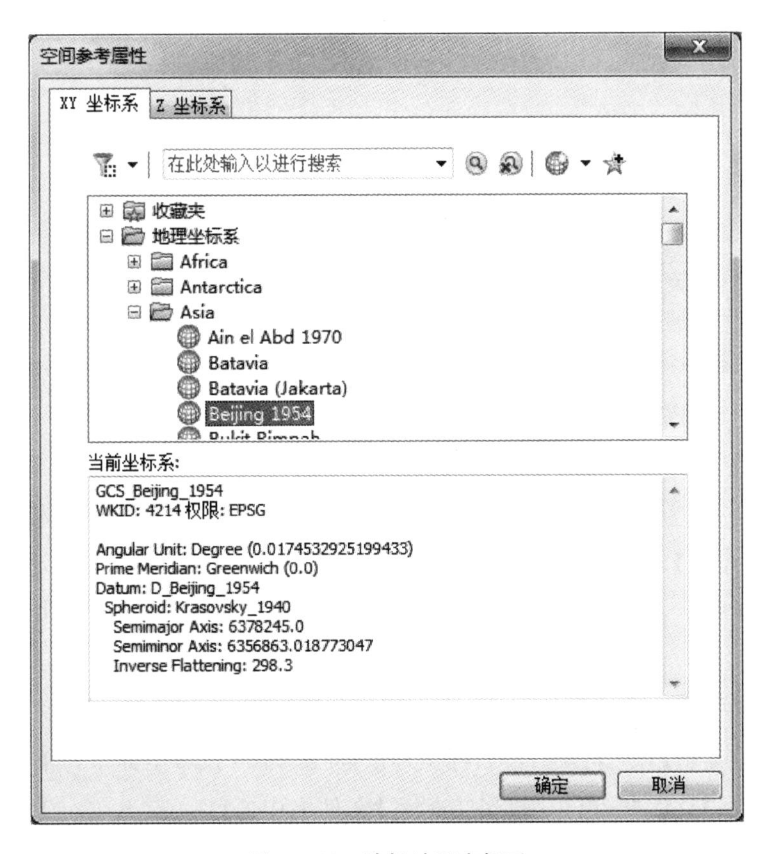

图 1-2-28　选择地理坐标系

(2)相同)。单击【属性】 打开【空间参考属性】对话框，在【地理坐标系】下的【Asia】文件夹中选择【Xian 1980】。

(4)自定义地理(坐标)变换方法。

北京 54 坐标系到西安 80 坐标系的基准转换方法为三参数法。单击【方法】下拉框，选择地心偏移算法，在 x 轴平移、y 轴平移、z 轴平移的属性值单元格中分别输入对应的平移值。

(5)运行计算。

单击【确定】进行计算。

2. 投影变换

1)打开工具面板

打开【工具箱】中的【数据管理工具】小工具箱中的【投影和变换】工具包中的【栅格】中的【投影栅格】对话框，如图 1-2-29 所示。

图 1-2-29　投影栅格

2)设置参数

(1)【输入栅格】为被转换影像。单击【加载】图标 打开【输入栅格】文件夹，选择被转换影像并单击【添加】；如果内容列表中已经加载了影像，通过单击下拉框选择影像即可。

(2)【输入坐标系(可选)】默认设置为对应影像自带的投影坐标系，即北京 54 投影坐标系，无须修改。

(3)单击【输出栅格数据集】后的【加载】 ，为转换后影像指定保存路径并命名。

(4)【输出坐标系】对应转换后的目标坐标系，即西安 80 投影坐标系。单击【属性】 打开【空间参考属性】对话框，单击【投影坐标系】文件夹中的【Gauss Kruger】文件夹，再单击【Xian 1980】文件夹，有缀中央经线和缀代号两种格式坐标系，根据影像图所在区域经度范围确定该图中央经线并结合工作要求选择坐标系格式，如中央经线为 114°缀带号的坐标系为【Xian_1980_3_Degree_GK_Zone_38】。

(5)【地理(坐标)变换(可选)】的下拉菜单中选择上述创建的自定义地理坐标变换。如选错,在列表中选中,单击 × 删除。

3. 查看成果

1)加载图件

单击【加载】工具 ,打开结果图存储路径,选择图件进行添加。

2)查看坐标系信息

在内容列表中用鼠标右键点击影像图,选择【属性】打开【图层属性】对话框,进入【源】标签,查看【属性】栏中的【空间参考】。

工作成果展示

【图层属性】对话框中的【空间参考】如图 1-2-30 所示。

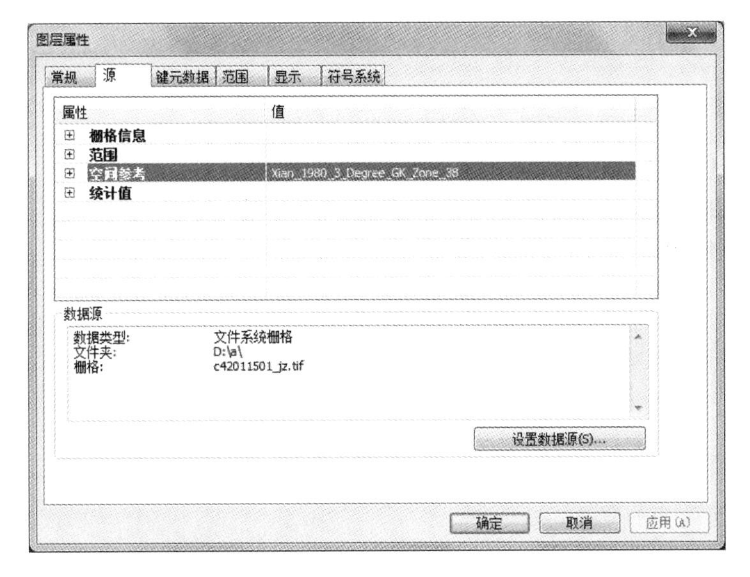

图 1-2-30　【图层属性】对话框中的【空间参考】

拓展知识

遥感影像投影与
坐标变换基础知识

拓展训练

用 Erdas 和 ArcGIS 两种软件，将合成的多波段彩色影像从 WGS84 坐标系变换为 Xian80 坐标系，转换参数可以默认为 0。

Erdas 遥感影像投影与坐标变换

ArcGIS 影像投影与坐标变换

任务 2.4　遥感影像几何校正

任务描述

介绍引起遥感影像几何畸变的原因和控制点采集的原则，以标准地形图为参考图对遥感影像进行几何精校正，实现影像图与标准参考图的匹配。

每人提交一幅无几何畸变的遥感影像图。

任务目标

一、知识目标

(1)了解几何畸变的概念。

(2)掌握引起几何畸变的原因。

(3)掌握几何校正的类型和方法。

(4)掌握选取控制点的原则。

二、能力目标

(1)会计算控制点对数。

(2)会选取控制点。

(3)会进行遥感影像几何校正。

三、素质目标

(1)培养学生精益求精、保证数据质量的工作态度。

(2)培养学生应用专业知识分析问题、解决问题的能力。

(3)培养学生一丝不苟、精益求精的工匠精神。

知识准备

遥感影像整体或局部存在位置偏差,甚至变形,称为几何畸变,表现为畸变图与标准图中相同地物像元的位置坐标不匹配。引起影像几何畸变的原因:①遥感平台航高、航速、俯仰、翻滚、偏航等位置和运动状态变化;②地形起伏引起像点位移;③地球表面曲率引起像点位移(像元对应的地面宽度不等,距星下点越远畸变越大,对应地面长度越长);④大气折射引起像点位移;⑤地球自转的影响(产生影像偏离);⑥扫描输入时,图纸未被压紧产生斜置。

我们可以通过几何校正消除几何畸变。几何校正分为系统校正(几何粗纠正)和非系统校正(几何精纠正)。系统校正指地面接收站在提供给用户资料前,针对几何畸变的原因,根据卫星姿态、传感器性能指标、扫描特征等参数,按常规处理方案,对影像几何畸变进行的校正。非系统校正又称几何精校正、图像配准、图像纠正,是利用地面控制点改正原始图像的几何变形,产生一幅符合某种地图投影或图件表达要求的新图像,由用户完成,无须考虑引起几何畸变的原因。

我们通常选取成对的同名地物点拟合多项式进行几何精校正。同名地物点又称 GCP 点或控制点。一个点提供对应像元的错误坐标,在畸变图上选取;另一个点提供对应像元的正确坐标(参考坐标),可以在无几何畸变的标准参考图上选取,也可以用移动 GPS 设备实地获取。同名地物点选取质量决定几何精校正质量,一般遵循以下选取原则:①选择容易识别、定位明显且长时间稳定的特征地物(如道路交叉点、标志建筑物、水坝、机场等人工设施,山顶、岩石、小岛中心等天然地物),不要选变换频繁的地物(如水体);②控制点要在图像上分布均匀,影像图中间和四周尽量有点;③根据图件面积确定点对数量,既不能太少(符合校正多项式计算要求和校正精度要求),也不能太多(防止误差累积降低精度);④点的对数计算公式为 $N=(n+1)\times(n+2)/2$,其中 N 为点的对数,n 为多项式次数。例如,当 $n=1$,为一阶多项式,需要 3 对以上 GCP 点;当 $n=2$,为二阶多项式,需要 6 对以上 GCP 点。

任务实施

一、确定工作任务

以地形图为标准参考图完成遥感影像的几何精校正。

二、工具与材料

ArcGIS 10.2 软件、影像配准工具条、效果工具条、有几何错误的待校正遥感影像、正确的地形图。

三、操作步骤

1. 查看 2 个图件的差异

用鼠标右键点击菜单栏空白处打开【效果】工具条(见图 1-2-31),单击下拉框选择内容列表中位于上层的数据(如 hsh_xian. img),再用【卷帘】工具 左右或上下滑动图层以查看上下图层的几何差异并预判可选取的同名地物点(见图 1-2-32)。

图 1-2-31 【效果】工具条

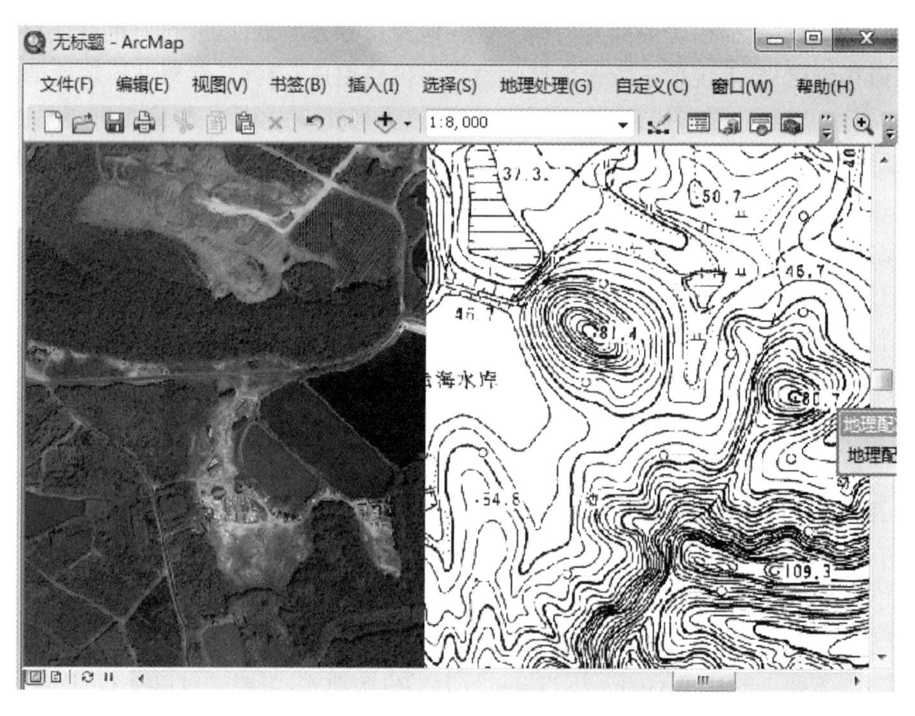

图 1-2-32 对比查看图件空间位置匹配程度

2. 设置数据框坐标系

用鼠标右键点击内容列表中的【数据框】,选择【属性】对话框,在【坐标系】标签里为数据框加坐标系,如图 1-2-33 所示。

(1)通过选择系统预设的方式加坐标系:单击【投影坐标系】,单击【Gauss Kruger】文件夹,再单击坐标系类型文件夹(如【Xian 1980】),选择目标坐标系,单击【确定】。

(2)通过导入现有图件坐标系(如待校正影像坐标系)的方式为数据框加坐标系:点击【添加坐标】下拉框,选择【导入】,打开待校正影像存储的文件夹,选择待校正影像,单击【添加】。

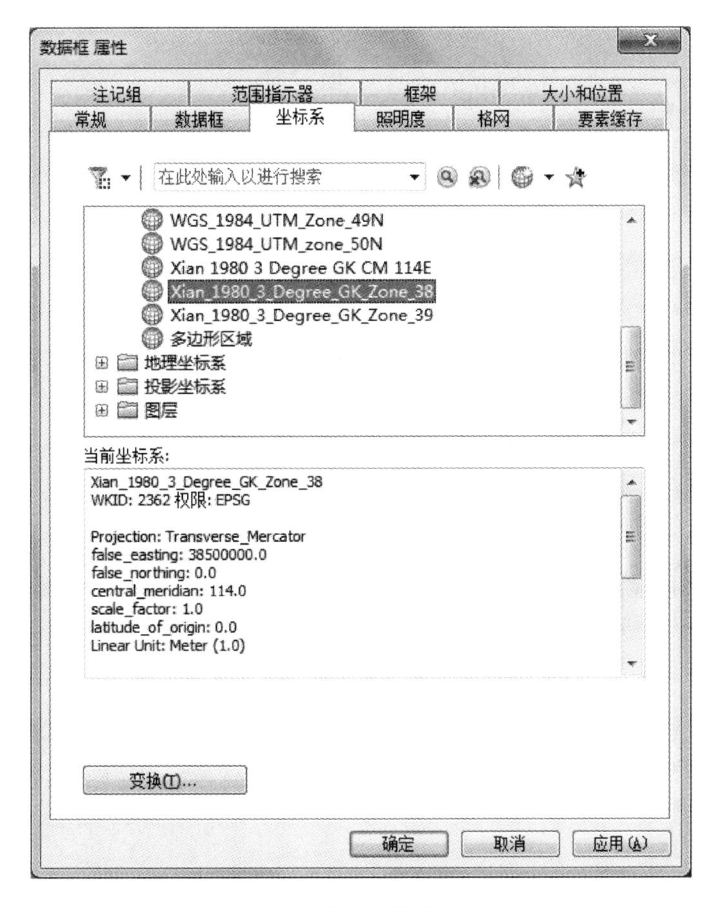

图 1-2-33 为数据框加坐标系

如果待校正影像坐标系与数据框坐标系不一致,【地理配准】工具条的下拉框中无法显示待校正影像。如果待校正影像坐标系不是目标坐标系,清除待校正影像坐标系即可:在目录中用鼠标右键点击待校正影像,选择【属性】打开【栅格数据集属性】对话框,在【常规】标签中单击【空间参考】项的【编辑】命令打开【空间参考属性】对话框,点击【添加坐标】下拉框,选择【清除】命令,如图 1-2-34 所示。tif、img 格式影像均可以进行此操作,grid 格式影像无法进行此操作。

3. 确定校正参数

1)取消自动校正

用鼠标右键点击菜单栏空白处打开【地理配准】工具条,在【地理配准】下拉框中取消自动校正命令,如图 1-2-35 所示。

2)确定被校正影像

在【地理配准】工具条的下拉框中选择待校正影像。

4. 选取控制点

用地理配准工具条上的【添加控制点】工具选控制点,先在被校正影像图上选一个代表错误坐标的控制点,以黄色标识,再到参考图对应位置选一个代表正确坐标的控制点,以

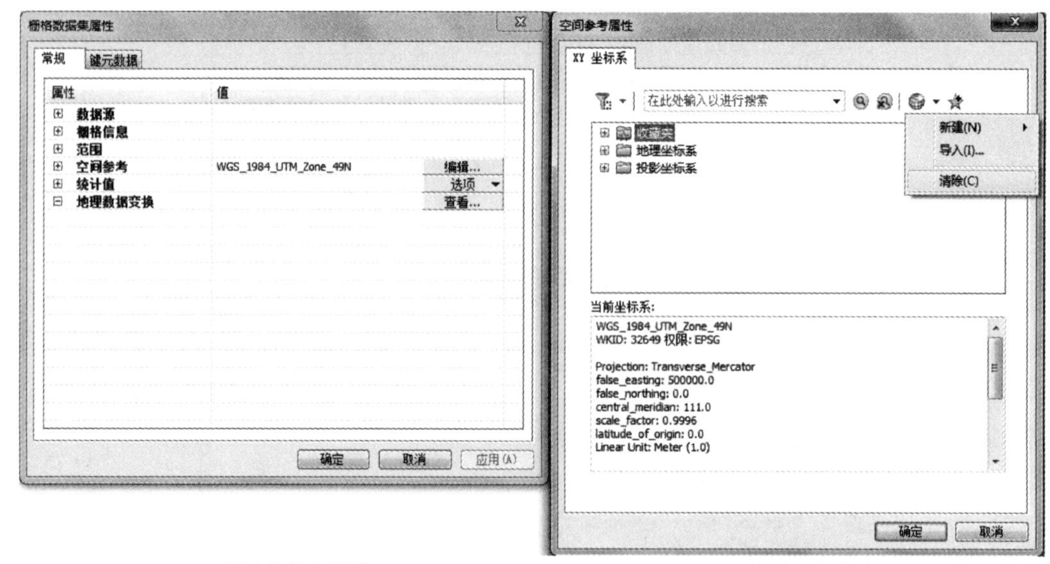

(a) 栅格数据集属性　　　　(b) 清除空间参考

图 1-2-34　清除待校正影像坐标系

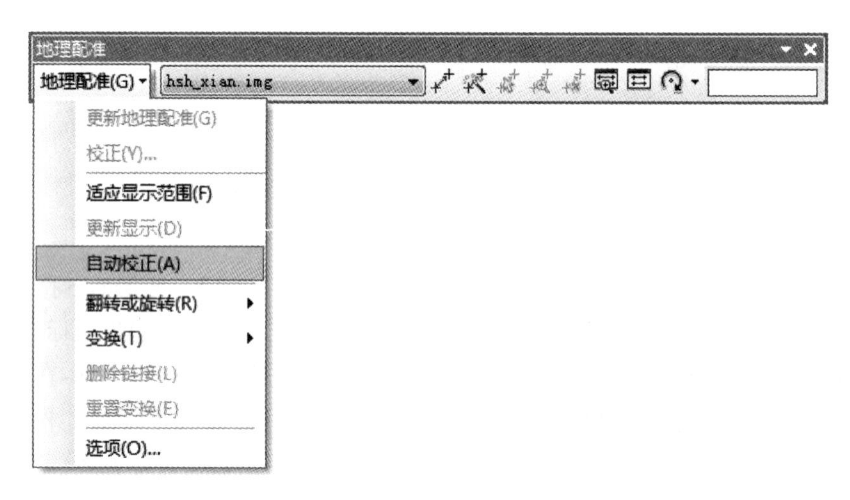

图 1-2-35　自动校正命令

红色标识，完成一对控制点的选取，如图 1-2-36 所示。用同样方法选择其他控制点对。

5. 编辑控制点

打开【地理配准】工具条上的【链接表】 查看控制点对，一条记录对应一对控制点，【X 源】、【Y 源】为被校正图上的坐标，【X 地图】、【Y 地图】为参考图上对应点的坐标，如图 1-2-37 所示。

选中某条记录，编辑工具被激活，单击【删除链接】 可以删除该控制点对；单击【缩放至所选链接】 可以定位到该控制点对；单击【插入链接】 可以以手动输入的方式添加控制点对；单击【打开】工具 可以导入预先录入 text 文件中的坐标点对。

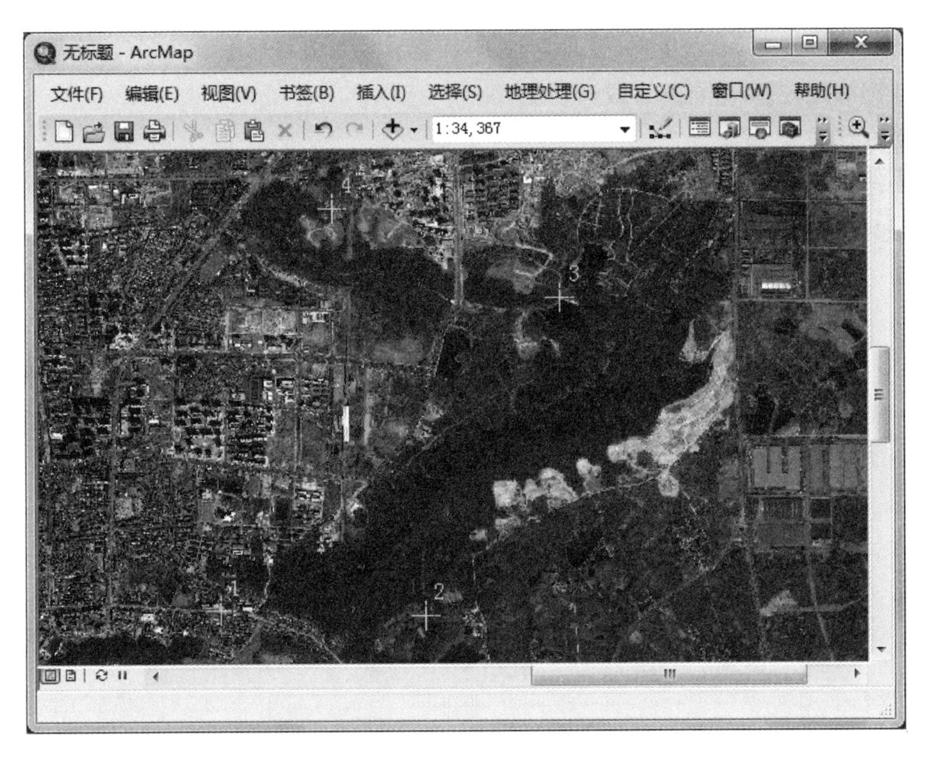

图 1-2-36　选择控制点对

链接

RMS 总误差(E): Forward:6.65501

	链接	X 源	Y 源	X 地图	Y 地图	残差_x	残差_y	残差
☑	1	38531691.6...	3358471.3...	38531703.5...	3358452.7...	3.46182	-5.9292	6.86583
☑	2	38532960.8...	3358408.4...	38532960.8...	3358393.3...	-4.0724	6.97455	8.07644
☑	3	38533921.4...	3360450.7...	38533920.2...	3360429.3...	3.15948	-5.40952	6.2646
☑	4	38532427.1...	3361025.3...	38532424.1...	3361027.9...	-2.5489	4.36417	5.054

☐自动校正(A)　　变换(T): 一阶多项式(仿射)

☐度分秒　　Forward Residual Unit : Unknown

图 1-2-37　控制点数据链接表

6. 查看效果并输出

1)设置校正方法

在链接表的【变换】下拉菜单中选择校正方法，如 4 对点满足 1 阶多项式要求，自动计算残差并刷新校正结果(也可以在工具条的【地理配准】下拉框中单击【更新显示】，待校正影像显示为校正后的效果图)。

对于残差较大的控制点，删除重新选择或通过【地理配准】工具条的【选择链接】工具调整点的位置。

2)预览校正效果

拖动【效果】工具条上的【卷帘】工具 对比查看效果图与标准参考图(地形图)的差别,如局部匹配效果较差,重新选点或调整点对。

3)保存控制点

单击链接表上的【保存】工具 打开【另存为】对话框,确定保存路径和文件名称后单击【保存】,如图 1-2-38 所示。

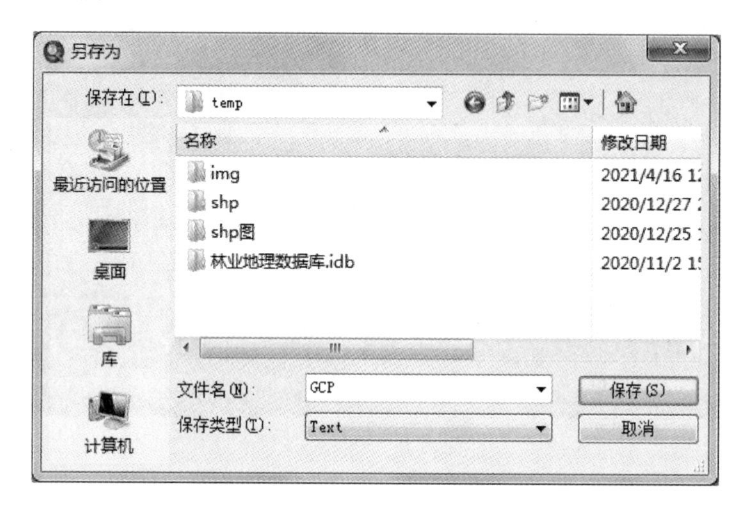

图 1-2-38 保存 GCP 控制点

4)输出校正结果图

单击【地理配准】工具条的【地理配准】下拉菜单,选择【校正】命令打开【另存为】对话框,确定输出位置,保存格式为 TIFF 或 img,命名,单击【保存】执行输出,如图 1-2-39 所示。

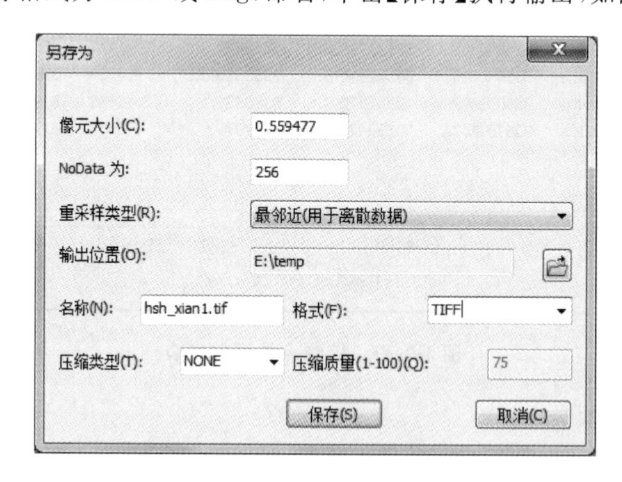

图 1-2-39 保存校正结果图

工作成果展示

校正结果图如图 1-2-40 所示。

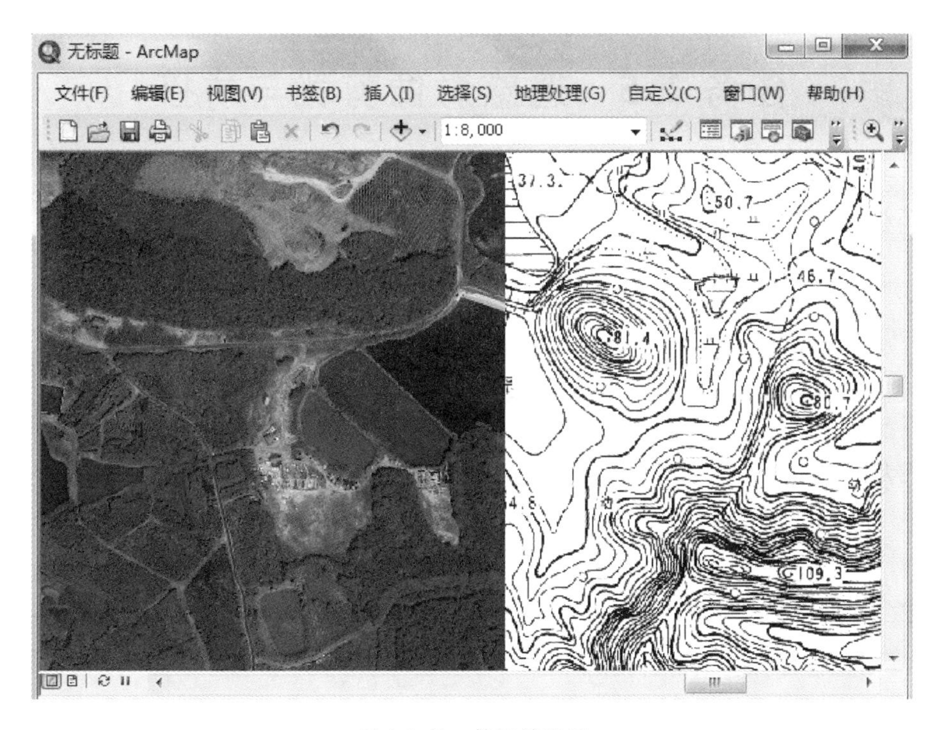

图 1-2-40　校正结果图

拓展知识

遥感影像几何
校正基础知识

拓展训练

用 Erdas 和 ArcGIS 两种软件，将同一区域最近一期 Landsat 8 遥感影像作为参考图，对 Landsat 5 遥感影像进行几何校正。

Erdas 遥感影像
几何校正

ArcGIS 遥感
影像几何校正

任务 2.5　遥感影像剪裁与拼接

任务描述

介绍遥感影像拼接技术要求并将多幅影像拼接成一幅包含完整研究区域的影像，再以感兴趣区为剪裁范围通过规则剪裁和不规则剪裁方法剪裁出感兴趣区的影像。

每人提交一幅影像拼接成果图、一幅规则剪裁成果图和一幅不规则剪裁成果图。

任务目标

一、知识目标

(1)了解遥感影像剪裁与拼接的原因。
(2)掌握参与拼接的影像具备的条件。
(3)掌握不同的影像剪裁方法。

二、能力目标

(1)会遥感影像剪裁。
(2)会遥感影像拼接。

三、素质目标

(1)培养学生的自学能力。
(2)培养学生独立处理简单问题的能力。

知识准备

当研究区域范围较大时，获得的遥感影像可能无法覆盖完整研究区域，我们可通过拼接将多幅影像拼接成一幅影像。遥感影像拼接又称遥感影像镶嵌，就是将具有投影与坐标系统的若干相邻影像合并成一幅或一组影像的过程。参与拼接的影像必须含有地图投影信息、经过几何校正处理、波段数相同，尽量是同一卫星拍摄且分辨率相同的产品以避免拼接中重采样造成影像信息严重失真；我们要确定一幅参考图像作为输出拼接图像的基准，还要确定拼接图像的对比度匹配、输出图像的地图投影、像元大小和数据类型等。

当影像覆盖范围较大而研究区域较小时，我们可以从整幅影像上剪裁出目标区域影像以节省磁盘存储空间、减少数据处理时间并提高数据处理速度。影像剪裁要确定剪裁区域，可以利用AOI、矢量图、栅格图或输入矩形区域对角线顶点坐标的方式来确定。剪裁方法分为规则剪裁和不规则剪裁。规则剪裁的剪裁范围为矩形区域；不规则剪裁的剪裁范围为任意多边形，如利用不规则形状的AOI、行政区划图、栅格图进行剪裁。

任务实施

一、确定工作任务

将两幅Landsat 8遥感影像拼接为一幅影像；依据输入矩形区域顶点坐标、行政区划面矢量图确定剪裁范围，实施规则剪裁和不规则剪裁。

二、工具与材料

ArcGIS 10.2软件；工具箱、栅格处理工具包、拼接工具、剪裁工具；两幅Landsat 8遥感影像图、（江夏区）行政区划面矢量图。

三、操作步骤

1. 影像拼接

1）无数据区域的设置

为了防止无数据区域影响重叠区域数据结果，在开始菜单的【ArcGIS】文件夹中打开【ArcCatalog】模块（或打开目录），展开影像存储文件夹，用鼠标右键点击影像打开【栅格数据集属性】对话框，进入【常规】标签，在【属性】栏的【栅格信息】属性要素中，单击【NoData值】后的【编辑】命令打开【NoData编辑器】，所有波段后的NoData值均设为0，如图1-2-41所示。

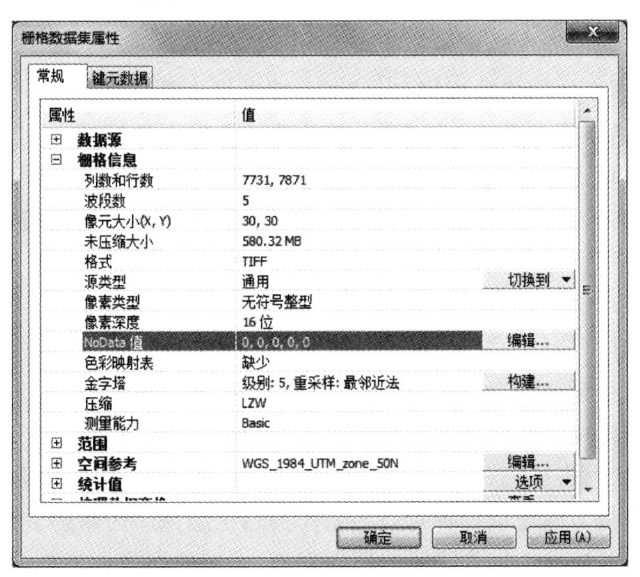

图1-2-41　栅格数据集属性

2)打开拼接工具面板

单击标准工具条上的 打开【工具箱】,展开【数据管理工具】,进入【栅格】工具包,在【栅格数据集】中单击【镶嵌至新栅格】打开影像拼接工具面板,如图 1-2-42 所示。

图 1-2-42　影像拼接工具面板

3)设置参数

(1)单击【输入栅格】后的【打开】命令 ,找到并添加所有参与拼接的影像,或者点击下拉框添加已经在内容列表中的参与拼接的影像。

(2)在【输出位置】中确定输出路径。

(3)在【具有扩展名的栅格数据集名称】中为输出的结果图命名。

(4)【栅格数据的空间参考(可选)】默认使用原始影像图坐标系。

(5)【像素类型(可选)】和【波段数】应与原影像相同。查看方法如下:加载原始影像,在内容列表中用鼠标右键点击影像打开影像【图层属性】对话框,进入【源】标签,展开属性栏的【栅格信息】查看波段数、像素类型和像素深度参数。

(6)【像元大小(可选)】默认与原始影像图相同或自定义大小。

(7)在【镶嵌运算符(可选)】下拉框中选择重叠区域的数据计算方法,可以选择重叠区第一个影像图、最后一个影像图、加权平均、算数平均、最大值、最小值、像元之和作为重叠区像元值,建议选择两幅图中的较大像元值作为拼接后影像对应的像元值。

(8)【镶嵌色彩映射表模式(可选)】即每个像元值与一个颜色关联形成特定数值与特定颜色的对应关系,此处需确定以哪种对应关系作为输出影像图的映射表,包括使用第一个影像图原始图映射表、最后一个影像图原始图映射表、系统根据像元值自动匹配最接近可用色彩等,建议选择系统自动匹配方式。

4)输出结果

单击【确定】执行输出。

2. 遥感影像剪裁

1)打开工具面板

单击标准工具条上的 打开【工具箱】,展开【数据管理工具】,进入【栅格】工具包,在【栅格处理】中单击【剪裁】打开影像剪裁工具面板。

2)确定剪裁范围和设置参数

在【输入栅格】中打开被剪裁影像。

在【输出栅格数据集】中为结果图确定保存路径并命名。

确定剪裁范围的方式不同,剪裁方法不同,设置其他参数的方式也不同,有如下 3 种剪裁方法。

(1)根据坐标范围进行剪裁。

①查询坐标。

用常规工具条上的【识别】工具 ,单击影像,弹出【识别】对话框,位置信息即该点坐标,如图 1-2-43 所示,用该方法查询出矩形范围的左下角和右下角坐标。

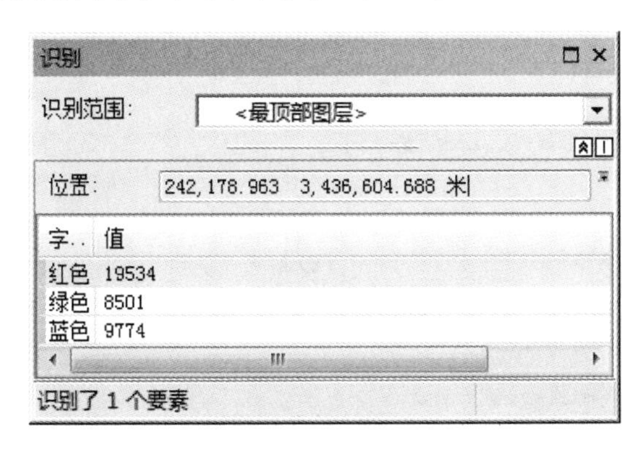

图 1-2-43　查询坐标

查询出的坐标是数据框坐标系下的点坐标,因此需要确保数据框与影像图坐标系一致以保证两者的点坐标也一致。

②输入剪裁范围。

在【剪裁】对话框的【矩形】栏,输入矩形区域的左下角(x 最小值、y 最小值)和右上角坐标(x 最大值、y 最大值)作为剪裁范围,如图 1-2-44 所示。

(2)矢量图不规则剪裁法。

【输出范围(可选)】为用于确定剪裁范围的面矢量图(如果在视窗中打开并选择了矢量图中的某个面要素,则以该面要素作为剪裁范围;如果不选择,则把所有面要素作为一个整体进行剪裁)。勾选【使用输入要素裁剪几何(可选)】复选框,勾选【保持裁剪范围(可选)】复选框,会严格按照斑块曲折的边界剪裁,如图 1-2-45 所示。

(3)矢量图规则剪裁。

不勾选【保持裁剪范围(可选)】复选框,其他参数设置方法与矢量图不规则剪裁法相同,

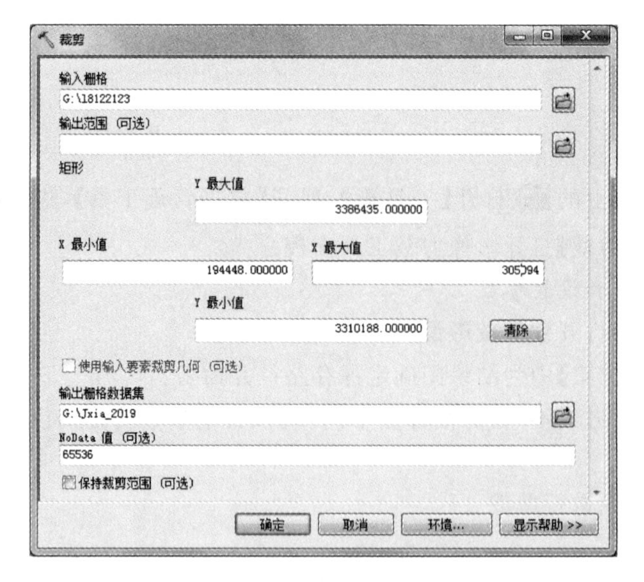

图 1-2-44　坐标范围剪裁法

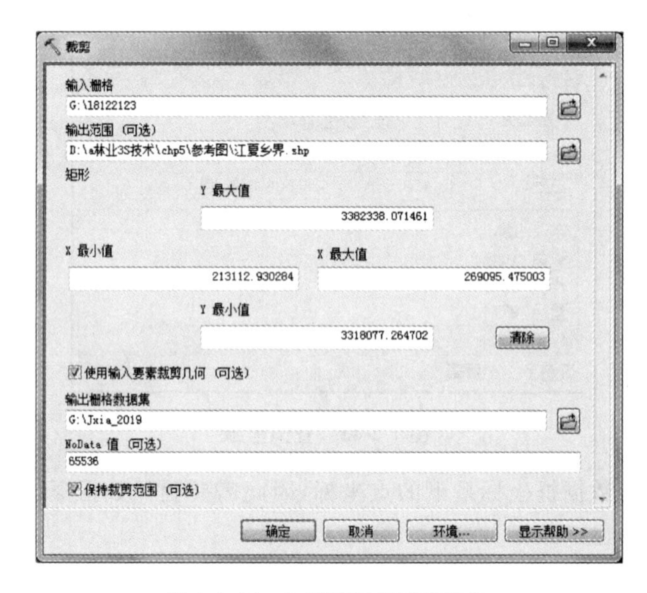

图 1-2-45　矢量图不规则剪裁法

剪裁范围为包括斑块范围的最小矩形。

3)输出结果

单击【确定】执行剪裁。

工作成果展示

拼接与剪裁成果图如图 1-2-46 所示。

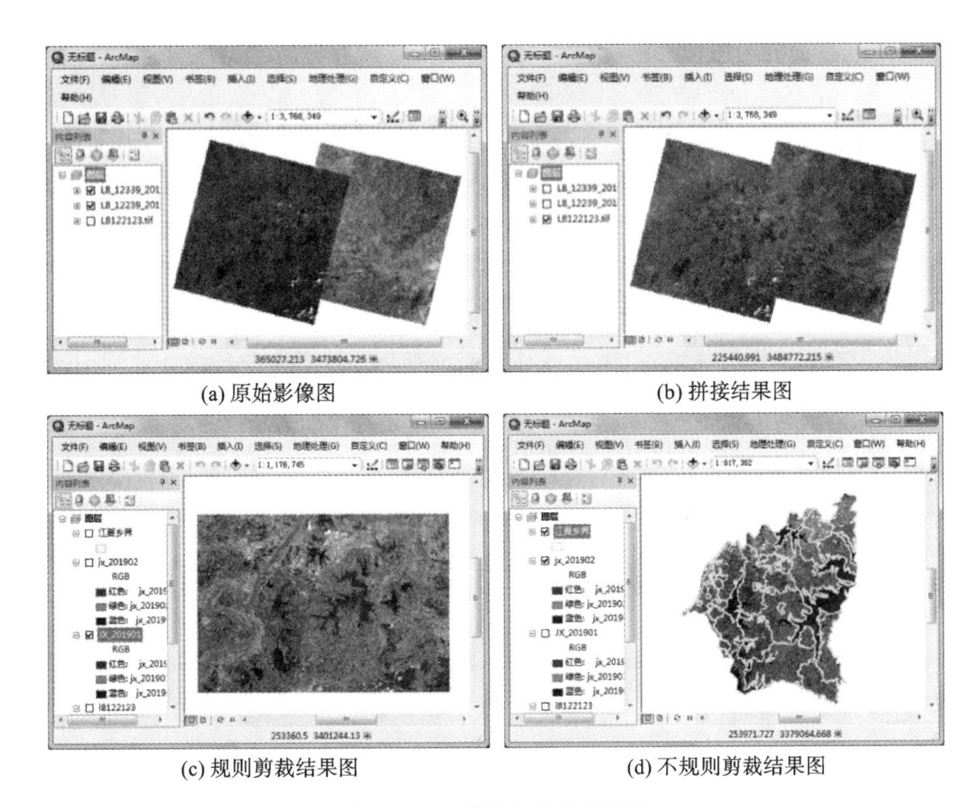

(a) 原始影像图　(b) 拼接结果图

(c) 规则剪裁结果图　(d) 不规则剪裁结果图

图 1-2-46　拼接与剪裁成果图

拓展训练

用 Erdas 和 ArcGIS 两种软件，将 2019 年 Landsat 系列卫星 L8_12339、L8_12239 两幅影像拼接后，利用江夏区行政区划范围矢量图剪裁出该范围的影像。

Erdas 遥感影像剪裁与拼接　**ArcGIS 遥感影像拼接**　**ArcGIS 遥感影像剪裁**

参考文献

[1]　韩东锋，李云平，亓兴兰. 林业“3S”技术[M]. 2 版. 北京：中国林业出版社，2021.
[2]　常庆瑞，蒋平安，周勇. 遥感技术导论[M]. 北京：科学出版社，2004.
[3]　孙家抦. 遥感原理与应用[M]. 3 版. 武汉：武汉大学出版社，2013.
[4]　丁华. ArcGIS 10.2 基础实验教程[M]. 北京：清华大学出版社，2018.

项目3　林业遥感影像信息分类与判读

信息分类与编码是地理信息基础标准之一，也是地理信息共享的前提。反映资源特征的信息多样且丰富，根据所属专业领域、对象特征和信息本身特征构建森林资源信息分类体系，并按照统一的标准进行编码，以满足森林资源调查与管理工作中各级林业部门间信息汇总、分发、共享与应用的需要，并支持跨部门、跨领域、多源、多时相、多尺度信息整合与管理。在此基础上进行影像信息判读可以为后期信息提取做准备。

任务3.1　建立森林资源信息分类系统

任务描述

在学习森林资源信息编码的意义和原则的基础上，构建森林资源信息分类体系，进行森林资源信息编码。

每人提交一份森林资源管理地类实体信息分类代码表。

任务目标

一、知识目标

(1)掌握森林资源信息编码规则。

(2)熟悉森林资源信息类型。

二、能力目标

(1)能读懂森林资源信息分类代码表。

(2)会自主编写信息分类代码表。

三、素质目标

(1)培养学生先进的工作理念，使学生具备数据共享意识。

(2)使学生具备严谨的工作态度，遵守森林资源信息管理规则。

知识准备

森林资源信息种类繁多，内容丰富，涉及诸多领域，如何将它们有机地进行组织，有效地进行储存、管理和检索应用，是一件十分重要的工作，直接影响数据库乃至整个数字林业技术系统的应用效率。只有将林业的各种信息和数据按一定的规律进行分类和编码，使其能被统一地采集并有序地存入计算机，才能对它们按类别进行储存，按类别和代码进行检索，以满足各种应用分析需求。否则，各区域采集的数据可能由于定义、概念、单位、分级等方面的细微差别而无法统一汇总，而这些信息经各地方的业务部门按各自的方法录入数据库后，将会成为一堆杂乱无章的数据，无法查找，或者检索出的数据与需求不一致，甚至使数据库完全失去使用价值。

森林资源信息内容十分广泛，根据不同的原则可以列出不同的类型，从大的门类上大体可以分为三大类。

(1)基础信息，提供最基本的森林资源和地理空间及遥感影像的信息，具有统一性、精确性和基础性的特点。统一性是指各地区的基础信息应该由主管部门统一采集，建立数据库，提供使用，以实现系统间信息共享和交换；精确性是指基础信息数据的精度应能满足林业各层次的各种用户的需求；基础性是指基础信息是数字林业系统数据库的最基本的内容，基础信息数据库是数字林业技术系统的基础设施，应当优先于其他专题信息进行建设。

(2)专题信息，指各重点林业生态建设项目和各类专业领域的专题信息。这类信息包括目前的六大林业生态建设工程的数字林业子系统的专题数据库和森林防火、森林病虫害等专门的林业信息，以及数字林业体系建设自身的层次结构和数据库设计等方面的基本规则和标准信息。

(3)统计信息，是在前两类信息的基础上按特定的约束条件、采用一定的统计方法和模式进行采集、汇总的信息，包括林业社会经济、营林及工业生产、人员及就业、资产及投资、教育及科研等方面的加工提炼和汇总分析信息。

信息编码指将数据分类的结果，用一种易于被计算机和人识别的符号系统表示出来的过程，其结果是形成代码。代码由数字、字母、字符组成。

任务实施

一、确定工作任务

森林资源信息分类与编码。

二、操作步骤

1. 认识林业信息分类方法

信息分类方法主要包括线分类法和面分类法。

(1)线分类法:将分类对象按选定的若干个属性(或特征)逐次分成相应的若干个层级的类目并排列的、有层次的、逐渐展开的分类方法。上等级包含下等级;同等级平行,不交叉、不重复。

(2)面分类法:选定分类对象的若干属性(或特征),将分类对象按每一属性(或特征)划分成一组独立的类目,每组类目构成一个“面”;按一定顺序将各个“面”平行排列。使用时根据需要将有关“面”中的相应类目按“面”的指定排列顺序组配在一起,形成一个新的复合类目。

林业生产中采用线分类法进行森林资源信息分类。

2. 认识林业信息编码原则

(1)科学性和系统性:通过分析林业实体本身的特征及实体间的联系,根据适合现代计算机、地理信息系统和数据库技术对数据进行处理、管理和应用的目的,对其进行分类编码,形成林业信息分类与编码体系。

(2)唯一性:各类信息包含的对象与代码一一对应,以保证信息存储和交换的一致性、语义的唯一性。

(3)实用性和稳定性:以我国现有基础地理信息和林业各专题信息的常规分类为基础,在不会发生概念混淆和二义性的前提下,分类名称应尽量沿用各专业已有的习惯,结合林业各部门信息的特点,以适应业务数据的组织、建库、存储及交换等为目标对林业信息进行科学的分类编码;代码值必须稳定,一旦确定就不再变更。

(4)完整性和可扩展性:分类和编码体系总体上能容纳林业、地理、遥感等各专业领域中现有的和将来可能产生的所有信息。设计代码结构和进行具体编码时应留有适当的余地和给出扩充办法,以便在必要时扩充新类别的代码且不影响已有的分类和代码。

3. 构建森林资源信息分类体系

森林资源信息分为实体类和特征类。实体指现实世界中任何基本的或抽象的有关事物,包括事物之间的关系,通常作为特定类别或类型中的一个成员;特征指实体取值的枚举,如林地权属是一个实体,其特征为国有、集体、个人等。

森林资源信息分类将实体类划分为门类、大类、中类、小类四个层次,同层间是并列关系,不同层间是隶属关系。根据森林资源实体类别及内容,权衡考虑实体类所有属性因子,在实体类的小类的基础上划分特征类,即属性因子的划分,属于实体取值的枚举,如权属是一个实体,其特征为国有、集体、个人等。

(1)一级为门类,是根据林业信息本身的特点和共享需要划分的,包括基础类、专题类和综合类。基础类是适用于林业的基础地理信息,专题类是林业各专项业务信息,综合类是综合反映林业各项业务及管理的信息。

(2)二级为大类,是在一级数据类型基础上按数据的专业领域划分的,如森林资源、造林绿化、森林防火等。

(3)三级为中类,是在二级数据类型基础上按数据对象特征划分的,如森林资源中的地类、森林权属、立地类型等。

(4)四级为小类,是在门类、大类、中类的基础上,对中类进一步细分得到的。例如,专题类门类下的森林资源大类下的样地因子中类可细分为样地类型、样地设置方法、样地形状和标准地类型4个小类。

4. 进行森林资源信息编码

1)实体类代码

各等级实体类按信息分类码或标识码的规则进行编码。层次编码与顺序编码相结合,上下位之间采用层次编码,同位类内部采用顺序编码。实体类代码为4层6位组合码,门类、大类各1位,中类、小类各2位,如图1-3-1所示。若因上位类无须进一步细分便已到达实体层次而导致代码层次不足4层,所缺层次的码位用“0”补齐。

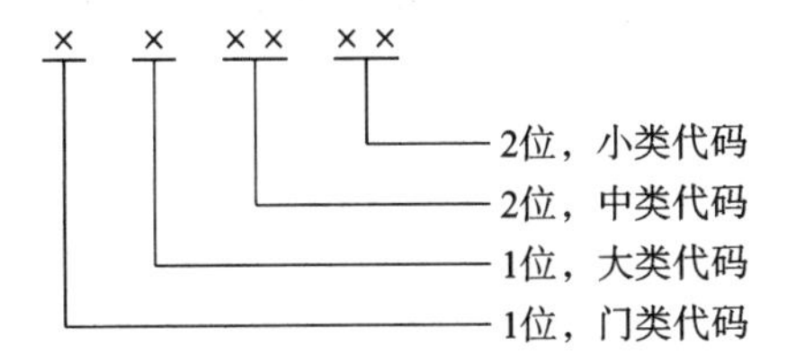

图1-3-1　实体类代码结构

2)特征类代码

采用线分类与编码时,实体特征类代码前面无须加实体类代码。实体特征类代码分为一级特征码、二级特征码、三级特征码,如图1-3-2所示。各类代码的长度不等,总代码长度为4～11位。

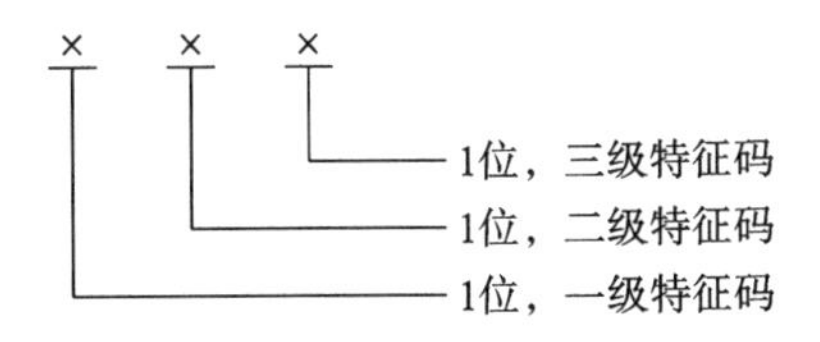

图1-3-2　特征类代码结构

例如,地类代码采用3层3位数字码,代码为142,其中1为一级特征码(林地),4为二级特征码(未成林地),2为三级特征码(未成林封育地)。

拓展知识

建立资源调查分类系统

拓展训练

1)查找大类、中类实体类代码

例如,铁路、公路和航道的代码,在基础类门类下的交通大类下查找中类,代码分别为

1401、1402 和 1407。

2)按顺序编写带实体类代码的特征类代码

例如，专题类门类下的森林资源大类下的样地因子中类可细分为样地类型、样地设置方法、样地形状和标准地类型 4 个小类，采用递增顺序码，则小类代码依次为 211401、211402、211403 和 211404。

任务 3.2 森林资源信息判读

任务描述

在介绍遥感影像判读方法的基础上进行森林资源信息判读，重点对与森林资源调查有关的地类进行判读，并分别基于真彩色影像和标准假彩色影像建立地类判读标志，为后期信息提取做准备。

每人提交一份不同地类判读标志。

任务目标

一、知识目标

(1)了解解译标志的含义。
(2)掌握建立解译标志的意义。
(3)掌握解译标志的类型和内容。
(4)掌握同物异谱和同谱异物的含义。

二、能力目标

(1)会判读影像地物。
(2)会建立地物解译标志。

三、素质目标

(1)锻炼学生读图、识图、判断的能力。
(2)锻炼学生资料收集、筛选的能力和独立钻研的能力。

知识准备

遥感影像图上不同的地物具有不同的影像特征，这些特征称为遥感影像解译标志，又称为判读标志。遥感影像解译标志有直接标志和间接标志。直接标志是地物本身的属性在图像上的直接反映，如色彩、色调、形状、大小、阴影、纹理等，可用于直观识别地物。间接标志是指与地物的属性有内在联系，通过相关分析能够推断其性质的影像特征，如可以把区域气候、地形地貌和土壤类型等作为树种判读间接标志。地类是小班区划的主要依据之一，也是小班的重要属性之一，建立地类判读标志可以提高小班区划速度与质量。

任务实施

一、确定工作任务

地类判读。

二、操作步骤

1. 分析地物差异

不同地物存在光谱特征、时间特征和空间特征差异，因此我们能把遥感影像上的不同地物判读出来。光谱特征差异源于太阳辐射到达地表后，不同地物对不同波长太阳辐射的透射、反射、吸收能力不同，使不同地物在影像上的表现特征不同，是最主要的地物判读依据。以波长为横坐标，以反射率为纵坐标，可以绘制成地物光谱反射曲线，如图1-2-19所示。从绿色植被、水体和干土壤的典型地物光谱曲线可见，不同地物具有不同的光谱特征，同类地物具有相同或相似的光谱特征，表现在影像上就是地物颜色、色调、亮度的差异。绿色植被在绿光和近红外波段（0.7～1.3 μm）有明显的反射峰，在蓝光、红光和中红外波段（1.3～2.5 μm）有明显的吸收谷；干土壤在任何光波范围均无明显的吸收带；水体只在可见光区有弱反射。受传感器、大气状况、区域条件、地物属性和状态等成像条件影响，影像往往会产生同物异谱、同谱异物现象。同物异谱指相同地物表现出不同光谱特征，同谱异物指不同地物表现出相同光谱特征，为影像判读带来一定难度。在实际工作中，我们要结合地物的其他特征并综合个人经验才能提高判读精度。空间特征差异也是较直观的地物判读标志，不同地物的空间分布规律和分布状态不同，表现在影像上即地理位置、形状、大小、内部纹理和边界曲直等特征不同。此外，光谱特征和空间特征在季相上的差别导致地物具有时间特征差异，可以实现地物的判别，如落叶阔叶林和常绿阔叶林冬季差异大、园地与农田春季差异大。

2. 分析地物判读依据

颜色、色调、纹理、地理位置、形状、大小、边界曲直、季相变化等是地物光谱特征、时间特征和空间特征在影像上的直观表现，也是影像判读的直接依据，也叫判读标志或解译标志。

（1）色调：全色遥感图像中从白到黑的密度比例或彩色影像中的色彩饱和度叫色调（也称灰度或色阶）。

（2）颜色：也称色彩，是彩色图像中地物判读的基本标志。

（3）阴影：图像上光束被地物遮挡而产生的影子，可用于解译地物物理性质或高度。

（4）形状：地物在遥感图像上呈现的外部轮廓。

(5)纹理：也称内部结构，指遥感图像中地物内部色调有规则变化造成的散点、条纹和块斑等影像结构。

(6)大小：地物的形状、面积与体积的度量。

(7)位置：地物分布的地点。

(8)图形：地物有规律地排列形成的图形结构。

(9)布局：多个目标地物之间的空间配置关系。

3. 进行地类判读

分别以真彩色影像和标准假彩色影像为数据源，根据判读依据，对地类进行判读，分析不同地类在各项判读依据方面的差别和突出特征，从而建立判读标志。

工作成果展示

真彩色影像地类解译标志如表 1-3-1 所示。标准假彩色影像地类解译标志如表 1-3-2 所示。

表 1-3-1 真彩色影像地类解译标志

地类		解译标志	解译样片
名称	代码		
乔木林地	111	深绿色；色调不均匀，有黑绿色或黑色不规则的颗粒，在比较繁茂的地方呈片状，边界有绿点溢出；边界自然、清晰	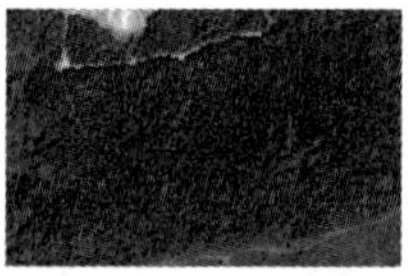
红树林	112	暗绿色；颜色凝重；均匀平滑；呈块状或带状分布在海岸；与水体边界清晰	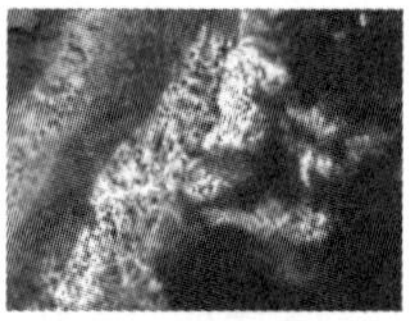
竹林地	113	黄绿色；在低分辨率图上相对平滑；在高分辨图上有倒伏特征	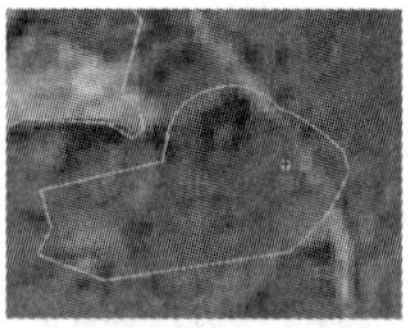
疏林地	120	灰色或灰绿色；林木影像稀疏，有黑色投影；片状分布在山地；分布不规则	
特殊灌木林地	131	有人工痕迹；绿色底上有规则排列的黑点或条带；呈规则块状分布于低山丘陵或平原；边界清晰	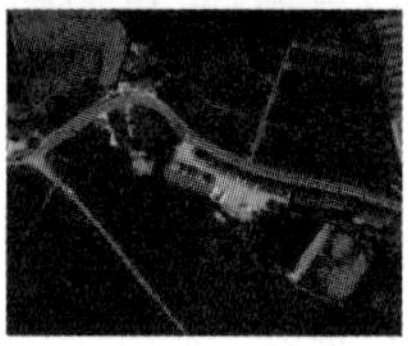

续表

地类		解译标志	解译样片
名称	代码		
一般灌木林地	132	绿色；比林地表面光滑，比草地更绿；呈多片状分布在离居民地较远的山峁、山梁及山的阳坡；面积较大，连通性高	
未成林造林地	141	绿色，与天然草地的色调类似；有规则分布的较小植株；多分布在交通要道、居民地附近	
苗圃地	150	绿色；饱和度比农田高，比已经郁闭的林地低；呈规则块状零星分布于山脚或平原	
采伐迹地	161	灰色或灰绿色；色调较浅；规则的几何图形；带有分布均匀的团状母树群或单株的保留木，浅灰色，投落阴影是浅黑色；与道路和楞场相连	
火烧迹地	162	褐色、灰色或白色；纹理粗糙；与呈现绿色背景的林地差异明显；形状不规则，边缘缺裂，伸向林地；低洼地上有群状或单株未烧死的树木；周围林地受火灾的影响，变得稀疏	
其他迹地	163		
造林失败地	171	颜色与草地相似；规则块状；边界不明显	
规划造林地	172	颜色与宜林荒山相似；可能有整地痕迹	

续表

地类		解译标志	解译样片
名称	代码		
其他宜林地	173	颜色与草地相似;片状分布于低山、丘陵;边界不明显	
耕地	210	平原农田为绿色,山地农田为灰绿色或灰色;均匀;呈几何图形;有规则带状纹理;与周围反差明显;边界清晰平直;多分布于平原、山顶及山坡,附近有零星居民地	 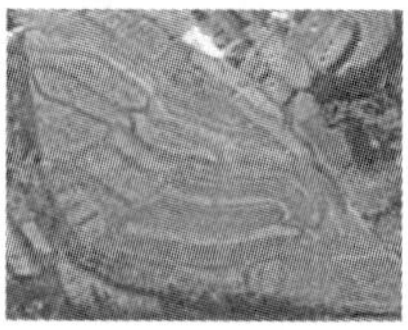
牧草地	220	在影像上呈暗绿色;表面较光滑;颜色均匀;多分布于坡度较大的地方(等高线密集的地方)	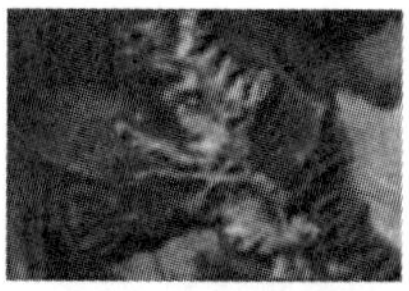 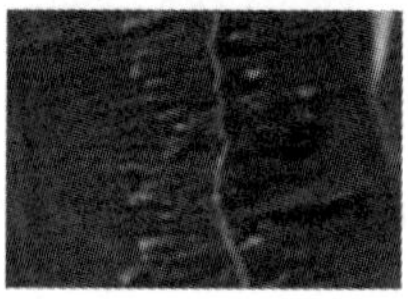
水域	230	浅蓝色、深蓝色或蓝黑色;在地势最低的地方和沟谷中;可能因为有水生植物呈浅绿色	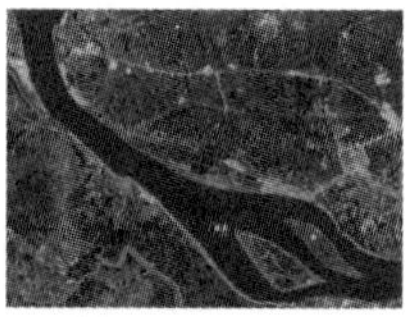
未利用地	240	湿地呈绿色或黑绿色,均匀平滑,带状或片状分布在水域附近;其他未利用土地的特征与假彩色影像上的特征相似	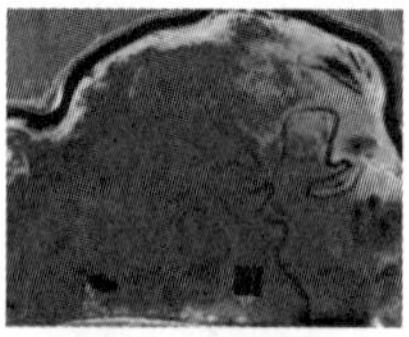 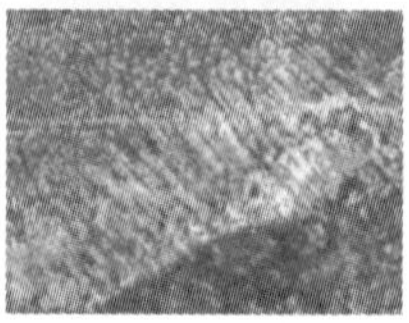

续表

地类		解译标志	解译样片
名称	代码		
建设用地	250	在影像上为灰白色，间隙有绿色树木，多分布于开阔、平坦地区，灰白色街区状，有可分辨的道路；道路呈灰色线状；采矿用地与道路相同，呈亮白色，形状规则	

表 1-3-2　标准假彩色影像地类解译标志

地类		解译标志	解译样片
名称	代码		
乔木林地	111	针叶林为深红色，色调饱和度高，呈片状分布于山地上部，边界曲折清晰、粗糙、有颗粒；阔叶林为亮红色，色调饱和度高，平滑、无纹理，呈不规则片状或带状分布在低山或山地中下地带，边界自然、曲折	
红树林	112	暗红色或暗绿色，颜色凝重；均匀平滑；呈块状或带状分布在海岸；与水体边界清晰	
竹林地	113	浅红色、粉色，平滑，边界不清晰	
疏林地	120	浅红或鲜红色，饱和度低；粗糙，有褐色斑点；呈片状分布在山地	
特殊灌木林地	131	有人工痕迹；特征介于乔木林和农田之间；亮红色或紫红色；均匀，有条带状纹理；呈规则块状或点状分布于低山、丘陵或平原	
一般灌木林地	132	浅红色或红褐色，色调饱和度比乔木林低，比草地高；边界模糊；呈片状分布在丘陵	
未成林造林地	141	红色，与天然草地的色调类似；内部均匀；有的边界清晰；多分布在交通要道、居民地附近	

续表

地类		解译标志	解译样片
名称	代码		
苗圃地	150	浅红色；呈块状零星分布于山脚或平原	
采伐迹地	161	浅红色，均匀，与旱地相似，只是颜色深浅有区别；与背景林地差异明显	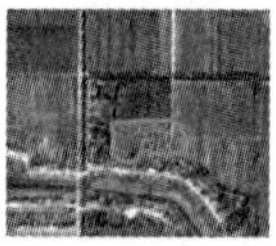
火烧迹地	162	褐色、红色或黑色；纹理粗糙；与呈现绿色的林地差异明显；形状不规则，边缘缺裂，伸向林地	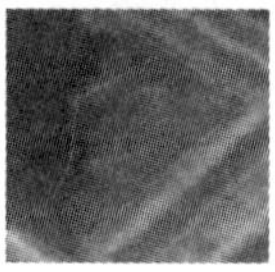
其他迹地	163		
造林失败地	171	颜色与草地相似；规则块状；边界不明显	
规划造林地	172	颜色与宜林荒山相似，可能有整地痕迹	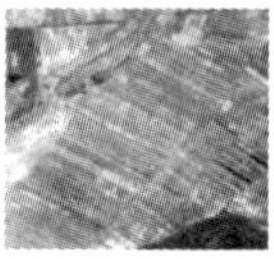
其他宜林地	173	颜色与草地相似；呈片状分布于低山、丘陵；边界不明显	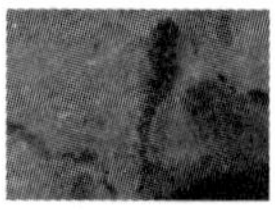
耕地	210	平原农田为红色，山地农田为褐红色或灰色；均匀；呈几何图形；有规则带状纹理；边界清晰平直	
牧草地	220	青灰色、深灰色或暗红色；均匀；片状分布；形状不规则	 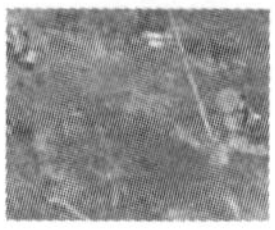

续表

地类		解译标志	解译样片
名称	代码		
水域	230	浅蓝色、深蓝色或蓝黑色；在地势最低的地方和沟谷中，可能因为有水生植物呈粉红色	
未利用土地	240	裸露岩石呈青灰色、发白蓝青色，有脉状纹理，边界清晰；沙地呈灰白色，链状结构，边界清晰；戈壁呈灰色或灰白色，有条带状纹理，边界清晰	
建设用地	250	居民点呈浅蓝色、青色或青绿色，多分布于开阔、平坦地区，零星块状有次序排列，附近常有农田、河流或公路；道路呈灰色线状；采矿用地与道路相同，呈亮白色，形状规则	

拓展训练

(1)用学校及周围的低分辨率标准假彩色影像，对影像上的农田、森林、草地、水体、居民工矿建设用地、未利用土地进行判读，并建立判读标志。

(2)用学校及周围的高分辨率真彩色影像，对影像上湖北省森林资源二类调查中的不同地类和树种进行判读，并建立判读标志。

(3)对无人机航拍影像上的树种进行判读。

地类判读

参考文献

[1]　韩东锋，李云平，亓兴兰. 林业“3S”技术[M]. 2版. 北京：中国林业出版社，2021.

[2]　中华人民共和国国家质量监督检验检疫总局，中国国家标准化管理委员会. 地理信息

分类与编码规则:GB/T 25529—2010[S]. 北京:中国标准出版社,2011.
[3] 中华人民共和国国家质量监督检验检疫总局,中国国家标准化管理委员会. 林业基础信息代码编制规范:LY/T 2267—2014[S]. 北京:中国标准出版社,2014.
[4] 陆元昌,雷相东,李增元. 数字林业信息分类体系与编码研究[J]. 林业科技管理,2002,(02):22-27.

项目4　林业专题信息提取

经过遥感影像判读识别出森林资源信息后，我们要借助 GIS 软件进行信息提取。实现路径如下：按林业专题图制图流程了解 ArcGIS 软件组成，熟悉软件的基本操作方法，在此基础上建立林业地理数据库概念模型，根据概念模型建立 GIS 林业地理数据库；在数据库中创建和导入基础，进行小班预区划并填小班属性数据，进一步编辑属性表以完善属性信息；对预区划图进行外业核查以补充室内无法预判和判错的小班属性信息并修改区划错误；进行内业拓扑检查，纠正几何逻辑错误，形成无属性错误和几何错误的小班图和数据完整的林业地理空间数据库。

任务4.1　认识 ArcGIS 软件

任务描述

简单介绍 ArcGIS 软件模块组成、界面组成、常用功能面板、主要命令、主要工具条、基本工具、常用工具的使用方法、常规命令的用处和基本操作方法等，让使用者学会软件入门操作方法。

任务目标

一、知识目标

(1)了解常用的 GIS 软件。

(2)了解 GIS 软件的基本功能。

二、能力目标

(1)会常规命令的操作方法。

(2)会常用工具的操作方法。

三、素质目标

(1)使学生适应创新发展的需求，学会使用先进的工具。

(2)培养学生改进工作方法、提高工作效率的积极性。

知识准备

经过遥感影像判读识别出影像空间信息后，我们要借助 GIS 软件进行信息提取，把实体抽象为便于表达、分析与管理的空间数据，如林业小班图和小班属性表。首先，我们要学会空间信息提取软件的基本使用方法。

软件是 GIS 的核心部分，林业上常用的 GIS 桌面端软件主要有 ArcGIS、MapGIS、MapInfo 和 AutoCAD 等；常用的移动端软件主要有通图采集、外调助手、林调通和奥维互动地图等。大部分数据采集、处理、分析、管理和输出工作通过桌面端软件完成，外业调查通过移动端软件辅助完成。其中 ArcGIS 桌面端软件兼容性好、功能全，是目前应用最广的 GIS 平台软件，可以与林业系统常用的林地年度更新、森林资源二类清查、森林督查等软件实现数据共享，被林业系统广泛应用于森林资源调查和规划管理工作，有取代其他软件的趋势。

任务实施

一、确定工作任务

认识 ArcGIS 软件。

二、工具与材料

ArcGIS 10.2 软件。

三、操作步骤

1. 软件组成

软件主要由 4 个应用程序组成：ArcCatalog、ArcGloble、ArcMap、ArcScene。我们可以在计算机开始菜单的【GIS】文件夹中启动这些应用程序。

1）ArcCatalog

ArcCatalog 是空间数据资源管理器（见图 1-4-1）。我们可以在 ArcCatalog 中进行数据预览、复制、粘贴、删除、重命名和查看元数据等操作。

2）ArcGloble

ArcGloble 是 3D 分析模块（见图 1-4-2）。我们可以在 ArcGloble 中进行三维数据的加载、创建、编辑、管理、分析等操作。

3）ArcMap

ArcMap 是 ArcGIS 软件最重要的桌面操作系统和制图工具（见图 1-4-3）。我们可以在 ArcMap 中进行数据的输入、编辑、查询、分析、输出等操作。

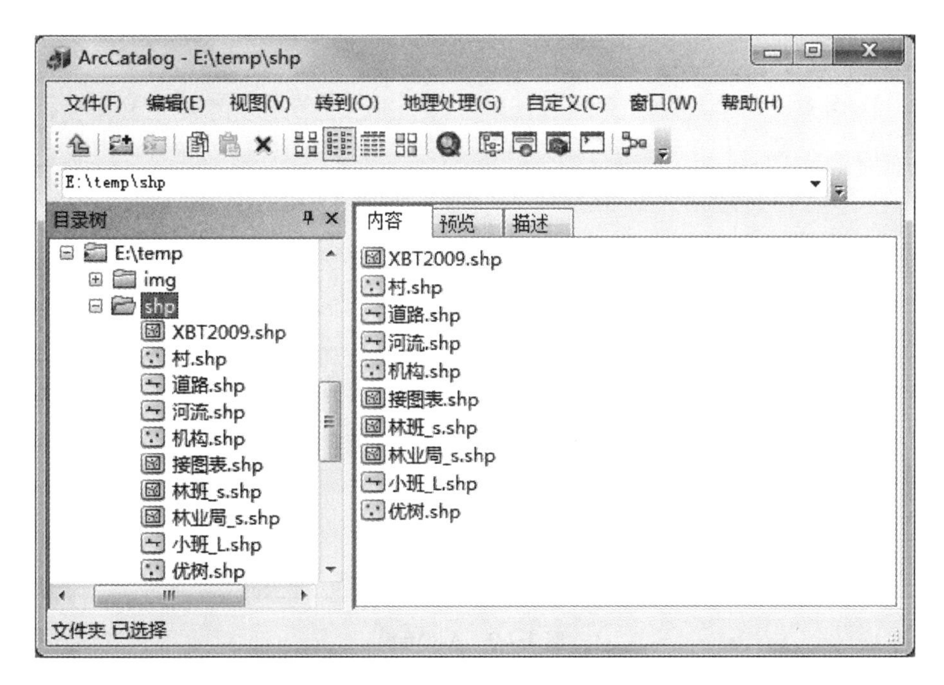

图 1-4-1　ArcCatalog

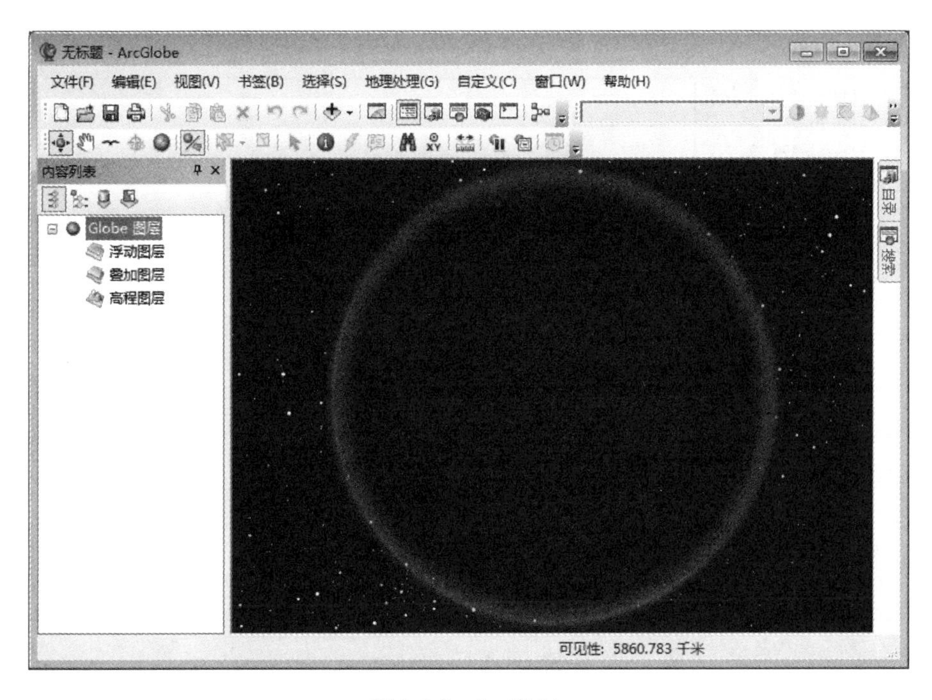

图 1-4-2　ArcGloble

4) ArcScene

ArcScene 用于展示三维透视场景，提取、分析、可视化三维数据，如 DEM 数据的显示、分析、输出等，如图 1-4-4 所示。

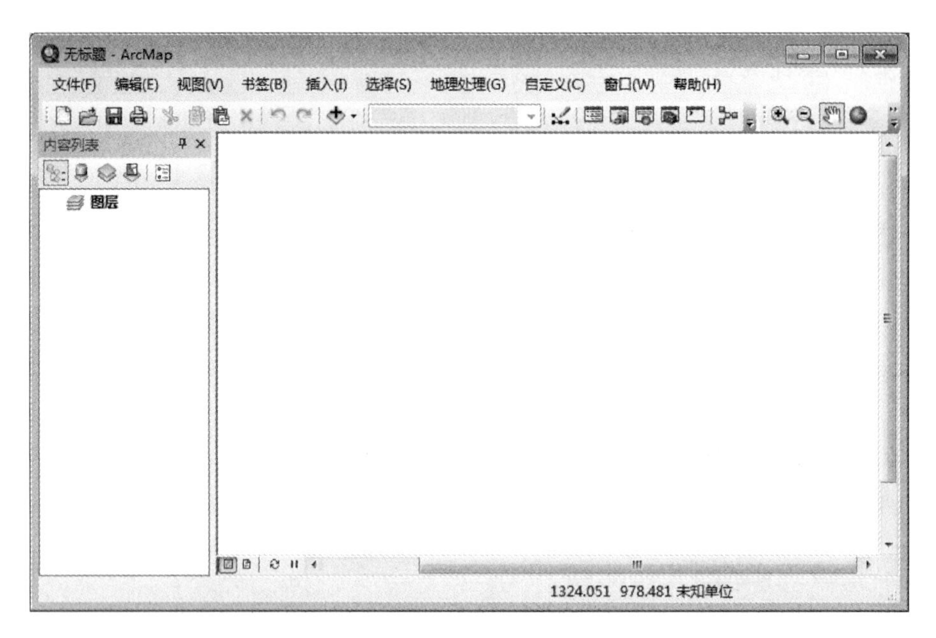

图 1-4-3 ArcMap

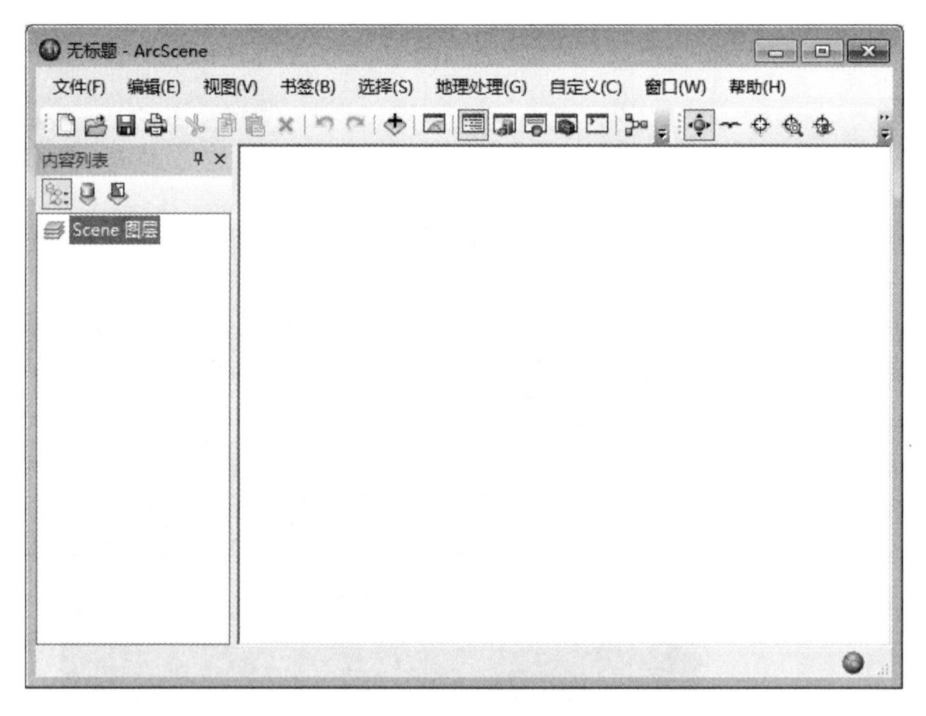

图 1-4-4 ArcScene

2. ArcMap 简介

1) ArcMap 窗口组成

ArcMap 窗口由上部的标题栏、菜单栏、工具栏，下部的状态栏，左侧的内容列表，右侧的目录，中间的数据显示窗口 5 部分组成，如图 1-4-5 所示。

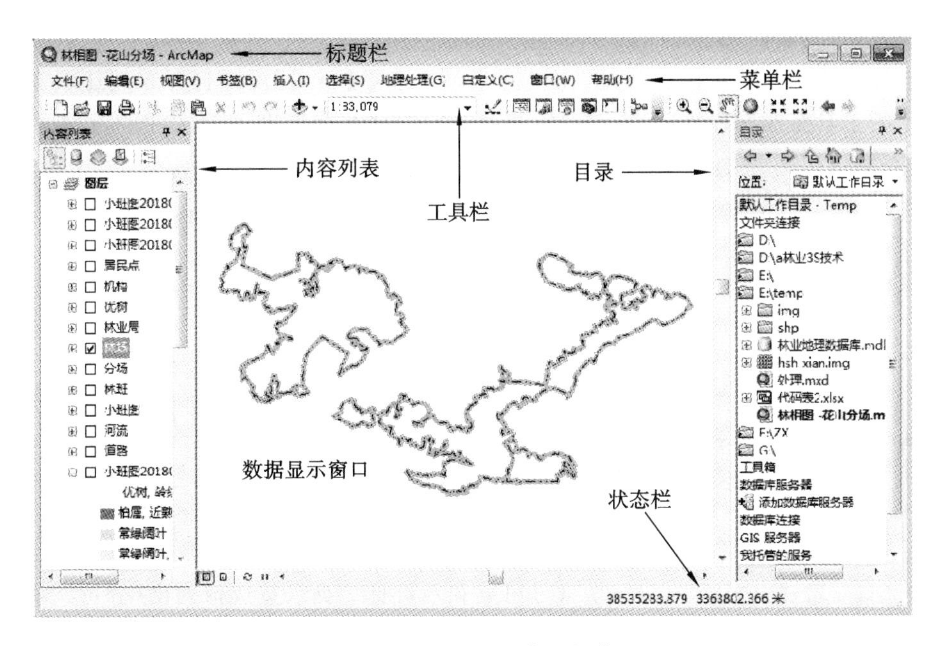

图 1-4-5　ArcMap 窗口组成

(1)菜单栏。

【选择】菜单中有用于选择具有某项特征的要素命令,【地理处理】菜单中有缓冲、剪裁、相交、融合、合并等对矢量图进行空间分析的命令,【帮助】菜单中的【ArcGIS Desktop 帮助】提供了应用软件执行不同操作的理论和方法,其他菜单与常规办公软件菜单相似,如图 1-4-6 所示。

文件(F)　编辑(E)　视图(V)　书签(B)　插入(I)　选择(S)　地理处理(G)　自定义(C)　窗口(W)　帮助(H)

图 1-4-6　菜单栏

(2)标准工具条。

标准工具条上的工具依次是新建、打开、保存、打印地图文档、剪裁、复制、粘贴、删除所选图形要素、撤销、恢复上一步操作、添加、调整显示比例尺、编辑器、内容列表、目录、搜索、工具箱、编程、模型构建器,如图 1-4-7 所示。

图 1-4-7　标准工具条

(3)常规工具条。

常规工具条上的工具有对地图数据进行缩放、平移、全图显示、按比例缩放、返回上一视图或下一视图、选择图形要素、消除选择、选择对象、查询、测量等,如图 1-4-8 所示。

图 1-4-8　常规工具条

(4)布局工具条。

用鼠标右键点击菜单栏空白处，在快捷菜单中选择【布局】可以打开布局工具条。布局工具条上的工具有对布局视图进行缩放、平移、全图显示、按比例缩放、返回上一视图或下一视图、输入显示比例、描绘模式、布局模板、数据驱动等，如图 1-4-9 所示。

图 1-4-9　布局工具条

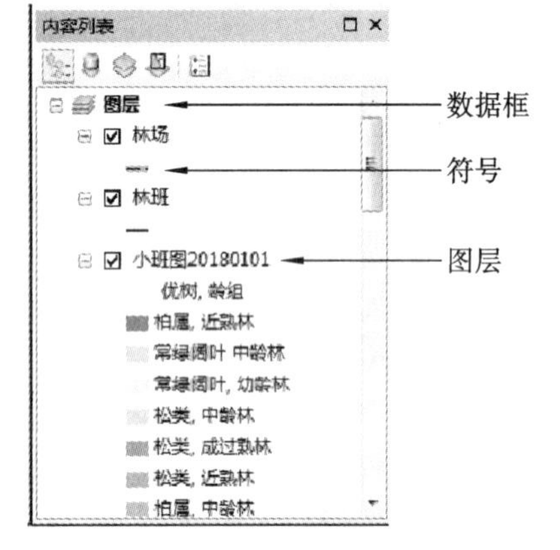

图 1-4-10　内容列表

(5)内容列表。

内容列表用于管理图层列出方式、显示顺序、符号分配等。一个地图文档至少有一个数据框，数据框下列出打开的图层(见图 1-4-10)。图层列出方式有 4 种，依次是按图层顺序列出、按源列出、按可见性列出(分可见和不可见 2 类)、按选择列出(分可选和不可选 2 类)，如图 1-4-11 所示。

(6)目录。

目录相当于 ArcGIS 资源管理器，能查看、创建、显示、组织、管理文件夹和各类文件，能查询文件属性、修改文件属性等，如图 1-4-12 所示。

(a) 按图层顺序列出　(b) 按源列出　(c) 按可见性列出　(d) 按选择列出

图 1-4-11　图层列出方式

(7)视图方式。

视图方式有数据视图与布局视图两种，可以在地图显示窗口的左下角进行切换。数据视图用于数据编辑，布局视图用于输出成果图。

2)创建空白地图文档

(1)方法一：打开 ArcMap 应用程序，在模板列表中选择【新建地图】中的【我的模板】，默认的是空白地图文档，如图 1-4-13 所示。

(2)方法二：单击地图文档【文件】菜单下的【新建】命令，保存当前地图文档后打开空白文档，如图 1-4-14 所示。

(3)方法三：单击标准工具条上的【新建】工具，保存当前地图文档后打开空白文档。

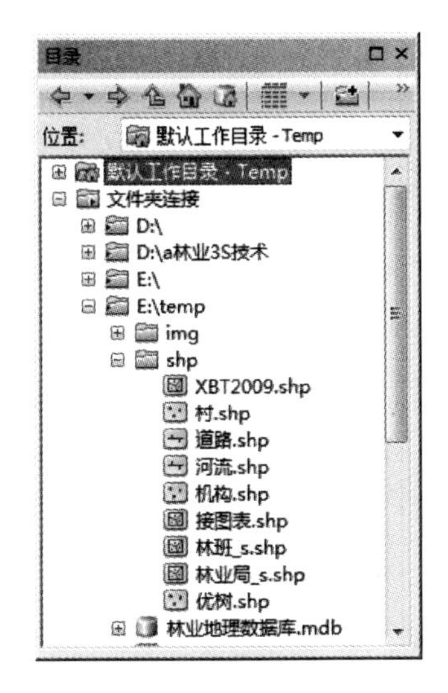

图 1-4-12　目录

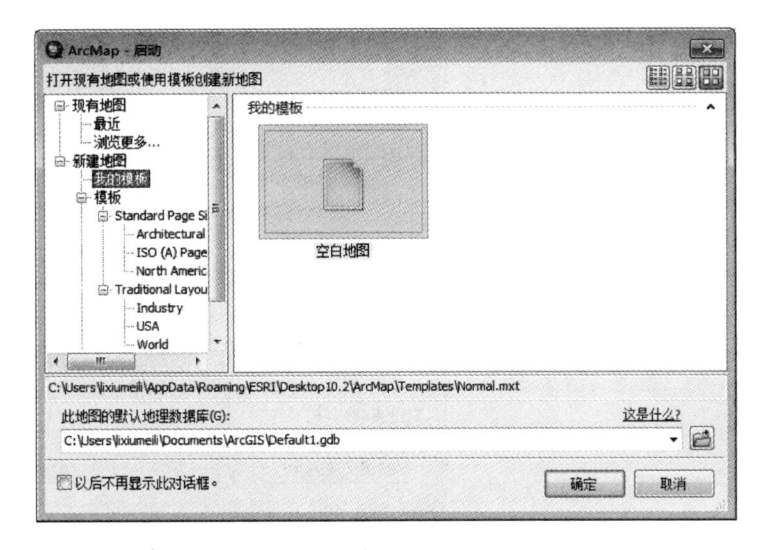

图 1-4-13　选择模板

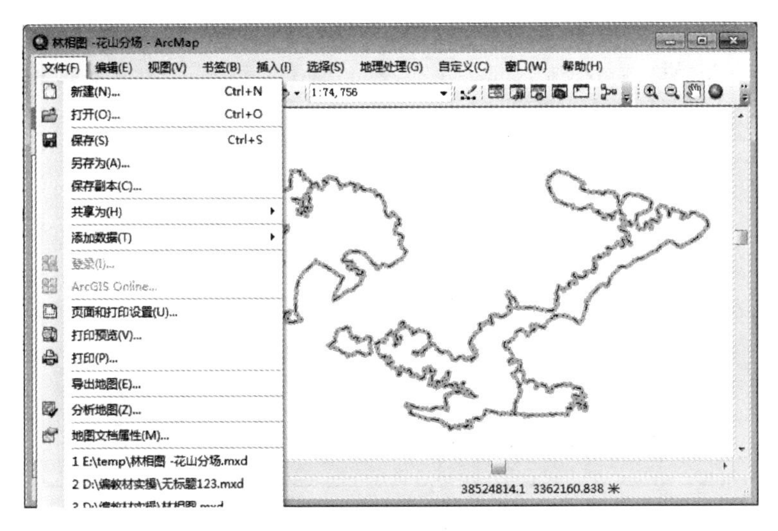

图 1-4-14　新建空白文档

3)加载图层

(1)方法一:单击标准工具条上的【添加】工具 ,打开【添加数据】对话框,选择图件并单击【添加】命令。如果是第一次添加数据,需要先单击【连接到文件夹】 将计算机中的外接盘或文件夹链接到 ArcGIS 软件(见图 1-4-15),再选择(一个或多个)图件并加载文件夹中的图件(见图 1-4-16)。

(2)方法二:在目录中选中图件并拖曳到视窗。

4)内容列表的使用与操作

(1)打开内容列表。关闭内容列表后,单击标准工具条上的【内容列表】图标 打开内容列表。

(2)调整显示方式。单击显示方式工具 可以切换不同显示方式。按图层

图 1-4-15 【连接到文件夹】对话框

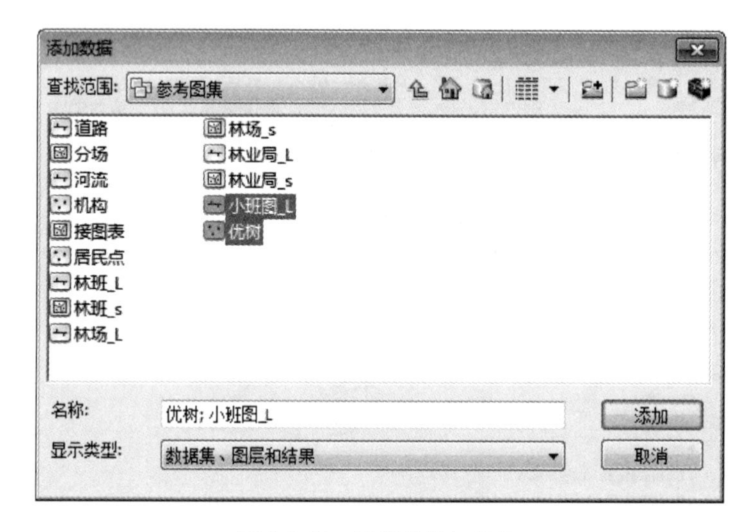

图 1-4-16 选择并添加图件

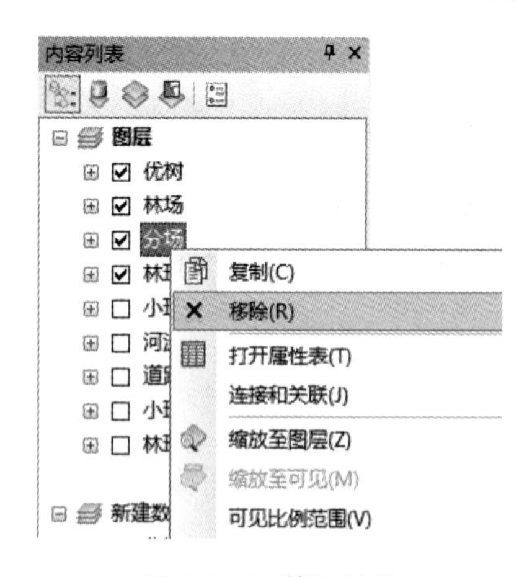

图 1-4-17 管理图层

顺序列出可进行图层顺序调整；按源列出可查看图层保存路径；按可见性列出中灰色的图层为未被勾选图层，即不可见图层，在视窗中不显示；按选择列出中图层后的【切换是否可选】命令 为灰色，表示该图层中的要素不能被选中，也不能被编辑。

（3）调整图层顺序。选中图层并上下拖动到指定位置，出现插入符时释放鼠标。

（4）图层管理。用鼠标右键点击内容列表中的图层，可以复制、移除图层，打开属性表，缩放至图层等（见图 1-4-17）；单击图层名称并停留数秒，文本框进入编辑状态，可以编辑图层在内容列表中的显示名称；单击图层名称下的图层符号，进入【符号选择器】对话框，可以更改符号颜色、大小、形状等特征。

5）目录的使用与操作

（1）打开目录。关闭目录后，单击标准工具条上的【目录】图标 打开目录。

（2）文件和文件夹管理。用鼠标右键点击文件夹可以复制、删除、重命名文件夹，可以新建数据库、新建矢量数据、打开文件夹属性对话框等（见图 1-4-18）；用鼠标右键点击图层可以复制、删除、重命名文件，打开文件属性对话框，导出图件等（见图 1-4-19）；复制文件后用鼠标右键点击文件夹可以将文件粘贴到该文件夹。

图 1-4-18　文件夹管理

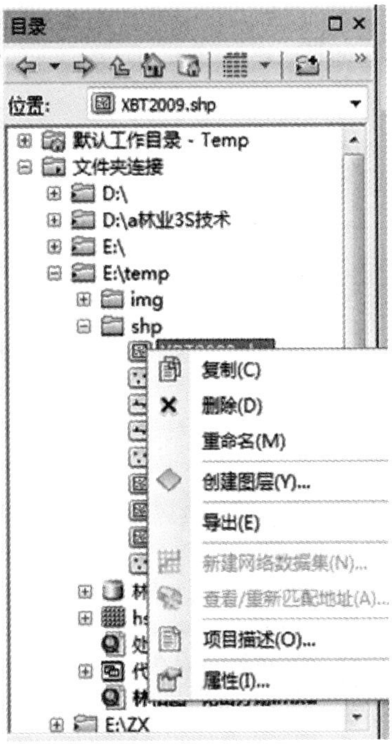

图 1-4-19　文件管理

6）查找工具

（1）方法一：用鼠标右键点击菜单栏的空白处打开快捷菜单，可以查找工具，如图 1-4-20 所示。

（2）方法二：打开标准工具条上的【工具箱】，如图 1-4-21 所示。工具箱分类收纳了不同类型的工具，方便使用者在各类各级工具箱中查找工具。

（3）方法三：在搜索工具面板中搜索。

单击【搜索】工具图标 打开【搜索】工具面板，在搜索框中输入工具名称搜索出相关工具，根据需要筛选所需工具，如图 1-4-22 所示。

7）查看与编辑图层属性

用鼠标右键点击内容列表中的图层，单击【属性】打开【图层属性】对话框（见图 1-4-23），在不同标签下查看或编辑不同类别属性。

（1）在【常规】标签下，我们可以查看图层名称；可以在【描述】属性要素中为图层起别名

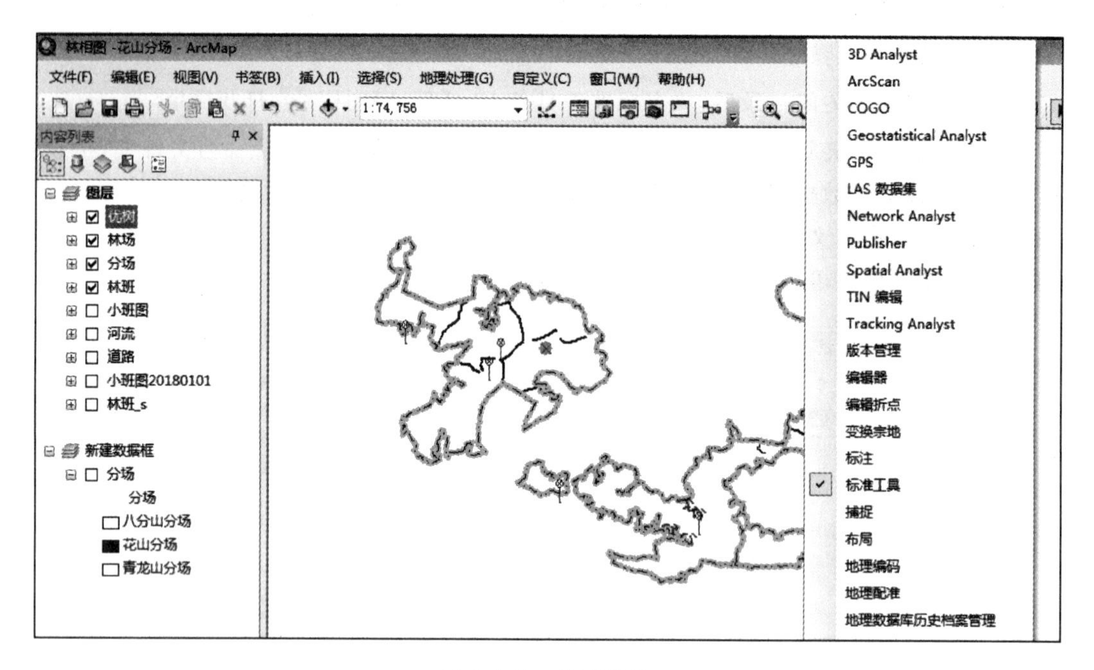

图 1-4-20　快捷菜单

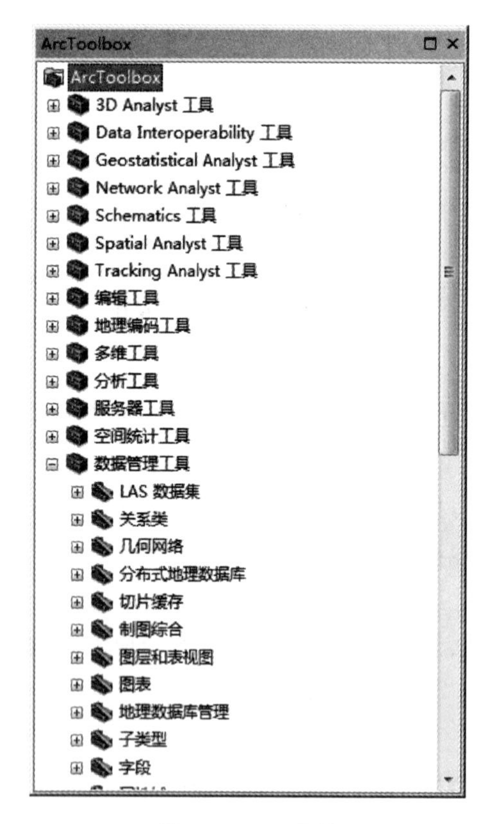

图 1-4-21　工具箱

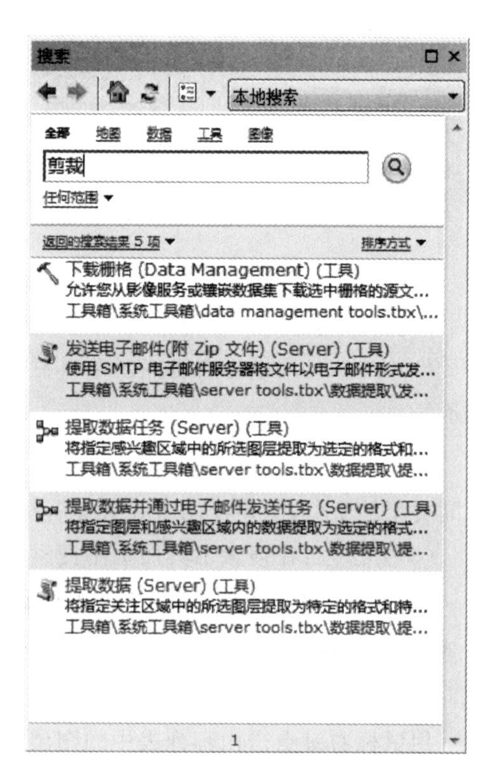

图 1-4-22　搜索面板

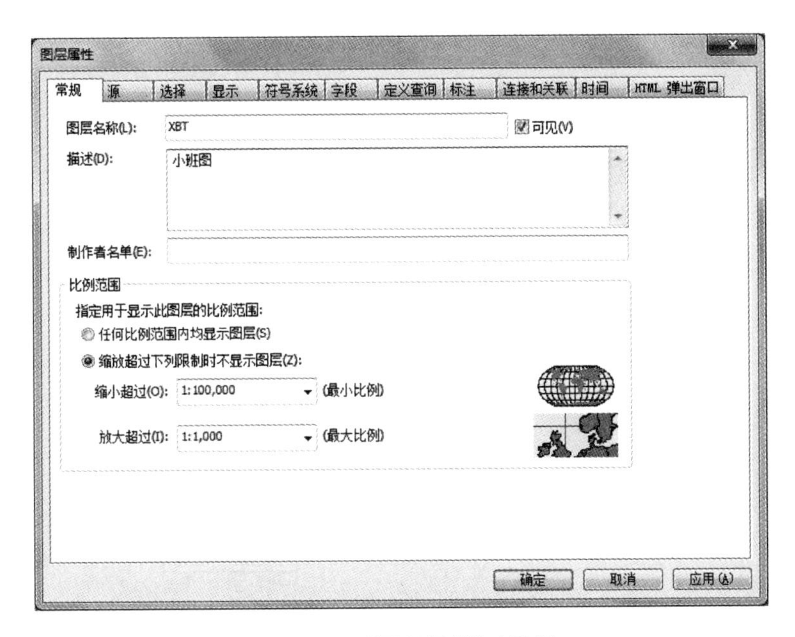

图 1-4-23　【图层属性】对话框

或描述图层的其他特征;可以在【比例范围】属性栏为图层设置显示比例尺范围(超出范围则不显示)。

(2)在【源】标签下,我们可以查看图层空间范围、存储路径、坐标系统参数等,如图 1-4-24 所示。

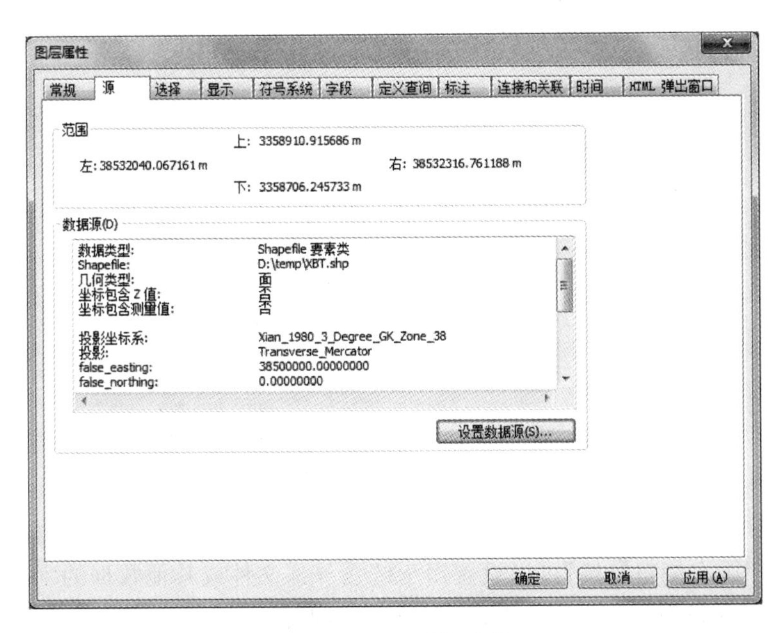

图 1-4-24　查看源数据

(3)在【选择】标签下,我们可以设置矢量图要素处于选择状态时的符号样式(默认边界呈亮蓝色),如图 1-4-25 所示。

(4)【显示】标签(见图 1-4-26)下,我们可以设置图形要素的透明度;勾选【使用显示表

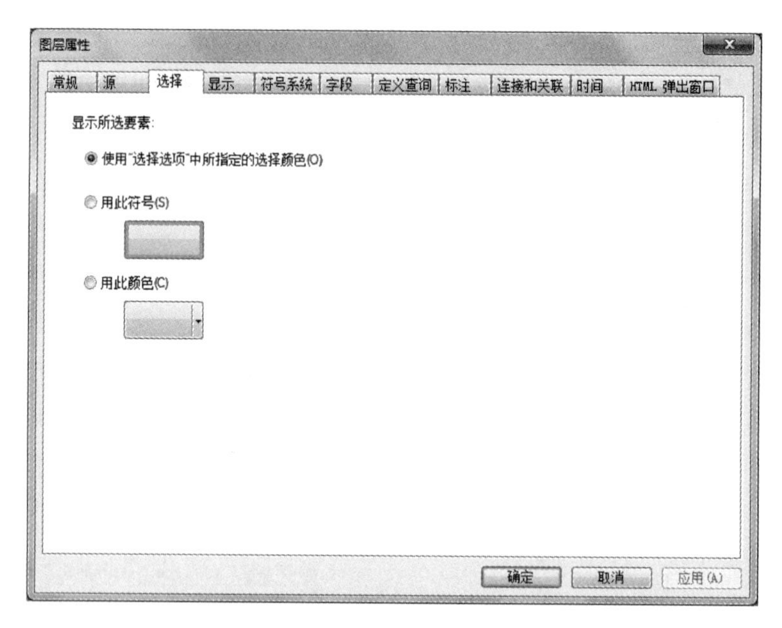

图 1-4-25　选择设置

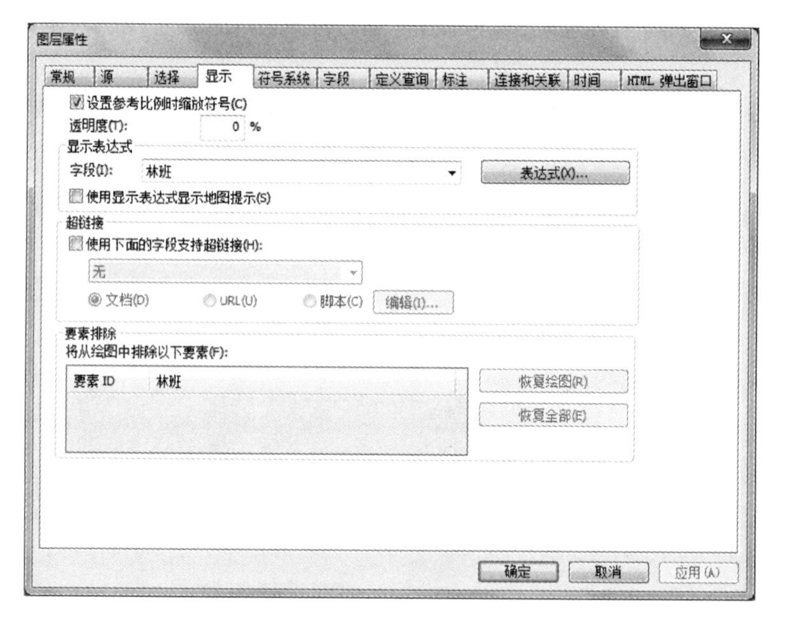

图 1-4-26　显示设置

达式显示地图提示】，鼠标移动到图形要素时显示【显示表达式】中设置的提示内容；勾选【使用下面的字段支持超链接】可以设置用于链接外部文件或其他数据的字段等。

(5)在【符号系统】标签(见图 1-4-27)下，默认图形符号显示方式为单一符号；如果设置按某一项属性的类别分类显示，则在【类别】中选择【唯一值】方式并确定分类的【值字段】；如果按多项属性联合确定显示类别，则在【类别】中选择【唯一值，多个字段】方式并确定用于类别的各【值字段】，可以设置各类符号样式。

(6)在【字段】标签(见图 1-4-28)下，我们可以设置哪些字段在属性表中显示(勾选复选

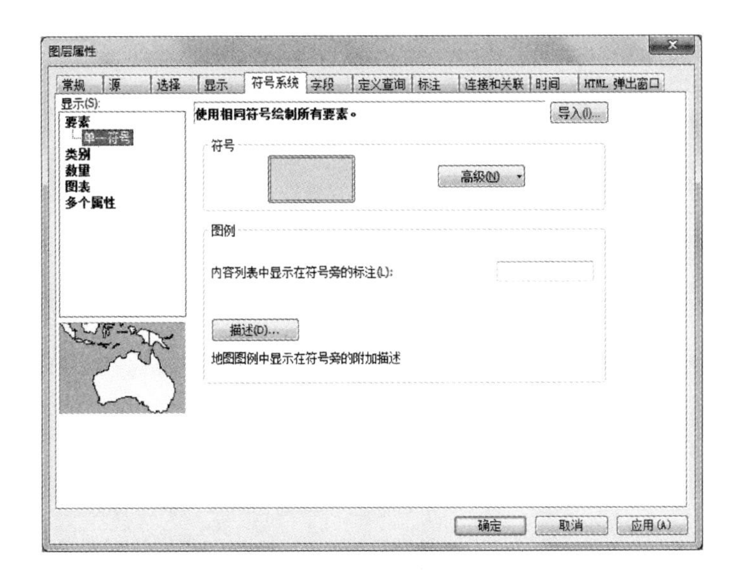

图 1-4-27　符号系统

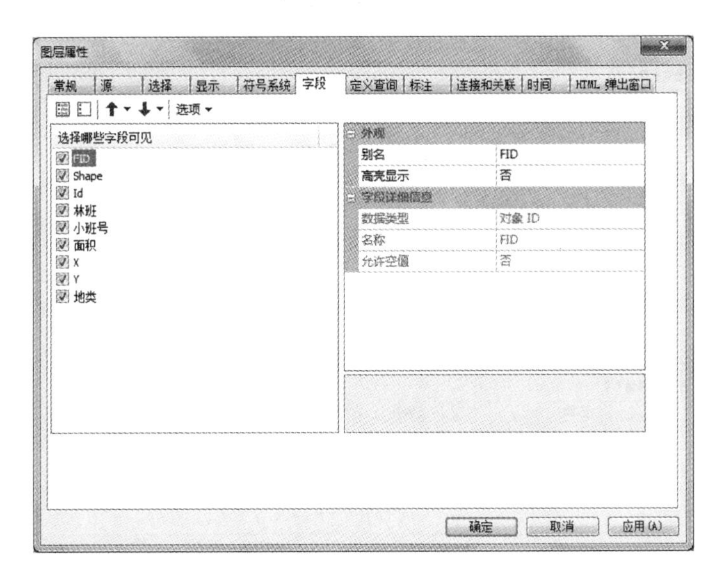

图 1-4-28　【字段】标签

框)，哪些字段在属性表中隐藏(不勾选复选框)。选中某字段可以为该字段设置别名和高亮标识外观并查看字段属性信息。

(7)在【定义查询】标签下，我们可以单击【查询构建器】打开对话框，在公式输入栏输入条件公式(如【"林班"='0002'】)，视窗中会显示图层中符合该条件的图形要素，如图 1-4-29 所示。此功能主要应用于分区或分类出图。

(8)在【标注】标签(见图 1-4-30)下，勾选【标注此图层中的要素】才能在图上显示标注内容；标注方法可以是统一按一种方式标注，也可以是不同类型标注不同内容；在【文本字符串】中可以设置标注内容(标注一个字段或写表达式标注多个字段)；在【文本符号】中可以设置标注样式；在【其他选项】中可以设置放置属性和显示比例范围。

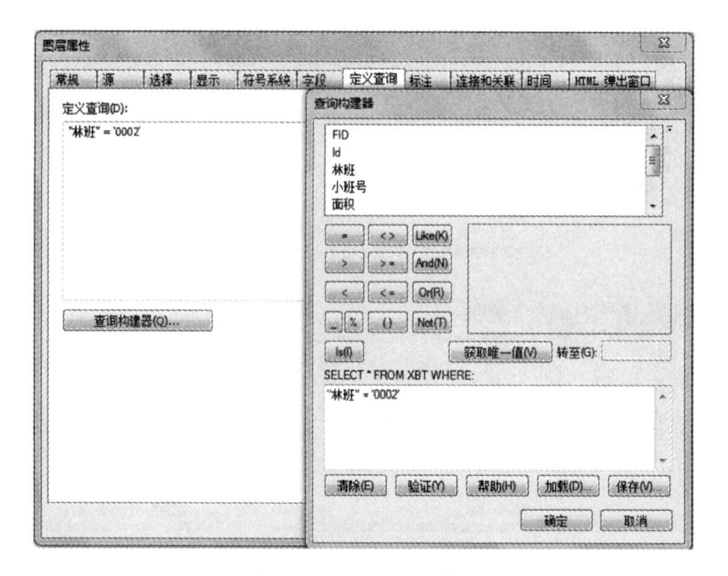

图 1-4-29　自定义查询

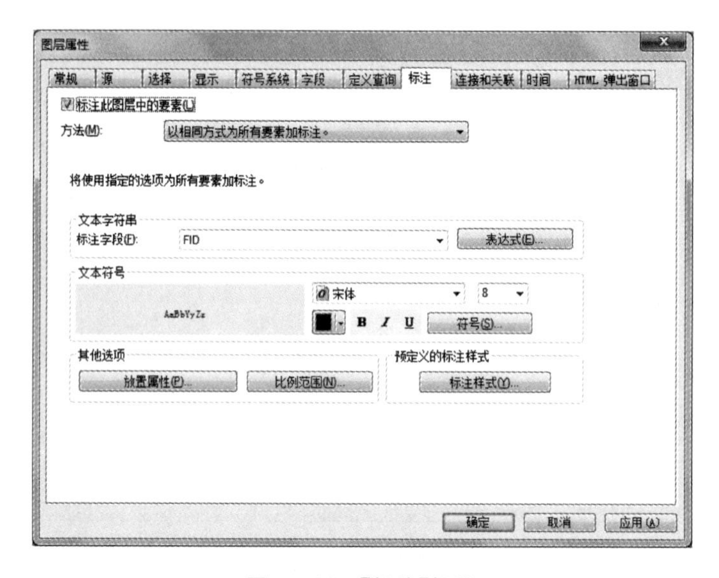

图 1-4-30　【标注】标签

3. ArcCatalog 简介

1)显示数据文件

单击页面工具条上的【连接文件夹】工具，选择需要连接的文件夹或盘；再单击页面工具条上的【目录树】工具，弹出【目录树】窗口并默认排在窗口左侧，被连接的文件夹或盘下的所有资料呈现在目录树中。

2)预览数据和查看元数据

单击【目录树】窗口的文件夹，在【目录树】中或【内容】标签中选择某数据，进入【预览】标签预览图件，进入【描述】标签查看元数据。

3)复制、粘贴、删除和重命名数据

在【目录树】中或【内容】标签中用鼠标右键点击某数据,在快捷菜单中执行【复制】、【删除】或【重命名】;复制数据后,用鼠标右键点击文件夹并选择【粘贴】命令将数据复制到该文件夹。

拓展训练

1)查看图层属性

用【添加】工具加载或从目录中选中并拖曳将图层加入内容列表,用鼠标右键点击图层打开属性表进行查看;在目录中找到图层,用鼠标右键点击图层打开属性表进行查看。

2)查找矢量图【剪裁工具】面板 裁剪

(1)在菜单栏的【地理处理】菜单下查找。

(2)在【工具箱】的【分析工具】中的【提取分析】中查找。

(3)在【搜索】工具面板中输入【剪裁】或【剪切】,从搜索出来的记录中筛选出所用工具。

3)管理数据

在 ArcMap 目录中找到图层,点击鼠标右键,选择【复制】,找到其他文件夹,点击鼠标右键,执行【粘贴】;点击鼠标右键,执行【删除】;点击鼠标右键,执行【重命名】;点击鼠标右键,执行【导出】,导出到其他文件夹或数据库。在 ArcCatalog 中也可以执行上述操作。

认识 ArcGIS 软件

任务 4.2　建立林业地理数据库概念模型

任务描述

林业调查与规划管理项目所用数据量大、类型多样、作用不同、来源不同,一般需要建数据库对其进行分类储存管理,尤其是空间数据需要分类、分层储存管理。鉴于此,依据林业调查数据管理要求和空间数据储存管理的特殊技术规则设计林业地理数据库概念模型,展示数据库结构、数据类型和组成,可以指导数据库的建立。

每人提交一份 GIS 林业地理数据库概念模型。

任务目标

一、知识目标

(1)掌握地理数据库的结构。
(2)了解地理数据库、数据集、要素类、对象类、关系类的概念。

二、能力目标

(1)会分析林业数据类型和功能特征。
(2)会设计林业地理数据库概念模型。

三、素质目标

(1)先设计后实施,养成做有准备工作的习惯。
(2)有整体观,养成对工作进行系统审视的习惯。

知识准备

地理数据库又称空间数据库,是地表某一范围内与空间地理相关、反映某一主题信息的数据集合,为地理数据提供标准格式、储存方法和有效的管理,能让使用者方便、迅速地进行检索、更新和分析,能使所组织的数据达到冗余度最小的要求。林业专题图制图会涉及大量矢量、栅格和属性数据,通常将其储存到地理数据库中以便数据的分析、管理和共享。

地理数据库由数据库、数据集、空间数据自上而下三层结构组成。其中数据库是地理数据库的顶层部分,是数据集、要素类、对象类和关系类的集合。数据间通过有效的空间索引相互关联起来,从而实现空间数据和属性数据集成管理。个人地理数据库适用于小型、中型的数据集。超大型的地理数据库可以用企业级的 ArcSDE 工具来有效地进行管理。数据集是数据的集合,GIS 数据集分为要素数据集、栅格数据集和 TIN 数据集,分别储存和管理矢量、栅格和三角网类型数据。其中要素数据集(矢量数据集)是具有相同坐标系的要素类的集合;栅格数据集可以是简单数据集,也可以是具有特征光谱或类型值的多波段组合数据集;TIN 数据集是一组在确定范围内的,每个结点具有反映该表面类型的 z 值的三角形的集合。要素类是具有相同几何形状的要素的集合。最重要的两种要素类是简单要素类和拓扑要素类。简单要素类包括点、线、多边形、注记等,这些要素可以彼此独立地编辑;拓扑要素类局限在一定的图形范围内,它是一个由完整拓扑单元组成的一组要素类限定的对象。对象类是与地理要素有联系的对象的描述性信息,不是地图上的要素,而是数据库中的一个表。关系类是建立在不同要素类间或要素类和表间的联结关系。

任务实施

一、确定工作任务

设计林业地理数据库概念模型。

二、设计林业地理数据库概念模型的工作过程

1. 分析所用数据

小班图是林业基础数据，森林资源调查中林业专题图绘制即绘制出集合空间位置、权属、森林资源状况、自然地理条件、经营管理方式等信息的小班区划图。做室内小班预区划需要有以下资料：①提供地表资源类型与状况的遥感影像图，用于地类、森林郁闭度、植被覆盖度和部分优势树种的判读；②提供地形地貌数据的地形图，用于坡度、坡向和地物等的判读；③提供界定土地行政管辖范围的行政区划图，用于判读和约束小班行政隶属性；④提供林业行政属性或林地自然属性的其他林业区划数据；⑤其他自然空间数据和人文空间数据。

2. 构建林业地理数据库结构

根据数据类型和功能，可以将林业地理数据库设计成 1 个数据库，矢量数据、栅格数据和属性数据 3 大类数据，6 个数据集且每个数据集包含若干数据文件的 3 层结构。其中 6 个数据集及其储存的数据如下。

1）参考底图数据集

参考底图数据集属于栅格数据集，主要用于储存遥感影像和地形图等栅格底图。

2）行政区划图数据集

行政区划图数据集属于要素数据集，用于储存省、市、县、乡、村等行政区划面状图和行政区划边界线状图等要素类。

3）林业区划图数据集

林业区划图数据集属于要素数据集，用于储存林业局、林场、林班、小班、公益林等林业区划要素类。

4）其他空间数据集

其他空间数据集属于要素数据集，用于储存制作成果图所需的水系、道路、机构、居民地等自然地理与人文社会要素类。

5）属性数据集

行政区划图和林业区划图的属性数据储存于要素类属性表中；属性数据结构表及属性因子分类代码表通过国家、行业、地方标准和规范查询而得，可以储存成独立的 dBASE 表。

6）其他调查数据集

其他调查数据集包括气象、水文、农业、林业等部门收集的自然地理和人文状况等数据，可以储存成独立的 dBASE 表。

工作成果展示

林业调查数据库如图 1-4-31 所示。

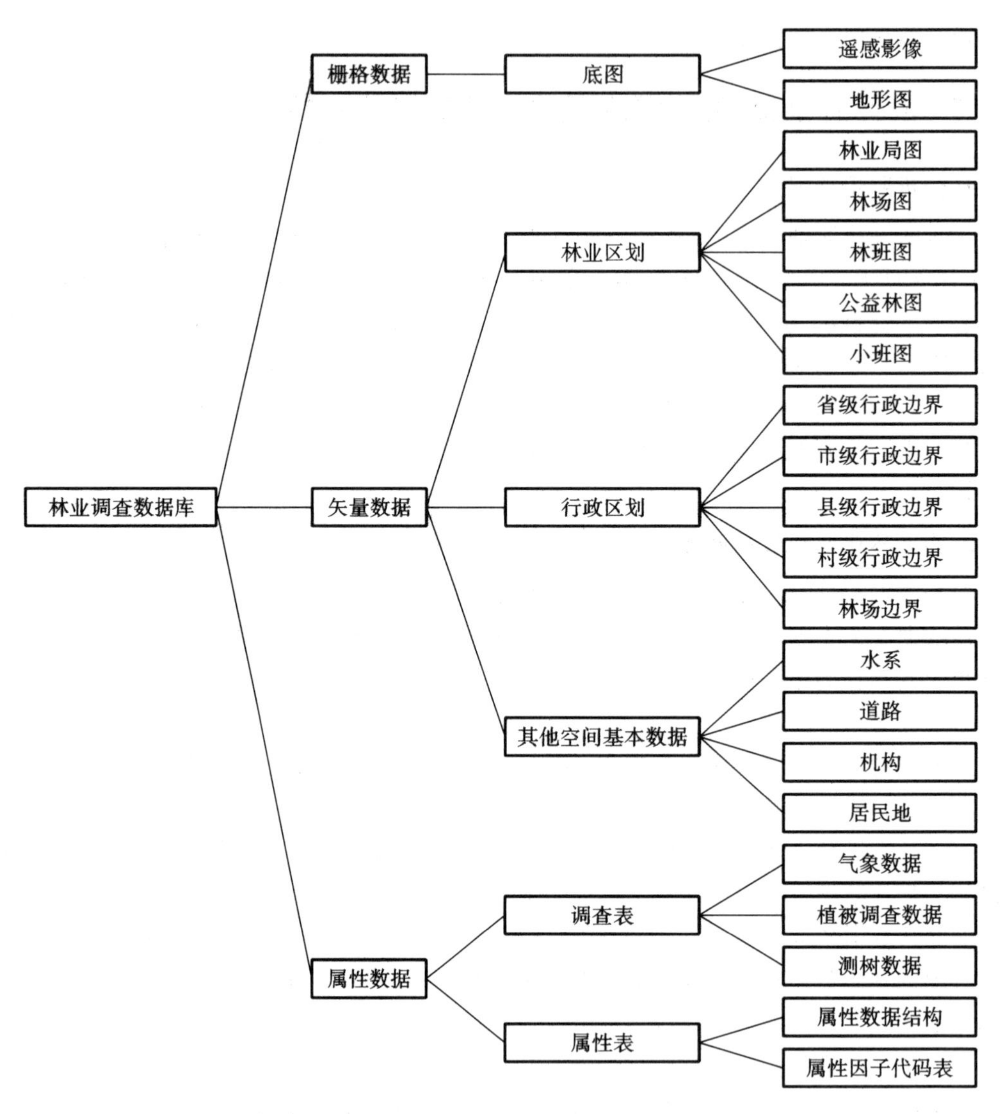

图 1-4-31　林业调查数据库

拓展训练

设计古树名木专项调查数据库，如图 1-4-32 所示。

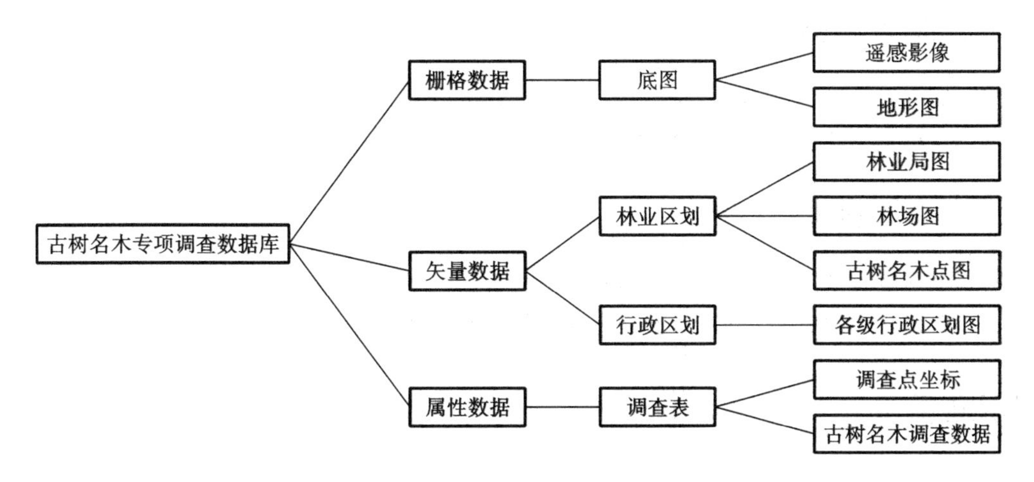

图1-4-32　古树名木专项调查数据库

建立林业地理
数据库概念模型

任务4.3　建立GIS林业地理数据库

任务描述

介绍建立数据库、数据集、要素类的技术规则和相互的关联关系，依据地理数据库结构和林业地理数据库概念模型，用ArcGIS软件建立符合技术规则的林业地理数据库。数据库包含要素数据集、栅格数据集、个人工具箱，在不同数据集中导入或新建数据，在个人工具箱中导入常用工具。

每人提交一份GIS林业地理数据库。

任务目标

一、知识目标

(1)掌握建立数据库、数据集、要素类的技术规则。

(2)了解数据库各组成部分间的关联关系。

二、能力目标

(1)会写入属性域、统一坐标系、关联属性域和字段。
(2)会根据林业地理数据库概念模型建立数据库。

三、素质目标

(1)根据设计落实具体工作,培养实践能力。
(2)系统化数据管理,培养从事林业新型管理技术工作的自豪感。

知识准备

林业地理数据库各层次间及不同类型数据间通过特定规则或关联关系相互约束和联结才能实现数据的系统化管理。这也是数据库、数据集和要素类区别于普通文件和文件夹的最明显之处,在组建和使用数据库的过程中均有所体现。首先,为数据集指定坐标系,使导入数据集中的数据或在其中创建的数据统一用该数据集的坐标系,实现图件数学基础的统一;其次,把林业调查各属性因子的分类代码表作为属性域(属性因子的属性范围)写入数据库,通过空间索引与矢量图的字段关联起来,通过属性域的引用使属性数据符合分类代码表值域范围,实现各类属性因子各类别属性值范围的统一界定;最后,根据林业调查因子的属性结构设置矢量图字段属性,以统一不同地域不同行业同种空间数据各项属性因子的结构,方便数据融合。以上方法可以实现数据的标准化管理,便于数据在各级管理部门间自下而上逐级整合,也便于基于相同或相近数据不同应用目的的数据共享。

任务实施

一、确定工作任务

建立基于森林资源调查的 GIS 林业地理数据库。

二、工具与材料

ArcGIS 10.2 软件;目录列表、工具箱;居民点图、林业机构点图、道路图、水体图、林场界、林班界、小班图等。

三、操作步骤

1. 建数据库

1)建数据库

用鼠标右键点击目录中的文件夹,在【新建】菜单中选择【个人地理数据库】,为数据库命名。

2)建属性域

建属性域即挂接属性因子分类代码表。用鼠标右键点击【数据库】,选择【属性】打开【数据库属性】对话框,进入【属性域】标签中写属性因子分类代码表,如图 1-4-33 所示。

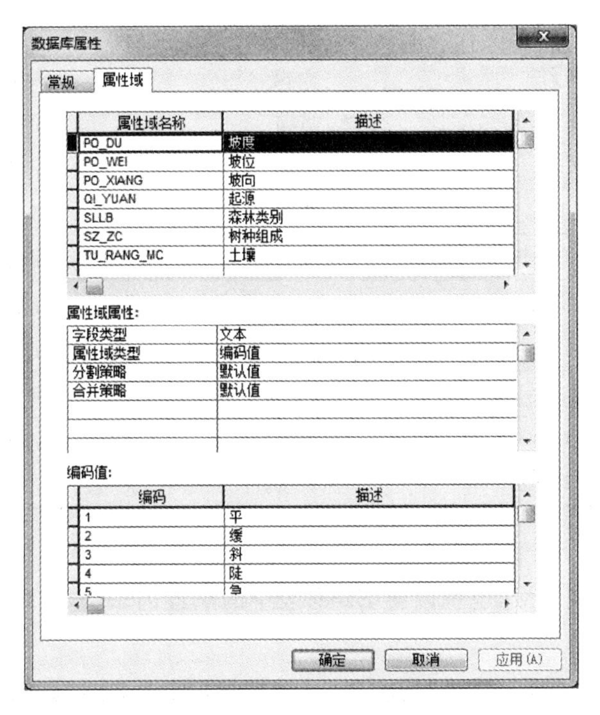

图 1-4-33　数据库属性域

(1)写入表的名称。

在【属性域名称】要素中写入表的名称,根据属性数据结构表要求用拼音起名(如 PO_DU),在【描述】要素中写入表对应的汉字名称(如坡度)。

(2)设置属性域属性。

在【属性域属性】的【字段类型】中根据属性因子分类代码表中的数据类型确定字段类型:长整型和短整型指表中数据只能是整数;浮点型和双精度指表中数据是带小数点的数字;文本指表中既可以有数字,也可以有汉子和符号,如坡度字段类型为文本。

(3)写入表中具体数据。

【编码值】栏的左侧的【编码】填写类型代码,右侧的【描述】填写类型中文名称,如写入的坡度分类代码表。

林业调查与规划管理中各调查因子对应的字段名、中文名、数据类型、字段长度和小数位等均有行业规范,因此属性域名称、描述和属性域属性等参数的具体数值应参照属性数据结构表进行设置,如表 1-4-1 所示。

表 1-4-1　小班(林带)属性数据结构表

编号	字段名	中文名	数据类型	长度
1	XIAN	县(市、区)代码	字符串	6
2	XIANG	乡代码	字符串	3

续表

编号	字段名	中文名	数据类型	长度
3	CUN	村代码	字符串	3
4	XIAO_BAN	小班号	字符串	5
5	MIAN_JI	面积	数值型	3
6	PO_XIANG	坡向	字符串	1
7	PO_WEI	坡位	字符串	1
8	PO_DU	坡度	数值型	2
9	TU_RANG_MC	土壤名称	字符串	3
10	SEN_LIN_LB	森林类别	字符串	2
11	DI_LEI	地类	字符串	3
12	QI_YUAN	起源	字符串	2
13	SZ_ZC	树种组成	字符串	12
14	YOU_SHI_SZ	优势树种	字符串	6

3)导入属性域

除了手动法输入属性域，也可以将 Excel 表中的属性因子分类代码表导入成为数据库属性域。

打开标准工具条上的【工具箱】，展开【数据管理工具】中的【属性域】小工具箱，打开【表转属性域】工具面板，如图 1-4-34 所示。

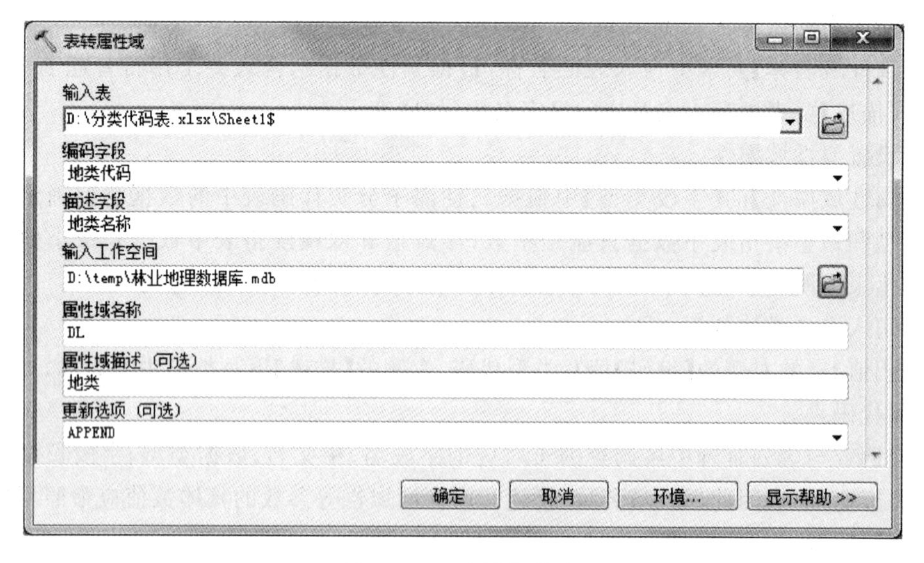

图 1-4-34　表转属性域

(1)单击【输入表】后的【打开】命令，找到 Excel 表，确定储存分类代码表的 Sheet 表。

(2)在【编码字段】下拉框中选择某个属性因子(如地类因子)编码储存的字段。

(3)在【描述字段】下拉框中选择该属性因子名称储存的字段。

(4)在【输入工作空间】中打开储存属性域的数据库。

(5)在【属性域名称】中为导入后的属性域命名，一般为拼音。

(6)在【属性域描述(可选)】中为导入后的属性域起别名，一般为汉字。

(7)在【更新选项(可选)】中，如果数据库中已经编辑了某属性因子的属性域，但未编辑完，应选择【APPEND】进行属性域值的追加；如果有问题，应选择【REPLACE】进行属性域值的替换(或用【数据管理工具】中的【属性域】小工具箱中的【删除属性域】删除后再重新导入)。

(8)单击【确定】执行导入。

注意：数据库不能处于编辑状态；Excel 为 Office 版本的 Excel 工作簿。

2. 建要素数据集并导入数据或新建数据

1)建要素数据集

(1)数据集命名。

用鼠标右键点击【数据库】，在【新建】菜单中选择【要素数据集】，为数据集命名(见图 1-4-35)，单击【下一步】。

(2)为数据集确定 XY 坐标系。

在【投影坐标】文件夹的【高斯克吕格】文件夹中找到坐标系类型文件夹(如 Xian 1980)，进入文件夹找到数据对应投影带的坐标系，如 Xian 1980 3 Degree GK Zone 38(见图 1-4-36)，单击【添加到收藏夹】 将该坐标系保存到收藏夹，单击【下一步】。

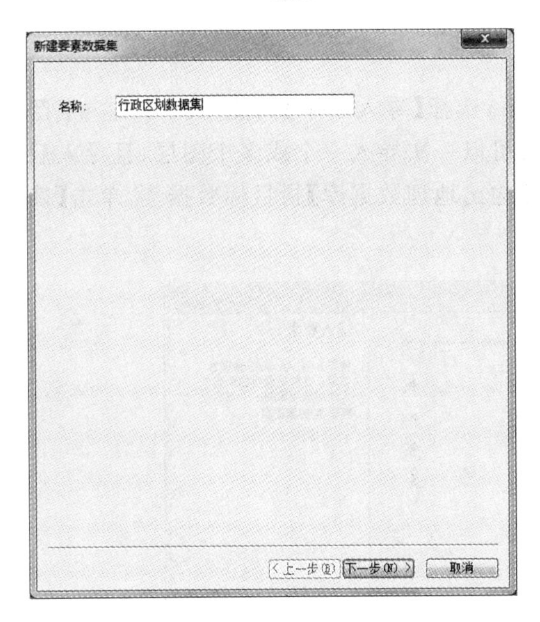

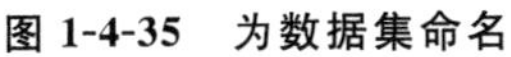
图 1-4-35　为数据集命名

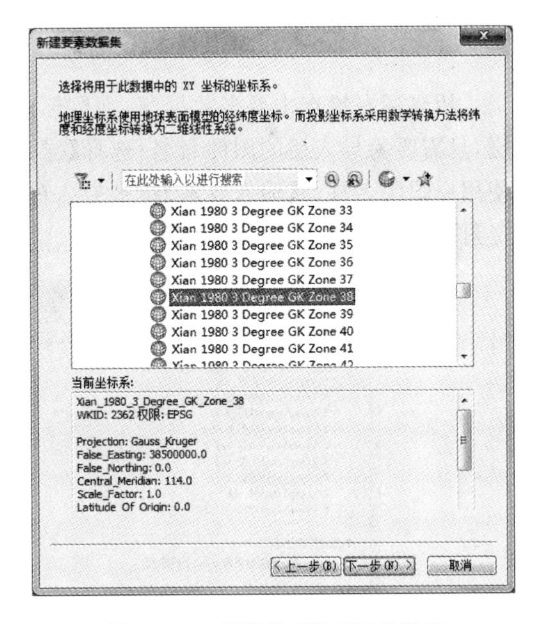

图 1-4-36　设置数据集 XY 坐标系

(3)为数据集确定垂直坐标系。

在【Asia】中找到国家 85 黄海高程系统(见图 1-4-37)，单击【下一步】。

(4)设置数据容差。

容差表示所能接纳的两个点的最小距离，在距离内则认为是同一个点，后期拓扑修改时系统会将2个点自动合并；超出距离，系统会认为存在错误，需要人工检查并处理。数据容差默认0.001即可，如图1-4-38所示。单击【完成】即可建立要素数据集。用同样的方法建立其他要素数据集。

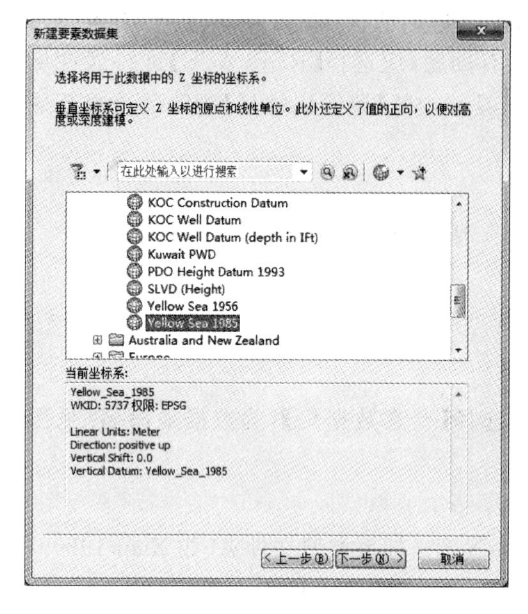

图 1-4-37　设置数据集垂直坐标系

图 1-4-38　设置数据容差

2)导入矢量图

(1)导入。

用鼠标右键点击要素数据集，在【导入】菜单下，选择【导入单个】只能一次导入一个图层，且需要为导入后的图件命名；选择【导入多个】可以一次导入一个或多个图层，且导入后使用原图层名称。【输入要素】指被导入的图层，【输出地理数据库】指目标数据集，单击【确定】执行导入，如图1-4-39所示。

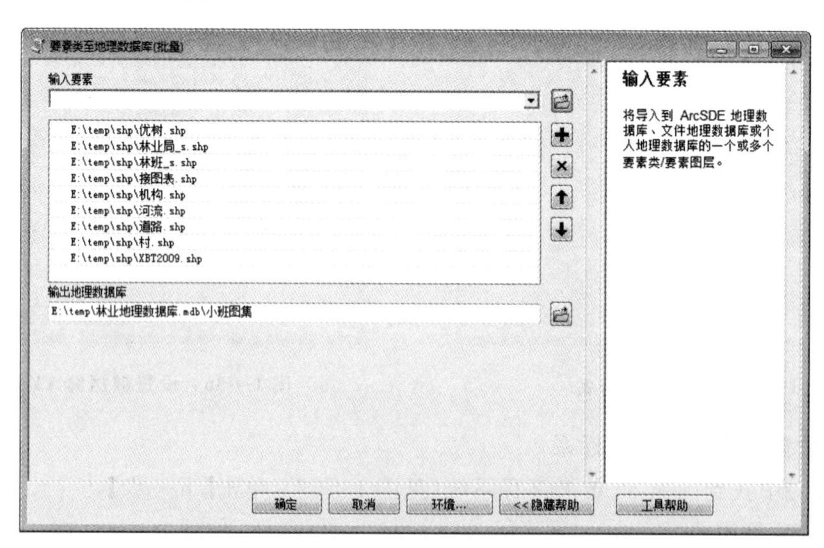

图 1-4-39　批量导入矢量数据

(2)连接属性域。

用鼠标右键点击数据集中的数据，选择【属性】打开【要素类属性】对话框，进入【字段】标签，选中某字段名称(如地类字段【DI_LEI】)，在【字段属性】要素中的【属性域】下拉菜单中选择该字段对应的属性域(如【地类】)，完成字段与属性域的连接，如图 1-4-40 所示。

3)新建矢量图

(1)新建图层。

①用鼠标右键点击【要素数据集】，单击【新建】菜单中的【要素类】打开【新建要素类】对话框，如图 1-4-41 所示。

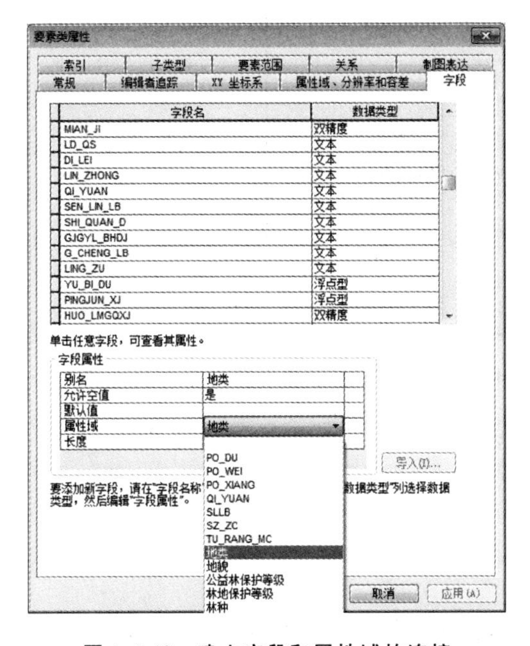

图 1-4-40　建立字段和属性域的连接

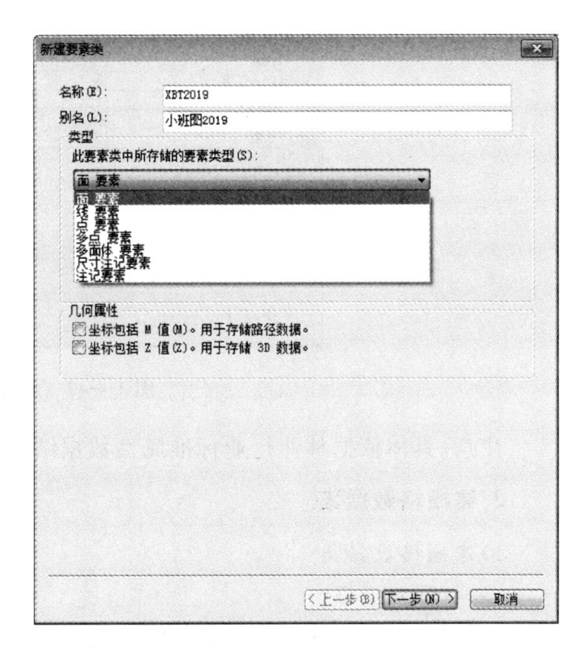

图 1-4-41　数据集中新建矢量图

②在【名称】中用拼音为矢量图命名。

③在【别名】中用汉字为矢量图命名。

④在【类型】中选择矢量图类型，点图层选择【点 要素】，线图层选择【线 要素】，面图层选择【面 要素】。小班图为面图层，选择【面 要素】。

⑤单击【下一步】。

(2)加字段。

①命名。在【字段名】列表用拼音为字段命名，每个字段对应一项属性。

②设置字段数据类型。在【数据类型】下拉框为字段选择数据类型。长整型和短整型均是数值型整数，前者位数多，后者位数少；浮点型和双精度均是带小数点的数值型数字，前者位数少，后者位数多；文本可以是汉字、文本格式数字、符号等。

③设置字段属性。在【字段属性】栏中的【别名】要素中为字段设置汉字名称，在【属性域】下拉菜单中选择对应属性域进行属性域连接，如图 1-4-42 所示。如果为文本格式字段，在【长度】要素中设置字段的字符长度，一个汉字占 2 个字符，一个数字占 1 个字符(如设置为 22 能输入 11 个汉字或 22 个数字)。

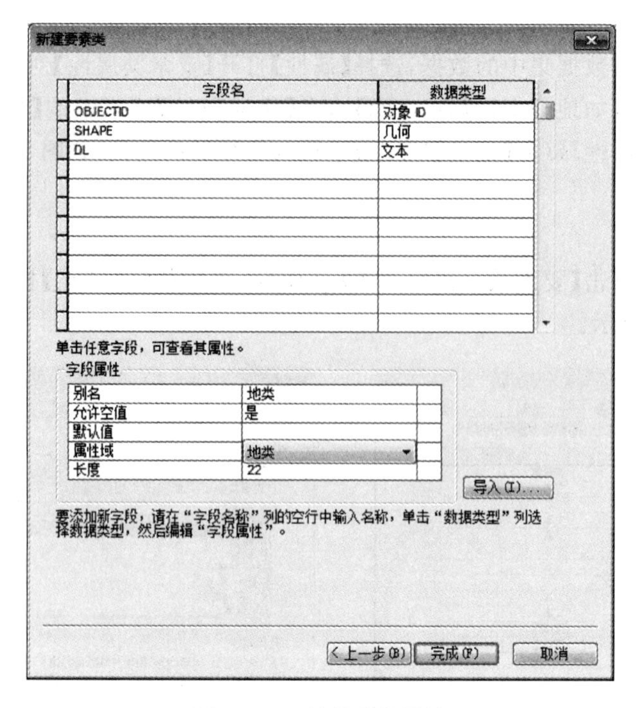

图 1-4-42　编辑字段属性

注意:具体依据林业行业标准属性数据结构表进行设置。

3. 建栅格数据集

1)建栅格数据集

(1)打开对话框。

用鼠标右键点击【数据库】,在【新建】菜单中打开【创建栅格数据集】对话框,如图 1-4-43 所示。

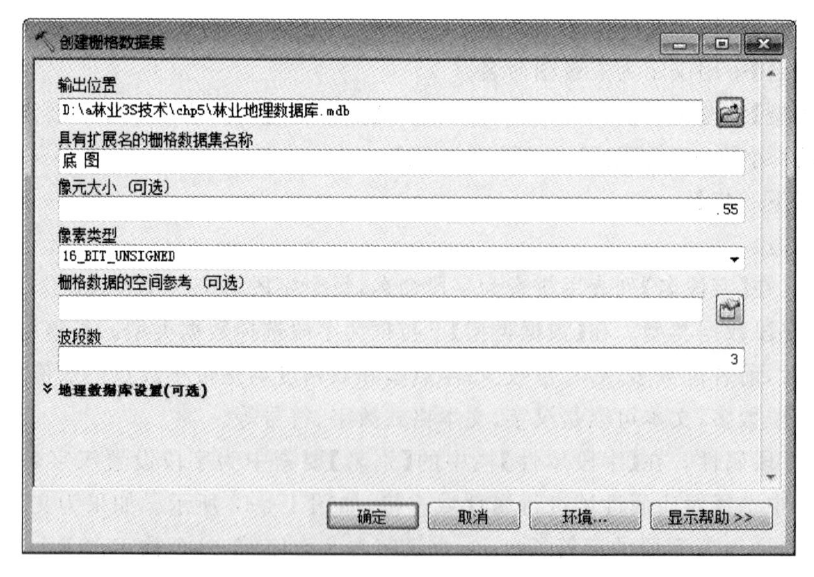

图 1-4-43　创建栅格数据集

(2)设置参数。

①在【输出位置】设置数据集保存位置,在【具有扩展名的栅格数据集名称】中为栅格数据集命名。

②【像元大小(可选)】、【像素类型】、【波段数】与后期导入的栅格图像相同。

③在【栅格数据的空间参考(可选)】中单击【编辑空间参考】命令 打开【空间参考属性】对话框,在【投影坐标系】中查找目标坐标系并设置为栅格数据集坐标系。

④点击【确定】。

2)导入栅格图

用鼠标右键点击【栅格数据集】,在【加载】下拉菜单中选择【加载数据】打开【镶嵌】对话框,如图1-4-44所示。单击【输入栅格】要素下的【打开】命令 加载被导入的栅格图,单击【确定】完成导入。

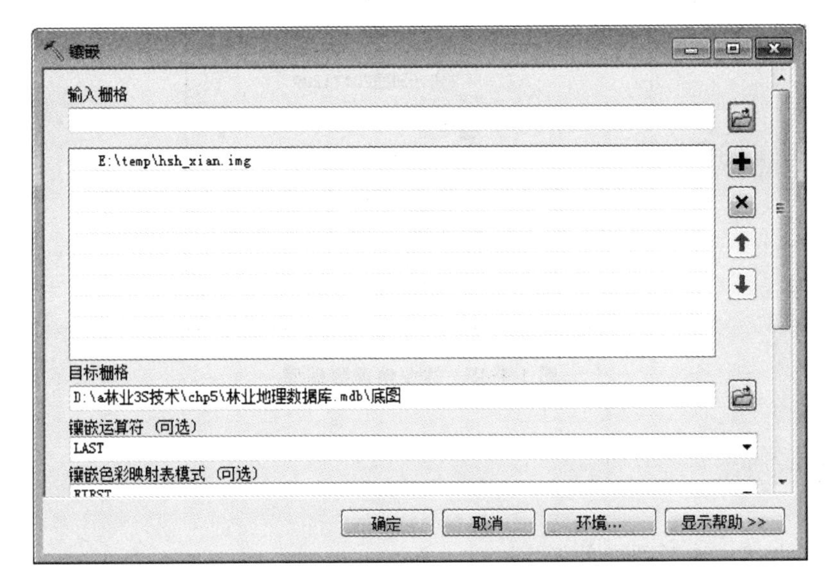

图1-4-44　导入栅格图

4. 建工具箱

1)建个人工具箱和工具集

用鼠标右键点击【数据库】,选择【工具箱】命令完成工具箱创建,可以为工具箱重命名;用鼠标右键点击工具箱,选择【新建】下的【工具集】建立工具集。

2)导入工具

打开标准工具条上的【工具箱】 ,找到使用频率较高的工具,拖曳到新建的工具箱工具集中;也可以用鼠标右键点击工具箱或工具集,单击【添加】下的【工具】弹出工具箱,从中选择几个常用工具或小工具箱一次全部添加。

工作成果展示

林业地理数据库如图1-4-45所示。

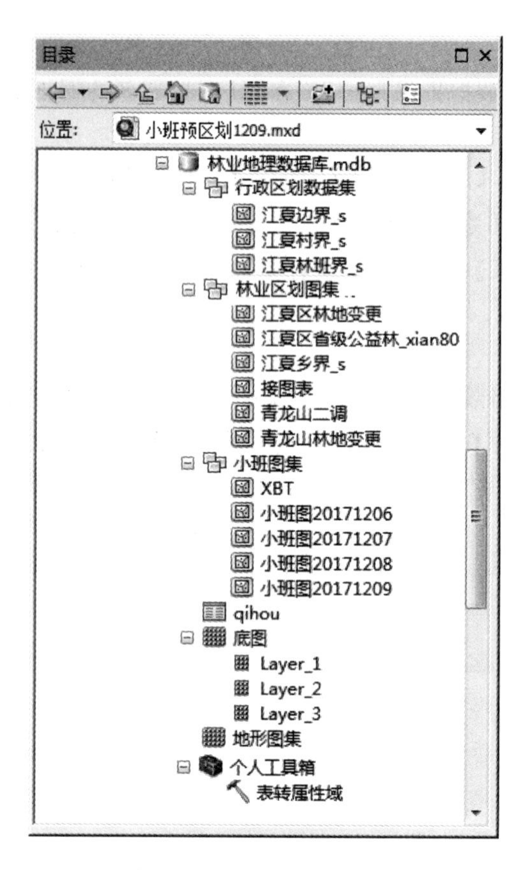

图 1-4-45　林业地理数据库

拓展训练

1)建立古树名木专项调查数据库

①在文件夹下新建古树名木专项调查数据库,为数据库添加树种属性域。

②在数据库下新建林业区划数据集、行政区划数据集、影像栅格数据集、地形图栅格数据集和个人工具箱,坐标系为 CGCS2000 坐标系。

③在数据集分别导入数据,其中古树名木点图的树种字段与属性库的树种属性域链接。

④在工具箱导入【点集转线】工具。

2)数据库中数据的编辑管理

用鼠标右键点击数据集进行数据导入、导出、删除。用【工具箱】中的【数据管理工具】中的【属性域】中的【表转属性域】工具将 Excel 格式分类代码表转为属性域等;用其中的【删除属性域】工具删除错误属性域。

建立 GIS 林业地理数据库

空间数据管理系统应用

任务4.4　确定小班区划要求

任务描述

在介绍专题信息提取含义和森林区划内容的基础上介绍林业小班区划常用方法，遵循的原则、依据和区划技术要点，小班编号规则，与有关界线衔接问题的处理方式等，以规范小班区划过程。

任务目标

一、知识目标

(1)了解森林区划的内容和区划系统。
(2)了解小班特征和小班区划意义。
(3)掌握小班区划依据、技术要求和区划方法。
(4)掌握小班编号的要求。

二、能力目标

(1)会提炼小班区划技术要点。
(2)会根据区划原则、依据和技术要点梳理出小班区划思路和方法。

三、素质目标

(1)对接技术标准，培养规则意识。
(2)提高自学能力，培养收集资料、整理资料、提炼信息要点的习惯。

知识准备

专题信息提取是指利用影像的光谱信息、空间信息以及多时相信息对目标进行识别、归类，并从影像中提取各种专题信息的过程。林业专题图制图的核心任务是林业专题信息提取，也就是区划。林业局区划一般根据经营单位类型、森林资源情况、自然地理条件和行政区划境界进行。林场是林业局下属的一个具体实施林业生产的单位，林场的区划利用山脊、河流、道路等自然地形及永久性标志进行。林班是在林场的范围内，为了便于森林资源统计和经营管理，将林地进行划分得到的许多个面积大小比较一致的基本单位。林班界通过人工设置伐线、根据林场内的自然界线及永久性标志或两者结合确定。为了便于查清森林资源和开展各项经营活动，在林班内再按一定的条件划分不同的小区，即小班。

小班是内部特征基本一致，与相邻地段有明显区别，需要采取相同经营措施的地块或小区，是开展森林经营活动和森林资源调查、统计计算和资源管理最基本的单位。作为森林资源二类调查成果，小班图是县级森林资源动态监测、三农、县域经济、党政领导干部考核，编制森林资源资产负债表、自然资源资产离任审计，制定森林采伐限额，进行林业工程规划设计和森林资源管理的基础，也是制定区域国民经济和社会发展规划和林业发展规划、森林生态建设规划，实行森林生态效益补偿和森林资源资产化管理，指导和规范森林科学经营的重要依据。

小班在林学特征上是一致或基本一致的。不同的地类可以划分不同的小班。林分是根据生物学特性相近而划分出的森林小区。小班是根据一定条件，从经营观点出发在林班中划分出来的小区。由此可见，林分是划分小班的基础。一个小班通常就是一个林分，也可能包括几个林分。在经营条件好、森林经营强度较高的地区，一个林分有可能就划分成一个小班。反之，在个别林分面积特别小的地区，一个小班可能包括几个林分。因此，原则上凡能引起经营措施差别的一切明显因素皆可作为区划小班的依据。

提取的小班数据既要反映实体基本特征，也要突出其专题特征并能充分反映我国森林资源状况，符合林业行业资源管理要求，尤其是全国“林业一张图”制图要求。因此，要统一森林资源二类调查的技术标准，明确调查范围和内容，规范调查程序和方法，控制调查质量和精度，便于数据管理与共享、提交完整调查成果。各省依据国家技术标准《森林资源规划设计调查技术规程》(GB/T 26424—2010)和《国家森林资源连续清查技术规定(2014)》，结合地方技术规程和森林资源特点，制定了本省《森林资源二类调查工作细则》。

任务实施

一、确定林班区划技术要求

林班是为了便于森林资源经营管理、合理组织林业生产而划分的一种长期性的(相对固定的)、最小的森林经营管理区划单元，因此林班内林地权属一致。

一般 1 个村为 1 个林班，如果村面积较大，可以以村民小组为单位区划林班或以自然地物(山脊、河流、公路等)为依据进行区划，所以 1 个村可能有几个林班。

无特殊情况不能更改林班界。因行政村合并或拆分的，原林班界未被打破的，林班界线不变，保留原林班号；原林班界被打破的，新增加的林班以最大号续编。

二、确定小班区划依据

森林资源专题特征、自然地理特征、社会属性等差别是小班区划的重要依据。兼顾资源调查和规划管理的需要，以山脊、山谷、溪谷、道路等明显地形地物和林权界为界线进行划分，做到一个小班内权属一致、林相类似、宗地完整。小班区划有以下依据。

(1)土地权属(包括土地所有权、承包权和经营权，林木所有权和经营权)不同。

(2)森林类别或林种不同(森林类别分为公益林和商品林,林种分为防护林、特种用途林、用材林、能源林、经济林)。

(3)公益林(地)的事权等级、保护等级不同(事权等级分为国家级、省级、市级、县级、其他,保护等级分为Ⅰ级、Ⅱ级、Ⅲ级、Ⅳ级)。

(4)地类(乔木林、竹林、疏林地、灌木林地、未成林地、苗圃地、无立木林地、宜林地、林业辅助生产用地、非林地等)不同。

(5)林业工程类别(六大林业重点工程,即天然林保护工程、三北和长江流域重点防护林体系建设工程、环北京地区防沙治沙工程、退耕还林工程、野生动植物保护及自然保护区建设工程、速生丰产林基地建设工程;其他林业工程)不同。

(6)起源不同(天然起源包括纯天然、人工促进、萌生,人工起源包括植苗、直播、飞播、萌生)。

(7)树种组成不同[优势树种(组)比例相差 20%以上]。

(8)龄组或龄级(幼龄林、中龄林、近熟林、成熟林、过熟林或幼龄竹、壮龄竹、老龄竹)不同。

(9)林分郁闭度不同(商品林郁闭度相差 0.20 以上,公益林相差一个郁闭度级,灌木林相差一个覆盖度级。其中郁闭度等级高、中、低分别为 0.70 以上、0.40～0.69、0.20～0.39;覆盖度等级高、中、低分别为 70%以上、50%～69%、30%～49%)。

(10)立地类型[影响水热条件变化的微域地形特征(地形部位、地面形态、坡度等)和土壤、植被、地下水位、土地利用性质等]不同。

(11)林地保护等级不同(一级保护林地实行全面封禁保护,禁止任何生产经营性活动和改变林地用途,主要是指国家的自然保护区、世界自然遗产等;二级保护林地实施局部封禁管护,鼓励和引导抚育性管理,改善林分质量和生态健康状况;三级和四级保护林地要依法经营、合理利用)。

这些信息一部分通过判读遥感影像、地形图等底图获得,一部分从行政界线、公益林图等其他区划参考图中获得,还有一部分通过后期外业调查获得。

三、确定小班区划要求

1. 区划系统

区划系统分为县级行政单位区划系统和经营单位区划系统。下级区划界线不能跨越上级区划界线。

1)县级行政单位区划系统

县→乡(镇、街道)→村→林班→小班;县→乡→村→小班;县→乡→村→林班。

2)经营单位区划系统

(1)林业局(场)。

林业(管理)局→林场(管理站)→林班→小班;林业(管理)局→林场(管理站)→营林区(作业区、工区)→林班→小班。

(2)自然保护区。

管理局(处)→管理站(所)→功能区(景区)→林班→小班。

(3)森林公园。

管理处→功能区(景区)→林班→小班。

2. 区划代码

依据国家标准进行区划编码及设置代码结构,无特殊情况不能更改区划代码。例如,按林业行政区划编码,湖北省武汉市江夏区纸坊街道东林村 2 号林班 1 号小班的编码是 420115016002000200l。

3. 小班区划

1)根据小班区划依据进行区划

(1)以地类为主,结合地形和林相。

(2)林地与非林地要划开,森林与无立木林地、宜林地要划开,乔木林的商品林与公益林要划开。

(3)山坡、平地要划开,阴坡、阳坡要划开,同一小班朝向基本一致,站在一点基本上能看清小班全貌,尽量不能一部分在阴坡、一部分在阳坡。

(4)一个小班内林分类型尽量单一;局部混杂地块的面积小,可以合并,作为混合小班。

(5)在区划因子无显著变化时,应尽量沿用林地更新成果数据,不得随意调整界线。

(6)对前期区划错误或因经营活动造成界线发生变化的小班,应重新调整。

2)区划面积

(1)小班最小面积不低于 0.067 公顷。

(2)小班最大面积,商品林不超过 15 公顷,公益林原则上不超过 35 公顷。

(3)与实际面积的误差≤5%。

3)小班编号

使用林地更新数据库中的编号或按照方便实用的原则进行小班编号。以行政村(林区、林班)范围为编号单位,兼顾自然地形,顺序相连:以从上到下、从左到右的“S”形顺序连续编号。小班号一旦确定不能随意更改;若因区划调整新增小班,小班号在该林班的最大小班号后续编。

4)与有关界线的衔接

(1)与行政界线衔接处以行政界线为准,未经批准不得擅自改变。

(2)与公益林界线衔接处不得擅自改变已界定的公益林范围、事权等级、保护等级,但应认真核对;界线明显错误的,应予以修正,如原有公益林中可以区划出来的耕地、建筑用地、水体等应区划出来。

(3)应尽量利用原有的、正确的林地更新数据库小班界,确有变化的,应予以修正。

(4)不得擅自改变已界定的林地保护利用规划的范围、保护等级;界线明显错误的,应予以修正,如能区划出来的耕地、建筑用地、水体等难以恢复为林地的应区划出来。

(5)相邻小班共用一条边,不能重叠或有空隙。

(6)小班边界应该与公益林图边界、行政区划图边界等吻合。

(7)小班转角处应相对平滑,不能有锐角。

4. 林带区划

区划时考虑林带长度、带宽、行数等。

5. 非林地森林小班区划

现状为林地，但根据相关规划确定为耕地、建设用地或个人承包地等，且有相关权属证明，则归为非林地森林，地类记为林地。区划时只需要考虑土地权属、林业工程类别、优势树种组成、龄组或龄级不同。

6. 四旁树区划

进行非林地小班区划，无其他区划限制条件，最小图斑面积及最大图斑面积不限。

四、确定小班区划方法

常用的区划方式有传统的对坡勾绘法和室内目视判读法。室内目视判读法融入了人的经验和逻辑判断，准确性更高；融合了部门对行政区划、国土资源划分的规定，更能满足林业生产要求。因此，林业生产中选择室内目视判读法进行小班区划。

1. 传统的对坡勾绘法

打印 1∶10000～1∶25000 的地形图、航片或卫片，到现地进行对坡勾绘，再在室内转绘成矢量图。现在仍然有部分人采取这种方法。

2. 航片目视判读法

使用近期拍摄的（以不超过两年为宜）、比例尺不大于 1∶25000 的航片在室内进行小班预区划后在现地核对，区划过程中需要参考地形图。

3. 卫片目视判读法

以最近一期林地更新数据为基础，以最新地理国情普查（变化指示图层）和征占用林地等调查与管理数据为参考，根据小班区划条件，结合近期（以不超过一年为宜）空间分辨率 5 m 以上的卫片、DEM 或地形图数据修正调整小班界线，对小班地类与卫片判读地类不一致的区域进行补充区划，形成小班预区划图。

五、小班区划质量要求

（1）小班区划界线须与遥感影像图上的变更线吻合，相邻小班不能重叠和有空隙。

（2）小班区划界线不得存在拓扑错误，不同区域小班图衔接处地物要素的属性和拓扑关系均应保持一致。

（3）必填的属性数据不能为空值。

拓展训练

1）林班区划

打印林场航片、高分辨率卫片以及地形图，在航片或卫片上绘制林场界线、营林区界线，依据经营等级确定林班面积大小，依据地形条件确定区划林班的方法，进行林班区划的内业设计和现地区划，对区划好的林班进行编号和命名，每人提交一份林场的林班区划图。

2)小班区划

在林班区划基础上，选择某一林班，依据地形和林相条件确定区划小班的方法，进行小班区划的内业设计和现地区划，对区划好的小班进行编号和命名，每人提交一份小班区划图。

确定小班区划要求

任务4.5 小班预区划

任务描述

介绍两种建立小班图的方法：一是在数据库中建立小班图，在此过程中通过加字段为小班图添加属性因子，并建立字段与数据库属性域间的关联关系；二是利用目录(ArcCatalog)建立独立小班图，并在属性表中加字段以完善属性表的属性因子。用创建要素工具绘制小班并填小班属性。

每人提交一份小班预区划图。

任务目标

一、知识目标

(1)掌握坐标系知识；掌握字段与字段知识。

(2)了解计算机自动分类方法和区别。

(3)了解室内目视判读法的思路。

二、能力目标

(1)会建矢量小班图并为小班图建坐标系。

(2)会补充林业调查因子为字段。

(3)会区划小班和填小班属性。

三、素质目标

(1)具备严谨求实的工作态度，养成吃苦耐劳的工作精神。

(2)对接技术标准,养成规则意识,严格按《森林资源二类调查工作细则》和技术标准的要求进行小班区划。

知识准备

遥感专题信息提取是指根据提取目的,以遥感资料为基础信息源,提取与主题紧密相关的一种或几种要素信息的方法和过程,包括计算机自动分类(自动提取)和目视解译(人工提取)2种提取方法。

计算机自动分类就是利用计算机模拟人类的识别功能,对地球表面及其环境在遥感影像(底图)上的信息进行属性的识别和分类,从而达到判别地物、提取地物信息的目的。地物识别的依据主要是影像光谱特征的相似。计算机自动分类根据人为参与程度不同分为监督分类和非监督分类:监督分类是选择训练区(也就是样本),事先取得各类别的特征参数,确定判别函数,从而进行分类;非监督分类是在没有先验类别知识(训练样本)情况下计算机根据像元间相似度的大小对其进行归类合并的方法,将相似度大的像元归为一类。这两种方法并不能够完全割裂,具体选择哪种方法取决于影像的特征、应用要求和所利用的计算机软硬件环境。监督分类比非监督分类的数据精度高,但仍然无法达到森林资源调查和大部分森林资源规划管理工作的要求,在实际生产中应用不广。

为了提高制图精度,目前遥感影像信息提取多采用人机交互的目视解译方法。基本思路:目视判读影像,进行人机交互矢量化,同时手动输入属性,经过修改后成图。遥感影像上不同地理实体的专题特征、自然地理特征、社会属性,构成了目视判读的依据,具体包括颜色、色调、纹理、地理位置、形状、大小、边界曲直、季相变化等地物光谱特征、时间特征和空间特征在影像上的直观表现,以及土地权属、保护等级、工程类别等社会属性的人为设定。这些特征要加入人的逻辑判断并进行多元信息融合才能实现解译。

地表不同类型实体(地物)的特征不同,为了简化信息表达方式,将实体抽象为点、线、面。因此地理信息系统提取的数据以带有坐标信息的点、线、面等要素为载体,对应表达点、线、面3种类型实体,并分别集合成点、线、面3种要素类。因此,要素类指具有相同几何特征的要素的集合,又称矢量图、形文件、shp文件或空间数据。小班图属于面要素类,小班是面要素。一般在室内提取小班,在室外检查校对,最终形成完整的小班图,因此室内小班提取过程又叫小班预区划过程。

小班属性信息存入小班图的属性表。表中的每一行称为一条记录,每一列称为一个字段,字段集合组成记录,每个字段包含某一专题的信息(数据项)并有唯一的供计算机识别的字段标识符。小班调查因子是字段,所有因子的值组成一条小班记录。

任务实施

一、确定工作任务

提取小班图。

二、工具与材料

ArcGIS 10.2 软件、编辑器工具条、创建要素面板；数据库、栅格底图、区划参考图。

三、操作步骤

1. 新建小班图

建立小班图的方法有在数据库中建小班图和在文件夹中建独立小班图 2 种。

1)在数据库中建小班图

(1)新建图层。

用鼠标右键点击要素数据集，在【新建】中选择【要素类】，用拼音为矢量图命名，如图 1-4-46 所示；别名为汉字；【类型】选择矢量图类型，如点图层选择【点 要素】，线图层选择【线要素】，面图层选择【面 要素】，小班图为面图层，选择【面 要素】。

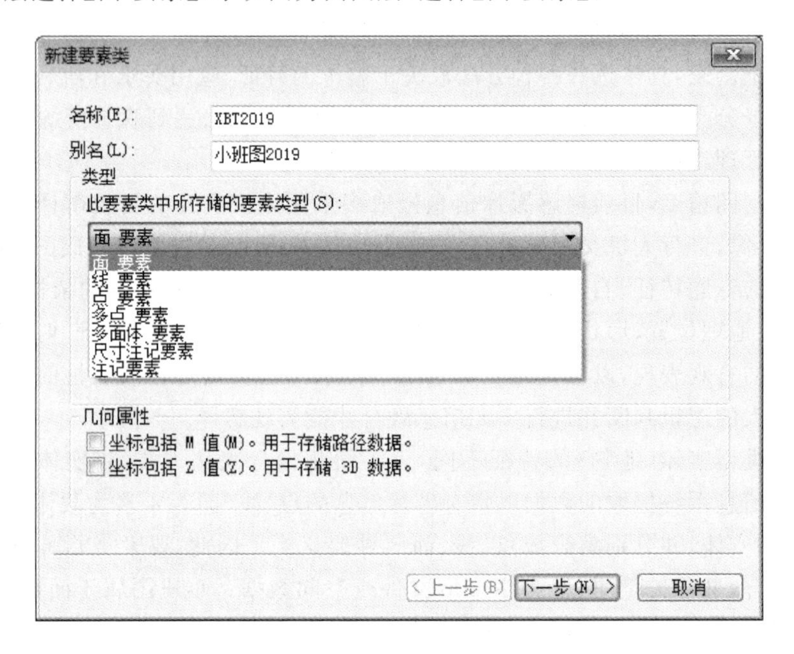

图 1-4-46 建矢量图

(2)加字段。

①加字段。

单击【下一步】为图层加字段，如图 1-4-47 所示。每个字段对应一项属性。在【字段名】中用拼音为字段起名。在名称后面的【数据类型】下拉框中选择字段类型。属性值为整数值的对应长整型或短整型；带小数点的数值对应浮点型或双精度；汉字和文本格式数字对应文本。面积、郁闭度等为浮点型；小班号、地类、土壤类型、树种等为文本。

②设置字段属性。

参照林业调查因子结构表设置【字段属性】。设置字段【别名】为汉字名称；在【属性域】下拉框选择数据库对应的属性域，建立与字段的连接；【长度】依属性值的长度设置，一个汉

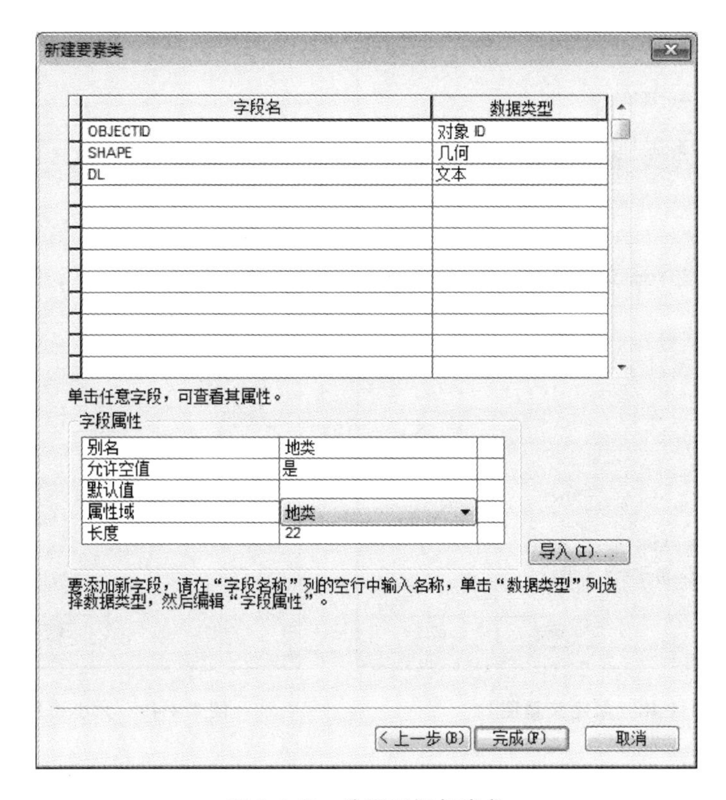

图 1-4-47　为图层添加字段

字占2个字符，一个数字占1个字符(如设置为22能输入11个汉字或22个数字)。

2)在文件夹中建独立小班图

(1)新建图层。

用鼠标右键点击目录中的文件夹，在【新建】中选择【shape file】打开【创建新 Shapefile】对话框，如图1-4-48所示。在【名称】中用拼音命名；【要素类型】选择【面】；单击【编辑】设置坐标系，在【投影坐标系】中找到拟建图件对应投影带的坐标系(如 Xian80 投影坐标系)或单击【添加坐标系】 ▾下的【导入】命令找到具有该坐标系的其他图件并导入坐标系，单击【确定】返回【创建新 Shapefile】页面；单击【确定】完成面矢量图的创建。

(2)加字段。

从目录中选中小班图，通过拖拽添加进软件，在内容列表中用鼠标右键点击小班图，选择【打开属性表】，单击属性表的【表选项】，选择【添加字段】命令打开【添加字段】对话框(见图1-4-49)，为字段命名(一般以拼音命名)，单击【类型】下拉框确定字段类型并修改字段属性。

2. 提取小班

(1)打开遥感影像、地形图等栅格底图和村界、林班界、省级公益林等区划参考图。

(2)开始编辑小班图。用鼠标右键点击小班图层，在【编辑要素】中选择【开始编辑】打开编辑器工具条(或单击标准工具条上的【编辑器】 打开)。

(3)打开构造面要素工具。

单击编辑器工具条的【创建要素】图标 打开【创建要素】面板，选中面板上的图层，调

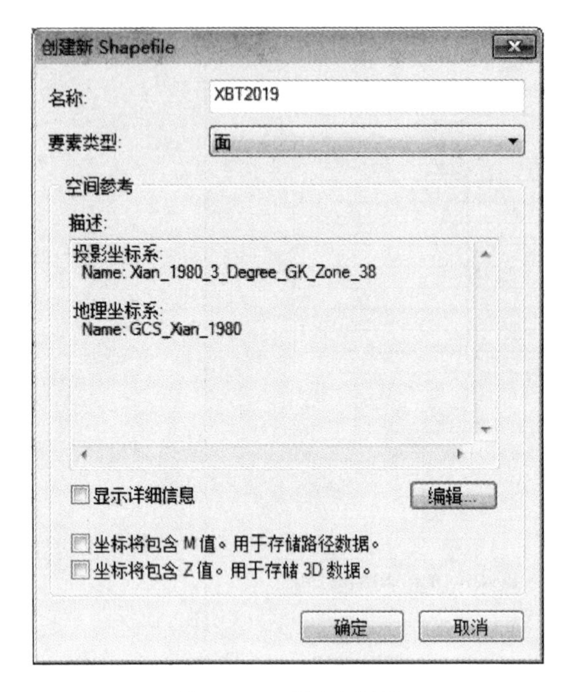

图 1-4-48　创建矢量图

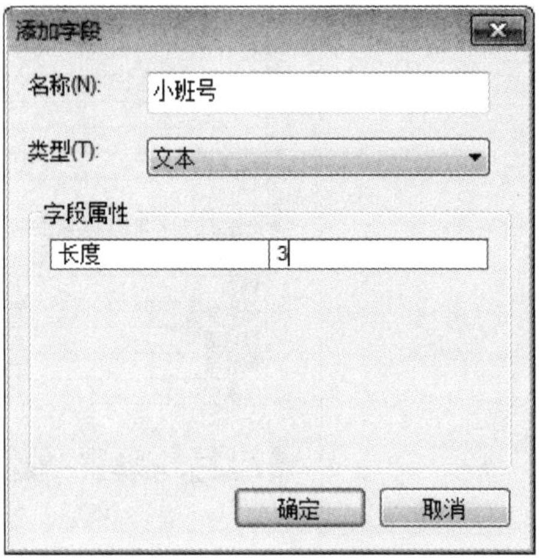

图 1-4-49　为小班图添加字段

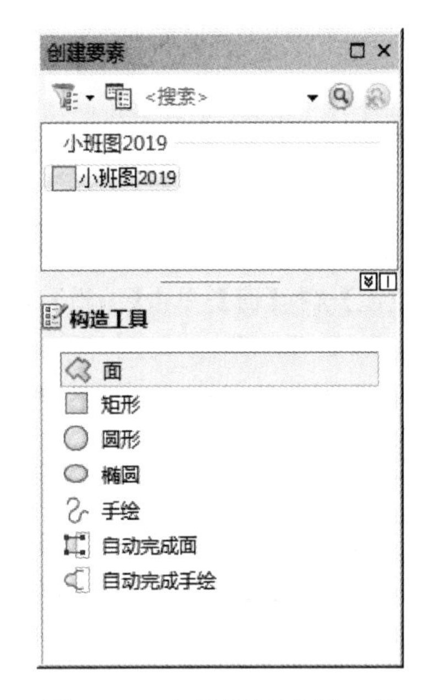

图 1-4-50　打开构造面要素工具

出不同类型构造面工具，如图 1-4-50 所示。

(4)绘制小班。

构造工具有 7 种。【面】工具用于手动采点绘制任意形状面要素；【圆形】工具、【椭圆】工具、【矩形】工具用于绘制规则形状面要素；【手绘】工具用于拖动鼠标绘制边界平滑的面要素；【自动完成手绘】工具通过与其他面要素围成的闭合区域自动完成面要素的创建。【圆形】工具、【椭圆】工具、【矩形】工具和【手绘】工具的绘图特点不符合小班技术要求。

①用【面】工具绘制独立小班。

选中工具，沿面状地物边界单击鼠标左键打点进行绘制，在狭窄的拐点处增加打点密度以防出现锐角或直角，在距离起点较近处双击鼠标左键完成一个小班的绘制。

②用【自动完成手绘】工具绘制相邻小班。

选中工具，起点在相邻小班内部，沿面状地物边界打点，回到小班内部并双击完成绘制，绘制的线和相邻小班边界线形成闭合区域处均形成小班。

③用【面】工具绘制相邻小班。

选中工具，在空白处用【直线段】打点自主绘制边界。当需要与相邻小班共用边，在与共用边间隔一定距离时切换成【追踪】线，单击共用边(被追踪线)并拖动鼠标实现追踪，追踪结束时单击鼠标并切换回直线，继续自主绘制，形成闭合区域后双击鼠标完成绘制。

注意：相邻小班共用一条边，不能重叠或有空隙；小班边界应该与公益林图、行政区划图等边界吻合；小班转角处应相对平滑，不能有锐角。

3. 填小班属性

1）在属性表中填属性

选中某个小班，用鼠标右键点击图层并选择【打开属性表】，该小班对应的记录以高亮显示，结合行政区划参考图、地形图和影像判读结果，在对应字段的单元格中输入小班属性值。

2）在属性表面板中填属性

选中某个小班，单击编辑器工具条上的【属性】图标 打开【属性】面板，在【属性】面板各字段后的单元格中填小班属性值，如图 1-4-51 所示。

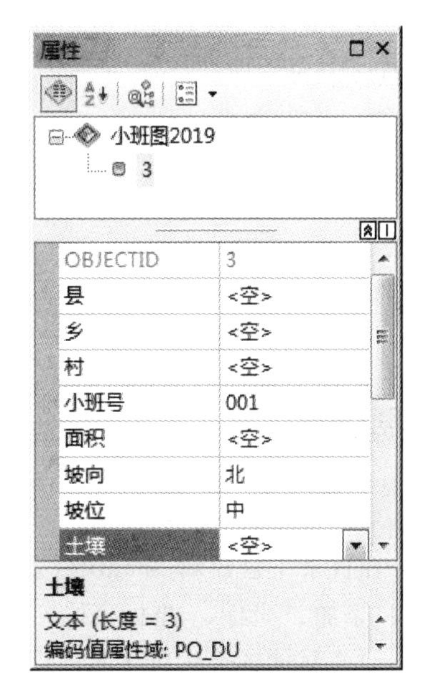

图 1-4-51　在属性表面板中填属性值

工作成果展示

小班预区划图如图 1-4-52 所示。

图 1-4-52　小班预区划图

拓展知识

小班图自动区划理论

拓展训练

1)绘制居民点点矢量图

在目录中创建新Shapfile,要素类型选择【点】;打开属性表,添加名称字段,字段类型为文本;添加x坐标、y坐标字段,字段类型为双精度。

2)绘制道路等线矢量图

在目录中创建新Shapfile,要素类型选择【折线】;打开属性表,添加名称和道路等级字段,字段类型为文本;添加周长字段,字段类型为浮点型。

小班图人工预区划

完善小班属性信息

非监督分类方法

监督分类法

自动分类后处理

地图ArcScan矢量化

建立点、线、面数据转化批处理模型

任务4.6 完善小班属性信息

任务描述

在介绍小班属性因子的获取方式和填写方式的基础上,通过计算几何计算小班面积;通过字段计算器批量添加土壤类型信息;通过空间查询功能的按位置选择批量选中小班并填写小班行政区划代码;通过质心坐标排序和村代码排序,从上到下、从左到右按顺序编写各村的小班特征号码;通过在字段计算器中编写语句生成体现管理隶属关系的完整小班号。

每人提交一份小班预区划图属性表。

任务目标

一、知识目标

(1)掌握小班属性信息的获取方式和填写方式。

(2)掌握小班号编写原则。

二、能力目标

(1)会计算小班面积。

(2)会批量填小班土壤类型、所属行政区划代码。

(3)会编写小班代码。

三、素质目标

(1)从细节入手,探索提高工作效率的新方法,培养创新精神。

(2)对接技术标准,严格按《森林资源二类调查工作细则》和行业技术标准完善小班属性信息,培养规则意识。

知识准备

小班不同属性因子的获取方法和填写方法不同。部分属性信息在绘制小班过程中通过判读遥感影像、地形图、其他区划参考图或查阅存档资料获取,如地类、坡度、坡向、坡位、森林类型、权属等;部分属性信息通过外业调查获取,如森林郁闭度、优势树种、树种组成等;部分属性信息通过计算获取,如面积、周长、质心坐标、小班号等。不同属性信息的填写方式不同:有的在完成小班图形绘制后统一计算,如小班号、小班面积、周长、质心坐标等,其中小班号按从上到下、从左到右的顺序统一编写;有的需要手动逐一填写,如地类、坡度、坡向、坡位、森林类型;有的(多个要素(小班)的某项属性因子具有相同属性值)可以批量填写,如土壤类型、绘图人、绘图时间等。因此,经过多次补充完善才能得到完整的小班属性信息。

任务实施

一、确定工作任务

补充小班图属性信息。

二、工具与材料

ArcGIS 10.2 软件;小班预区划图、小班属性表;公益林等区划参考图;Excel 表。

三、操作步骤

1. 计算以亩为单位的小班面积

1)计算以公顷为单位的小班面积

用鼠标右键点击图层选择【打开属性表】,用鼠标右键点击属性表的面积字段,打开【计算几何】对话框,在【属性】下拉框中选择计算对象【面积】,在【单位】下拉框中选择计算单位【公顷】(也可以以其他单位计算面积,换算成亩时换算单位有所不同),如图 1-4-53 所示。

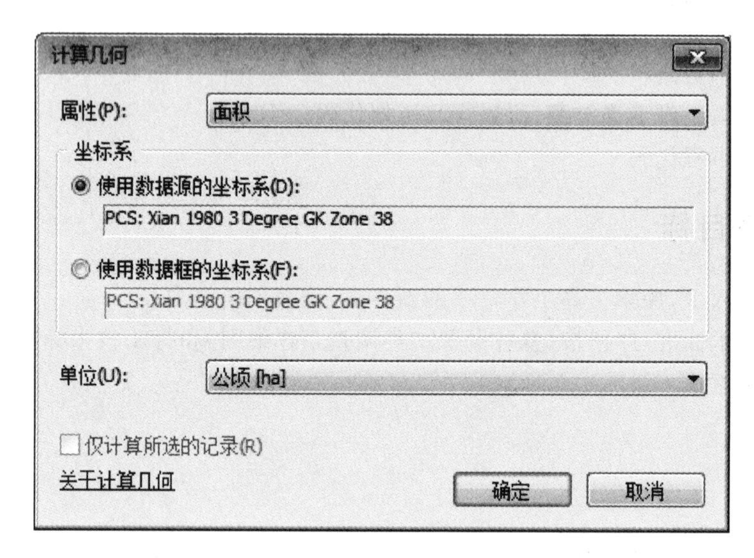

图 1-4-53　以公顷为单位计算小班面积

注意:计算所有小班的某项属性,不能选中任何小班,否则只计算被选小班的属性值。

2)转换为以亩为单位的小班面积

在属性表的【表选项】下拉菜单中选择【添加字段】添加新的面积字段,为字段命名,字段类型为浮点型。

用鼠标右键点击新字段打开【字段计算器】对话框,写入以公顷为单位的面积换算成以亩为单位的面积的表达式(【面积亩】=【面积公顷】×15),单击【确定】执行计算,如图 1-4-54 所示。

3)调整小数位数

用鼠标右键点击面积字段,选择【属性】打开【字段属性】对话框,单击【数值】打开【数值格式】对话框(见图 1-4-55),在【数值】类别的【小数位数】要素下,根据行业要求调整小数位数为 1 位或 2 位。

2. 批量填小班属性

以土壤类型为例,一个地区的土壤类型一般相同,所以可以批量添加。用鼠标右键点击土壤类型字段,选择【字段计算器】,在表达式栏输入表达式(如 TU_RANG_LX="黄棕壤"),属性值用英文双引号引起来,单击【确定】执行添加,如图 1-4-56 所示。

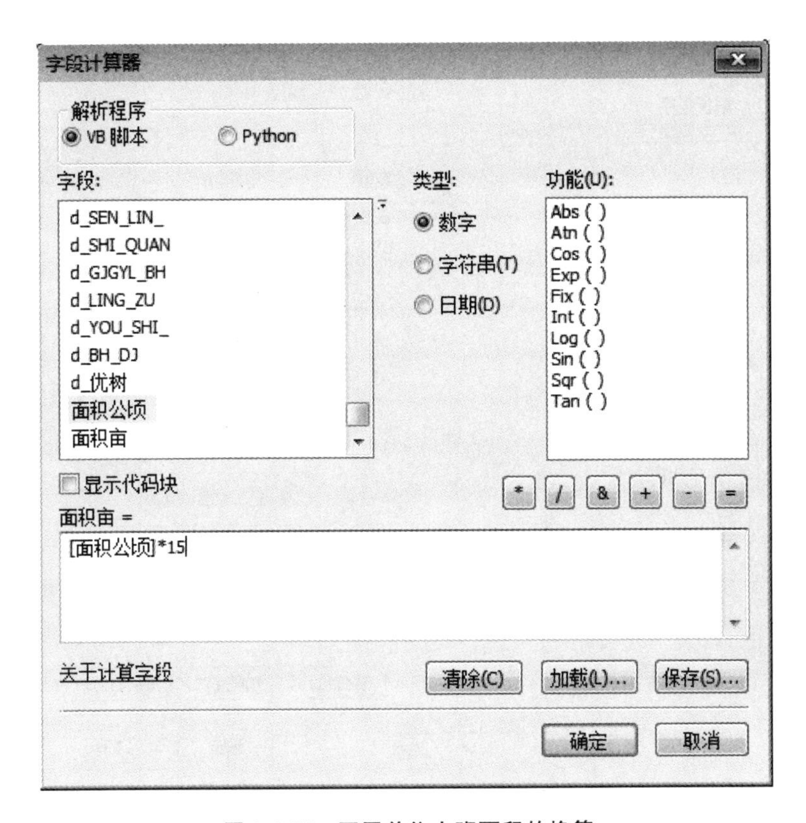

图 1-4-54　不同单位小班面积的换算

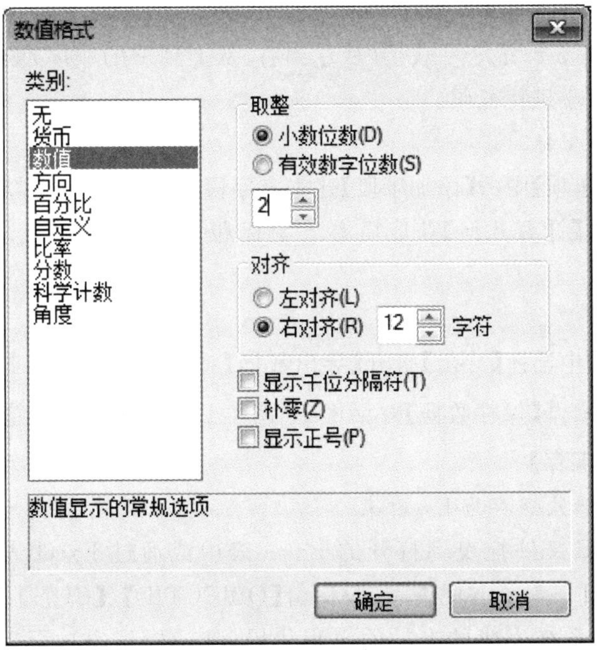

图 1-4-55　【数值格式】对话框

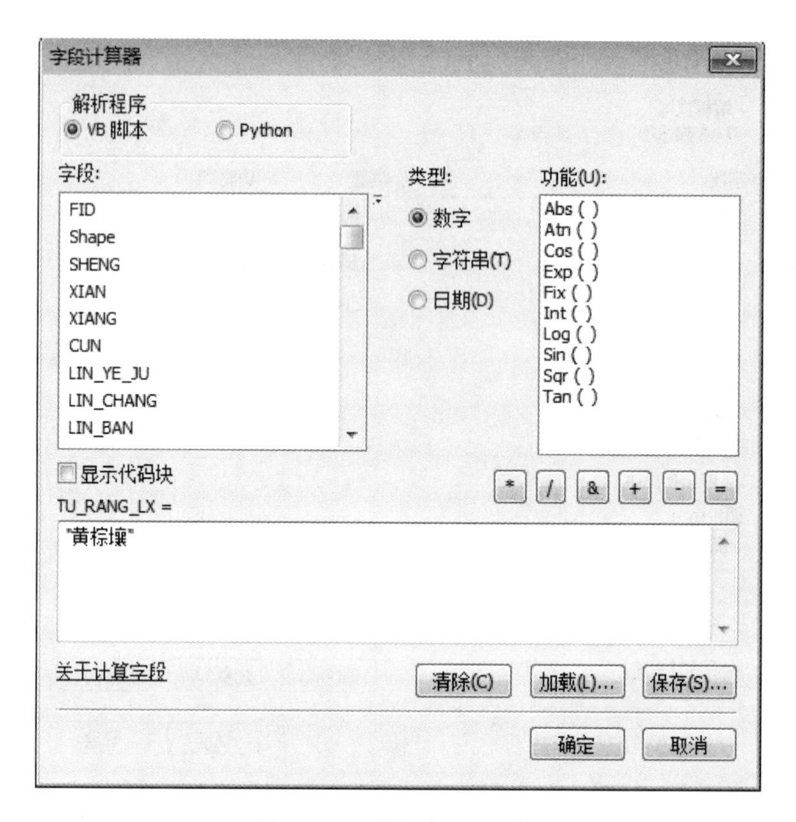

图 1-4-56　批量填小班属性

3. 按顺序编写小班号

形成以村为单位按 x 增大、y 减小（从左到右、从上到下的顺序）顺序的小班号，此处为不带行政隶属代码的小班特征码。

1）计算小班质心坐标

通过属性表【表选项】中的【添加字段】建立 x 字段和 y 字段，字段类型均为双精度；用鼠标右键点击字段通过【计算几何】获取质心 x 坐标和 y 坐标，方法与计算小班面积的方法相同。

2）导出属性表

在属性表【选项】中选择【导出】打开【导出数据】对话框（见图 1-4-57），单击【输出表】后面的【保存】命令打开【保存数据】对话框（见图 1-4-58），确定保存路径并命名，保存类型为 dBASE 表，单击【保存】。

3）将 dBASE 属性表保存为 Excel 表

将导出的 dBASE 文件拖曳到打开的 Excel 表中或通过 Excel 表的【打开】命令找到 dBASE 表并将其打开。为了方便查看，只保留【OBJECTID】、【CUN】、【X】、【Y】四个字段。其中【OBJECTID】为系统生成的唯一的工程代码（唯一标识码），可以作为公共字段用于 Excel 表格与小班属性表的连接；【CUN】字段用于界定小班编码的行政单元，每个村的小班号均从 1 号开始编；【X】、【Y】字段用于小班质心的空间排序。

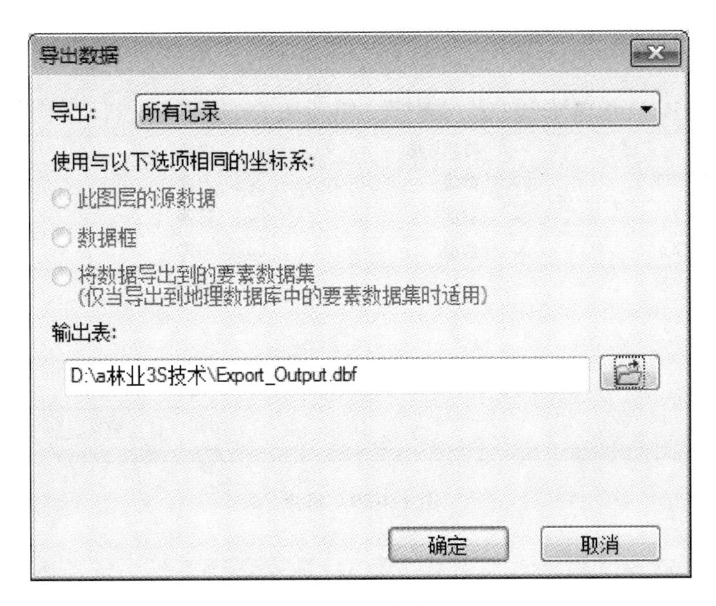

图 1-4-57　导出数据表

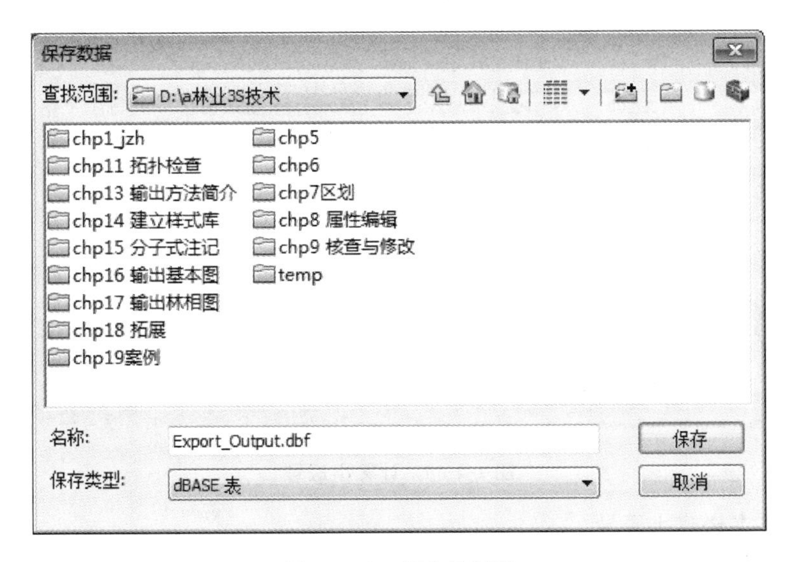

图 1-4-58　保存数据表

4)排序

先将【CUN】字段升序排列，再将【Y】字段降序排列，然后将【X】字段升序排列，如图 1-4-59 所示。

5)计算小班号

(1)计算数值格式小班号。

将新的一列(如 E 列)命名字段为【计算号】，输入公式【IF(B2＝B1，E1＋1，1)】，表示：数值格式小班号存到 E 列中，如果 B2＝B1(两个小班的村代码相同)，那么 E2 等于 E1＋1(后一个小班号等于前一个小班号加 1)，否则 E2 等于 1(当两个小班的村代码不同时，后一个小班号等于 1，实现从头编码)，如图 1-4-60 所示。

图 1-4-59　排序

	A	B	C	D	E	F
1	OBJECTID	CUN	X	Y	计算号	文本号
2	95	002	38532262.72110000000	3361102.09311000000	1	001
3	83	002	38532225.41170000000	3361017.89318000000	2	002
4	136	002	38532568.04260000000	3360992.82650000000	3	003
5	108	002	38532601.46280000000	3360983.37918000000	4	004
6	99	002	38532581.45950000000	3360979.74408000000	5	005
7	332	002	38532334.33880000000	3360977.58783000000	6	006
8	441	002	38532478.40570000000	3360974.42627000000	7	007
9	134	002	38532524.53370000000	3360963.80637000000	8	008
10	94	002	38532599.75690000000	3360960.23975000000	9	009
11	414	004	38532420.08790000000	3360921.25494000000	1	001
12	331	004	38532271.73130000000	3360914.12260000000	2	002
13	413	004	38532631.16550000000	3360909.49909000000	3	003
14	440	004	38532299.44540000000	3360909.25198000000	4	004
15	330	004	38532577.18470000000	3360899.39552000000	5	005
16	392	004	38532332.28580000000	3360889.61024000000	6	006

图 1-4-60　计算小班号

(2)转为文本格式小班号。

将新的一列(如 F 列)命名字段为【文本号】,输入公式【TEXT(E2,″000″)】,表示:把 E 列单元格的数值格式数字转为 3 位字符的文本格式数字存到该列中,字符长度不够在前用 0 补齐,如图 1-4-60 所示。

注意:此方法无法解决跨越多个小班的长块小班的编号顺序问题。

6)保存 Excel 表

将其保存为 Office 版本的 Excel 工作簿以便能被 ArcGIS 读取,而不是 WPS 版本的 Excel 工作簿。

7)ArcGIS 属性表连接

(1)打开【连接数据】对话框。

在 ArcGIS 中打开小班属性表,选择【表选项】中的【连接和关联】菜单中的【连接】命令打开【连接数据】对话框(见图 1-4-61)。

注意:关联与连接不同,关联后,两表是独立的,Excel 表不显示在小班属性表里,只辅助查询;连接直接把 Excel 表追加到小班属性表后面。

(2)设置参数。

①确定连接对象为【某一表的属性】。

②确定该图层中用于建立连接的公共字段【OBJECTID_12】。

③选择要连接的表为被连接的 Excel 表中的存储了小班号的 Sheet。

④确定表中用于连接的字段【OBJECTID_1】。

⑤单击【验证连接】可以进行连接验证,如果所有小班用于连接的字段的属性值与 Excel 表中对应字段的属性值均能匹配(属性值对应相同),则能实现连接。

⑥单击【确定】执行连接,把 Excel 表追加到小班属性表后面。

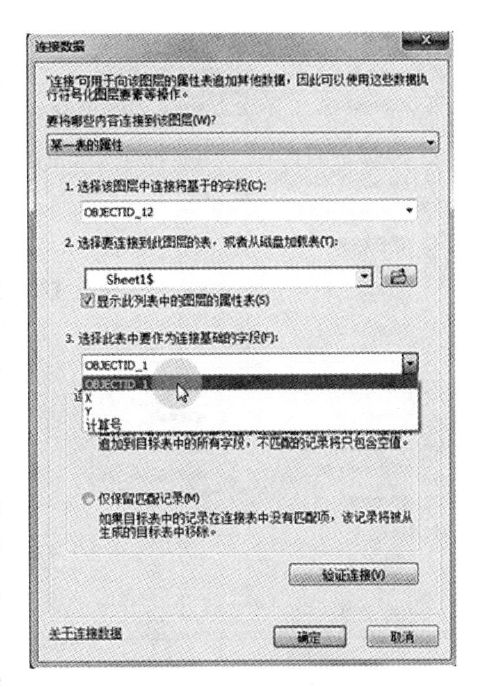

图 1-4-61　Excel 表与小班属性表连接

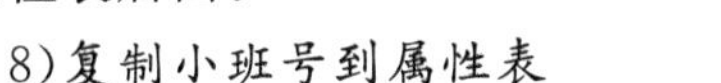

8)复制小班号到属性表

为了永久保留小班号,通过属性表【选项】中的【添加字段】增加字段(字段类型为文本),用于储存小班号(如 XIAO_BAN)。用鼠标右键点击新建的字段并选择【字段计算器】,在输入栏输入表达式,点击【确定】,如图 1-4-62 所示。

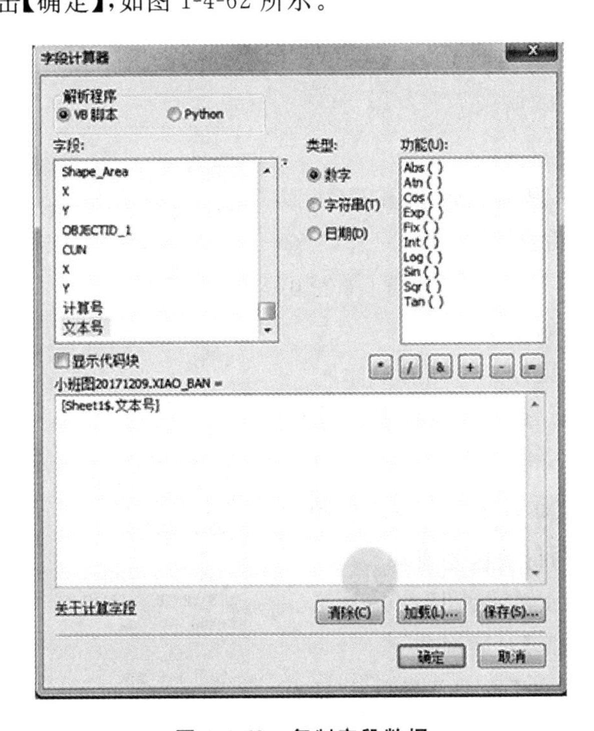

图 1-4-62　复制字段数据

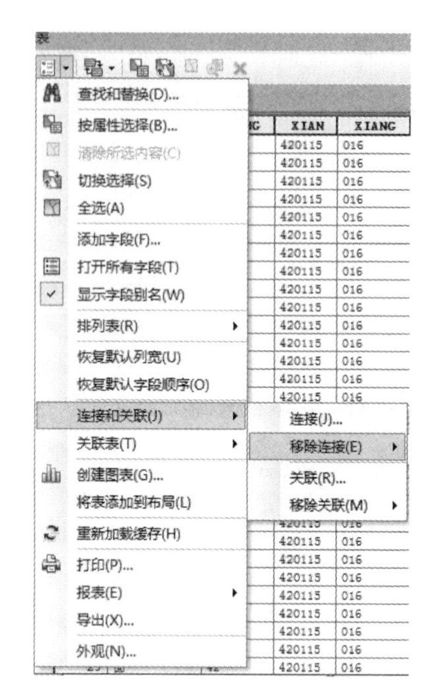

图 1-4-63 【移除连接】

9)移除连接表

在属性表【表选项】中选择【连接和关联】菜单中的【移除连接】(见图 1-4-63)中的【移除所有】,移除 Excel 表。

10)标注并查看效果

用鼠标右键点击图层打开【图层属性】对话框,进入【标注】标签,勾选【标注此图层中的要素】;在【标注字段】下拉框选择小班号字段(如 XIAO_BAN),单击【确定】即可从图中查看编码情况。整体呈现从上到下、从左到右的编码顺序。

4. 查询特定行政区划内小班并批量填行政区代码

如果小班图缺少各级行政区代码属性,后期补充的方法如下:通过【简单查询】或【基于属性查询】查询选中某一个或几个行政区面斑块,再通过【空间查询】选中该行政区范围内的小班,最后通过【字段计算器】批量填小班行政区代码。我们以批量填村代码为例,其他等级行政区代码填写方法与此相同,如为某个村的小班批量填土壤类型代码。

注意:还可以通过查询将具有某些属性特征的图形要素选中并用鼠标右键点击图层选择【数据】菜单下的【导出数据】导出成独立图层。

1)简单查询选出某行政村

(1)查询。

点击常规工具条上的【查询】工具,单击被查询的矢量图要素或栅格图像元,弹出【识别】信息面板,如图 1-4-64 所示。

(2)查看参数。

①【识别范围】默认识别最顶部图层,可以在下拉框中更改被识别的图层。

②图层列表栏显示被选图层名称(如花山小班)和被选要素编码(如 42)。

③【位置】栏显示被鼠标点击处的坐标。

④【属性】栏显示要素字段名称及各字段属性。

(3)用【选择】工具选中符合要求的图形要素,如村代码为 002 的行政区划斑块。

2)基于属性查询选出某行政村

(1)打开【按属性选择】对话框。

在 ArcMap 菜单栏的【选择】菜单中打开【按属性选择】对话框,如图 1-4-65 所示。

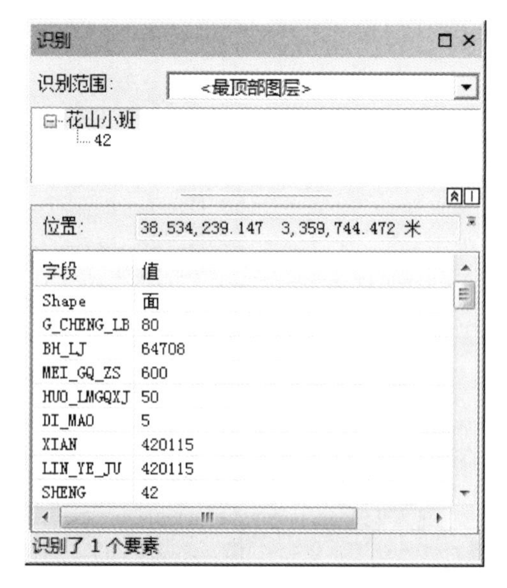

图 1-4-64 【识别】信息面板

(2)设置参数。

①【图层】为被选村所在的行政区划图层。

②写入查询语句(如写入【"CUN"='002'】,或在字段列表中双击【CUN】字段,单击【=】,再单击【获取唯一值】显示出村代码,双击村代码002),如图1-4-65所示。

③单击【确定】选中该村。

3)基于空间查询选出该村范围内小班

基于空间的查询需要用到空间参照范围,此处为被选中的村斑块。

(1)打开【按位置选择】对话框。

在ArcMap菜单栏的【选择】菜单中打开【按位置选择】对话框,如图1-4-66所示。

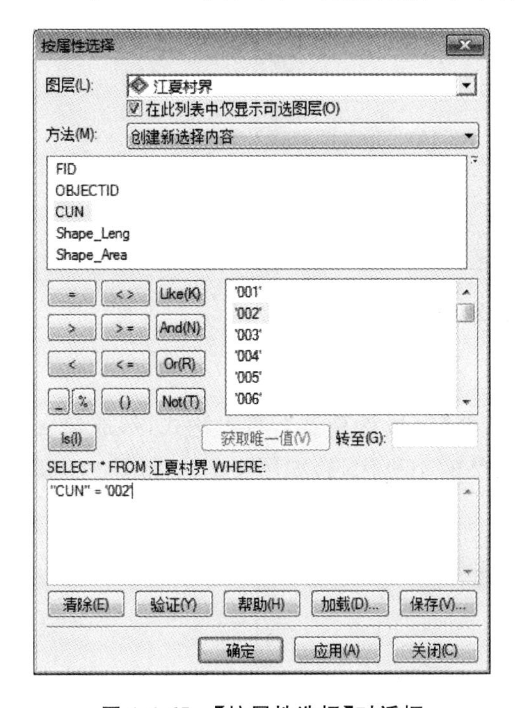

图1-4-65　【按属性选择】对话框

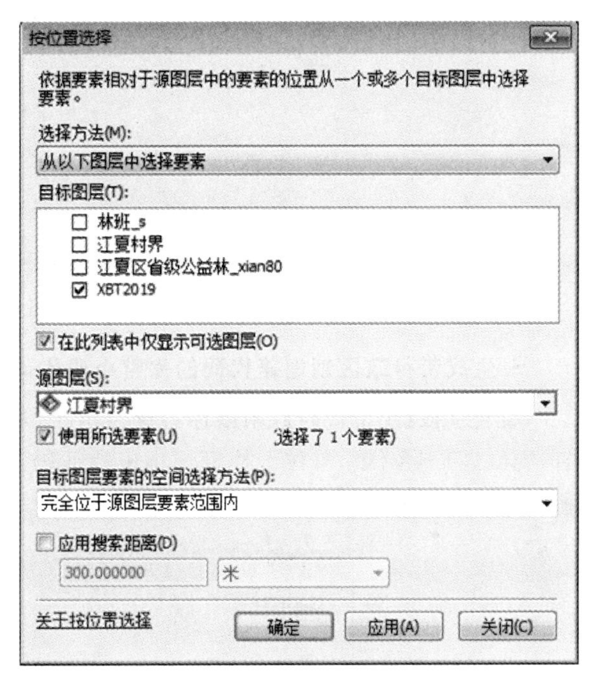

图1-4-66　【按位置选择】对话框

(2)设置参数。

①在【选择方法】要素的下拉菜单中选择【从以下图层中选择要素】。

②在【目标图层】中勾选被选图层,此处为小班图。

③在【源图层】中选择空间参照范围图层,即村行政区划图。通过以上查询方法已经选中了图上的某个村斑块,勾选【使用所选要素】命令,即可实现只选择该村范围内的小班。

④在【目标图层要素的空间选择方法】下拉菜单中选择【完全位于源图层要素范围内】。

⑤单击【确定】执行选择。

4)为小班批量填村代码

用鼠标右键点击小班图打开属性表,用鼠标右键点击属性表中的村字段,选择【字段计算器】,完善表达式(CUN="002"),村代码用英文双引号引起来,单击【确定】,如图1-4-67所示。

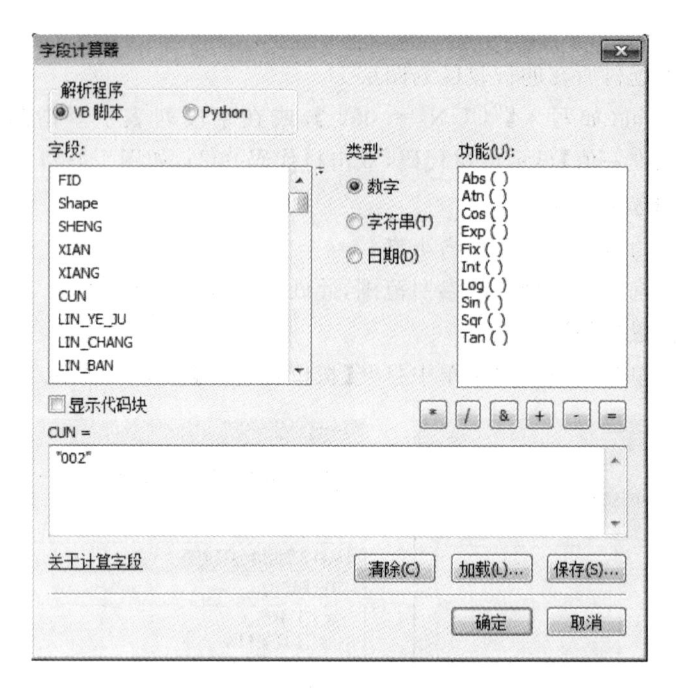

图 1-4-67　为小班批量填村代码

5. 生成带行政区划地籍代码的完整小班代码

新建字段【小班代码】，用鼠标右键点击字段并选择【字段计算器】，写表达式，形成包含省＋县(区)＋乡(镇)＋村＋林班＋小班特征码的完整的小班代码，如图 1-4-68 和图 1-4-69 所示。

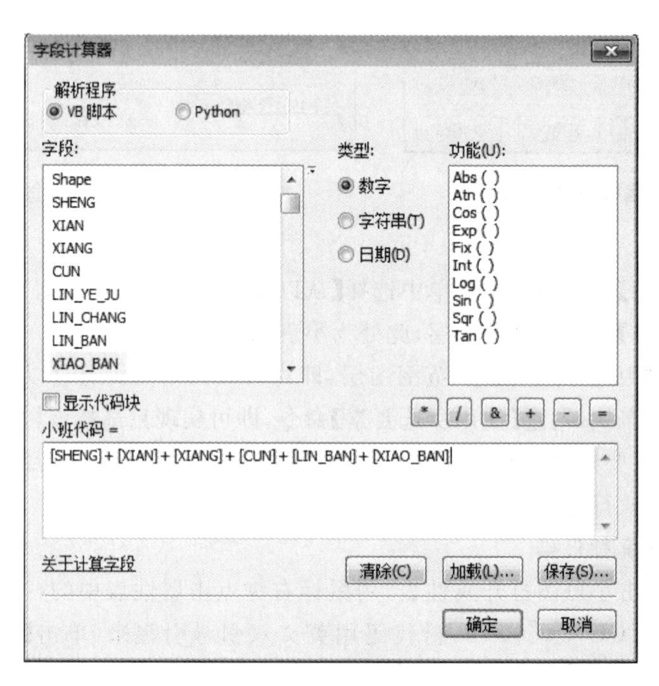

图 1-4-68　计算属性

表

XBT2019

优树	面积公顷	面积亩	小班代码
马尾松	3.23553	48.5329	42011501620002065
马尾松	6.85377	102.807	42011501620002072
马尾松	2.49448	37.4172	42011501620002076
杨类	2.19106	32.8659	42011501620001035
杨类	1.43128	21.4692	42011501620002077
杨类	.783788	11.7568	42011501620002069
马尾松	4.63014	69.4521	42011501620001002
马尾松	4.28856	64.3284	42011501620002109
杨类	4.07246	61.0869	42011501620002062
	.375892	5.63838	42011501620001028
马尾松	12.9879	194.818	42011501620003136
针叶混交树种	.439811	6.59717	42011501620002122
马尾松	.277434	4.16151	42011501620002096
马尾松	.360915	5.41372	42011501620002117
马尾松	6.67274	100.091	42011501620001029
马尾松	8.03687	120.553	42011501620001034

38　(0 / 129 已选择)

XBT2019

图 1-4-69　带地籍的小班代码

工作成果展示

小班预区划图属性表如图 1-4-70 所示。

表

XBT2009_正确

OBJECTID *	Shape *	SHENG	县	乡	村	林业局	林场	林班	小班	地貌	坡向	坡位	坡度	土壤类型	面积亩	林地权属	地类	林种	起源	森
1	面	42	420115	016	002	420115	016	0002	065	丘陵	东	全坡	0	黄棕壤	48.508741	10	乔木林地	水源涵养林	植苗	公
2	面	42	420115	016	002	420113	016	0002	072	丘陵	南	中	0	黄棕壤	102.755112	10	乔木林地	水源涵养林	植苗	公
3	面	42	420115	016	002	420113	016	0002	076	丘陵	东南	中	0	黄棕壤	37.395496	10	乔木林地	水源涵养林		公
4	面	42	420115	016	002	420113	016	0001	035	丘陵	北	下	0	黄棕壤	32.84947	10	乔木林地	水源涵养林	人工	公
5	面	42	420115	016	002	420113	016	0002	077	丘陵	西	中	0	黄棕壤	21.458519	10	乔木林地	水源涵养林		公
6	面	42	420115	016	002	420113	016	0002	069	丘陵	北	全坡	0	黄棕壤	11.75094	10	乔木林地	水源涵养林	人工	公
7	面	42	420115	016	002	420115	016	0001	002	丘陵	北	全坡	0	黄棕壤	69.417344	10	乔木林地	水源涵养林		公
8	面	42	420115	016	002	420115	016	0002	109	丘陵	东	上	0	黄棕壤	64.296311	10	乔木林地	水源涵养林	植苗	公
9	面	42	420113	016	002	420115	016	0002	062	丘陵	无坡	全坡	0	黄棕壤	61.056423	10	乔木林地	水源涵养林	人工	公
10	面	42	420113	016	002	420115	016	0001	028	丘陵	北	全坡	0	黄棕壤	5.633339	10	建设用地			
11	面	42	420113	016	002	420115	016	0003	136	丘陵	南	下	0	黄棕壤	194.720771	10	乔木林地	水源涵养林	植苗	公
12	面	42	420113	016	002	420115	016	0002	122	丘陵	北	下	0	黄棕壤	6.593867	10	乔木林地	水源涵养林	植苗	公
13	面	42	420115	016	002	420115	016	0002	096	丘陵	北	中	0	黄棕壤	4.159426	10	乔木林地	水源涵养林		公
14	面	42	420113	016	002	420115	016	0002	117	丘陵	北	下	0	黄棕壤	5.411012	10	乔木林地	水源涵养林		公
15	面	42	420113	016	002	420115	016	0001	029	丘陵	北	全坡	0	黄棕壤	100.041149	10	乔木林地	水源涵养林	植苗	公
16	面	42	420115	016	002	420115	016	0001	034	丘陵	北	全坡	0	黄棕壤	120.492609	10	乔木林地	水源涵养林	植苗	公
17	面	42	420115	016	002	420115	016	0001	009	丘陵	北	下	0	黄棕壤	2.380613	10	乔木林地	水源涵养林	植苗	公
18	面	42	420115	016	002	420115	016	0001	001	丘陵	北	下	0	黄棕壤	61.015743	10	乔木林地	水源涵养林	植苗	公
19	面	42	420115	016	002	420115	016	0002	123	丘陵	北	下	0	黄棕壤	8.350795	10	建设用地			
20	面	42	420115	016	002	420115	016	0002	106	丘陵	北	下	0	黄棕壤	7.859161	10	乔木林地	水源涵养林	植苗	公
21	面	42	420115	016	002	420113	016	0002	121	丘陵	北	下	0	黄棕壤	13.139332	10	采伐迹地	水源涵养林		公
22	面	42	420115	016	002	420115	016	0001	008	丘陵	北	下	0	黄棕壤	1.02657	10	采伐迹地	水源涵养林		公

0　(0 / 129 已选择)

XBT2009_正确

图 1-4-70　小班预区划图属性表

拓展训练

1)按小班四至编写小班代码

如果按小班四至编小班号，把计算小班质心坐标改为计算小班四至坐标即可，即小班左上角的坐标，分别对应最小 x 和最大 y，其他步骤与质心法编写小班号相同。四至坐标计算方法如下：建立双精度类型的字段【minX】和【maxY】，用鼠标右键点击【minX】字段打开【字段计算器】，【解析程序】类型选择【Python】，输入编程语言，单击【确定】，如图1-4-71所示；用同样的方法计算【minY】。

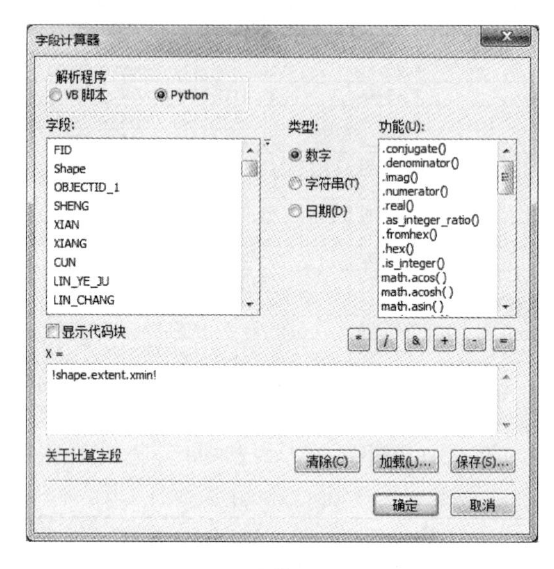

图 1-4-71　计算小班四至坐标

2）计算小班面积

用【计算几何】计算以m^2为单位的小班面积，再通过【计算几何】形成表达式[面积(亩)＝面积(m^2)/667]，获得以亩为单位的小班面积。

完善小班属性信息

任务4.7　检查小班属性信息

任务描述

在介绍林业小班图质量检查内容、方法的基础上，基于ArcGIS软件，通过属性查询检查小班因子属性域、SQL字符串语句模糊查询建立选择集、SQL数值语句查询并建立选择集、SQL逻辑运算语句查询并建立选择集、属性的二次查询修改选择集，通过属性统计检查等检查属性值是否在给定范围、不同属性值间是否符合共存或排斥的约束条件、不同属性值之间是否符合逻辑关系、单项数据统计结果是否与总数吻合。

每人提交一份逻辑正确的小班预区划图属性表。

任务目标

一、知识目标

(1)了解编程语句。

(2)掌握空间数据质量概念。

(3)掌握小班属性检查内容和常见问题。

二、能力目标

(1)会属性查询和属性的二次查询。

(2)会编写 SQL 字符串语句、数值语句、逻辑运算语句。

(3)会属性值的排序、统计、汇总等。

三、素质目标

(1)培养质量意识,养成精益求精的工匠精神。

(2)对接技术标准,严格按《森林资源二类调查工作细则》检查小班属性信息,养成规则意识。

知识准备

空间数据质量指空间数据在表达实体空间特征、专题特征和时间特征时能达到的准确性、一致性、完整性和三者统一性的程度。小班图是重要的林业空间数据,其质量影响到所有基于该空间数据而进行的应用、分析、决策的正确性和可靠性。

一、检查内容

1)空间精度

空间精度指空间实体的坐标数据与实体真实位置的接近程度,它包括数学基础精度(也就是比例尺、投影坐标)、节点间距离精度(也就是拓扑关系)、形状再现精度(也就是小班界准确性)、像元定位精度(也就是遥感影像图分辨率)等。

2)属性精度

属性精度与空间位置精度有关,指空间实体的属性值与其真值相符的程度,包括分类与代码的正确性、属性值的准确性及其名称的正确性、属性逻辑正确性、数据完整性等。

3)时间精度

现势性要强,一般要求不超过 2 年。

小班图属性检查内容如表 1-4-2 所示。

表 1-4-2　小班图属性检查内容

序号	检查类别	检查内容
1	属性值检查	文件夹和文件名称检查
2		文件数据结构检查
3		必填项检查
4		代码值检查
5		树种组成检查
6		缺漏项检查
7	属性逻辑关系检查	约束项检查
8		唯一性检查
9		逻辑关系检查
10	空间关系检查	拓扑一致性检查
11		碎片检查
12		接边检查
13	时间精度	现势性检查

二、检查方法

在数据预处理、小班图提取、小班外业核查与修改的过程中，对数据空间属性、时间属性、专题等方面属性进行规定和处理。通过规范遥感影像、区划参考图等基础数据的时效性和空间匹配程度来控制后续数据的时空精度；在小班外业核查的基础上，通过图层叠加比较和属性数据对比排查实现属性错误检查；空间逻辑检查涉及小班图内部及与其他区划参考图间的逻辑关系，需要通过拓扑检查实现。

三、属性检查

属性值检查包括属性结构检查（如字段的名称、描述、类型和长度符合规定）和属性值范围检查（必须在范围内，如森林郁闭度必须在 0～1 间；地类必须是分类代码表中的地类），通过属性查询和统计计算进行检查；属性逻辑关系检查，主要指不同字段值之间的约束关系检查（如乔木林地类必须有郁闭度），通过属性查询进行检查。常见的小班属性问题如表 1-4-3 所示。

表 1-4-3　常见的小班属性问题

序号	数据检查分类	数据检查描述	序号	数据检查分类	数据检查描述
1	树种组成检查	树种组成书写格式错误	5	树种组成检查	树种优先级错误
2	树种组成检查	树种组成层数之和不为 10	6	缺漏项检查	乔木林缺漏项错误
3	树种组成检查	树种组成存在人工树种	7	缺漏项检查	疏林地缺漏项错误
4	树种组成检查	树种简称不在给定范围	8	缺漏项检查	灌木林地缺漏项错误

续表

序号	数据检查分类	数据检查描述
9	缺漏项检查	未成林造林地缺漏项错误
10	缺漏项检查	苗圃地缺漏项错误
11	缺漏项检查	无立木林地缺漏项错误
12	缺漏项检查	直林地缺漏项错误
13	缺漏项检查	林业辅助生产用地缺漏项错误
14	缺漏项检查	用材林小班调查应记载优势木平均高
15	约束项检查	草本种类名称与盖度应同时存在
16	约束项检查	枯立木株数与蓄积应同时存在
17	约束项检查	病虫害种类与程度应同时存在
18	约束项检查	其他灾害种类与程度应同时存在
19	约束项检查	散生木树种、株数与蓄积应同时存在
20	约束项检查	四旁树树种、株数和蓄积应同时存在
21	约束项检查	林下灌木种类、平均高度与盖度应同时存在
22	约束项检查	幼苗幼树树种、有效株数与高度应同时存在
23	约束项检查	天然更新树种、株数、高度与更新等级应同时存在
24	约束项检查	火灾时间、面积、损失蓄积与火灾程度应同时存在
25	唯一性检查	小班编码应唯一
26	唯一性检查	林业局编码、林场编码、林班号、小班号组合应唯一
27	逻辑关系检查	乔木林地:郁闭度≥0.2
28	逻辑关系检查	疏林地:郁闭度为 0.1～0.19
29	逻辑关系检查	灌木林地:覆盖度≥30%
30	逻辑关系检查	未成林造林地:成活率≥70%
31	逻辑关系检查	防护林、特殊用材林森林类别是生态公益林,保护等级必填
32	逻辑关系检查	用材林、薪炭林、经济林森林类别是商品林,保护等级不填
33	逻辑关系检查	灌木林地:林种不能为用材林
34	逻辑关系检查	未成林造林地:起源是人工
35	逻辑关系检查	未成林造林地:造林年限错误
36	逻辑关系检查	郁闭度与郁闭度等级对应错误
37	逻辑关系检查	土层厚度与土层厚度等级对应错误
38	逻辑关系检查	土壤腐殖质层厚度与土壤腐殖质层厚度等级对应错误
39	逻辑关系检查	小班面积应大于 0.067 ha
40	逻辑关系检查	成活率:0～100%
41	逻辑关系检查	角规点数大于等于 2
42	逻辑关系检查	角规点数与森林类别、小班面积相关
43	逻辑关系检查	天然更新等级与幼苗高度、株数相关

任务实施

一、确定工作任务

小班图属性检查方法。

二、工具与材料

ArcGIS 10.2 软件;属性表、属性查询工具面板;小班图、小班因子分类代码表;《森林资源二类调查工作细则》。

三、操作步骤

1. 通过属性查询检查小班因子属性域及某项因子某个属性值的填写情况

1)打开按属性选择工具面板

打开 ArcMap 菜单栏【选择】菜单下的【按属性选择】或小班图属性表上【选项】下拉菜单下的【按属性选择】,如图 1-4-72 所示。

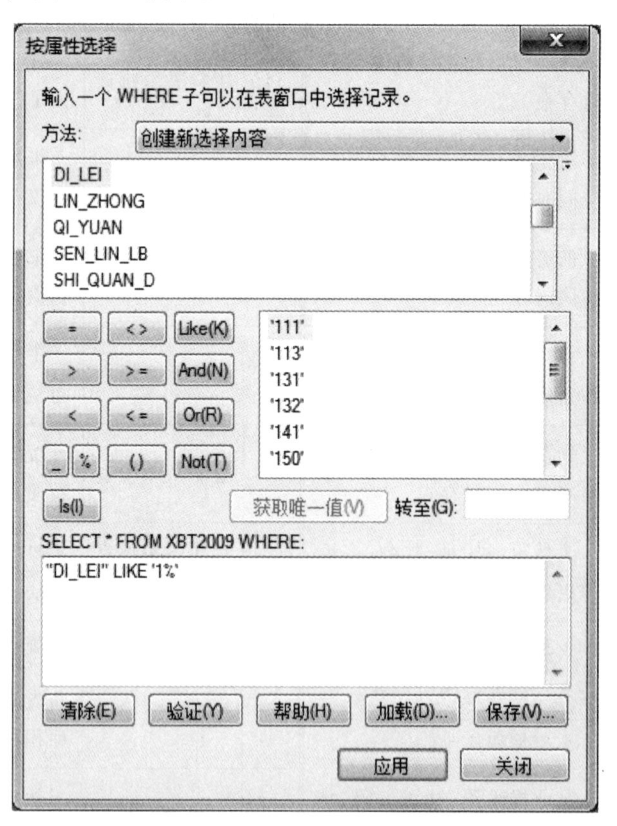

图 1-4-72　建立模糊查询

2)检查小班因子属性域

在【按属性选择】对话框中的字段列表选中某字段，单击【获取唯一值】查看该字段属性类别名称或代码是否在给定范围。

3)检查属性填写情况

建立查询语句，选中某类，与底图对比，检查是否填写正确。例如，在输入栏建立查询语句(【"DI_LEI"='111'】)，选中乔木林小班，检查其与影像上的地物是否相符。

2. SQL 字符串语句模糊查询建立选择集

1)打开按属性选择工具面板

按前述方法打开【按属性选择】。

2)SQL 字符串语句写法

(1)字段名，在基于文件的或 ArcSDE 地理数据库数据源中，通常用中括号括起，如[DI_LEI]；在查询个人地理数据库时，通常用双引号括起，如"DI_LEI"。

(2)字符串值，通常用单引号括起，如'111'。

(3)字符串通配符，在基于文件的或 ArcSDE 地理数据库数据源中，【%】表示任意数量的字符，1 个、无数个或者无字符均可；在查询个人地理数据库时，使用通配符(【*】)代表任意数量的字符，使用【?】来代表一个字符。字符串通配符通常与【LIKE】搭配进行模糊查询。

3)建立模糊查询语句

(1)选中所有林地(代码以 1 开头的地类)。

基于个人地理数据库的数据源查询语句为【"DI_LEI" LIKE '1%'】，如图 1-4-72 所示。

(2)乔木林与优势树种同时存在。

由于【"DI_LEI"='111'and"YSSZ"=" "】，被选中小班不符合约束项。

3. SQL 数值语句查询并建立选择

1)比较运算符

等于(【=】)、不等于(【＜＞】)、大于(【＞】)、小于(【＜】)、大于等于(【＞=】)和小于等于(【＜=】)运算符用于确立查询范围。通过属性表【表选项】中的【按属性选择】对话框，写入面积查询语句来实现。

(1)查询面积大于 0.51 公顷的小班的查询语句为【"area"＞=0.51】。

(2)查询地类为乔木林 111 的小班的查询语句为【"DI_LEI"='111'】，其中【"DI_LEI"】字段和属性值【'111'】双击写入，【=】单击写入。

(3)查询郁闭度为 0.5～0.8 的小班的查询语句为【"YU_BI_DU"＞=0.5 AND "YU_BI_DU"＜=0.8 或者"YU_BI_DU" Between 0.5 And 0.8】，如图 1-4-73 所示。

2)算数运算符

【+】、【-】、【*】、【/】用于对数值进行加、减、乘、除的运算，形成新属性值，通过用鼠标右键点击属性表中的字段打开【字段计算器】写入 VB 脚本来实现，如图 1-4-74 所示。

例如，将面积由公顷换算成亩的公式为【面积亩】=【[面积公顷]*15】。

4. SQL 逻辑运算语句查询并建立选择集

1)AND

结合两个条件，如果两个条件都为 true 则选择该记录，如【"面积亩"＞1 AND "面积亩"＜20】，如图 1-4-75 所示。

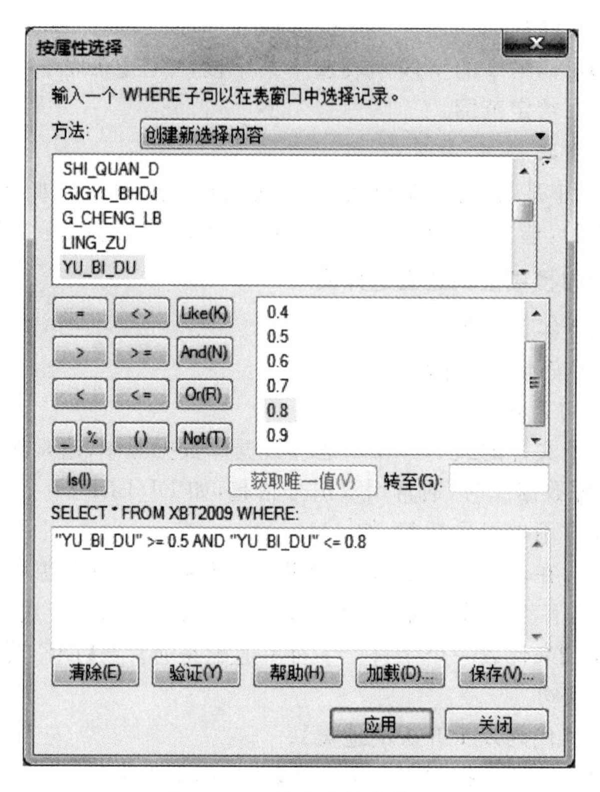

图 1-4-73　检查属性值范围

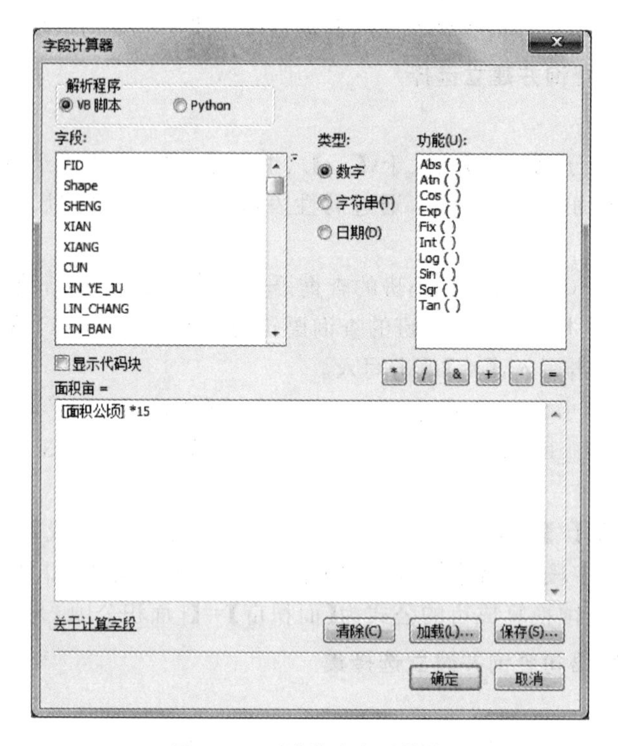

图 1-4-74　计算字段属性值

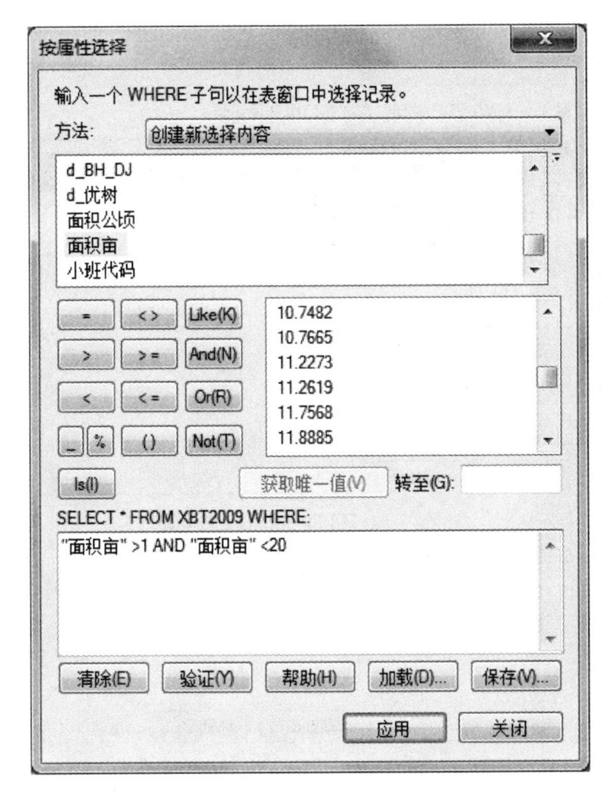

图 1-4-75　SQL 逻辑运算语句查询

2)OR

结合两个条件,如果两个条件中至少有一个为 true 则选择该记录,如【″面积亩″>20 OR ″面积亩″<1】。

5. 属性的二次查询修改选择集

【按属性选择】对话框的【方法】要素的下拉菜单中有 4 种产生选择集的方法(也可以单击【选择】下拉菜单的【交互式选择方法】查看或确定产生选择集的方法),如图 1-4-76 所示。后 3 种方法可以用于二次查询。创建新选择内容:所选对象即为 SQL 语句编辑栏当前所写语句对应的对象。添加到当前选择内容:已经选择了一部分对象,在该方法下写语句再选择新的对象,与原来的对象共同组成新选择集。从当前选择内容中移除:选择了一部分对象,在该方法下写语句选择新的对象,并从原来选择的对象中去除。从当前选择内容中选择:选择了一部分对象,在该方法下写语句选择其中一部分对象,最终只保留这部分对象。

例如,选择乔木林后,再将竹林加入选择集的方法如下:在【创建新选择内容】方法下写 SQL 语句(【″DI_LEI″=′111′】),在【添加到当前选择内容】方法下写 SQL 语句(【″DI_LEI″=′113′】),如图 1-4-77 所示。

6. 属性统计

1)排序

用鼠标右键点击属性表中的字段,选择【升序排列】对该字段属性值从小到大排序(选择

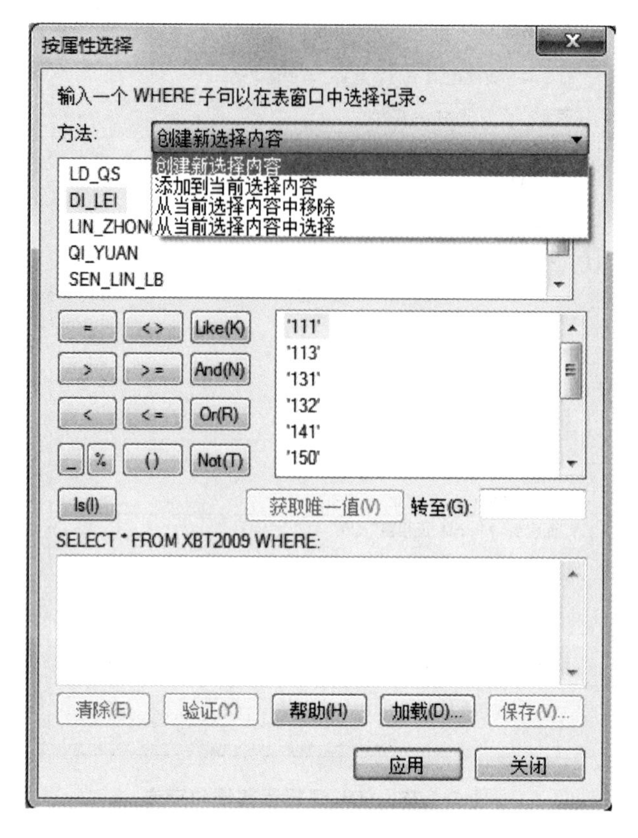

图 1-4-76　按属性二次查询方法

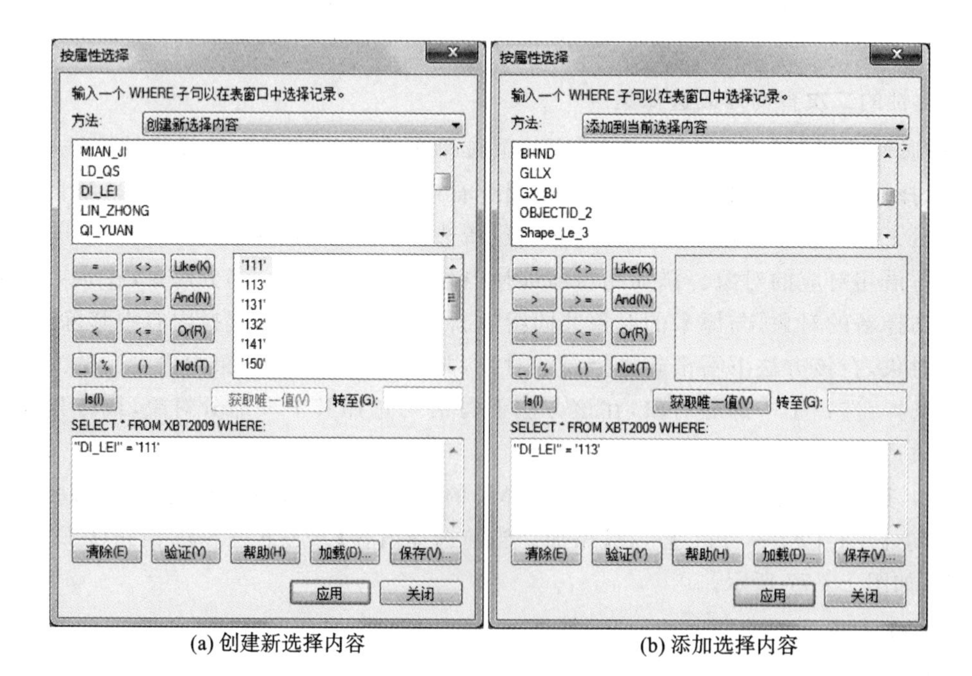

(a) 创建新选择内容　　(b) 添加选择内容

图 1-4-77　按属性二次查询建立新选择集

【降序排列】则从大到小排序）。如选择【升序排列】，检查是否有小于1亩（666.7 m^2）的碎班，进行地类缺漏项检查；如选择【降序排列】，检查是否有超面积的超大小班。

2）汇总

用鼠标右键点击属性表中的字段，选择【汇总】，如图1-4-78所示。【选择汇总字段】为类别字段，【汇总统计信息】为统计属性字段及其统计指标，可以是最大值、最小值、平均值、总和等。数据汇总结果如图1-4-79所示。

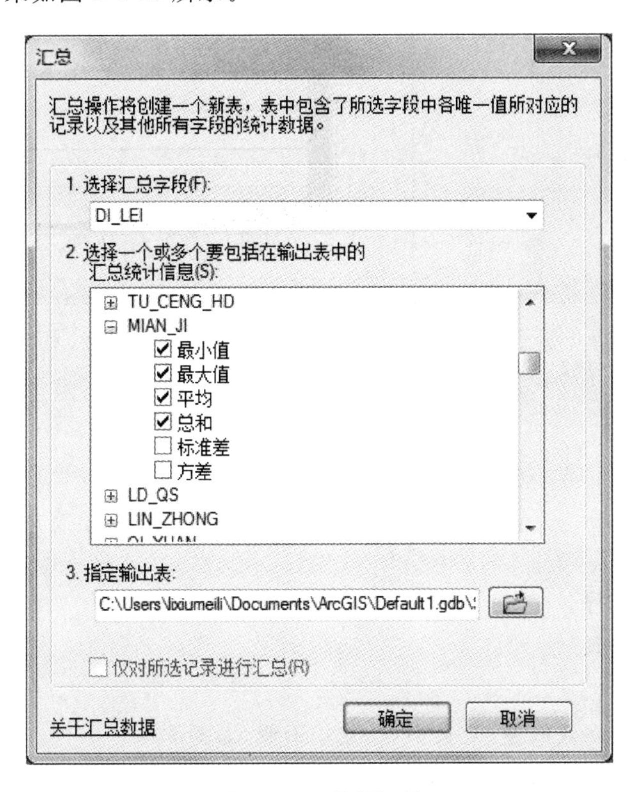

图1-4-78　数据汇总

表

Sum_Output_2

DI_LEI	Count_DI_LEI	Minimum_MIAN_JI	Maximum_MIAN_JI	Average_MIAN_JI	Sum_MIAN_JI
131	1	0.19	0.19	0.19	0.19
132	5	0.44	4.66	1.774	8.87
141	2	0.75	2.3	1.525	3.05
150	11	0.06	8.51	2.545455	28
161	22	0.06	5.41	1.048636	23.07
162	1	0.43	0.43	0.43	0.43
180	1	0.36	0.36	0.36	0.36
230	3	0.19	0.65	0.453333	1.36
250	15	0.06	14.18	1.636	24.54

9　(0 / 11 已选择)

Sum_Output_2

图1-4-79　数据汇总结果

3)统计

用鼠标右键点击属性表中的浮点型、双精度等数值型字段,选择【统计】,自动统计字段属性最大值、最小值、平均值等并绘制频数分布图,如图 1-4-80 所示。

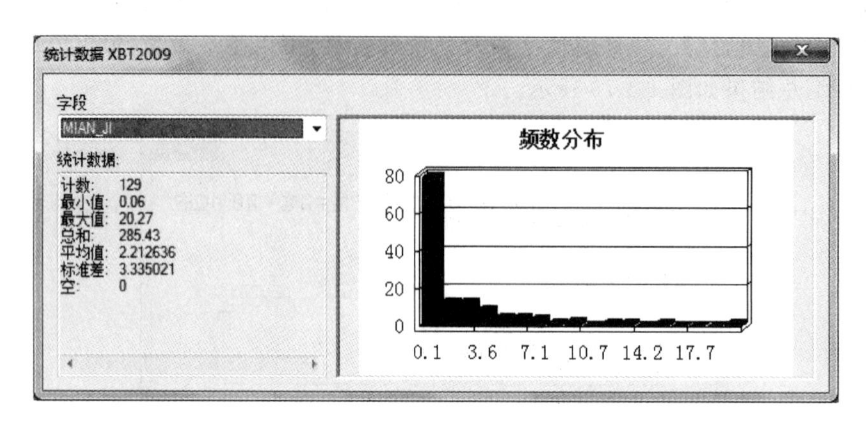

图 1-4-80 数据统计结果

拓展训练

1)碎片查询

面积字段升序排序。

2)面积一致性查询

统计总面积。

3)统计不同地类斑块数量、最大面积、最小面积、总面积

汇总:地类按面积最大值、最小值、总和汇总。

4)SQL 语句逻辑查询

(1)郁闭度超出范围:【"郁闭度">1】。

(2)非林地定义了优势树种:【"地类">=200 AND "优势树种">'0'】。

(3)乔木林但优势树种丢漏:【"地类"='111' AND "优势树种"=' '】。

(4)乔木林但优势树种丢漏:结合查询方法,先通过【创建新选择内容】选择乔木林地类(【"DI_LEI"='111'】),再通过【从当前选择内容中选择】选出优势树种为空的小班优势树种(【"优势树种"=' '】)。

小班预区划图质量检查

任务 4.8　ArcGIS 软件小班核查与修改

任务描述

介绍 ArcGIS 软件调整符号、标注属性、更改图层可选状态等小班检查与修改准备工作，并通过编辑折点、整形、剪裁、合并等修改面要素的方法进行小班边界和属性核查与修改。

每人提交一份图形和属性初步正确的小班图。

任务目标

一、知识目标

(1)掌握小班预区划图存在的问题及原因。

(2)掌握解决小班落界和属性问题的方法。

二、能力目标

(1)会调整符号、标注信息、调整图层可选状态等准备工作。

(2)会选择和使用编辑工具修改小班边界。

三、素质目标

(1)培养质量意识，培养认真负责的工作态度和吃苦耐劳精神。

(2)对接技术标准，严格按《森林资源二类调查工作细则》核查与调整小班边界，核查和补充属性信息，养成规则意识。

知识准备

完成小班预区划后，面临 2 个问题：①部分属性信息在室内无法判读或判读不准确，即小班属性精度较差；②受遥感影像分辨率和区划人员判图经验限制，室内预判的小班边界与小班实际边界差别较大，即形状再现空间精度较差。我们要通过桌面端 ArcGIS 软件或移动端 GIS 软件现地核查与修改来解决这些问题。使用 ArcGIS 软件实施工作任务不需要转换数据格式，但需要携带笔记本电脑并辅以 GPS 导航与定位到达待核查小班才能开展工作。

任务实施

一、确定工作任务

ArcGIS 软件小班预区划图核查与修改。

二、工具与材料

ArcGIS 10.2 软件；遥感影像、地形图等栅格底图，乡、村、林班、公益林等区划参考图，小班图；笔记本电脑，手持 GPS、测高器、罗盘仪等其他外业调查工具。

三、操作步骤

1. 加载图层并修改符号

在工具条上单击【添加】工具 ，打开【添加数据】对话框，找到并添加地形图、遥感影像等栅格底图和林班图、行政区划图、公益林图等区划参考图，以及小班图。

用鼠标左键单击内容列表中图层的符号打开【符号选择器】对话框，设置符号属性。一般面符号【填充颜色】为无填充颜色，轮廓指面斑块边界，【轮廓宽度】略宽（如>1.0），【轮廓颜色】相对鲜亮且不同图层轮廓颜色差别较大，如图 1-4-81 所示。

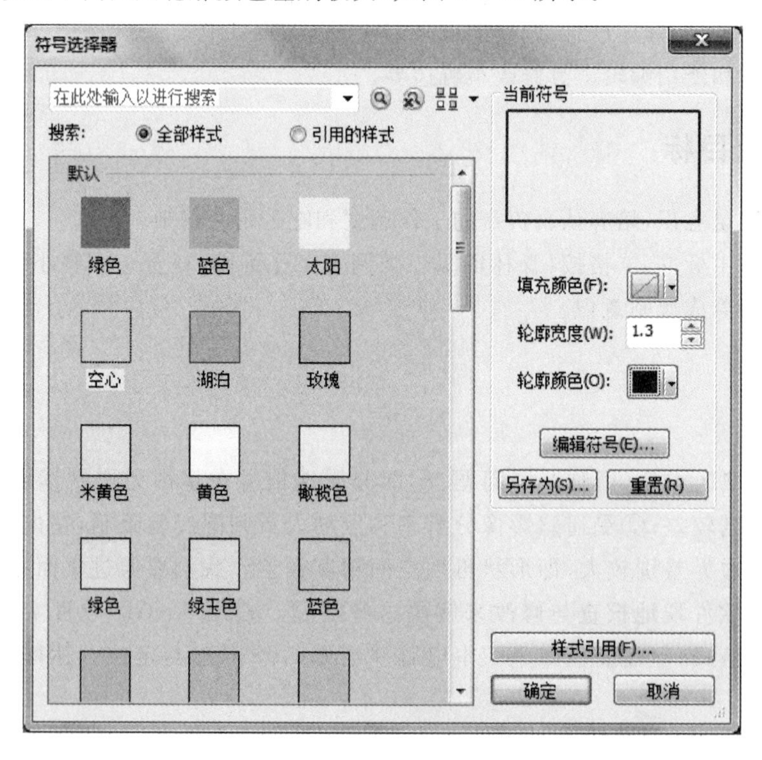

图 1-4-81　调整符号样式

2. 调整图层可选状态

为了保证修改过程中只有小班图层中的要素可以被选择、编辑，需要将行政区划图、公益林图等其他矢量图层设置为不可选状态，如图 1-4-82 所示。

单击内容列表中的【按选择列出】标签，点击各图层的【单击切换是否可选】按钮，将其切换为灰色，即为不可选状态。在此标签下，可选图层和不可选图层分开列出。

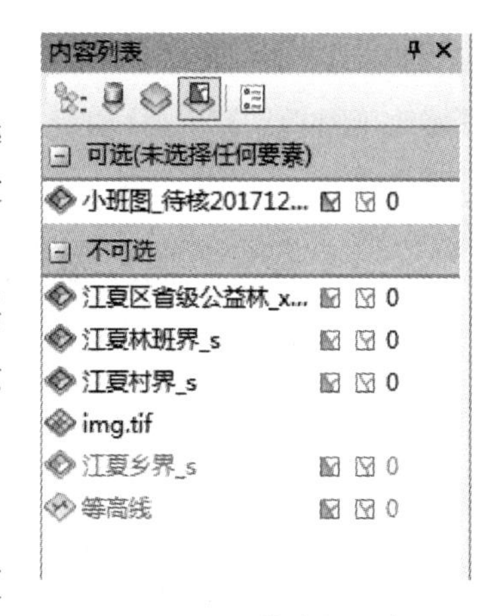

图 1-4-82　按选择列出

3. 标注小班重要属性信息

标注小班号、地类、面积、林班号等重要属性信息，以便查看。

在内容列表中由【按选择列出】切换为【按绘制顺序列出】后，用鼠标右键点击图层，选择【属性】打开【图层属性】对话框，在【标注】标签中勾选【标注此图层中的要素】，在【标注字段】下拉菜单中选择要标注的字段(如地类)，并设置字体、字号、颜色等属性，如图 1-4-83 所示。

图 1-4-83　标注属性信息

4. 修改小班边界

用鼠标右键点击内容列表中的小班图，选择【编辑要素】菜单下的【开始编辑】使其处于编辑状态，再打开编辑器工具条。

1)编辑折点

用常规工具条上的【选择图形要素】工具选中被修改小班，单击编辑器工具条上的

【编辑折点】工具 ，小班边界出现节点并弹出编辑折点工具条。通过编辑折点工具条上的【修改草图折点】工具移动节点、【添加折点】工具增加节点或【删除折点】工具删除节点，点击【完成草图】结束编辑，如图 1-4-84 所示。

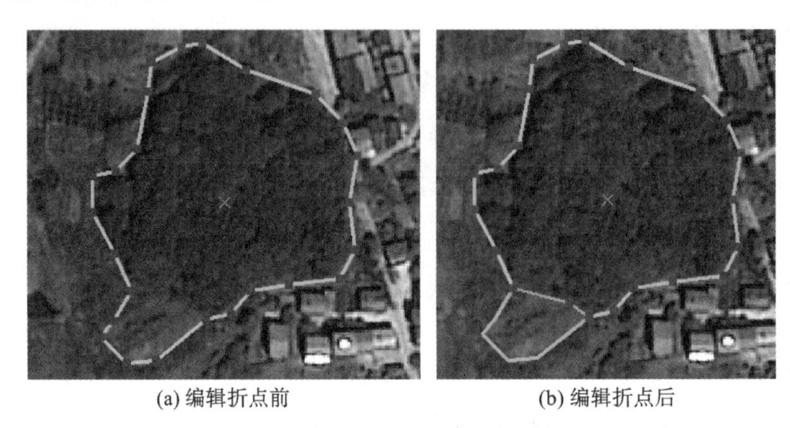

(a) 编辑折点前　　(b) 编辑折点后

图 1-4-84　编辑折点

注意：编辑折点容易造成相邻小班有空隙或重叠，此操作方法一般不用于修改相邻小班，可用于修改离散小班。

2）整形

用【选择要素】工具选中被修改小班，单击编辑器工具条上的【整形】工具 ，绘制整形线并与被选小班边界一起形成闭合区域，双击完成整形，如图 1-4-85 所示。闭合区域如果在小班范围外则与小班融合，如果在小班范围内则被切除。

(a) 整形前　　(b) 整形后

图 1-4-85　整形

为了防止小班界与林班界、小班界边界、相邻其他小班界等不匹配，使用【直线】自主绘制时，当遇到匹配弧段，间隔一定距离切换为【追踪】线并单击被追踪线，拖动鼠标实现追踪，追踪结束时单击鼠标并切换回直线，继续自主绘制。

注意：整形容易造成相邻小班有空隙或重叠，此操作方法一般不用于修改相邻小班，可以用于修改离散小班或处理小班超行政界问题。

3）分割小班

对于小班内部属性因子不一致、跨越公益林界线、跨行政区划界线等问题，我们要通过分割小班进行小班边界的修改。

用【选择要素】工具选中被修改小班，单击编辑器工具条上的【剪裁面】工具 ，绘制分割线，使分割线与被选中小班的边界线形成闭合区域，双击完成剪裁，如图 1-4-86 所示。

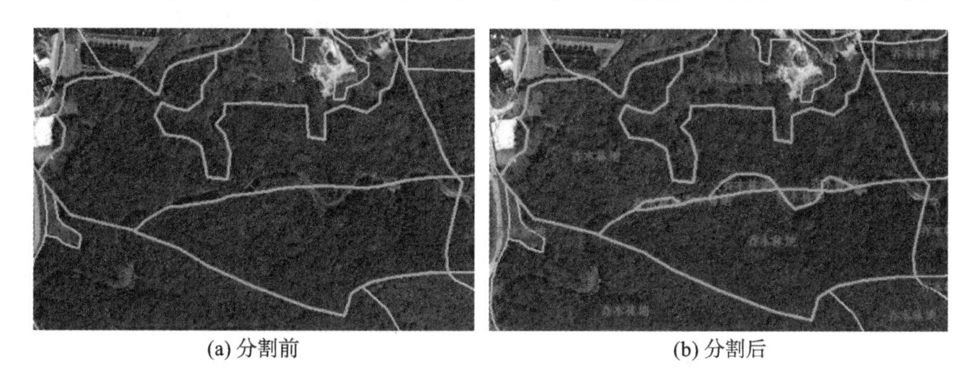

(a) 分割前　　(b) 分割后

图 1-4-86　通过剪裁分割小班

注意：【直线】与【追踪】线配合使用，防止造成边界不匹配问题。

4）合并小班

完成小班分割后，如果分割后的小班与相邻小班内部因子一致，则需要合并。

按下 Ctrl 键并用【选择要素】工具选中参与合并的小班，打开【编辑器】下拉菜单中的【合并】对话框（见图 1-4-87），在对话框中选择属性正确的目标小班，使被选小班闪烁提示，单击【确定】完成合并（见图 1-4-88）。

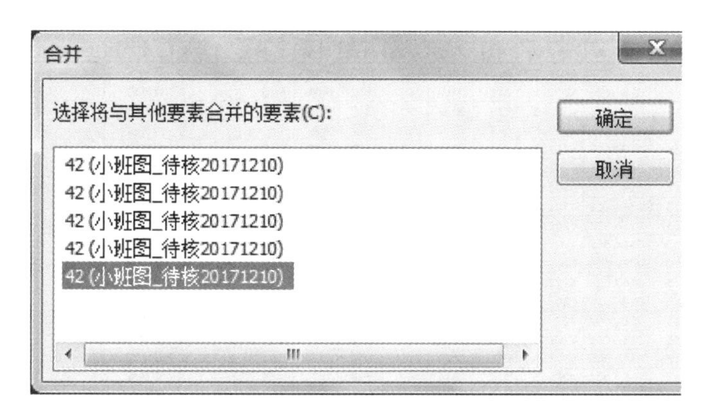

图 1-4-87　【合并】对话框

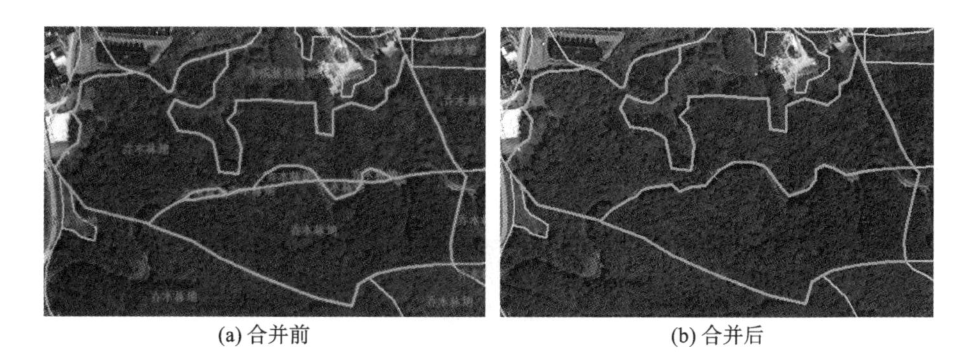

(a) 合并前　　(b) 合并后

图 1-4-88　合并小班

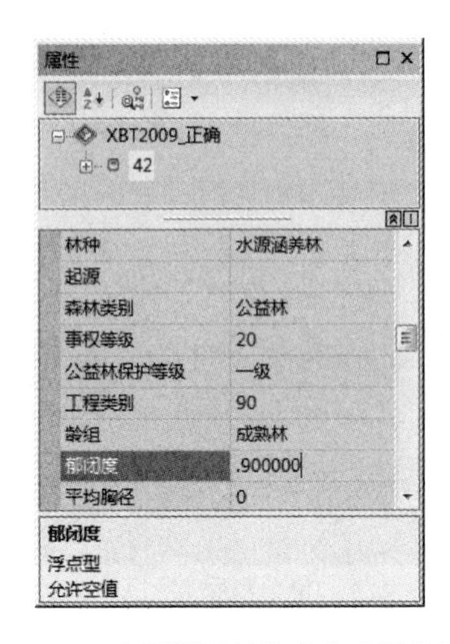

图 1-4-89　在属性面板修改小班因子属性

5)提取孤岛

如果小班内镶嵌了新小班(孤岛),分割孤岛的方法与分割小班的方法相同。

5. 修改属性信息

选中小班,用鼠标右键点击图层打开属性表,使表中对应小班的记录高亮显示,修改各字段对应的属性;也可以单击编辑器工具条上的【属性】图标打开属性面板,在字段后面的输入单元格修改小班因子属性,如图1-4-89所示。

工作成果展示

小班属性表如图1-4-90所示。

表

小班图_待核20171210

县	乡	村	林业局	林场	林班	小班	地貌	坡向	坡位	坡度	土壤名称	土层厚度	面积
420115	016	003	420115	016	0012	103	丘陵	无坡	平地	0	黄棕壤	0	.22
420115	016	003	420115	016	0012	084	丘陵	无坡	平地	0	黄棕壤	0	.46000
420115	016	003	420115	016	0012	090	丘陵	无坡	平地	0	黄棕壤	0	.12
420115	016	003	420115	016	0012	118	丘陵	无坡	平地	0	黄棕壤	0	.16
420115	016	003	420115	016	0014	163	丘陵	无坡	平地	0	黄棕壤	0	3.84
420115	016	001	420115	016	0005	021	丘陵	无坡	平地	0	黄棕壤	0	1.07
420115	016	003	420115	016	0012	080	丘陵	无坡	平地	0	黄棕壤	0	.56000
420115	016	003	420115	016	0013	041	丘陵	东北	下	0	黄棕壤	0	.10000
420115	016	003	420115	016	0013	031	丘陵	东北	下	0	黄棕壤	0	.16
420115	016	003	420115	016	0014	165	丘陵	北	下	0	黄棕壤	0	.40000
420115	016	003	420115	016	0014	158	丘陵	北	下	0	黄棕壤	0	.29000
420115	016	003	420115	016	0012	078	丘陵	东	全坡	0	黄棕壤	0	18.93
420115	016	003	420115	016	0011	012	丘陵	北	上	0	黄棕壤	0	.63
420115	016	003	420115	016	0011	029	丘陵	北	上	0	黄棕壤	0	9.98
420115	016	003	420115	016	0011	044	丘陵	西南	全坡	0	黄棕壤	0	7.4
420115	016	003	420115	016	0014	153	丘陵	西	上	0	黄棕壤	0	13.4
420115	016	003	420115	016	0014	147	丘陵	北	全坡	0	黄棕壤	0	3.12
420115	016	003	420115	016	0015	139	丘陵	东南	下	0	黄棕壤	0	14.38

0　(0 / 576 已选择)

小班图_待核20171210

图 1-4-90　小班属性表

拓展训练

ArcGIS 软件小班外业核查

任务 4.9　移动端通图采集软件小班外业核查

任务描述

介绍用通图采集软件进行桌面端部分数据格式转换和移动端部分新建工程、导入数据、修改外业小班图形、修改外业小班属性、导出数据等的方法。

每人提交一份图形和属性初步正确的小班图。

任务目标

一、知识目标

(1)了解小班外业核查常用软件。

(2)了解小班外业核查软件特点。

二、能力目标

(1)会用软件的桌面端部分进行栅格影像、地形图和矢量小班数据格式转换。

(2)会用软件的移动端部分新建工程,导入、导出数据,调整数据显示方式,添加导航点并导航到目的小班等。

(3)会判断小班边界和小班属性信息并用软件进行修改。

三、素质目标

(1)培养质量意识,培养认真负责的工作态度和吃苦耐劳精神。

(2)对接技术标准,严格按《森林资源二类调查工作细则》核查与调整小班边界,核查和补充属性信息,养成规则意识。

知识准备

相对于 ArcGIS 软件,移动端 GIS 软件内置了 GPS,操作简单,手机、平板等移动端设备均可以安装,携带方便,因此更方便外业工作。移动端 GIS 软件一般由桌面端和移动端两部分组成,桌面端部分可以完成数据格式转换,将矢量图和栅格图转换为移动端部分可读取的格式;移动端部分可以完成数据的修改。

不同林业项目使用的移动端 GIS 软件不同,各省在森林资源二类调查中开发了专用的森林资源二类调查系统,其针对性强但通用性差,一般不能用于其他省的二类调查工作,也不适用于森林资源一类和三类调查工作;通图采集软件(林调通)通用性较好,本任务将介绍该软件在小班外业核查工作中的应用。

任务实施

一、确定工作任务

通图采集软件小班外业核查。

二、工具与材料

ArcGIS 10.2 软件、通图采集软件;遥感影像、地形图等栅格底图;乡、村、林班、公益林等区划参考图,小班图;平板电脑,测高器、罗盘仪等其他外业调查工具。

三、操作步骤

1. ArcGIS 数据库导出矢量图

用鼠标右键点击小班图,在【导出】快捷菜单选择【转为 Shapefile 批量】,将小班图、各级行政区划图导出形成独立图层,如图 1-4-91 所示。

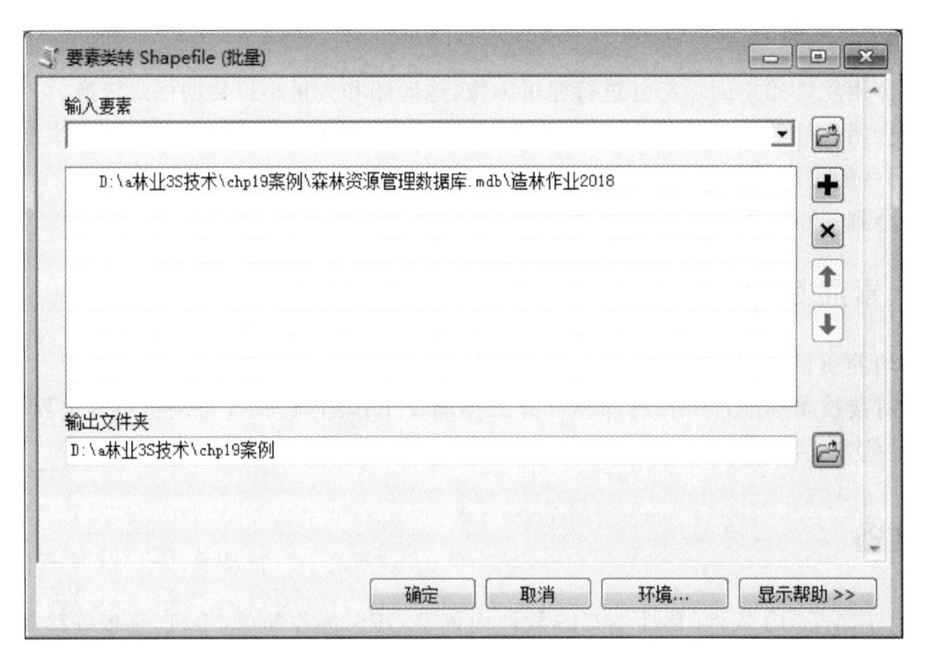

图 1-4-91 导出 shp 格式小班图

2. 桌面端部分数据格式转换

打开通图采集软件桌面端部分,如图 1-4-92 所示。

图 1-4-92　通图采集软件桌面端部分

1）矢量底图格式转换

只转换起参考作用的县、乡、村、林班等矢量图的格式，无须转换小班图格式。

（1）新建工程。

单击【矢量背景图】，单击【新建底图】，在对话框中设置底图名称、保存路径、坐标系（坐标系类型、分带方法、代号与被转换图件原坐标系参数一致），单击【创建工程】，如图 1-4-93 所示。工程坐标系参数与转换图件坐标系参数相同。

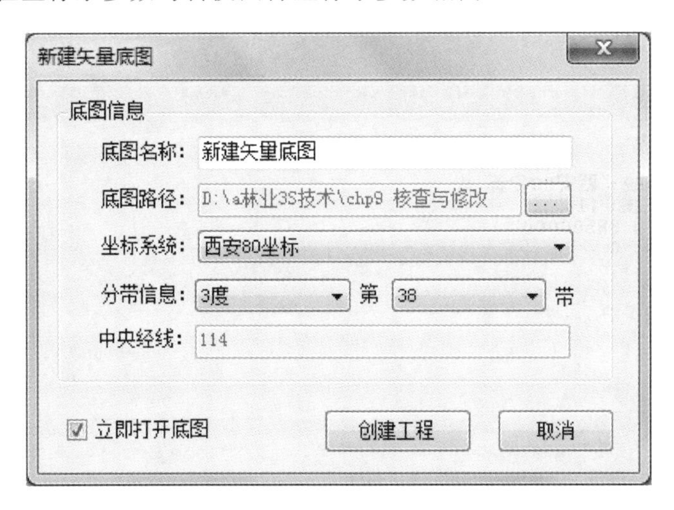

图 1-4-93　新建矢量底图

（2）转换矢量底图格式。

单击【增加图层】工具，找到乡、村、林班等待转换矢量图并单击【打开】；在工具条上单击【保存底图】完成矢量图格式转换，使矢量图由 shp 格式转换为 vmx 格式，如图 1-4-94 所示。

图 1-4-94　矢量图格式转换

2)转换栅格图格式

单击【栅格背景图】弹出栅格图转换工具条，单击【打开图像】工具，找到 tif 格式遥感影像图并打开；单击工具条上的【格式转换】工具，弹出【格式转换选项】对话框，单击【开始导出】(见图 1-4-95)；为转换后的栅格图命名并单击【保存】执行格式转换，使栅格图由 tif 格式转换为 imx 格式。

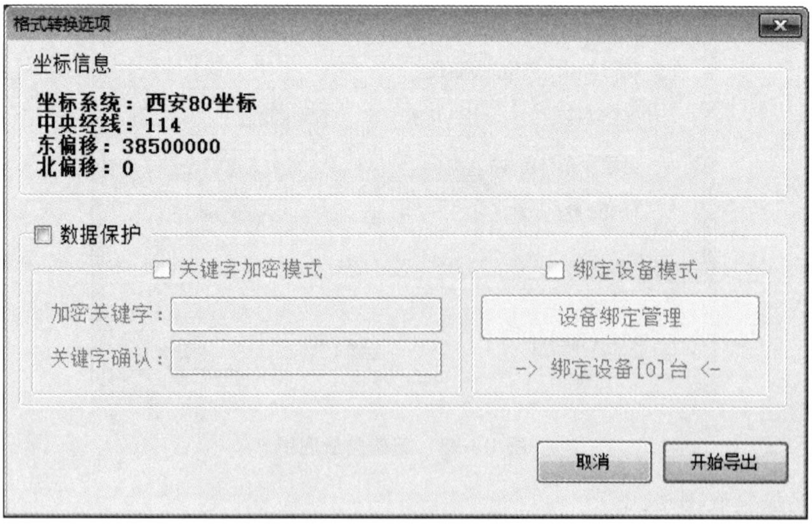

格式转换选项

坐标信息

坐标系统：西安80坐标
中央经线：114
东偏移：38500000
北偏移：0

数据保护

关键字加密模式　　绑定设备模式

加密关键字：　　设备绑定管理

关键字确认：　　-> 绑定设备[0]台 <-

取消　　开始导出

图 1-4-95　栅格图格式转换

3. 将数据拷入平板电脑

将 shp 格式小班图、vmx 格式矢量底图、imx 格式栅格底图拷入平板电脑通图采集文件夹中的 map 文件夹。

4. 移动端部分新建工程

打开通图采集软件移动端部分，单击【新建】新建工程，设置工程名称，选择坐标系类型，确定中央经线，确定椭球转换方法（三参数法或七参数法），设置平移参数，单击【创建】，如图 1-4-96 所示。

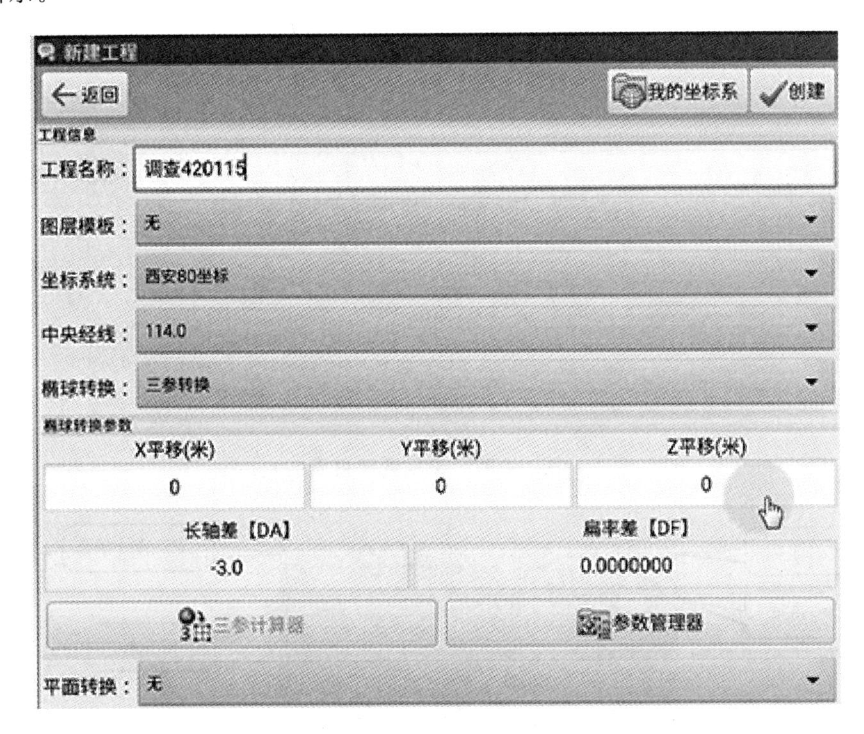

图 1-4-96　移动端新建工程

注意：工程坐标系与矢量图坐标系相同；xian80 坐标系为三参数；如果前期已经进行过椭球参数转换，该处不能再进行转换（默认为 0 即可）。

5. 导入图层

1）打开工程

选中工程，单击【打开】打开工程管理页面，页面列出所有建立的工程（见图 1-4-97）。选中工程，单击【打开】打开工程，如图 1-4-98 所示。

2）加载图层

单击工具栏上的【图层】打开【图层管理】页面，转换后起参考作用的矢量底图在【矢量底图管理】中打开，转换后的栅格影像在【栅格底图管理】中打开，可编辑的小班图在【导入图层】中打开，如图 1-4-99 所示。

6. 调整图层显示格式

在【图层管理】页面调整图层显示格式。

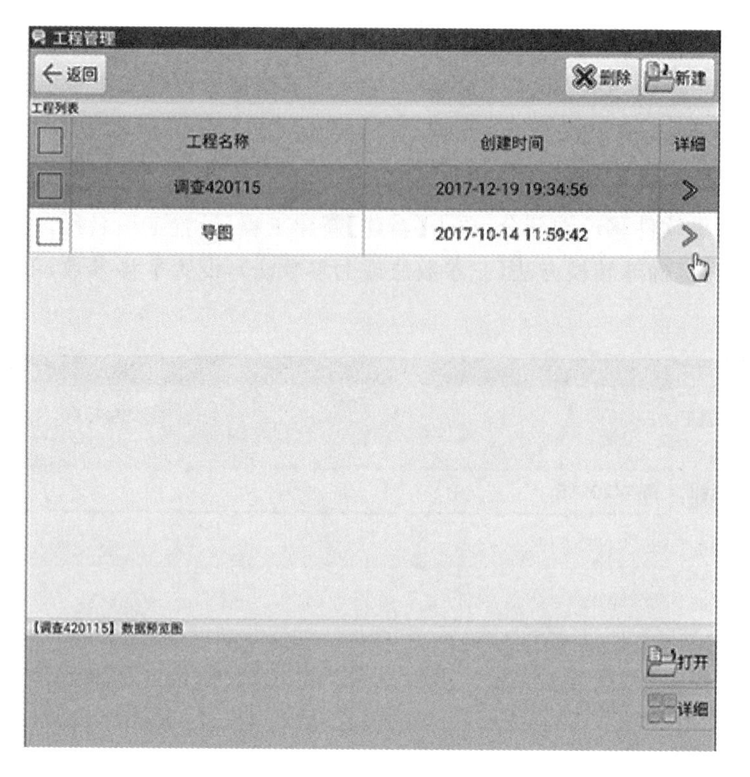

图 1-4-97　工程管理页面

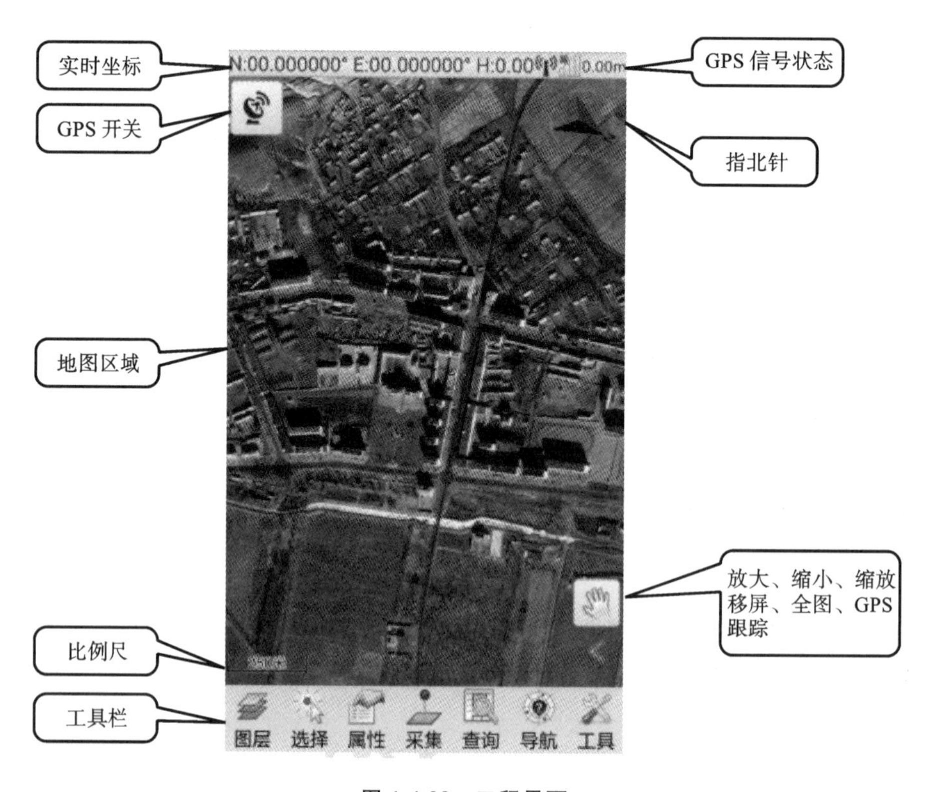

图 1-4-98　工程界面

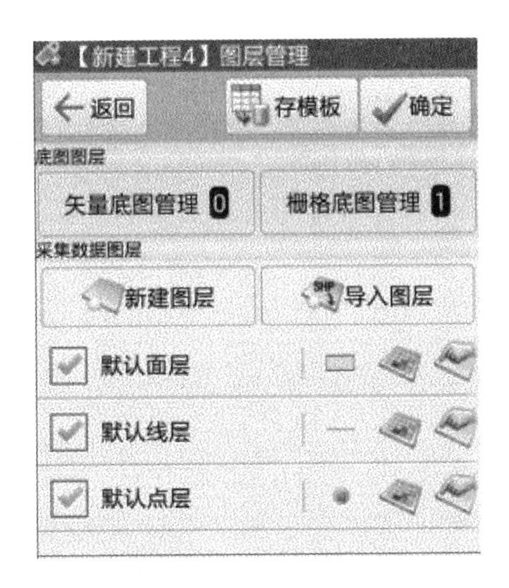

图 1-4-99　加载图层

1)小班图填充色透明化

选中【采集数据图层】中的图层，单击【渲染】工具 ，调整透明度到90%左右，如图1-4-100所示。

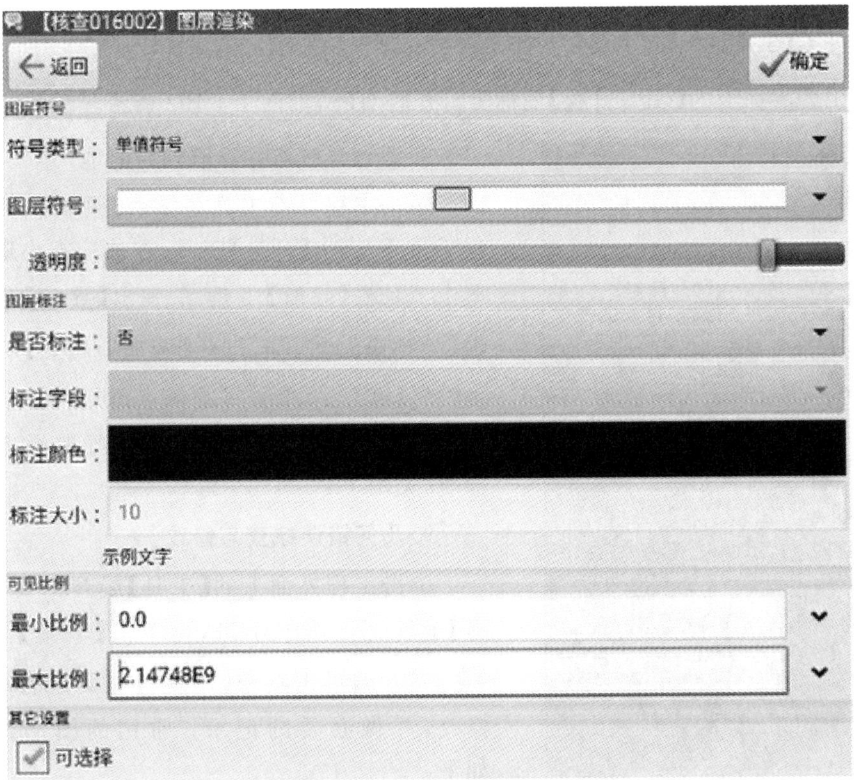

图 1-4-100　调整小班图透明度

2)矢量底图透明化

打开【矢量底图管理】页面，调整每个矢量底图的透明度，如图 1-4-101 所示。

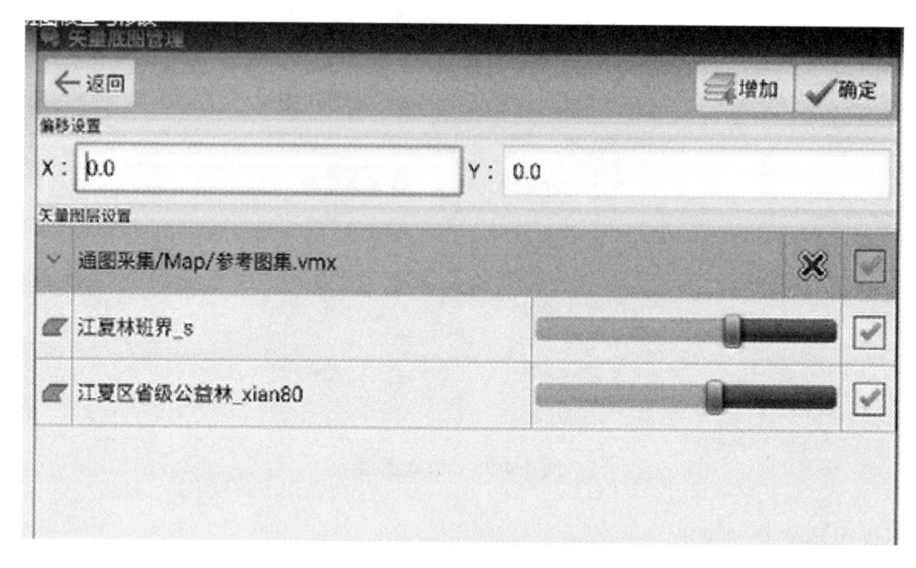

图 1-4-101　调整矢量底图透明度

3)地形图透明化

打开【栅格底图管理】页面，选择地形图，调整透明度，方法同上。

7. 打开 GPS 开关

单击工程界面上的【GPS 开关】图标，开启 GPS，如图 1-4-102 所示。

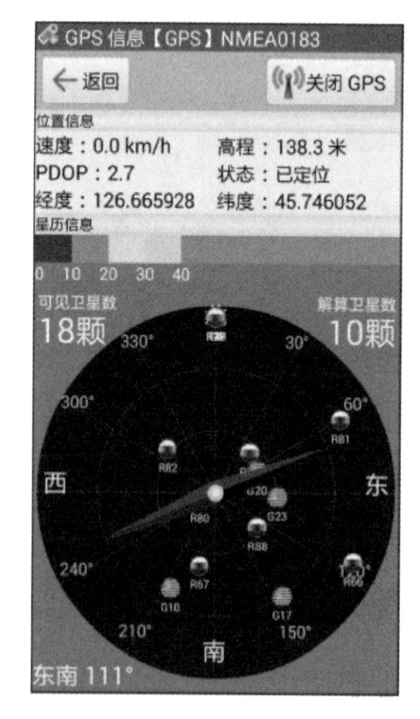

图 1-4-102　打开 GPS 开关

8. 添加导航点并导航到目的地

单击工程界面工具条上的【采集】展开数据采集工具条，点击【测量】工具，在被核查小班中打点。单击工具栏【导航】工具弹出【导航】对话框，单击【坐标点】打开【增加导航点】对话框，单击【测量点】将测量点添加为导航点（见图 1-4-103）。图层上出现目标点和导航线，可以实现导航（见图 1-4-104）。

9. 几何错误核查与修改

单击工程界面上的【工具】展开工具栏，用【选择】工具选中小班，再单击【采集】工具图标展开编辑工具条，用编辑工具进行小班图形修改，并做必要的记录。常用的图形编辑方法如下。

1)确定采集图层

单击工程管理页面的【图层】，打开【图层管理】

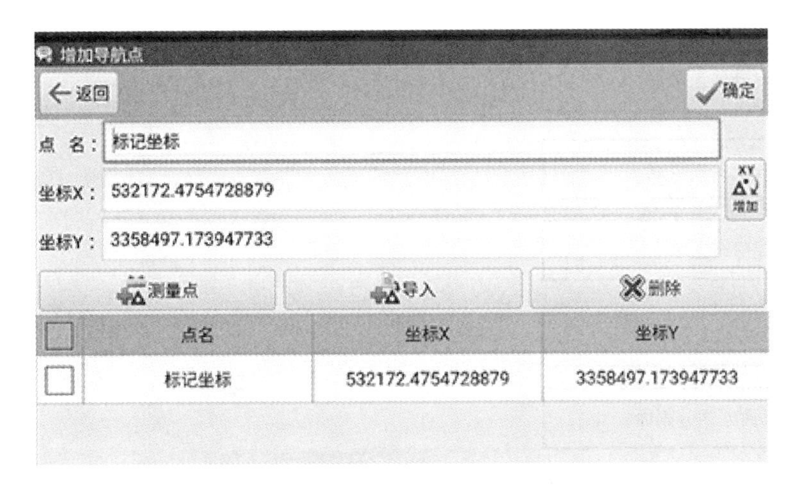

图 1-4-103　添加导航点

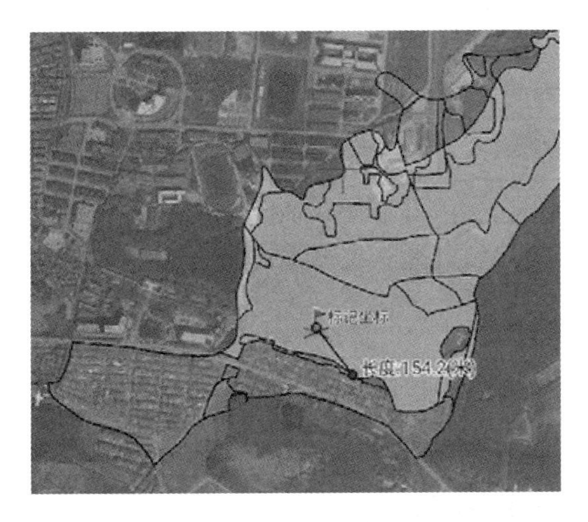

图 1-4-104　导航到目的地

对话框，勾选被编辑的小班图(见图 1-4-105)。返回工程页面，系统右侧弹出编辑工具条(见图 1-4-106)。

图 1-4-105　勾选被编辑的小班图

2)编辑小班面

(1)分割出小班：选中小班，点击编辑工具条上的【线割】工具，沿分割处绘制分割线，点击【生成】(见图 1-4-107)。

(2)分割出孤岛：选中小班，用采集工具条上的【手绘】工具绘制新边界，再点击编辑工具条上的【孤岛】工具(见图 1-4-108)。

(3)合并小班：选中所有参与合并的小班，点击编辑工具条上的【合并】工具，弹出【选择目标实体】对话框，选择目标小班(见图 1-4-109)。

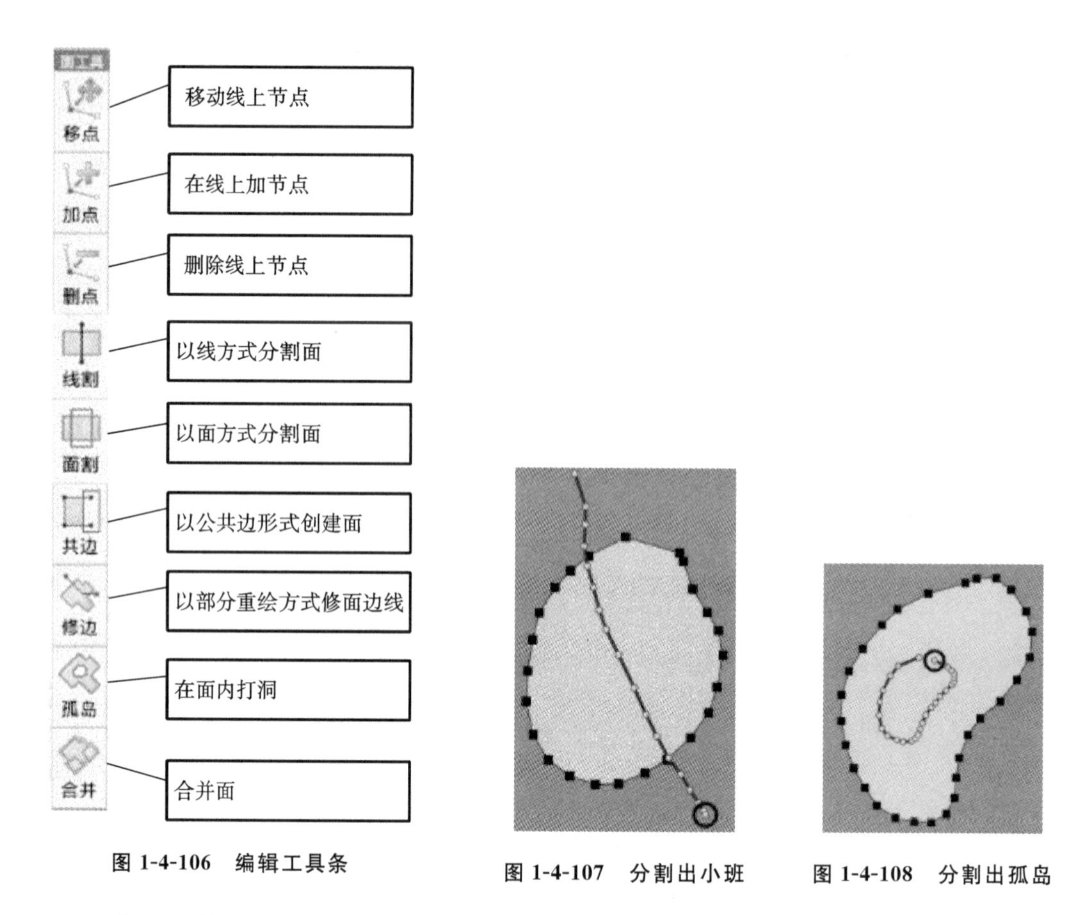

图 1-4-106　编辑工具条

图 1-4-107　分割出小班

图 1-4-108　分割出孤岛

10. 修改属性

选中小班，点击工具条上的【属性】打开属性编辑面板，修改属性信息（见图 1-4-110）。

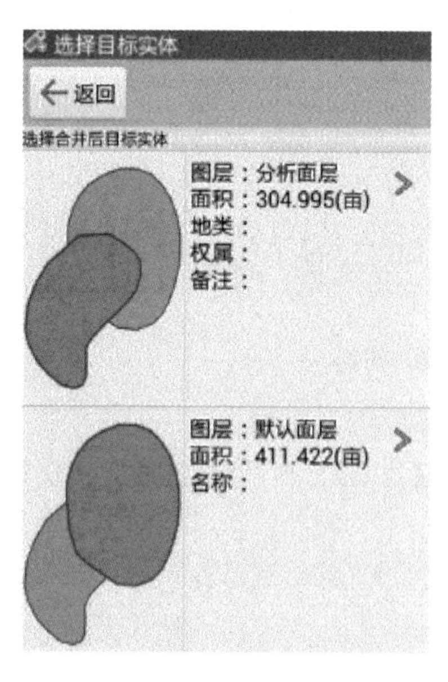

图 1-4-109　确定合并目标小班

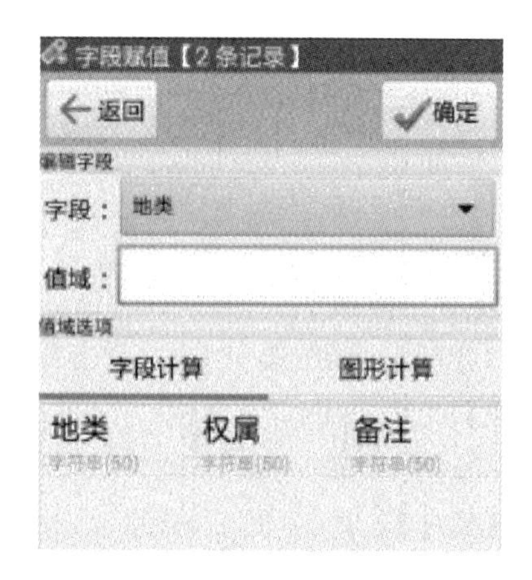

图 1-4-110　修改属性

11. 导出图件

单击工程界面工具栏上的【工具】，进入【更多】，单击【数据导出】打开对话框，默认导出到以时间命名的新建文件夹中；导出格式选择 ArcGIS shp；坐标系默认与原图一致，勾选【加带号】和【输出多媒体字段】；单击【导出数据】。

拓展训练

移动端通图采集
软件小班外业核查

任务 4.10　小班图拓扑检查

任务描述

了解拓扑类型、拓扑错误处理方法、技术要求和小班图常见拓扑错误，在 ArcGIS 软件中建立拓扑，检查小班跨行政区错误和小班图内部重叠与空隙错误，分类搜索并修改拓扑错误。

每人提交一份拓扑关系正确的小班图。

任务目标

一、知识目标

(1)掌握拓扑概念、拓扑类型和拓扑错误类型。

(2)掌握与面状矢量图相关的拓扑规则及错误处理方法。

(3)掌握利用 GeoDatabase 建立拓扑应遵循的技术规则。

(4)掌握小班图常见的拓扑问题。

二、能力目标

(1)会建立拓扑并验证拓扑问题。

(2)会检索和修改拓扑问题。

三、素质目标

(1)培养质量意识,培养认真负责的工作态度和精益求精的精神。

(2)养成独立思考、深入探索问题的习惯,培养独立解决问题的能力。

知识准备

一、拓扑及拓扑类型

拓扑是数据空间特征的重要内容,也是空间数据质量检查的重要内容。拓扑关系也称拓扑规则,指地理要素间的空间逻辑关系,包括拓扑邻接、拓扑关联和拓扑包含等。拓扑邻接关系存在于同类型要素之间,一般用来描述面要素间的共边关系、线要素间的重叠与相交关系以及点要素间的重合与相离关系;拓扑关联关系存在于不同类型要素之间,一般用来描述节点与线、点与面、线与面间的关联关系;拓扑包含关系用来说明面域包含点、线、面的对应关系,包括同类要素间的包含关系、不同类要素间的包含关系。拓扑关系可以理解为对空间数据定义了空间约束,违反任何一个约束就会被标识为拓扑错误,降低空间数据质量,影响 GIS 对空间数据无缝的统计、查询、空间分析:区域小班总面积等于区域总面积;行政区是多边形,不能相互重叠;线状道路之间不能有重叠线段、不能相交,要通过节点连通;公共汽车站必须在公共交通线路上等。

二、拓扑规则及错误处理方法

拓扑检查主要针对 2 大类拓扑错误:一是图层内部要素间的逻辑错误;二是不同图层间的逻辑错误。与面状矢量图相关的拓扑规则及错误处理方法如下。

1)同一图层的要素之间不能重叠

几个多边形共享一个点或共享一条边界不算重叠。同一图层的要素之间不能重叠,包括规划地块间不能重叠、行政区间不能重叠等,如图 1-4-111 所示。重叠的部分将产生多边形错误。错误处理方法有三种:一是删除重叠部分,留出空白;二是将重叠部分合并到某一个多边形;三是在重叠部分新增多边形并删除原来的重叠部分。

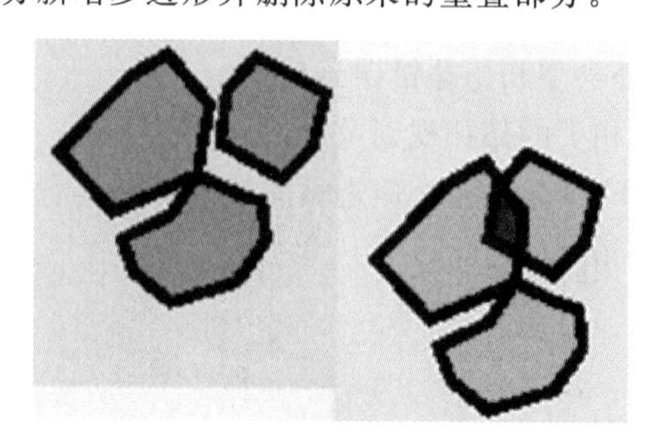

图 1-4-111 同一图层的要素之间重叠

2)同一图层要素之间不能有空隙

同一图层要素之间不能有空隙,包括连续分布的小班之间不能有空隙等,如图 1-4-112 所示。不满足规则的地方将产生线错误,出现空隙多边形。错误处理方法是调整原来的边界或添加新的多边形。

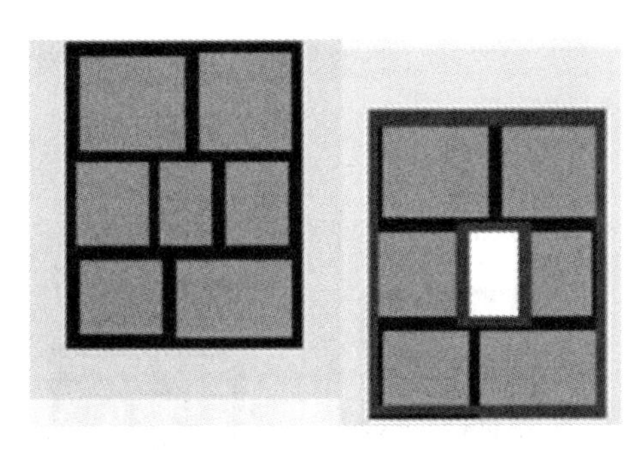

图 1-4-112　同一图层要素之间有空隙

3)多边形内必须包含点要素(边界上的点不算)

多边形内必须包含点要素包括规定小班内至少有一个调查样点等,如图 1-4-113 所示。不包含点的多边形将被视为错误。错误处理方法是在错误多边形内增加一个点要素或将没有内部点的多边形删除。

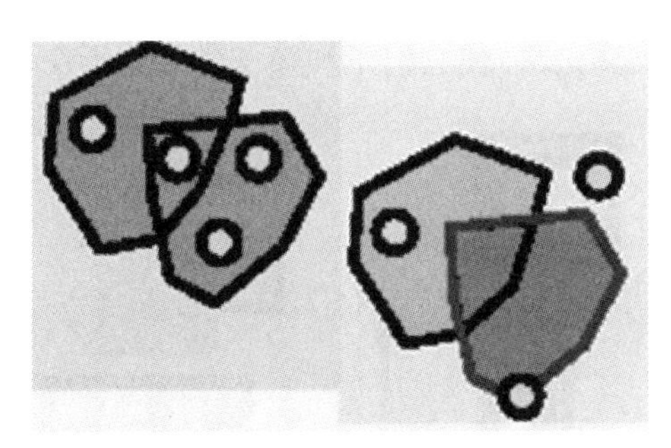

图 1-4-113　多边形内包含点要素

4)多边形的边线必须与线要素中的线段重合

多边形的边线必须与线要素中的线段重合包括交通调查小区的边界必须和道路线要素类重合等,如图 1-4-114 所示。违反规则的地方将产生线错误。错误处理方法可以是调整线段,也可以是调整多边形。

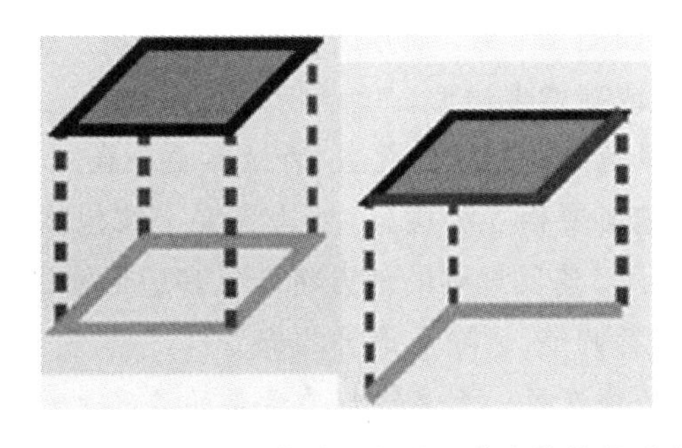

图 1-4-114　多边形的边线与线要素中的线段重合

5)面要素中的每一个多边形必须被另一个面要素类中的多边形覆盖

面要素中的每一个多边形必须被另一个面要素类中的多边形覆盖，包括小班图必须在若干行政区划内、工业建筑多边形必须在规划的工业用地内等，如图 1-4-115 所示。违反规则的地方将产生多边形错误。错误处理方法是在重叠部分增加新的多边形或调整错误的多边形。

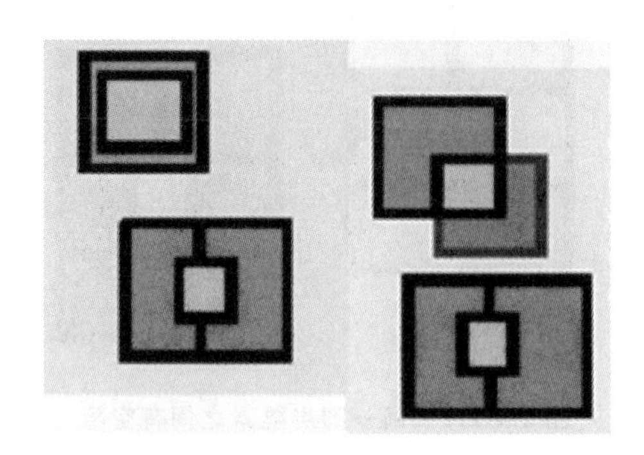

图 1-4-115 面要素中的多边形被另一个面要素类中的多边形覆盖

6)多边形要素必须被另一个面要素类中的单个多边形覆盖

多边形要素必须被另一个面要素类中的单个多边形覆盖包括某村的小班必须在该村行政区划内、一个小班不能跨越多个村等，如图 1-4-116 所示。不满足规则将产生多边形错误。错误处理方法是调整第一类多边形，使它们不和第二类多边形交叉。

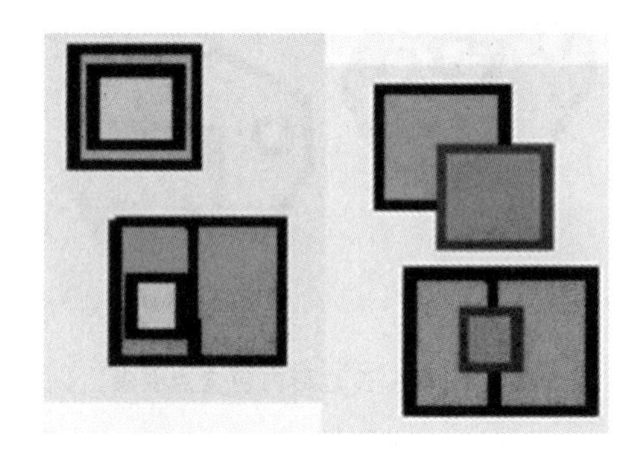

图 1-4-116 多边形要素被另一个面要素类中的单个多边形覆盖

7)一个要素类中的多边形不能与另一个要素类中的多边形重叠

虽然和规则 1)相似，都是不能重叠，但这里指两个多边形要素类之间的关系，如湖泊图层与陆地图层不能重叠等，如图 1-4-117 所示。重叠的部分将产生多边形错误。错误处理方法是把重叠部分删除、合并或新增多边形。

8)两个面要素类中的多边形要相互满覆盖，外边界要一致

两个面要素类中的多边形要相互满覆盖，外边界要一致包括土壤层范围和地质层范围应一致等，如图 1-4-118 所示。违反规则的地方将产生多边形错误。错误处理方法是在重叠不到的地方增加多边形，或者调整、删除不重叠的部分。

9)面要素类的边界线必须在另一个多边形要素类的边线上

面要素类的边界线必须在另一个多边形要素类的边线上包括县、市边界上必须有乡、镇

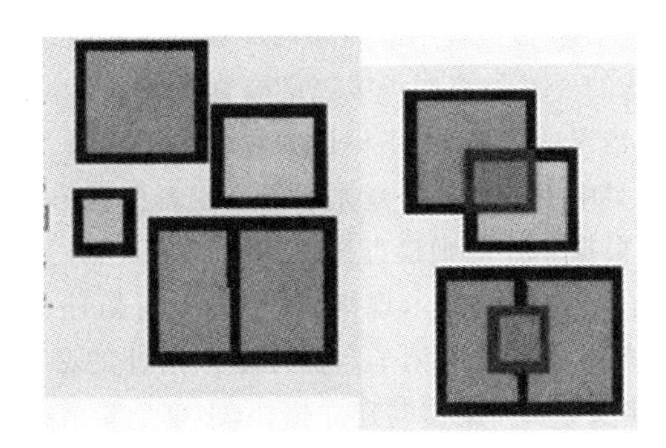

图 1-4-117　一个要素类中的多边形与另一个要素类中的多边形重叠

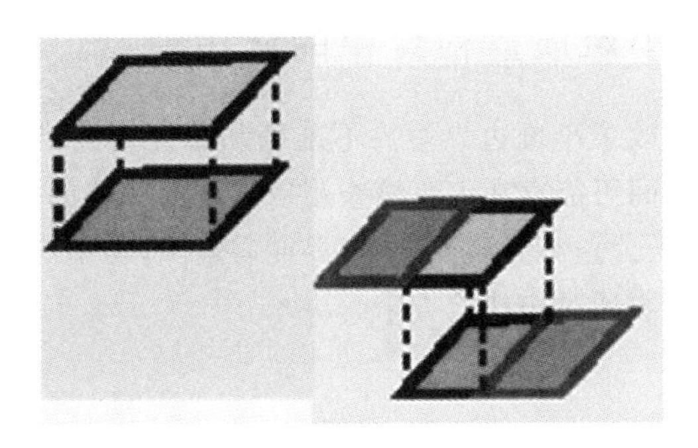

图 1-4-118　两个面要素类中的多边形重叠

边界，而且前者的边界必须与后者的重合，如图 1-4-119 所示。违反规则的地方将产生线错误。错误处理方法是手工编辑边界。

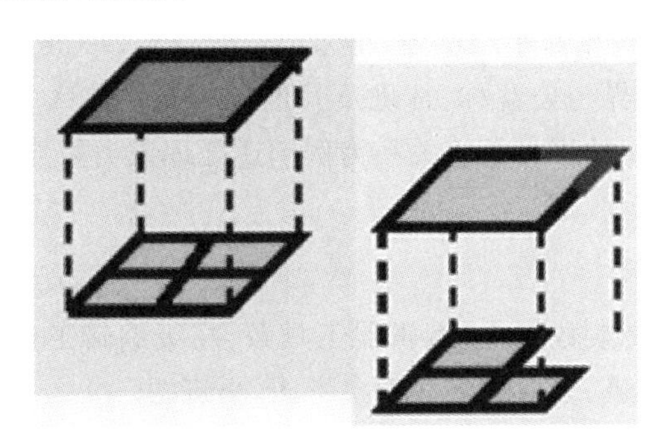

图 1-4-119　边界线重叠

三、拓扑技术规则

ArcGIS 建立拓扑和拓扑验证涉及的专业名词如下。

(1)拓扑规则，表达要素之间的空间关系。Esri 提供了 27 种拓扑关系。

(2)拓扑容差，是拓扑错误检查的关键因素，决定在多大范围内要素能够被捕捉在一起(也称为聚类容限)。容差不同，错误个数也不一样。例如，两个面之间的缝隙是 0.002 m，如果拓扑容差设置为 0.001 m，就认为此处存在拓扑错误；如果拓扑容差设置为 0.005 m，则认为此处无拓扑错误。拓扑容差一般设置为 0.001 m。

(3)拓扑等级，是控制拓扑验证过程中节点移动的级别。最高级别为1，最低级别为－50。在拓扑容差范围内，等级低的要素类将向等级高的要素类移动，因此拓扑检查会改变数据。

(4)脏区，即存在拓扑错误的区域，图中标识为红色。

(5)错误要素，指要素类中不符合拓扑规则的要素或者要素的一部分。

(6)拓扑验证，即软件根据拓扑规则检查拓扑错误。

GeoDatabase建立拓扑要遵循的技术规则如下：①参与拓扑的矢量图必须在同一个要素数据集中；②只能在要素集中建立拓扑；③参与建立拓扑的必须是简单要素类、注记类(Annoca)，尺寸和几何网络要素类不能参与建立拓扑；④单个要素集可以建立多个拓扑；⑤一个要素类不能同时参与建立多个拓扑。

四、拓扑检查在小班质量检查中的应用

虽然外业核查人工修改了小班边界落界不准确和属性判读错误问题，但小班间以及小班与其他区划参考图要素间可能存在人工核查难以发现的拓扑问题：①相邻小班重叠；②相邻小班有空隙；③小班界与公益林界不衔接，超界或有空隙；④小班界与行政区界不衔接，超界或有空隙等。这些问题要通过拓扑检查来解决。

任务实施

一、确定工作任务

利用ArcGIS软件处理相邻小班重叠、相邻小班有空隙、小班界与其他区划参考图界线不衔接等问题。由于小班界与公益林、林班及其他各等级行政区划界线不衔接问题的处理方法相同，这里以小班界与林班界衔接关系为例阐述处理该类拓扑问题的方法。

二、工具与材料

ArcGIS 10.2软件，要素数据集；编辑器工具条、高级编辑工具条、拓扑工具条；遥感影像、地形图等栅格底图，林班、公益林等区划参考图，小班图。

三、操作步骤

1. 林班界面转线

打开【工具箱】，展开【数据管理工具】，展开【要素】工具包，选择【要素转线】工具打开工具面板，在【输入要素】中打开林班面图层，在【输出要素类】中确定林班线图层保存路径并命名，点击【确定】，如图1-4-120所示。

2. 新建拓扑

在目录中用鼠标右键点击数据集，点击【新建】菜单下的【拓扑】打开【新建拓扑】对话框，设置拓扑名称和拓扑容差(拓扑容差要小于等于数据集容差)，如图1-4-121所示。

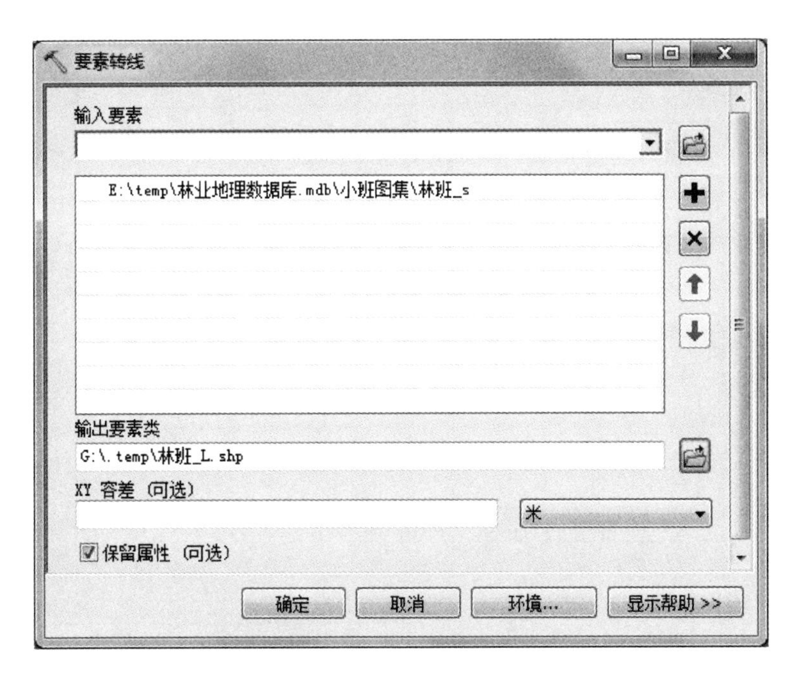

图 1-4-120　林班界面转线

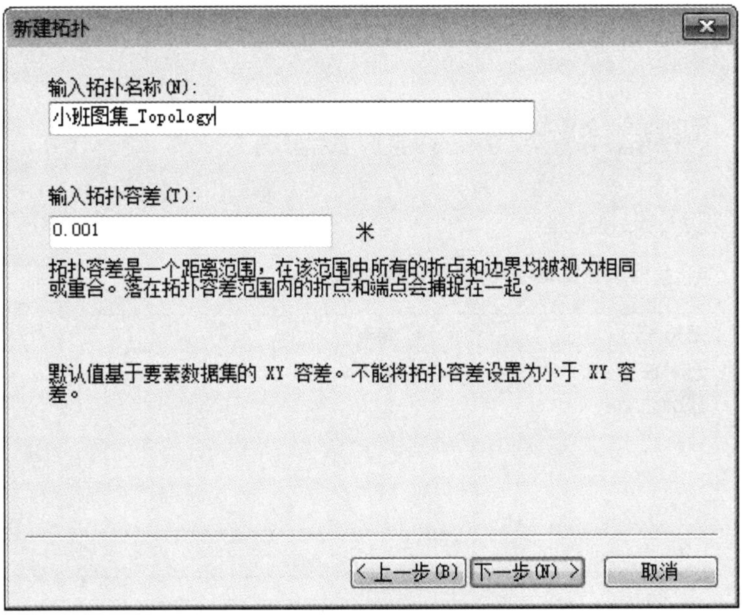

图 1-4-121　新建拓扑

点击【下一步】，选择参与拓扑的图层，如图 1-4-122 所示。

点击【下一步】，设置图层拓扑等级(林班线状图等级高，小班图等级低)，如图 1-4-123 所示。

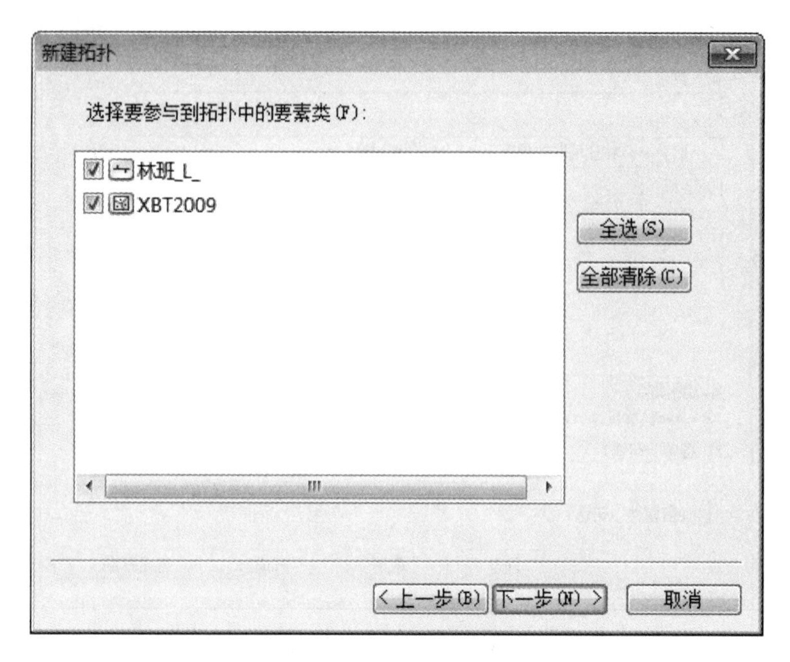

图 1-4-122　确定拓扑图层

新建拓扑

拓扑中的每个要素类必须具有一个指定的等级，才能控制验证拓扑时将移动的要素数目。等级越高，移动的要素越少。最高等级为 1。

输入等级数(1-50)(R): 2　Z 属性(Z)...

通过在“等级”列中单击来指定要素类的等级(S):

要素类	等级
林班_L_	1
XBT2009	2

< 上一步(B)　下一步(N) >　取消

图 1-4-123　设置拓扑等级

点击【下一步】，点击【添加规则】，依次添加小班图不能重叠、小班图不能有空隙、林班线必须被其他要素(小班)的边界覆盖 3 个拓扑规则，如图 1-4-124 和图 1-4-125 所示。

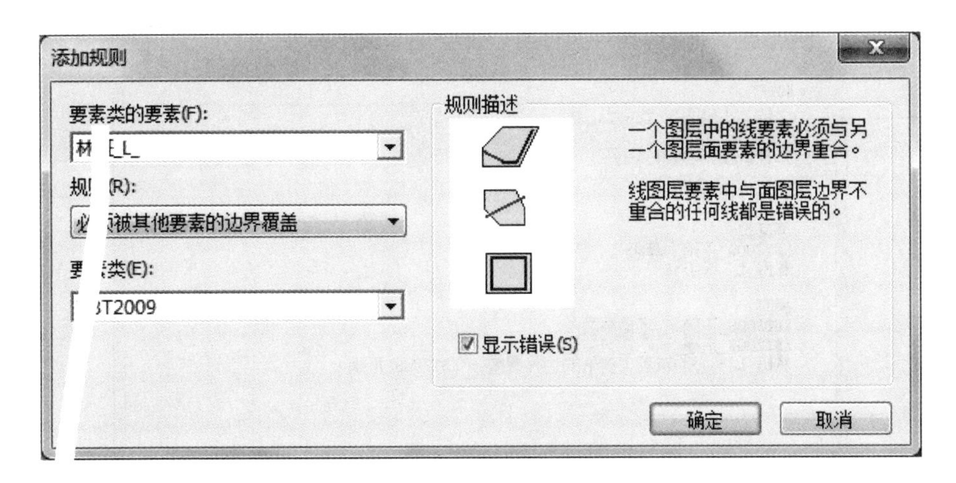

图 1-4-124　添加拓扑规则

新建拓扑

指定拓扑规则(U):

要素类	规则	要素类
XBT2009	不能重叠	
XBT2009	不能有空隙	
林班_L_	必须被其他要素的...	XBT2009

添加规则(A)...　移除(R)　全部移除(E)　加载规则(L)...　保存规则(S)...

<上一步(B)　下一步(N)>　取消

图 1-4-125　拓扑规则管理

点击【下一步】，查看拓扑信息(见图 1-4-126)后单击【完成】，提示是否验证(见图 1-4-127)，选择【是】。

3. 拓扑编辑

1)添加拓扑文件

在目录中选中拓扑文件拖曳到页面，弹出【正在添加拓扑图层】警示框(见图 1-4-128)，提示【是否还要将参与到"小班图集_Topology"中的所有要素类添加到地图?】，选【是】将参与拓扑的所有矢量图与检查出来的拓扑错误一起加到页面中。

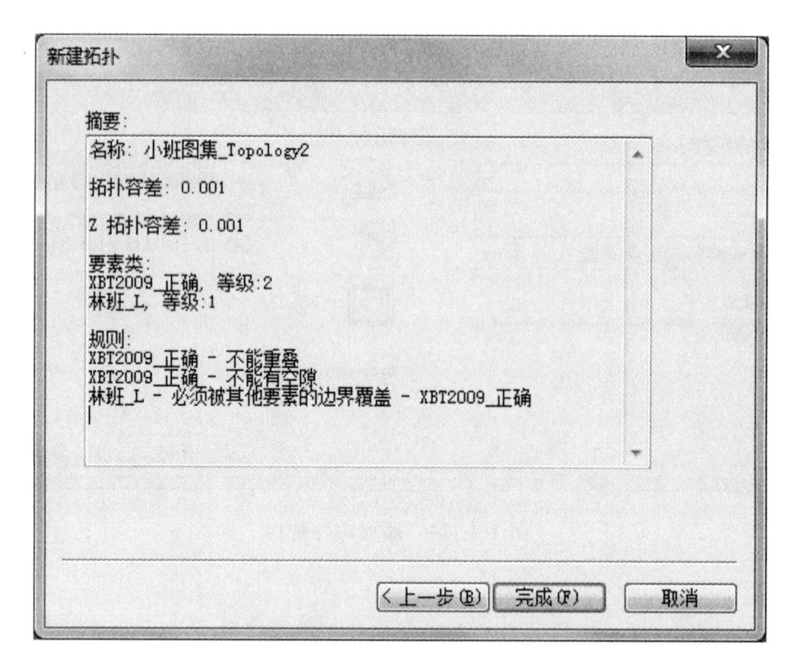

图 1-4-126　拓扑文件信息摘要

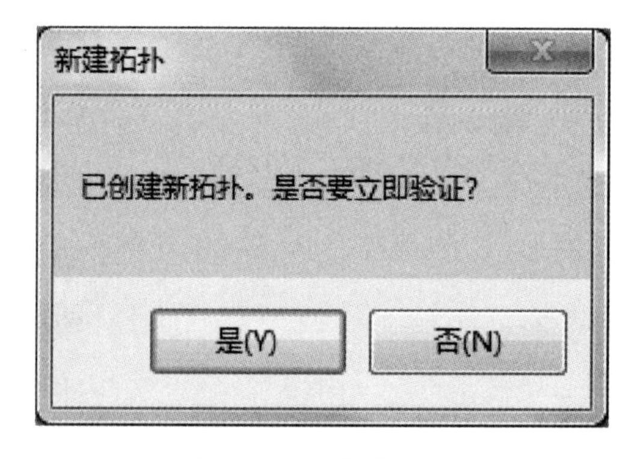

图 1-4-127　拓扑验证

图 1-4-128　添加拓扑文件

2)打开编辑器工具条、拓扑工具条、高级编辑工具条

用鼠标右键点击菜单空白处,打开编辑器工具条、高级编辑工具条和拓扑工具条(见图1-4-129)。

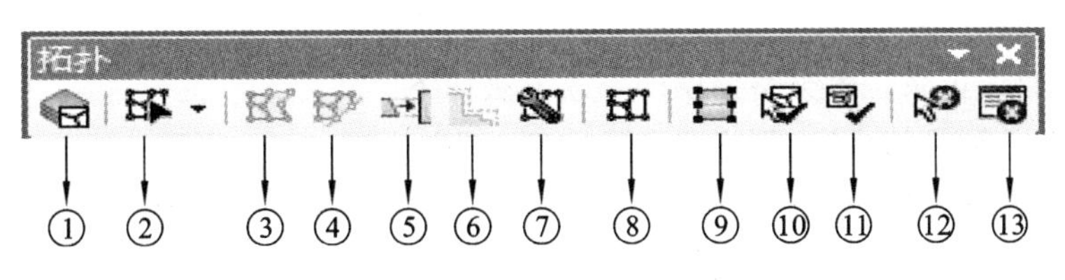

图 1-4-129　拓扑工具条

拓扑工具条有如下工具：

①设置拓扑图层；

②拓扑编辑工具，选择共享要素（如共享边）；

③修改边，选中一条边，选择、添加和删除折点以及修改线段；

④整形边，选中一条边，通过整形扩展或缩减面斑块；

⑤对齐边，选中移动边，再选择目标边，将移动边匹配到目标边；

⑥概化边，选中一条边，减少边的折点数；

⑦构建拓扑要素（线转面、面转线），选中要素后点击该按钮；

⑧显示共享要素，查看共享边的情况；

⑨分割面，选中一条边来分割另一个图层中的面斑块；

⑩有效拓扑特定的区域，用该工具在地图上画矩形，仅对矩形范围区域进行拓扑验证；

⑪验证当前范围拓扑，仅对视图可见范围进行验证；

⑫选择（可以框选、可以点击）和提供修复错误的工具；

⑬错误检查器，显示或隐藏拓扑错误列表。

3）小班图开始编辑

用鼠标右键点击小班图，单击【编辑要素】中的【开始编辑】。小班图处于编辑状态后，编辑器工具条、高级编辑工具条和拓扑工具条上的工具才能被激活。

4）错误检查器分类分区检索错误

单击拓扑工具条上的【错误检查器】 打开错误检查器，在【显示】下拉框选择拓扑规则，勾选【仅搜索可见范围】，点击【立即搜索】，列表中列出错误记录（见图 1-4-130）。

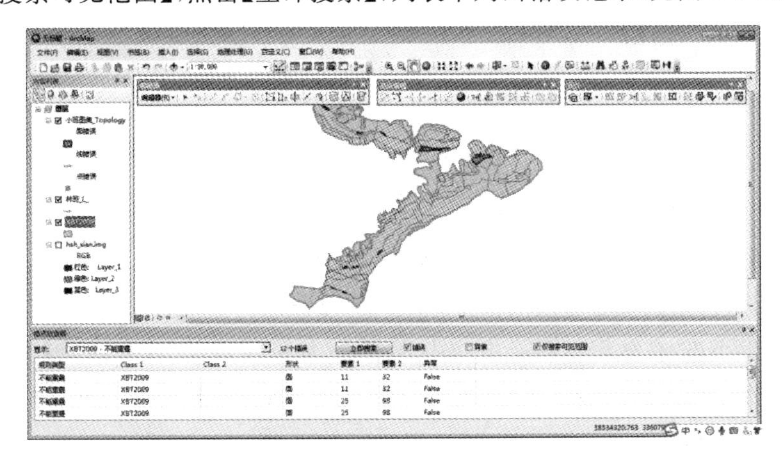

图 1-4-130　拓扑错误

5)处理方法

逐条修改错误记录。各类型错误的修改方法如下。

①重叠:合并到相邻小班、创建要素形成新小班。

②空隙:最外围无错误标注为异常、对齐边、创建要素形成新小班。

③跨林班界:对齐边、分割形成新小班。

具体操作方法如下。

①合并:用鼠标右键点击记录,选择【合并】,确定目标小班,如图 1-4-131 所示。

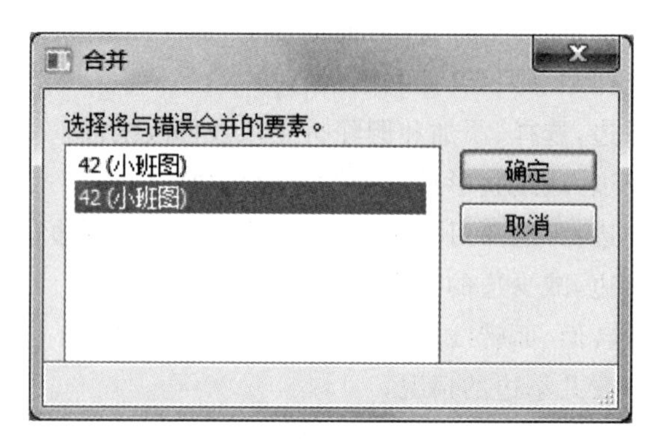

图 1-4-131 合并

②创建要素:用鼠标右键点击记录,选择【创建要素】,补充小班属性,如图 1-4-132 所示。

错误检查器

显示: XBT2009 - 不能重叠　11 个错误　立即搜索　☑错误

规则类型	Class 1	Class 2	形状	要素 1	要素 2	异常
不能重叠	XBT2009		面	11	32	False
不能重叠	XBT2009		面			False
不能重叠	XBT2009		面			False
不能重叠	XBT2009		面			False
不能重叠	XBT2009		面			False
不能重叠	XBT2009		面			False
不能重叠	XBT2009		面			False
不能重叠	XBT2009		面			False
不能重叠	XBT2009		面			False
不能重叠	XBT2009		面			False
不能重叠	XBT2009		面			False

缩放至(Z)
平移至(P)
选择要素(F)
显示规则描述(D)...
剪除
合并...
创建要素
标记为异常(X)
标记为错误(E)

图 1-4-132 创建要素

③对齐边:点击拓扑工具条上的【对齐边】工具,先选择移动边,再选择目标边,点击拓扑工具条上的【验证当前范围拓扑】,如图 1-4-133 所示。

④标记为异常:用鼠标右键点击错误记录,选择【标记为异常】,如图 1-4-134 所示。

⑤分割跨界小班:在林班线图层中选中分割线(林班线),点击【分割面】工具,在弹出的【分割面】对话框中确定【目标】图层(见图 1-4-135),点击【确定】,同时编辑新小班的属性。

4. 修改拓扑属性

在非编辑状态且拓扑关系(参与拓扑的文件)非占用状态修改拓扑属性。

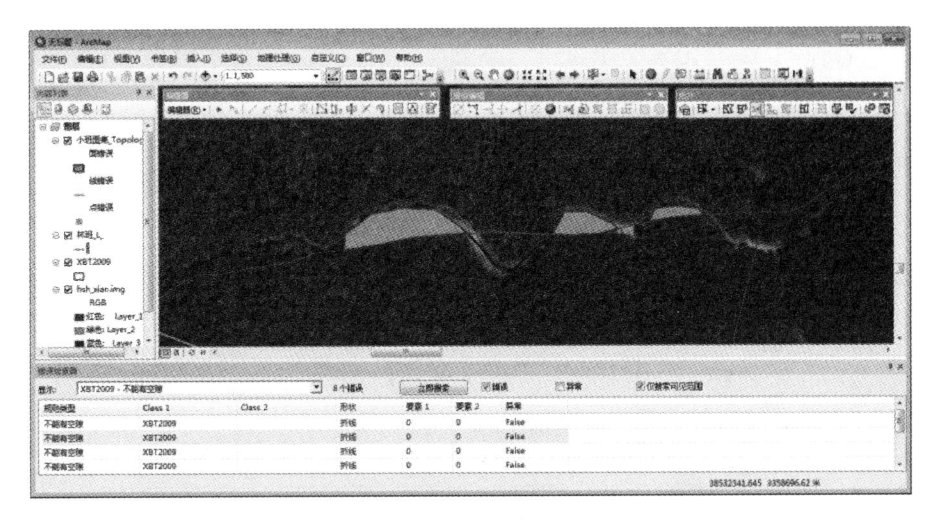

图 1-4-133　对齐边

错误检查器

显示: XBT2009 - 不能有空隙　8 个错误　立即搜索　☑错误

规则类型	Class 1	Class 2	形状	要素 1	要素 2	异常
不能有空隙	XBT2009				0	False
不能有空隙	XBT2009				0	False
不能有空隙	XBT2009				0	False
不能有空隙	XBT2009				0	False
不能有空隙	XBT2009				0	False
不能有空隙	XBT2009				0	False
不能有空隙	XBT2009				0	False
不能有空隙	XBT2009				0	False

缩放至(Z)
平移至(P)
选择要素(F)
显示规则描述(D)...
创建要素
标记为异常(X)
标记为错误(E)

图 1-4-134　标记为异常

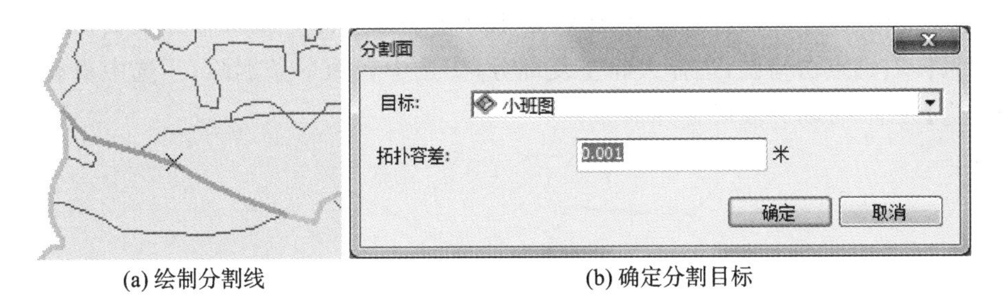

(a) 绘制分割线　　(b) 确定分割目标

图 1-4-135　分割跨界小班

用鼠标右键点击拓扑文件选择【属性】,在【常规】标签中修改拓扑名称和拓扑容差;在【要素类】标签中修改参与拓扑的数据层,如增加或减少参与拓扑的数据层;在【规则】标签中修改拓扑规则,如增加或删除拓扑规则;在【错误】标签中查看拓扑错误汇总信息,包括错误类型和数量。

工作成果展示

拓扑关系正确的小班图如图 1-4-136 所示。

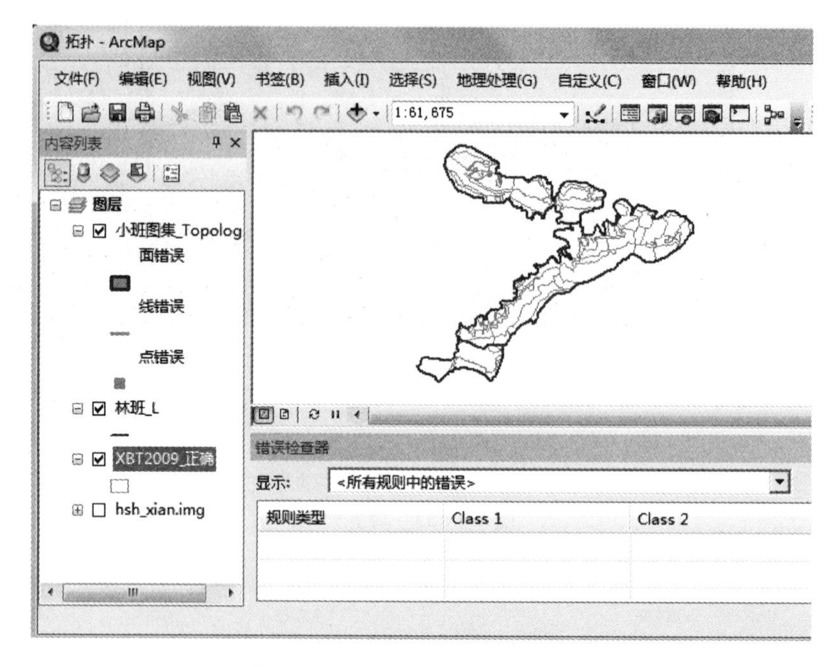

图 1-4-136　拓扑关系正确的小班图

拓展训练

1. 线图层内部拓扑错误检查

1)线重合

如图 1-4-137(a)所示,如果完全重叠,选中其中一条删除。如果部分重叠,处理方法如下:①用鼠标右键点击错误,选择去除重复部分;②选中较短一条删除;③选中重叠多条,使用【修改边】处理,自动分段后合并。

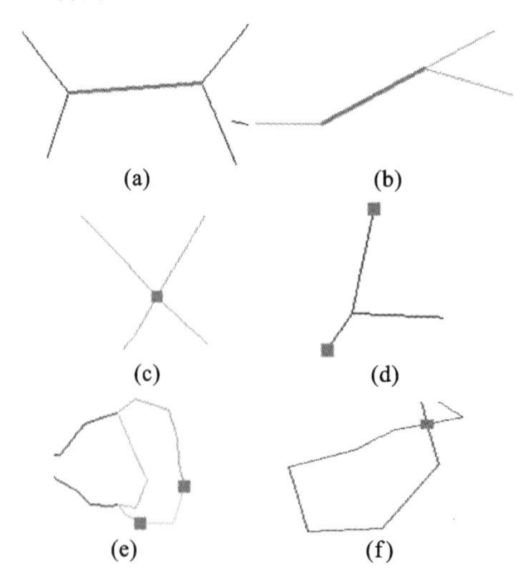

图 1-4-137　线图层自身的拓扑问题

2)线相交

线相交的处理方法为打断相交线或拆分多部件,如图 1-4-137(a)、(b)、(c)、(f)所示。

3)悬挂节点

悬挂节点指一个点需要连两个以上的线,如图 1-4-137(d)所示,需要根据实际情况制定,如线状道路就允许存在悬挂节点。处理方法为选中悬挂错误进行自动延伸(悬点到节点)、裁剪(悬点到节点)、捕捉(悬点间)。延伸或裁剪时应输入一个距离,小于这个距离的悬挂线会被自动延伸或裁剪。

4)伪节点

伪节点指出现在连续弧段上的节点,把该弧段不必要地分为数段,如图 1-4-137(e)所示。处理方法为选中弧段合并成一条线。

5)自相交

自相交如图 1-4-137(c)、(f)所示。处理方法为打断相交线。

2. 两个图层之间的拓扑

1)点线拓扑——检查点

点必须被线的端点覆盖,如图 1-4-138(a)中方点所标示的错误;点必须被线覆盖,如图 1-4-138(b)中方点所标示的错误。处理方法:通过捕捉把点匹配到线。

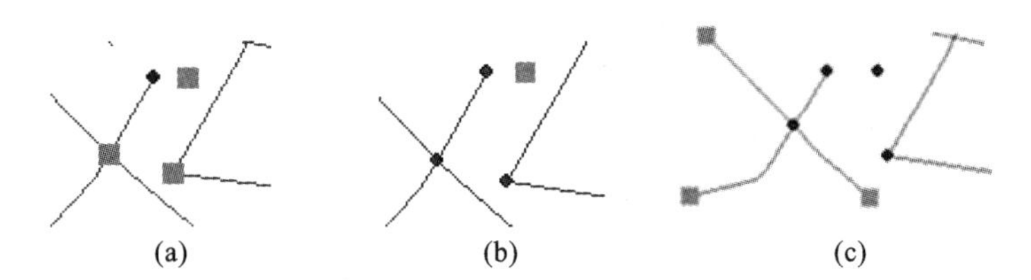

图 1-4-138　点与线间的拓扑问题

2)线点拓扑——检查线

线的端点必须被点覆盖;线层中的端点必须和点层的部分(或全部)点重合,如图 1-4-138(c)中方点所标示的错误。处理方法:通过捕捉或延伸线的端点匹配到点。

3)点面拓扑——检查点

点必须在面的边界上,如图 1-4-139(a)中方点所标示的错误;点必须全部在面内,如图 1-4-139(b)中方点所标示的错误(点在面边上也是错误)。处理方法:通过捕捉或移动把点匹配到面边界或面内部。

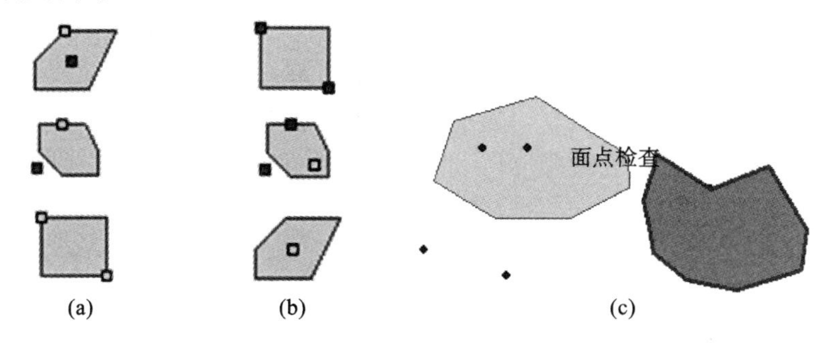

图 1-4-139　点与面间的拓扑问题

4)面点拓扑——检查面

面必须包含点,面的每个要素边界以内必须包含点层中至少一个点,如图 1-4-139(c)中脏区所标示的面拓扑错误。

5)线面拓扑——检查线

线与面边界重叠,如行政界线是面状行政区的边界,如图 1-4-140(a)所示。处理方法:对齐边,把线匹配到面边界。

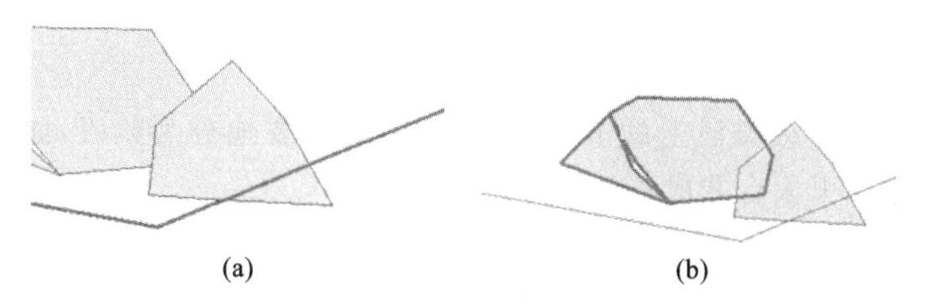

图 1-4-140　线与面间的拓扑问题

6)面线拓扑——检查面

面层的边界与线层重叠,如图 1-4-140(b)所示。处理方法:对齐边,把面边界匹配到线。

3. 拓扑检查在林业中的应用

(1)角规点与有林地空间关系检查:点与面间的拓扑检查。

(2)观光亭与道路空间关系检查:点与面间的拓扑检查。

(3)林班界线与小班图空间关系检查:线与面间的拓扑检查。

(4)林班面与小班图空间关系检查:面与面间的拓扑检查。

小班图拓扑检查
(建拓扑)

小班图拓扑检查
(拓扑修改)

参考文献

[1]　韩东锋,李云平,亓兴兰.林业“3S”技术[M].2 版.北京:中国林业出版社,2021.

[2]　汤国安,杨昕.ArcGIS 地理信息系统空间分析实验教程[M].北京:科学出版社,2012.

[3]　廖建国,黄勤坚.森林调查技术[M].厦门:厦门大学出版社,2013.

[4]　管健.森林资源经营管理[M].3 版.北京:中国林业出版社,2021.

[5]　汤国安,等.地理信息系统教程[M].北京:高等教育出版社,2007.

项目5 林业专题图输出

完成绘制后，根据使用目的通过地理信息产品设计与输出，把矢量林业小班图输出成常规软件能打开、非专业人员能查看、应用人员能读懂的格式，即专题图输出。根据地理信息产品输出要求进行出图设计，以便规范成果图出图过程；根据输出设计，展示常规图件输出方法；根据林业专题信息注记格式，介绍分子式注记方法，丰富图件信息量；建立林业专题图样式库，根据专题符号样式要求制作专题要素符号，以规范林业专题信息表达方式并提高出图效率；针对不同专题图的输出标准和要求，综合上述方法，输出各种类型专题图。

任务5.1 出图设计

任务描述

本任务介绍地理信息产品类型，设计图幅轮廓、制图范围、数学基础，选择图面内容和符号等出图要素，以及确定林业专题图图面内容和可视化要求，为专题图输出做准备。

每人按要求设计一幅出图版面。

任务目标

一、知识目标

(1)了解地理信息系统产品类型、地图类型。

(2)掌握出图设计的内容。

二、能力目标

(1)会设计图幅轮廓。

(2)会确定图的基础信息。

三、素质目标

(1)先设计后实施，养成做有准备工作的习惯。

(2)有整体观，合理布局图面，培养审美能力。

知识准备

地理信息系统产品输出指 GIS 完成空间信息提取、系统处理、分析后，可以直接给研究、规划和决策人员提供可使用的产品。其形式有地图、图像、统计图表以及各种格式的数字产品等。地图是 GIS 的主要产品，把具有地图投影、比例尺和定向等数学规则的二维平面上的地理实体制成各种分幅的地图，具有可量测性。图上用颜色、尺寸、大小等不同的点、线、面符号来直观表达地理实体。通过制图综合可以对实体进行分类分级，显示出各类实体间的相互关系。对实体数据进行分析可以形成统计图与数据报表。统计图的主要类型有柱状图、扇形图、直方图、折线图和散点图；数据报表即属性数据统计表。

地图分普通地图和专题地图。普通地图可以表达多种信息，一图多用，如行政区划图、地形图，以及包括水系、地貌、居民点、交通、境界、独立地物等内容的地理图等。专题地图是按照地图主题的要求，突出且完善地表示与主题相关的一种或者几种要素，使地图内容专题化、形式各样、用途专门化的地图，如林业上的基本图、林相图、森林分布图等。

出图设计直接关系到产品的输出质量，包括以下内容的设计。

(1)图幅轮廓设计，指图面上各组成部分的比例和排版。

(2)制图区域范围的确定，可分为单幅图、单幅图的“内分幅”、标准分幅图三种形式。单幅图指一幅图的范围能完整地包括专题区域的图；单幅图的“内分幅”指专题区域超过一张全开纸尺寸，须分几张放置；标准分幅图指按照预定的比例尺、西南角点坐标和经纬度间隔对基础信息底图进行裁切并整饰生成的图件。

(3)数学基础的设计，主要包括投影与坐标系统、比例尺、坐标网、地图配置与定向和分幅编号等。

(4)专题图还涉及图面内容的确定。

任务实施

一、设计图幅基本轮廓

图幅轮廓的设计要符合专业要求并方便用户使用，还要兼顾科学和美观。依据图幅是专用还是多用、地图使用者是否有特殊要求，参照已出版的类似专题地图的惯例等进行设计，具体包括制图版面、图名、图幅号、比例尺、图例、副图、统计图表、图签（文字说明）、坐标网、图廓等整饰要素设计。

(1)制图版面根据地图用途、比例尺、打印机型号尽量设置成标准打印纸尺寸，并通过标尺和参考线来对齐地图要素。

(2)图名和图幅号一般放在图幅上方中央。

(3)比例尺有两种形式，一种是用文字或数字表示（如 1：10000）的文本比例尺，一般用于标准比例尺图；另一种用图解表示，可用于任意比例尺图，一般放置在图幅下方。

(4)图例应包括图面内容中所有要素的线划、符号、注记、色彩等，与图内一致，一般放置在图幅下方。

(5)副图包括重点地区扩大图、内容补充图、主图位置示意图等,放置位置灵活但以左上角为多。

(6)统计图表是对主题的概括与补充比较有效的形式,如汇总表、饼状图、柱状图,由于其形式多样,能充实地图主题、活跃版面,有利于增强视觉平衡效果,在图面组成中只占次要地位,数量不可过多,所占幅面不宜太大,对单幅地图更应如此。

(7)图签要简单,一般安排在图例中、图中空隙处或图幅下方角落处,如用于表明制图人、制图时间、制图单位、坐标系统的注释。

(8)小比例尺图件的坐标网使用经纬网,大比例尺图件的坐标网使用方里网格,网格线是浅色虚线,在图廓上标有坐标。

(9)图廓分内图廓和外图廓,内图廓为数据框边界,外图廓为装饰。

二、确定制图范围

1. 单幅图

一个版面包括完整的专题区域,要合理设计内图廓、外图廓以及纸张边界间的距离。

2. 单幅图的"内分幅"

在专题区域超过一张全开纸尺寸的情况下,利用矩形的图廓线作为分幅线分割图幅。分幅主要是确定分幅线的位置和每幅图的尺寸。把主区大小和纸张有效面积相比,采用最合理的排法,用最少的幅数拼出需要的图廓范围。相邻图幅间的图廓线都是直线,图名、图例、附图等都尽可能不被分幅线切割,保证除掉外图廓和必要的空边后,内图廓能容纳主区并稍有空余。

3. 标准分幅图

标准分幅图一般参照国家基本比例尺地形图确定制图范围并进行分幅。确定出图比例,通过西南角点坐标和经纬度间隔对基础信息底图进行裁切。ArcGIS 软件标准分幅图制图一般用对应比例尺地形图接图表即可确定制图范围和分幅。

三、设计数学基础

地图数学基础主要包括地图投影与坐标系、比例尺。我国地图常用的坐标系有北京54、西安80、CGCS2000 和 WGS84 投影坐标系,其中前三种采取高斯-克吕格投影,WGS84 坐标系采取墨卡托投影。目前林业地图统一使用 CGCS2000 坐标系,部分历史图件仍沿用西安80 坐标系。

比例尺一般采用国家基本比例尺:1∶5000、1∶10000、1∶25000、1∶50000、1∶100000、1∶250000、1∶500000、1∶1000000。林业专题图的出图比例尺主要有 1∶5000、1∶10000、1∶25000、1∶50000、1∶100000,作业设计图还会涉及 1∶500、1∶1000、1∶2000 等大比例尺。

四、确定林业专题图图面内容

图面内容根据行业标准《林业地图图式》(LY/T 1821—2009)标绘必要的自然地理要素、社会经济要素和林业专题要素,并根据出图类型和比例尺确定各种地物、地貌要素符号和注记的等级、规格和颜色，以及基本使用方法。

1. 自然地理要素

(1)水系：河流、湖泊、水库、水渠等。

(2)地形：沟、梁、峁、坡，以等高线表示。

(3)地类：农田、草地、未利用地。

2. 社会经济要素

(1)居民地：省、地(州、市)、县(市、区)、乡(镇)各级政府所在地位置及行政村、自然村。

(2)交通：主要公路、一般公路、大车路、乡村路。

(3)境界：省、地(州、市)、县(市、区)、乡(镇)、村各级行政界线。

(4)测量控制点：三角点，高程点。

3. 林业专题要素

(1)各级林业区划界线：林业局(总场)、林场、林班、小班、其他地类界。

各级行政区划界限：县、乡镇、村、林班、小班。

(2)现有林坡耕地(含沙化耕地)、宜林荒山荒地。

(3)森林类别：商品林、生态公益林、经济林。

(4)树种：以区域适宜树种为主，如湖北以长江流域、黄河流域及内陆河流域适宜树种为主。

(5)面积：各作业小班均加注面积，单位为亩，保留小数后一位小数。

(6)林业机构：林业局、乡镇林场、社队林场、护林站等。

(7)防护设施：瞭望台、哨卡、管护房、围栏等。

(8)基础设施：防火线、林道、森林病虫害防治、检验、检疫、水利水保设施等。

五、选择可视化符号

1. 符号类别

比例符号：地物大小随比例尺缩放而变化。半比例符号：地物长度随比例尺缩放而变化，宽度不变，符号旁标注宽度尺寸值。非比例符号：地物不随比例尺变化而变化，其大小不能用比例尺表示，符号旁标注符号尺寸值。

2. 符号的尺寸

尺寸值均以毫米(mm)为单位。

只标注一个尺寸值的，表示圆或外接圆的直径、等边三角形或正方形的边长；标注两个尺寸值的，第一个表示符号高度，第二个表示符号宽度；标注线状符号的，表示线粗或宽度(街道是指其空白部分的宽度)。

没有明确标明的，线粗为 0.1 mm，点的直径为 0.15 mm。

3. 地类符号的方向和配置

配置是指所使用的符号为说明性符号，不具有定位意义。在地物分布范围内散列或整列式布列符号，用于表示面状地物的类别。地类符号按排列形式分成三种情况。

(1)整列式：按一定行列配置，如苗圃地、草地等。

(2)散列式:不按一定行列配置,如小草丘地、灌木林、石块地等。

(3)相应式:按实地的疏密或位置表示符号,如新月形沙丘等。表示符号时应注意显示其分布特征。

整列式排列一般按图式表示的间隔配置符号,面积较大时,符号间隔可放大 1～3 倍。在能表示清楚的原则下,可采用注记的方法表示。

4. 符号的使用方法与要求

地物轮廓图形线用 0.1 mm 粗的实线表示,地物分布范围线、地类界线用地类界符号表示。地类面符号,以虚线框者应以地类界符号表示实地范围线,以实线框者不表示范围线,只在范围内配置符号,如图 1-5-1 所示。

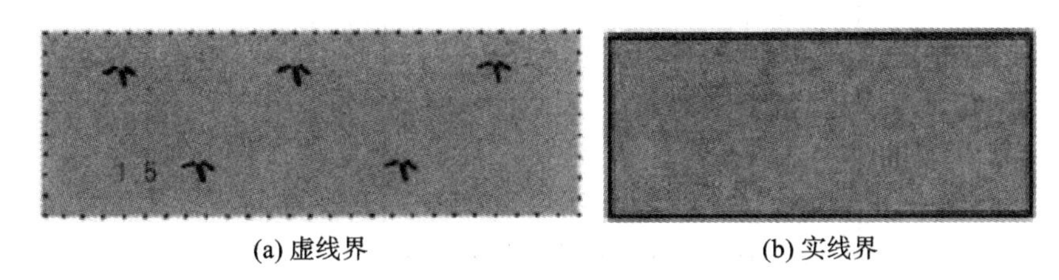

(a) 虚线界　　(b) 实线界

图 1-5-1　竹林地

5. 符号的颜色

采用青(C)、品红(M)、黄(Y)、黑(K)四色,按规定色值进行分色。

工作成果展示

出图版面样式如图 1-5-2 所示。

(a) 城市建设规划示意图　　(b) 森林分布图　　(c) 标准分幅基本图

图 1-5-2　出图版面样式

拓展知识

出图设计(出图要素)

出图设计(设计要求)

拓展训练

基本图的版面样式如图 1-5-3 所示。森林分布图的版面样式如图 1-5-4 所示。

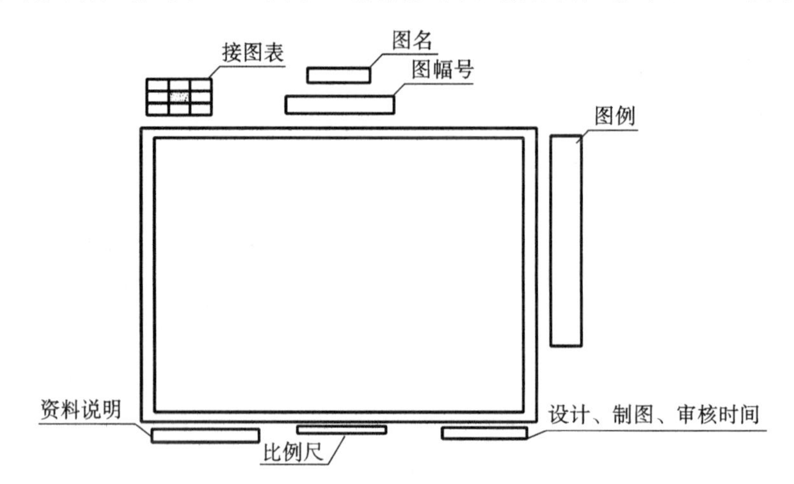

图 1-5-3　基本图的版面样式

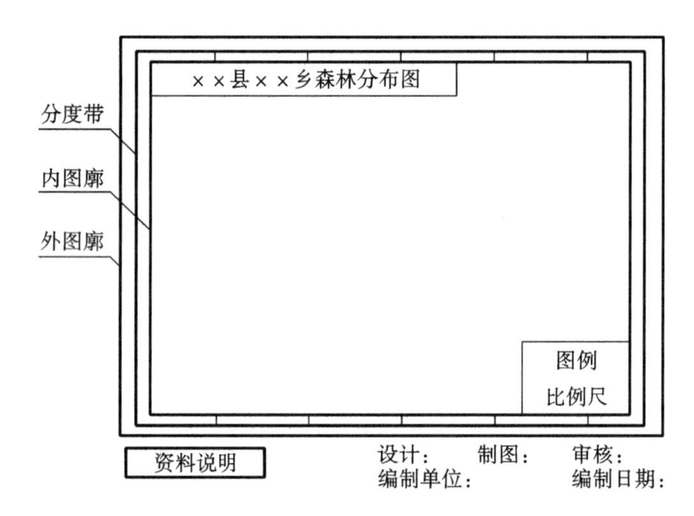

图 1-5-4　森林分布图版面样式

任务 5.2　出图方法

任务描述

根据常规地图出图要求介绍出图方法，包括标注属性信息、符号化、定义制图范围、设置版面、确定制图比例，以及添加图廓、副图、图名、图例、比例尺、图签和坐标格网等整饰要素的方法，输出 jpg 格式的成果图，让学生掌握常规出图方法，为后期制作复杂的专题图做准备。

每人根据出图设计用 ArcGIS 输出一幅 jpg 格式的地图。

任务目标

一、知识目标

(1)掌握出成果图的流程。

(2)了解地理底图和专题要素的内容。

二、能力目标

(1)会要素融合、数据类型转换。

(2)会调整版面和加整饰要素。

(3)会整饰要素的编辑。

三、素质目标

(1)根据设计落实具体工作，培养实践能力。

(2)体会工作中的成就感。

知识准备

一、准备地理数据

1. 地理底图

地理底图是专题地图的地理控制基础，主要包括数学基础、境界、居民地、水系、地貌和道路等基础地理要素。根据使用目的，我们也可以直接以地形图或遥感影像为底图。

2. 专题要素

专题要素反映森林经营区划、林地的空间分布及相关信息，包括地类、林地质量等级、林地保护等级、森林类别和林地功能分区等要素，以及国有林业局、自然保护区、森林公园、国有林场等驻地及经营范围等数据。森林资源二类调查小班图包含较全面的体现面域特征的专题信息，是重要的林业专题数据之一。

二、数据组织

分层组织制图要素，图层从上至下依次是注记、行政界线、其他基础地理要素、林地专题要素。

三、数据处理

根据制图目的，对现有数据进行面线转换、面点转换、代码转换、叠加分析、制图综合等操作，获得更加丰富、便于使用的制图数据。

四、地图制作

用地图表达地理数据，传递实体信息，这个过程涵盖选择制图范围，标注属性信息，符号化，设置版面，确定制图比例，添加图廓、副图、图名、图例、比例尺、图签、坐标网等整饰要素。

任务实施

一、确定工作任务

输出单幅小班图。

二、工具与材料

ArcGIS 10.2 软件、布局视图；布局工具条；绘图工具条；小班图、林场面矢量图、林场分场面矢量图等。

三、操作步骤

1. 加载图件

单击【添加】工具加载地理底图、小班图等。

2. 融合行政区划面状图

打开工具箱，在【数据管理工具】的【制图综合】工具包中打开【融合】工具面板，或者在菜单栏【地理处理】菜单中打开【融合】工具面板，如图 1-5-5 所示。【输入要素】为某级行政区面状图；【融合_字段(可选)】为上一级行政区名称或代码字段；【输出要素类】为融合后的上一级行政区面矢量图。不勾选【创建多部件要素】，形成相互独立的面斑块。

3. 行政区划面状图转线状图

打开工具箱，在【数据管理工具】的【要素】工具包中打开【要素转线】工具面板，如图 1-5-6 所示。【输入要素】为行政区划面状图，【输出要素类】为转换后的线状图。

4. 标注属性信息

1)标注面积

用鼠标右键点击图层，选择【属性】打开【图层属性】对话框，进入【标注】标签，勾选【标注此图层中的要素】，在【标注字段】下拉框选择【面积亩】，调整字体格式，单击【确定】，如图 1-5-7 所示。

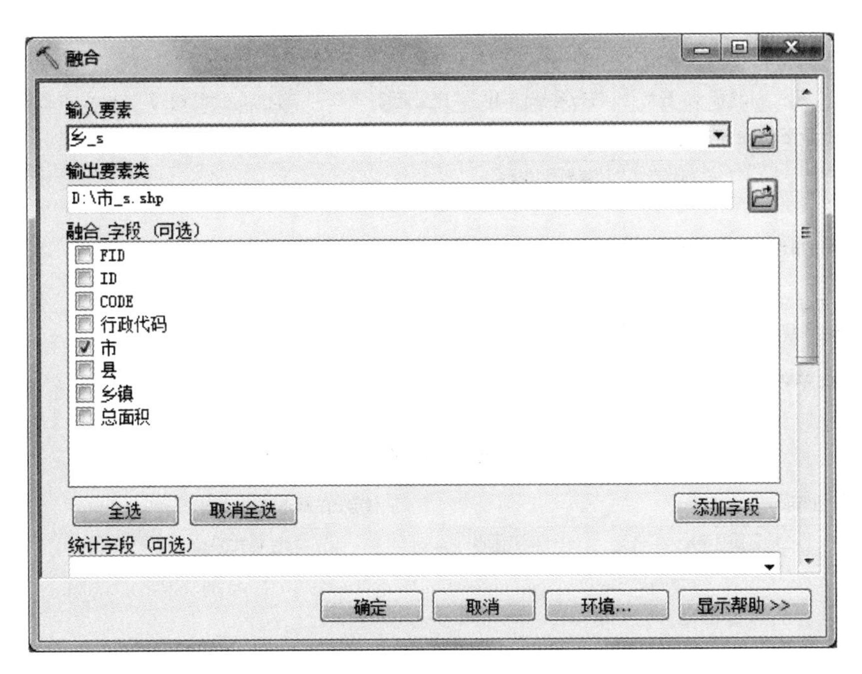

图 1-5-5　融合形成行政区面状图

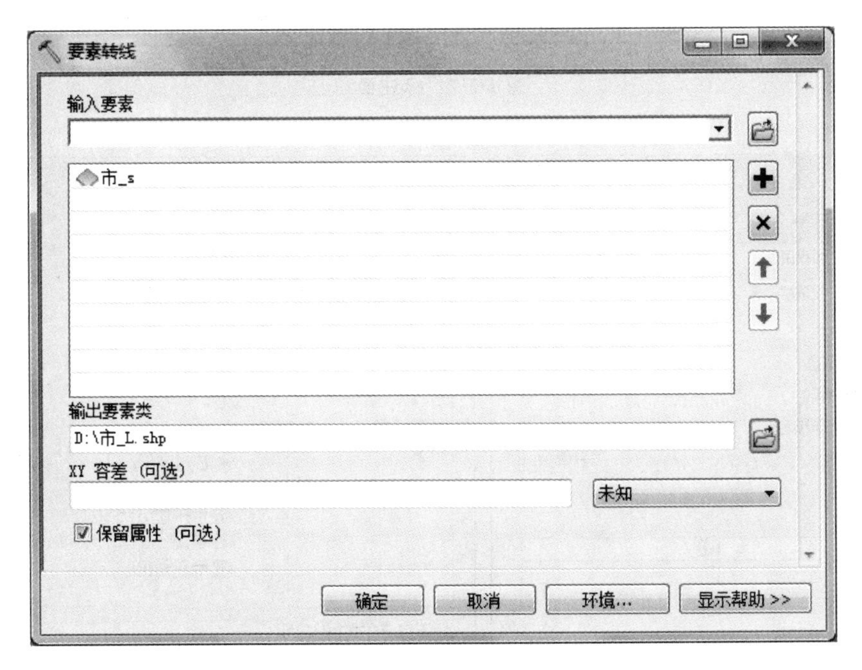

图 1-5-6　要素转线

2)调整属性值的小数位数

用鼠标右键点击图层，选择【打开图层属性表】，用鼠标右键点击属性表中存储面积的字段，打开【字段属性】对话框，单击【数值】打开【数值格式】对话框，点选【小数位数】并调整为2位，如图1-5-8所示。

图 1-5-7　标注面积

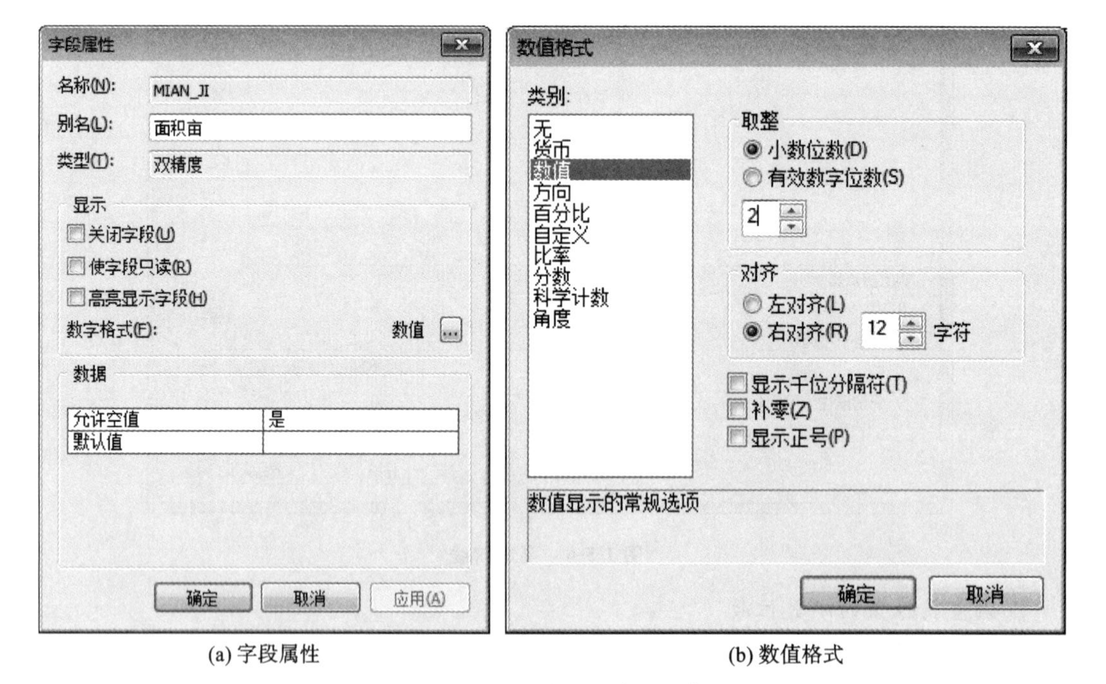

(a) 字段属性　　(b) 数值格式

图 1-5-8　调整属性值的小数位数

3)符号化

用鼠标右键点击面矢量图打开【图层属性】对话框，进入【符号系统】标签(见图 1-5-9)，【类别】选“唯一值”,【值字段】选符号化的字段(如地类)，点【添加所有值】显示符号，点击【色带】使用软件系统设置的色带统一更改符号，也可以分别点击各个符号打开【符号选择器】自定义符号特征。

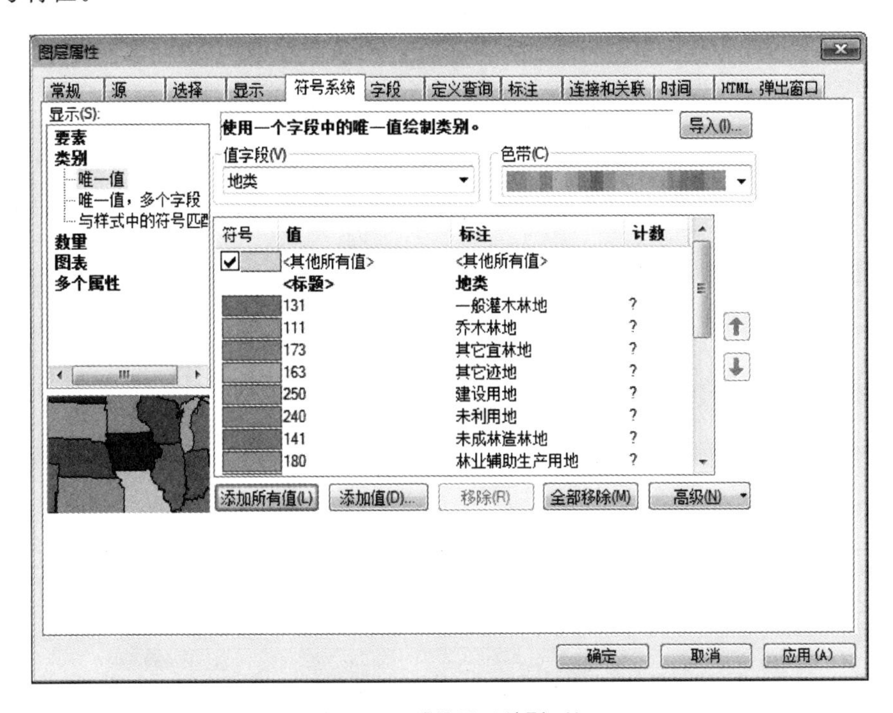

图 1-5-9　【符号系统】标签

不同类型林业专题图表达不同信息的符号有不同要求，具体根据《林业地图图式》(LY/T 1821—2009)进行设置。

5. 添加副图

单击【插入】菜单，选择【数据框】将新数据框插入内容列表。名称默认为【新建数据框】，字体黑色加粗表示处于激活状态。用鼠标右键点击数据框选择【激活】命令，可以激活数据框。在激活状态下可以加载数据(如林场图、林场分场图、林班图等起到标识地理范围作用的数据)，且数据显示在数据视窗中(见图 1-5-10)；在非激活状态不能加载和显示。

单击数据视窗左下角切换到【布局视图】，可见处于激活状态的数据框被虚线包围，在该页面选中某数据框也可将其切换为激活状态，如图 1-5-11 所示。

6. 固定比例尺

用鼠标右键点击数据框，打开【数据框 属性】对话框，在【数据框】标签下，单击【范围】下拉框选择【固定比例】，并在【比例】要素项中设置出图比例，如图 1-5-12 所示。

7. 版面设置

1)设置单幅图纸张

在固定比例尺下出单幅图，要调整纸张去匹配数据。选中【布局视图】中的【数据框】，调

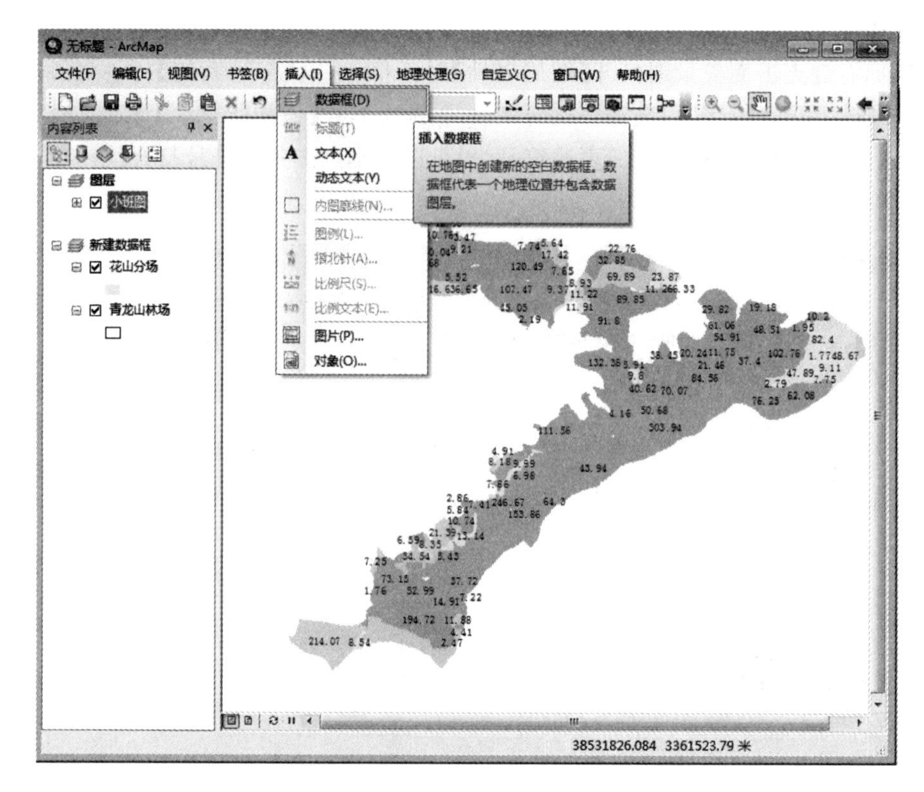

图 1-5-10 插入数据框

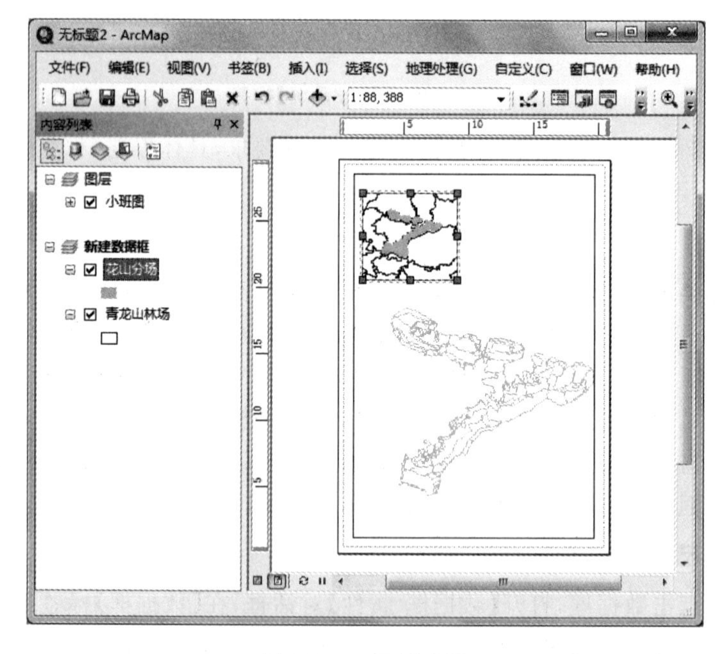

图 1-5-11 布局视图

整至数据全图显示，用鼠标右键点击空白处打开【页面和打印机设置】对话框，不勾选【使用打印机纸张设置】，输入自定义的纸张宽度和高度，如图 1-5-13 所示。

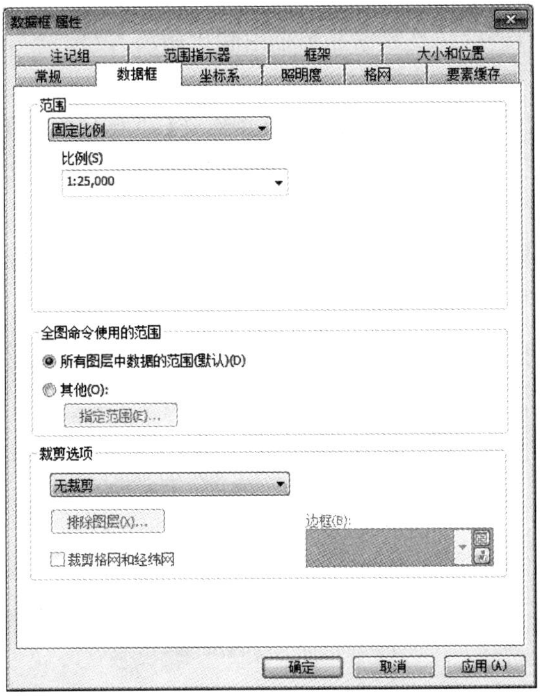

数据框 属性

注记组 | 范围指示器 | 框架 | 大小和位置
常规 | 数据框 | 坐标系 | 照明度 | 格网 | 要素缓存

范围
固定比例
比例(S)
1:25,000

全图命令使用的范围
所有图层中数据的范围(默认)(D)
其他(O):
指定范围(E)...

裁剪选项
无裁剪
排除图层(X)...
边框(B):
裁剪格网和经纬网

确定　取消　应用(A)

图 1-5-12　固定比例尺

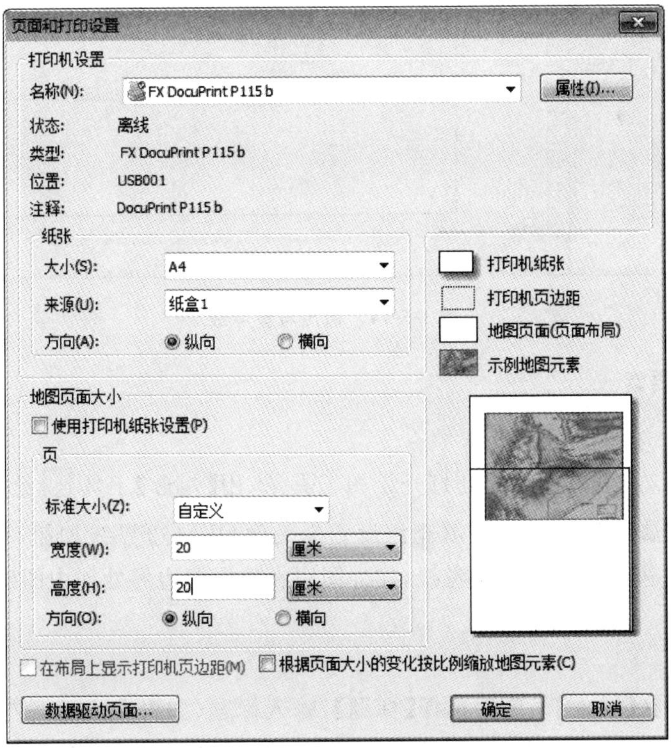

页面和打印设置

打印机设置
名称(N):　FX DocuPrint P115 b　属性(I)...
状态:　离线
类型:　FX DocuPrint P115 b
位置:　USB001
注释:　DocuPrint P115 b

纸张
大小(S):　A4
来源(U):　纸盒1
方向(A):　纵向　横向

打印机纸张
打印机页边距
地图页面(页面布局)
示例地图元素

地图页面大小
使用打印机纸张设置(P)
页
标准大小(Z):　自定义
宽度(W):　20　厘米
高度(H):　20　厘米
方向(O):　纵向　横向

在布局上显示打印机页边距(M)　根据页面大小的变化按比例缩放地图元素(C)

数据驱动页面...　确定　取消

图 1-5-13　设置单幅图纸张

注意:输出标准纸张的单幅图或分幅图时,先设置纸张大小(如B5、A4、A3等),再调整数据框以适应纸张大小,最后调整数据显示范围和比例尺大小。

2)设置参考线

用鼠标右键点击视窗空白处,开启【标尺】并勾选【捕捉到标尺】,开启【参考线】并勾选【捕捉到参考线】。单击上方标尺处生成纵向参考线,单击左侧标尺处生成横向参考线,标尺单位为cm,如图1-5-14所示。生成外图廓参考线:距离纸边界上1.0 cm、下5.0 cm、左1.0 cm、右1.0 cm。生成内图廓参考线:距离外图廓参考线0.5 cm。选中可移动参考线,点击鼠标右键可删除参考线。

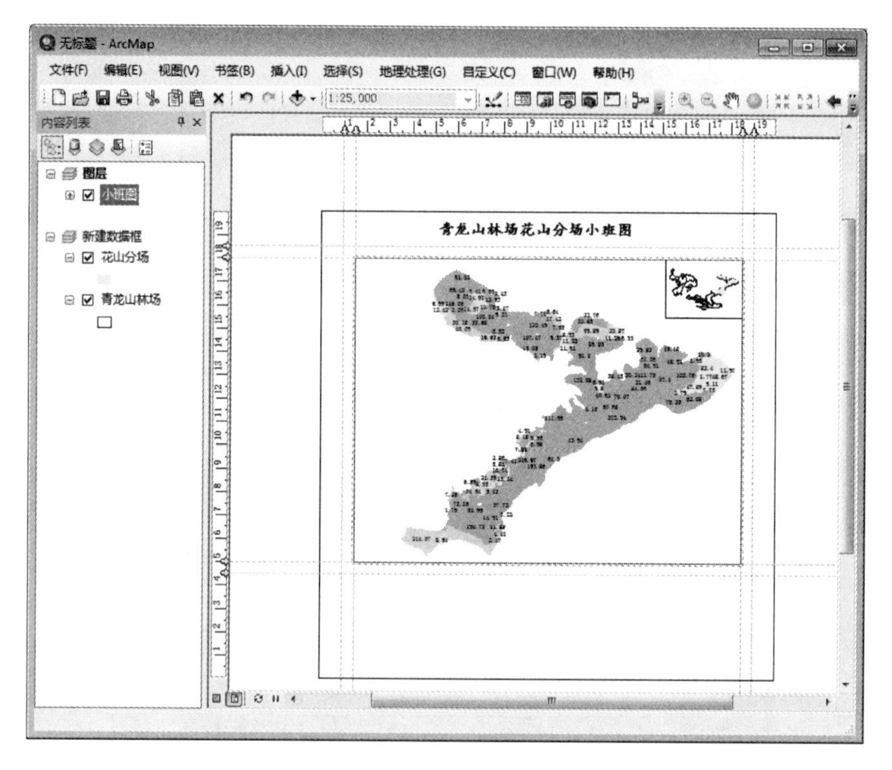

图1-5-14　标尺与参考线

8. 添加整饰要素

1)加图廓

用鼠标右键点击菜单栏空白处打开绘图工具条,用【矩形】工具 绘制矩形图块,用鼠标右键打开图块【属性】对话框,将填充色设置为无颜色,将边界线加粗,单击【确定】(见图1-5-15);移动图块边界使其对齐参考线,加外图廓。数据框边界处加内图廓,用细线,同样对齐参考线。

2)加图名

选中主图框,在【插入】菜单中选择【标题】,输入标题(如青龙山林场花山分场小班图),如图1-5-16所示。双击标题打开【属性】对话框调整字符间距,进入【更改符号】进一步更改字体、字号、颜色等,如图1-5-17所示。

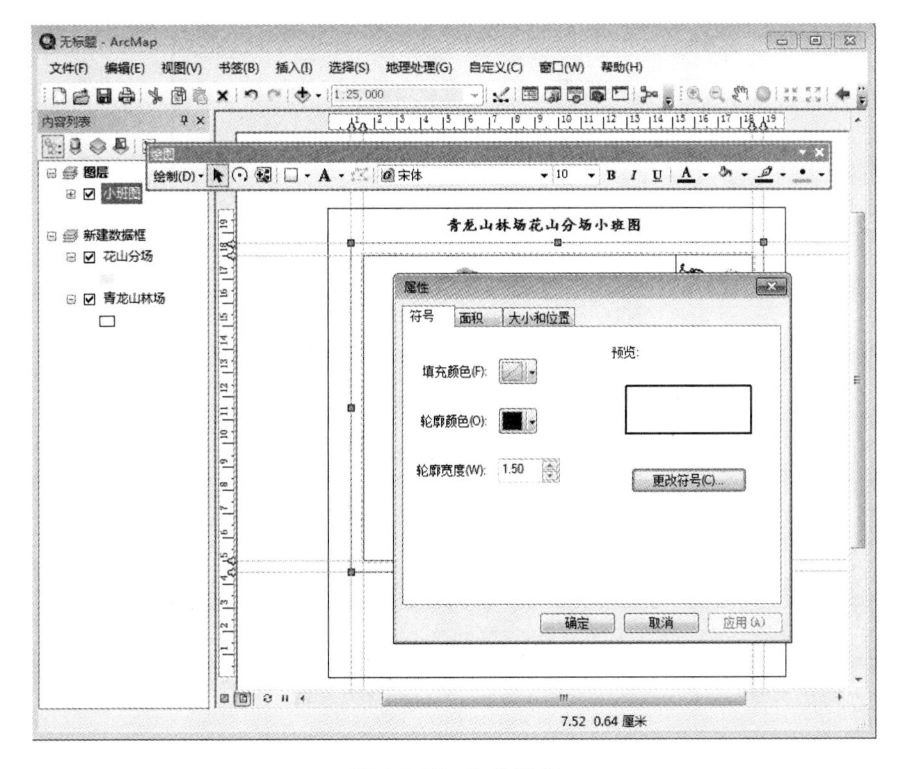

图 1-5-15　加外图廓

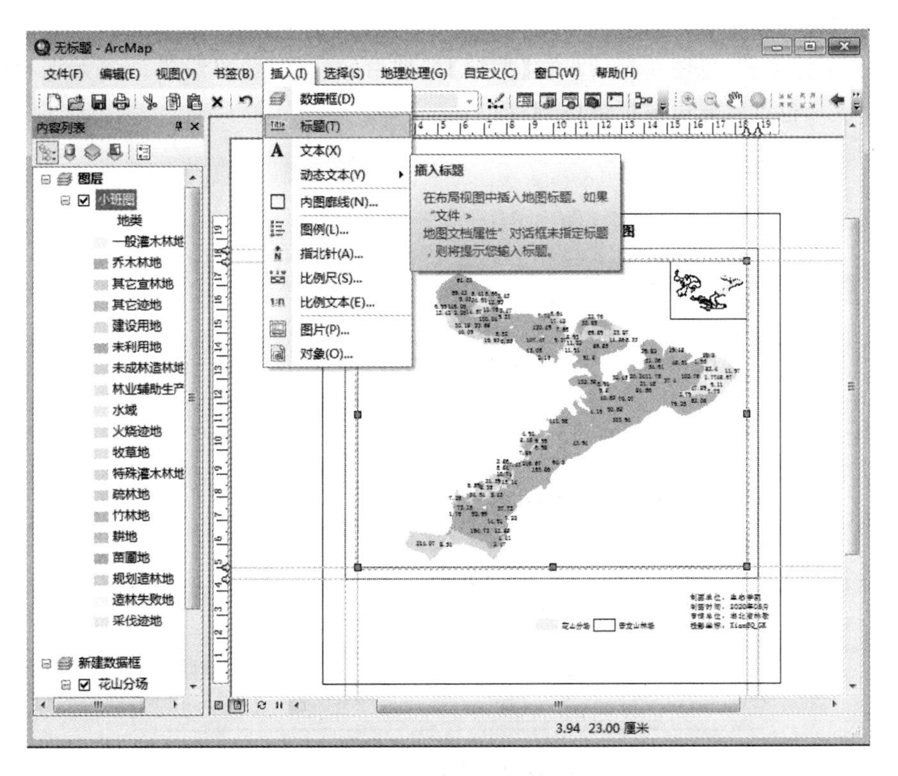

图 1-5-16　输入标题

图 1-5-17　标题属性

3)加比例尺

(1)文本比例尺。

选中主图框,选择【插入】菜单中的文本比例尺,选择【绝对比例】类型(见图 1-5-18)。双击比例尺打开【Scale Text 属性】对话框调整格式,在【比例文本】标签中调整样式;在【格式】标签中调整字体格式(见图 1-5-19);在【框架】标签中加背景、边界线等;在【大小和位置】标签中调整大小,也可以通过鼠标缩放调整。

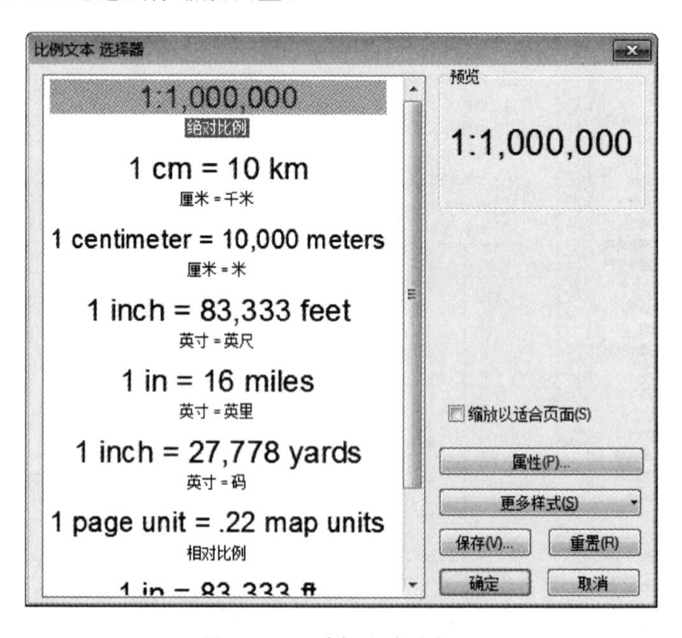

图 1-5-18　选择文本比例尺

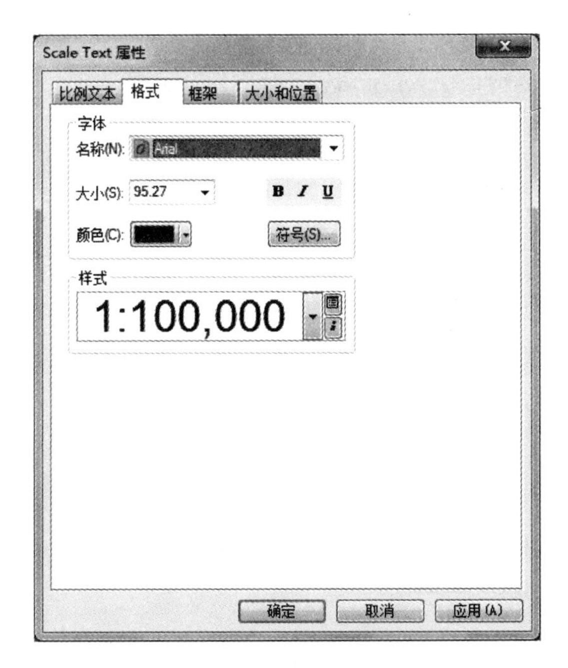

图 1-5-19　调整字体格式

(2)图解比例尺。

选中主图框,选择【插入】菜单中的比例尺,选择比例尺样式(见图 1-5-20)。双击比例尺打开【比例线 属性】对话框调整格式,在【比例和单位】标签中调整刻度数、单位和单位标注的位置,不勾选【在零之前显示一个主刻度】则从 0 刻度开始,如图 1-5-21 所示;在【数字和刻度】标签中调整刻度位置;在【格式】标签中调整字体格式;在【框架】标签中加背景、边界线等;在【大小和位置】标签中调整大小,也可以通过鼠标缩放调整。

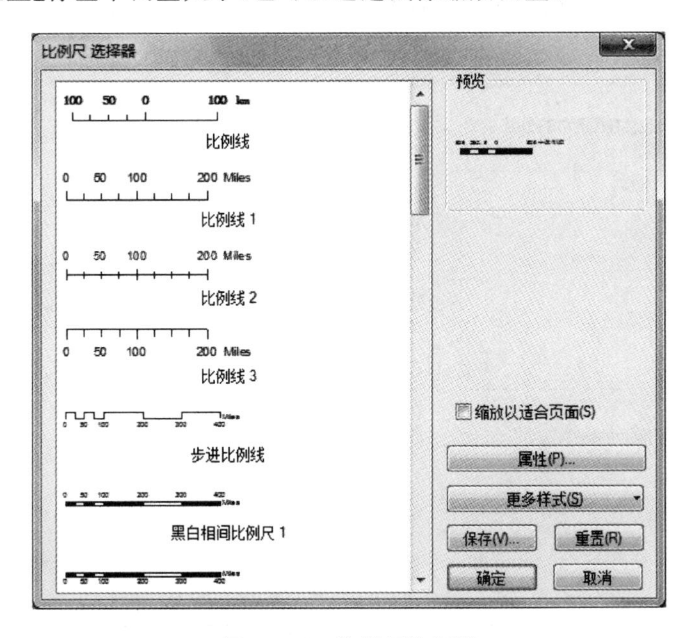

图 1-5-20　比例尺选择器

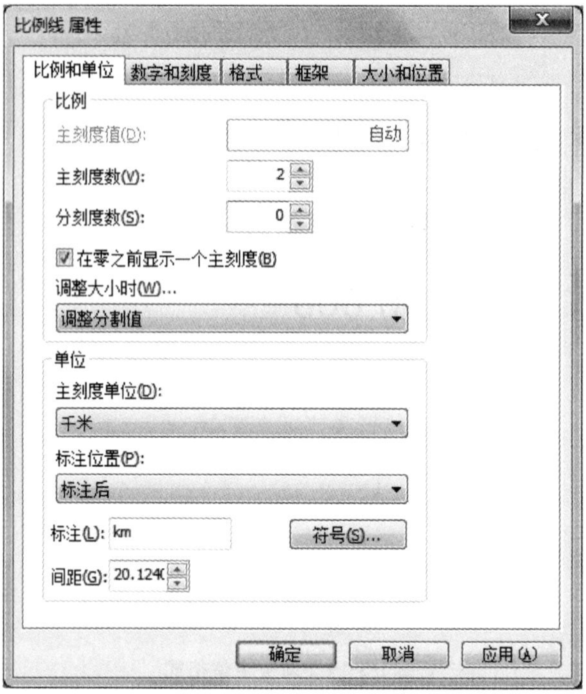

图 1-5-21 比例线属性

4)加图例

选中主图框,选择【插入】菜单中的【图例】,打开【图例向导】对话框,如图 1-5-22 所示。选中【地图图层】栏的图层并单击右向箭头将其添加到【图例项】栏,通过上下箭头调整图层显示顺序,设置图例列数;单击【下一步】为图例加背景和边界线;单击【下一步】调整图例中符号的大小;单击【下一步】调整图例中各要素的间距,单击【完成】。

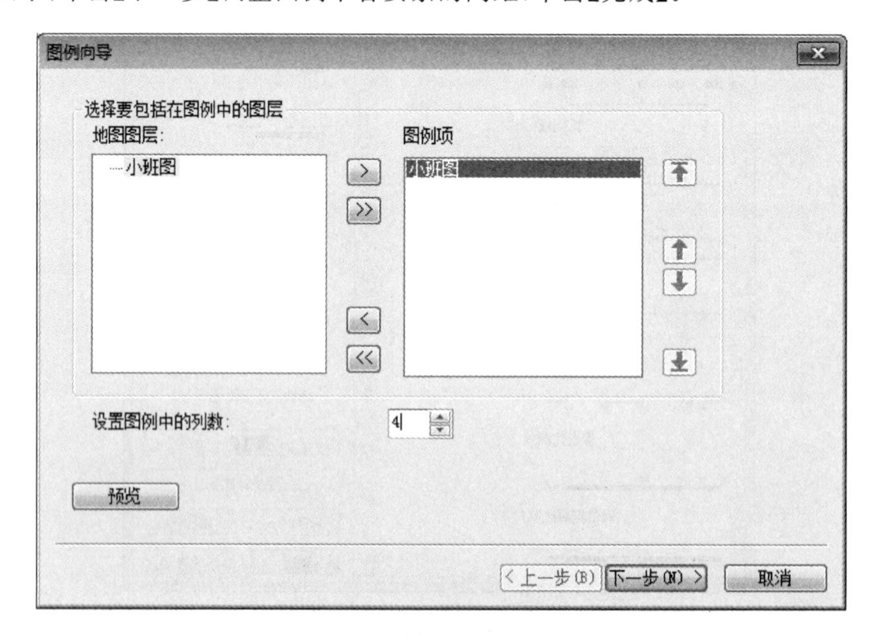

图 1-5-22 【图例向导】对话框

双击打开【图例 属性】对话框进一步调整图例，如图1-5-23所示。在【常规】标签中调整图例标题，增加或删除显示图例的图层；在【项目】标签中设置标注字体样式，单击【样式】更改图例样式(见图1-5-24)；在【布局】标签中调整图例中各要素的间距和更改符号形状；在【框架】标签中为图例加背景或边框；在【大小和位置】标签中调整图例位置和大小，也可以通过鼠标调整。

图 1-5-23　【图例 属性】对话框

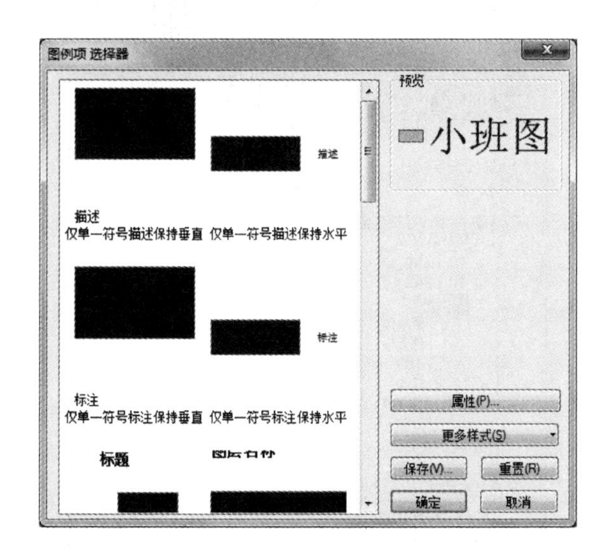

图 1-5-24　更改图例样式

用鼠标右键点击图例，选择【转换为图形】(图例与图层数据不再动态关联)，再用鼠标右键点击图形选择【取消分组】，使图例中各要素分离，可以进行单独编辑。

选中副图框，插入副图框图例并进行编辑，再与主图框图例一起进行排版。

5)加图签

选择【插入】菜单中的【文本】添加文本框，双击文本框，写入制图单位、制图时间、审核单位、投影坐标等，打开【更改符号】编辑符号格式，如图 1-5-25 所示。

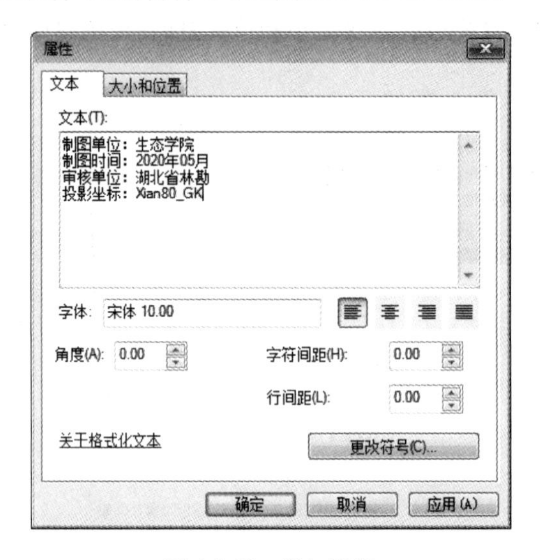

图 1-5-25　添加图签

6)添加统计图表

(1)生成汇总表。

我们以汇总各地类的小班面积为例。用鼠标右键点击图层，打开图层属性表，用鼠标右键点击字段，打开【汇总】对话框(见图 1-5-26)，将【选择汇总字段】设置为分类字段，将【汇总统计信息】设置为数据汇总指标，保存成 dbf 格式。

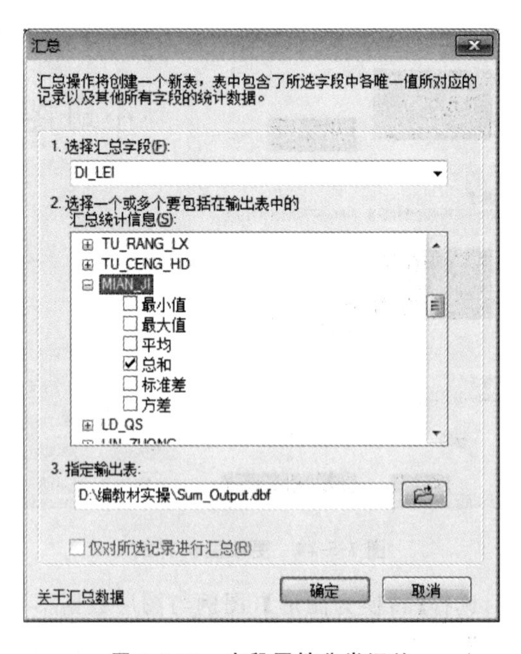

图 1-5-26　字段属性分类汇总

(2)调整表格外观。

用鼠标右键点击汇总表,选择【打开】,单击【表选项】下拉菜单中的【外观】,调整表格字体、标题高度、单元格高度等,如图 1-5-27 所示。

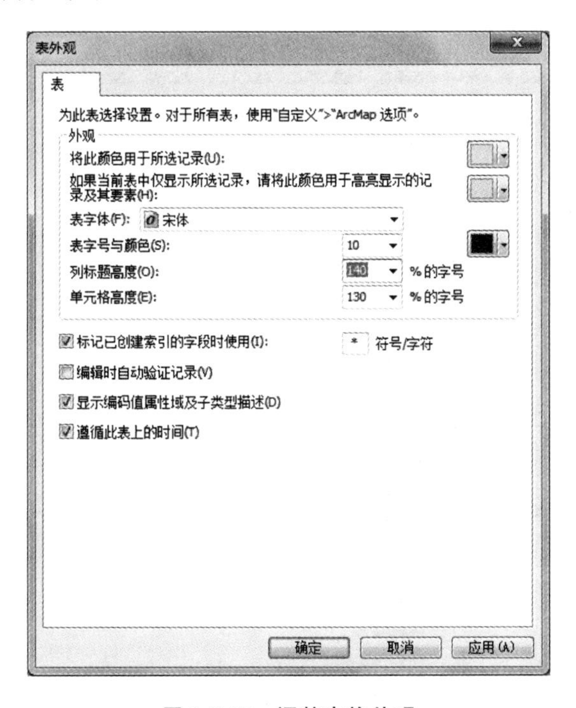

图 1-5-27　调整表格外观

(3)隐藏多余字段。

用鼠标右键点击汇总表,选择【属性】打开【表属性】对话框,【字段】标签中不勾选多余字段的复选框,如图 1-5-28 所示。

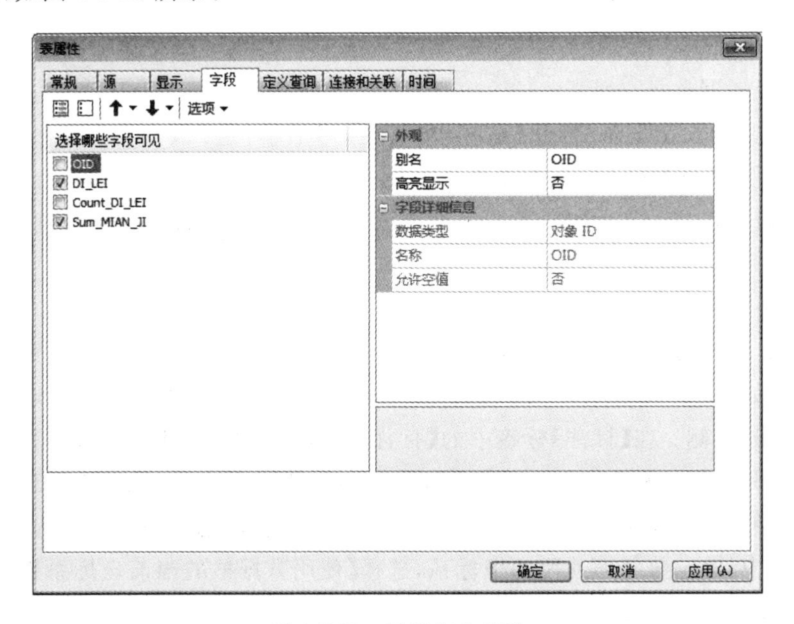

图 1-5-28　隐藏多余字段

(4)将表添加到出图版面。

选择汇总表【选项】下拉菜单中的【将表添加到布局】(见图 1-5-29),将属性表以图片格式插入页面,可以通过鼠标调整表图框范围,但无法改变字体大小。

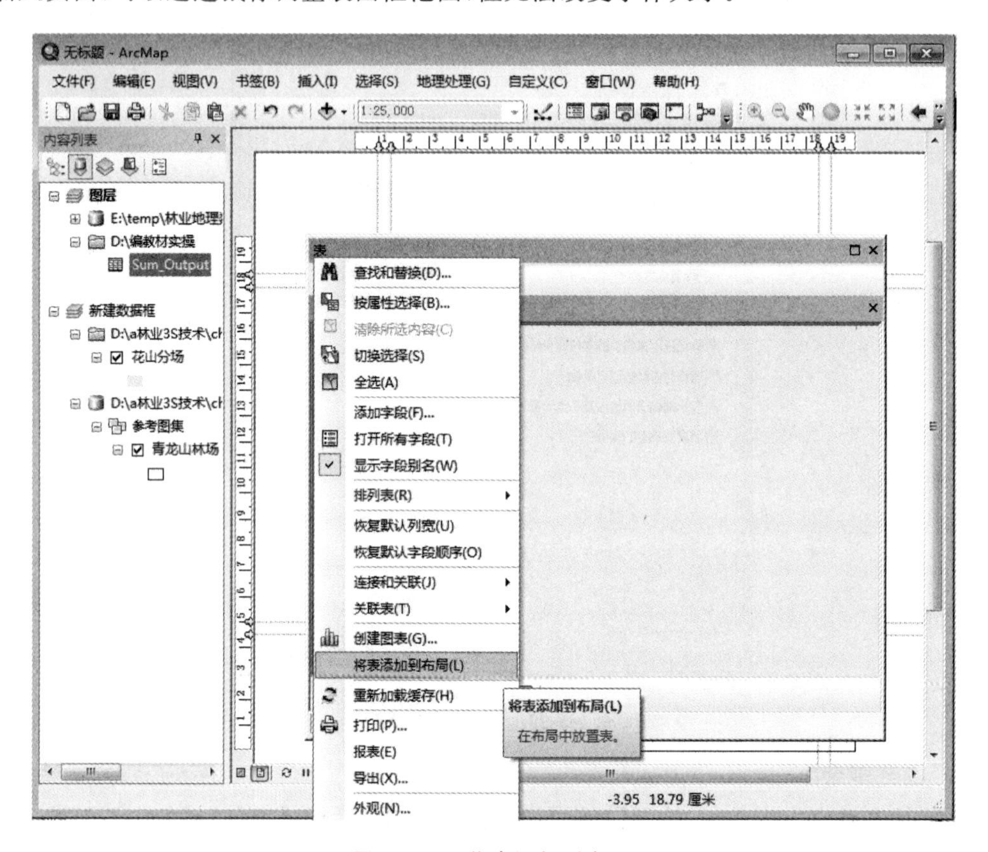

图 1-5-29 将表添加到布局

7)加坐标网

(1)添加坐标网。

用鼠标右键点击数据框,打开【数据框 属性】对话框,进入【格网】标签,单击【新建网格】,选方里格网,单击【下一步】,如图 1-5-30 所示;设置网格间距 x 为 1000 m、y 为 1000 m,单击【下一步】;确定是否显示长短轴并编辑标注字体格式,单击【下一步】;确定是否设置网格边框,单击【完成】。

(2)调整坐标网格式。

在【数据框 属性】对话框【格网】标签中选中要编辑的网格,单击【属性】打开【参考系统属性】对话框,如图 1-5-31 所示。在【轴】标签中确定是否显示长轴线和短轴线及其显示在数据框的外侧还是内侧。在【标注】标签中的【标注轴】项勾选【左】、【下】表示保留左边和下边的标注;单击【其他属性】,选择【数字格式】,调整小数位数为 0 位(见图 1-5-32);在【标注方向】项勾选【左】表示左侧垂直标注。在【线】标签中,单击【符号】修改坐标线为灰色虚线。在【坐标系】标签中,确定数据框使用的坐标系,选择【使用数据框的当前坐标系】。在【间隔】标签中,更改 x 轴和 y 轴间隔。

图 1-5-30　新建网格

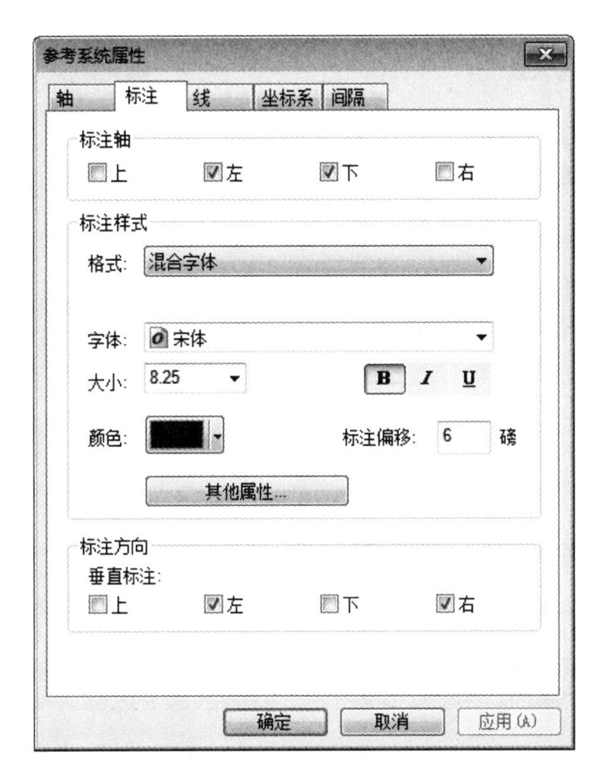

图 1-5-31　【参考系统属性】对话框

9. 输出

选择【文件】菜单中的【导出地图】，设置文件名称，在【保存类型】处选择【JPEG】格式，将【分辨率】调整到 200 左右，点击【保存】，如图 1-5-33 所示。

图 1-5-32　调整数字格式属性

图 1-5-33　导出成果图

10. 保存与调用模板

1)保存模板

在【文件】菜单中选择【保存】或【另存为】,保存工程文档(见图 1-5-34)。保存的文档可以作为后期制作其他图件的模板。

图 1-5-34　保存模板

2)调用模板

单击布局工具条上的【更改布局】，从文件夹找到保存的工程文档调用模板，如图 1-5-35 所示。

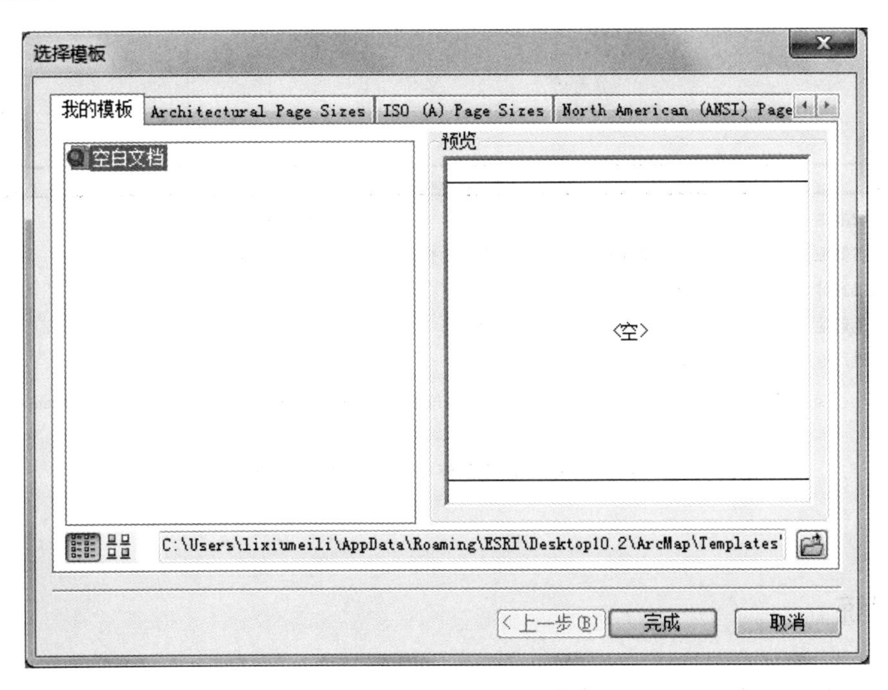

图 1-5-35　调用模板

工作成果展示

青龙山林场花山分场小班图如图 1-5-36 所示。

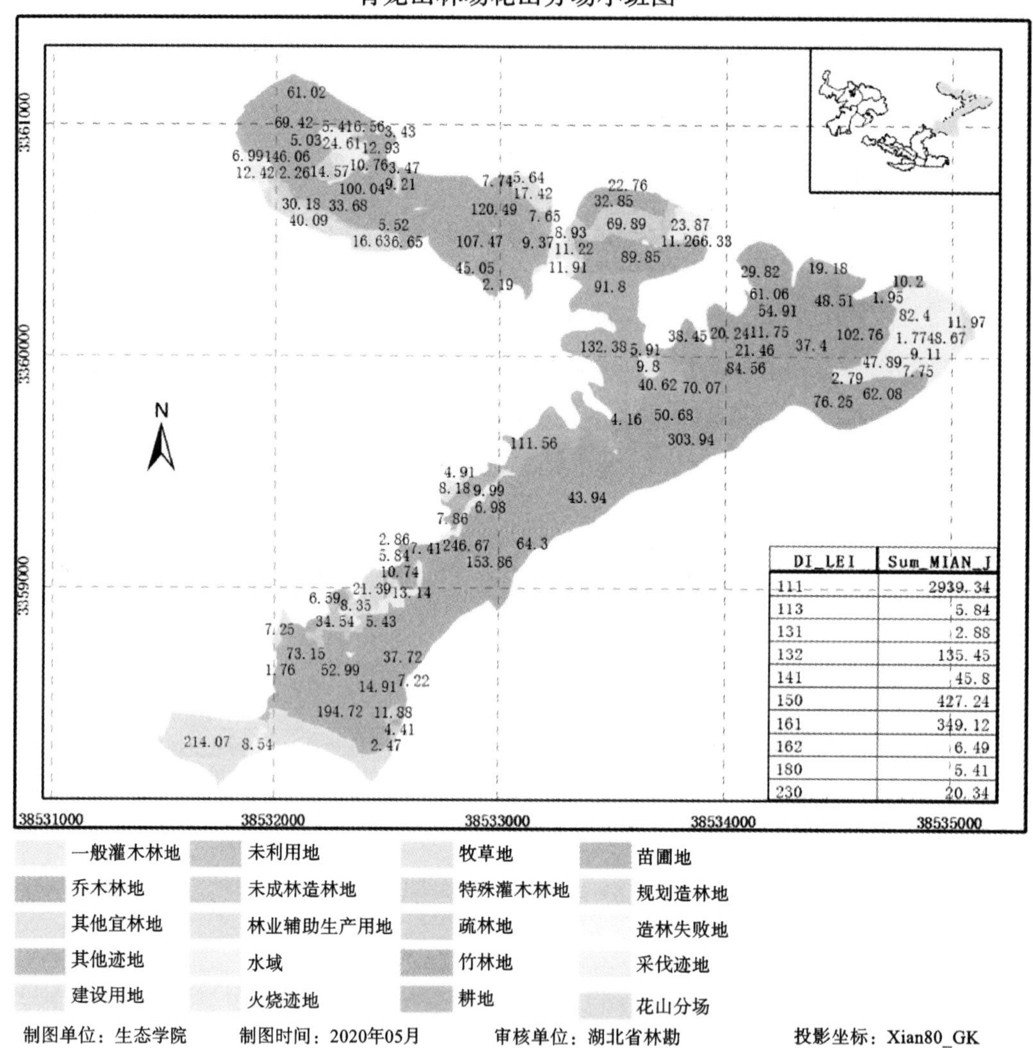

DI_LEI	Sum_MIAN_J
111	2939.34
113	5.84
131	2.88
132	135.45
141	45.8
150	427.24
161	349.12
162	6.49
180	5.41
230	20.34

图 1-5-36　青龙山林场花山分场小班图

拓展训练

根据以下出图设计(见图 1-5-37)输出成果图。

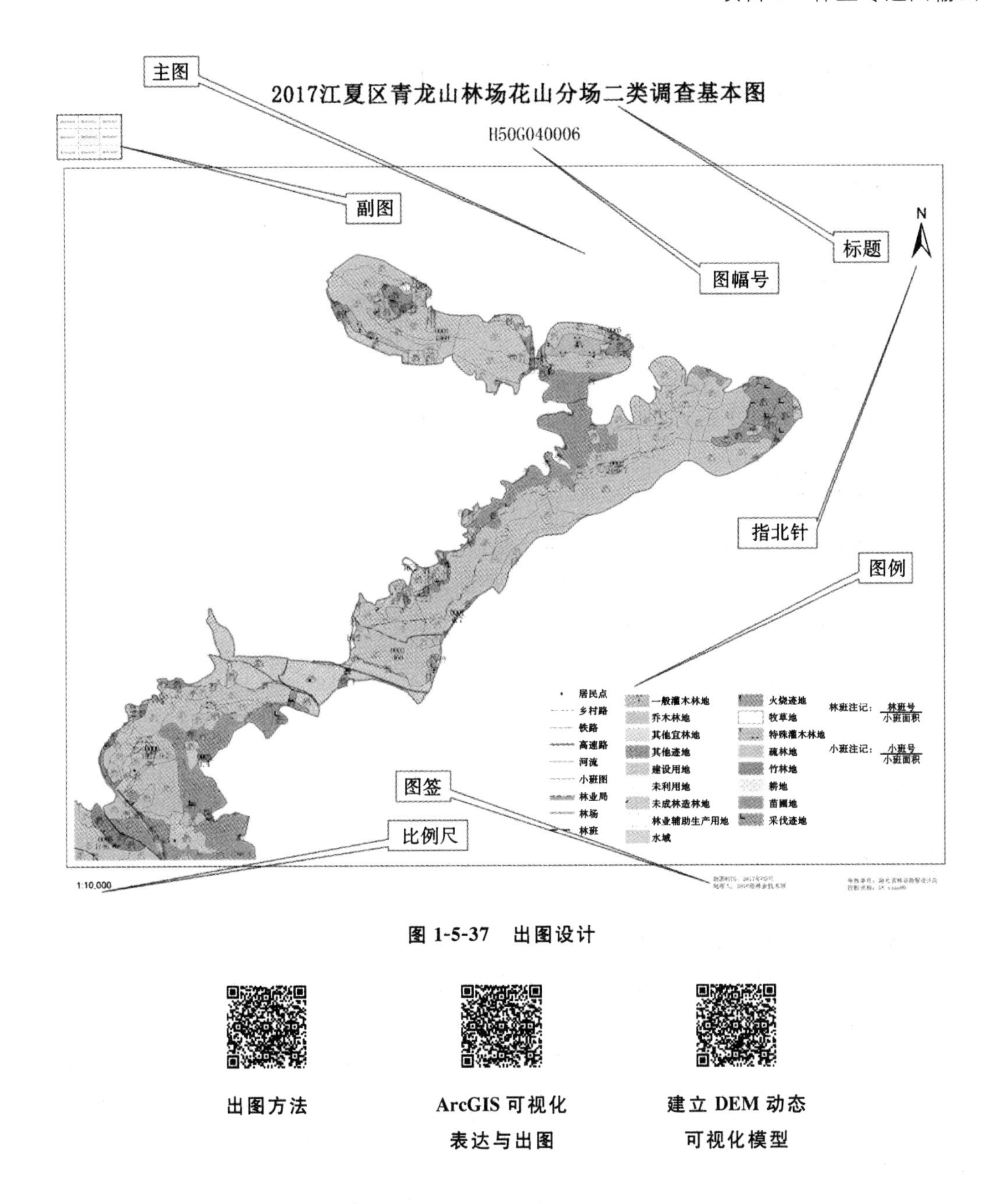

图 1-5-37　出图设计

出图方法

ArcGIS 可视化表达与出图

建立 DEM 动态可视化模型

任务 5.3　专题信息分子式注记

任务描述

在介绍地图文本类型的基础上，学习专题图属性因子标注样式、标注方法和通过标注转注记进行注记单独管理的方法（尤其是分子式标注和小班分类型标注方法及其注记的管理方法），并学习补充添加不同图形文本的途径。

每人制作一个注记了小班属性因子的地图文档。

任务目标

一、知识目标

（1）了解地图文本类型及其特征。
（2）了解地图信息标注样式。
（3）掌握注记类型及含义。

二、能力目标

（1）会简单标注和分子式标注，会分类型标注。
（2）会标注转注记，会解决注记隐藏、压盖等问题。
（3）会用 Maplex 标注引擎管理注记。

三、素质目标

（1）根据林业工作要求选择信息并实现信息注记，培养实践能力。
（2）关注细节，不断调整，养成认真负责的工作态度。

知识准备

地图文本主要分为以下几种。

（1）标注，基于属性字段自动生成，动态放置，批量管理，提供了将描述性文本添加至地图中各要素的最快、最简单的方法。

（2）注记，静态存储在数据库（GDB）或者地图文档（mxd）中，每条注记都存储自身的位置，可编辑单个注记的显示属性与放置位置，为调整文本外观和文本放置提供了更大的灵活性。

（3）图形文本，分为静态图形文本和动态图形文本，只能添加到布局视图中，不随地图移动，存储在 mxd 中，仅适用于当前地图，弥补标注和注记的不足。

不同类型的地图文本特征如表 1-5-1 所示。如果需要准确控制给定标注格式及其在地图中的位置，则应将标注转换为注记。

表 1-5-1　不同类型的地图文本特征

类型	标注	数据库中的注记	地图文档中的注记	图形文本
特征	动态	静态	静态	静态、动态
	整体管理	独立管理	独立管理	独立管理
	保存在 mxd 中	保存在 GDB 中	保存在 mxd 中	保存在 mxd 中
	与空间要素关联	都可以	不与空间要素关联	不与空间要素关联
	图层属性	要素类	图形文本	图形文本

在地图上起说明作用的文字和数字统称为注记。注记常和符号配合，说明地图上地物的名称、位置、范围、高低、等级、主次等。注记可分为名称注记、说明注记、数字注记。名称注记指由不同规格、颜色的字体来说明具有专有名称的各种地形和地物的文字注记，如河川、湖泊、海洋和山脉的名称。说明注记指用于表示地形与地物质量和特征的各种注记，如表示森林树种的注记、表示水井地质的注记。数字注记指由不同规格、颜色的数字和分数式表达地形与地物的数量概念的注记，如高程、水深和经纬度等。为了鲜明、正确、便于理解，注记的字体、规格和用途必须有统一规定。

林业地图的简单注记一般只注记单项属性，如驻地、政区、地理等名称和高程、水深、速度等数据；专业注记通常以分子式形式注记多项属性，如林业调查基本图中林班的注记为$\frac{\text{林班代码}}{\text{林班面积}}$。

任务实施

一、确定注记类型和方式

分别按所有小班标注相同属性和小班分类型标注 2 种方式进行小班注记，并采取简单标注一种信息和分子式标注多种信息 2 种方式进行小班注记。

(1)简单注记：小班号。

(2)分子式注记：$\frac{\text{小班号－龄级}}{\text{小班面积－郁闭度(疏密度)}}$起源。

二、工具与材料

ArcGIS 10.2、标注工具条、数据库；小班图。

三、操作步骤

ArcGIS 基于属性字段生成标注，动态放置并能批量管理，便于统一调整格式，但无法单个编辑。将标注转注记并存储在数据库或地图文档中后，可编辑单个注记的显示属性与放置位置，可补充注记和解决符号压盖、超界、遗漏等问题。

1. 所有小班简单标注一项属性

启动 ArcMap，添加小班图，在内容列表中用鼠标右键点击小班图，打开【图层属性】对话框，在【标注】标签下勾选【标注此图层中的要素】，【方法】默认为【以相同方式为所有要素加标注】，【标注字段】选择被标注的属性因子(如小班号)，如图 1-5-38 所示。

2. 分子式标注

单击【图层属性】对话框【标注】标签中【标注字段】的【表达式】命令，打开【标注表达式】对话框，在【表达式】栏写表达式进行分子式标注，如图 1-5-39 所示。

图 1-5-38　简单标注一项属性

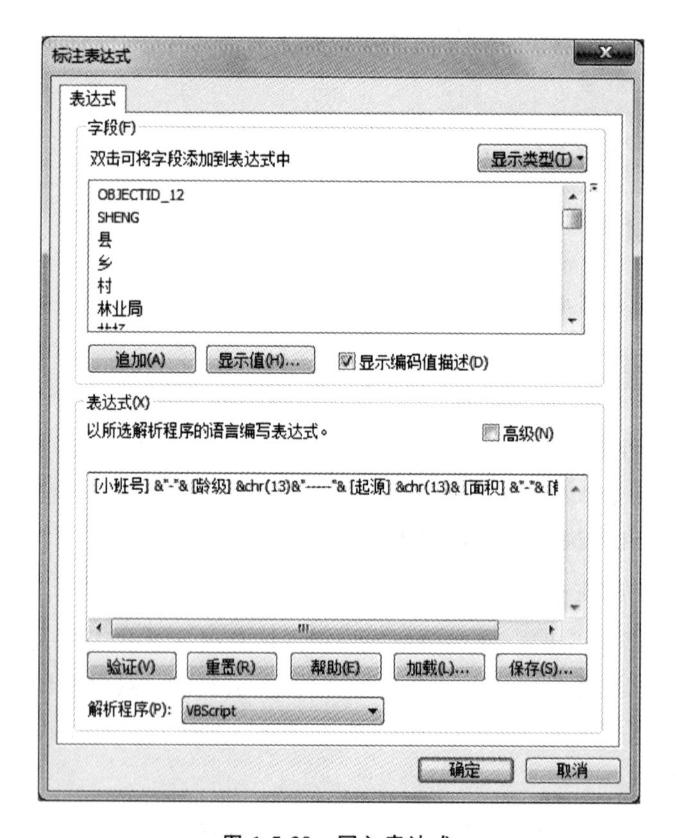

图 1-5-39　写入表达式

(1)解析分子式结构。

$\frac{\text{小班号一龄级}}{\text{小班面积一郁闭度}}$起源的第一行为分子，[字段]+[一]+[字段]；第二行为分数线+[字段]；第三行为分母，[字段]+[-]+[字段]。

(2)表达式写法。

①字段加英文中括号：[字段]。

②横线加英文双引号，如果加其他文本也需要用英文双引号引起来："-"。

③换行命令：chr(13)。

④字段、横线、换行命令间以英文连接符连接：&。

⑤在英文状态下写表达式时，双击字段将其写入表达式将自带中括号，可以使用【追加】命令提高编写速度，如双击小班号字段，再选中龄级字段并点击【追加】。

(3)完整表达式。

[小班号]&"-"&[龄级]&chr(13)&"------"&[起源]&chr(13)&[面积]&"-"&[郁闭度]。

(4)其他操作。

单击【验证】可以查看表达式是否正确；单击【重置】可以清除表达式(表达式栏至少保留一项字段)；单击【保存】可以保存表达式；应用于表达式相同的其他类型小班时点击【加载】命令直接调用；标注表达式和其他用途表达式的写法参照【帮助】。

3. 分类型标注

分两类进行标注，有林地小班标注($\frac{\text{小班号一龄级}}{\text{小班面积一郁闭度(疏密度)}}$起源)和其他小班标注(小班面积)。

1)小班分类符号化

用鼠标右键点击小班图，打开【图层属性】对话框，进入【符号系统】标签，【类别】选择【唯一值】，【值字段】选【地类】并单击【添加所有值】实现按地类字段分类符号化(见图1-5-40)。

2)获取符号类

在【图层属性】对话框的【标注】标签下，单击【方法】下拉框切换为【定义要素类并且为每个类加不同的标注】，如图1-5-41所示。单击【获取符号类】命令，【类】下拉框中即出现各种地类。

3)分类标注

在【类】下拉菜单中选中某种地类，勾选【此类中的标注要素】，更换【标注字段】属性值；单击【表达式】打开【标注表达式】对话框，在【表达式】栏写表达式进行分子式标注。

4. 调整标注格式

采取分类标注，可能后期每种类型均需要调整标注格式。如果先在【以相同方式为所有要素加标注】方法下统一标注并调整格式再分类标注，可以简化操作过程。

在【标注】标签中单击【标注样式】可以选择系统预设的样式，也可以通过以下方式自定义样式。

图 1-5-40　小班分类符号化

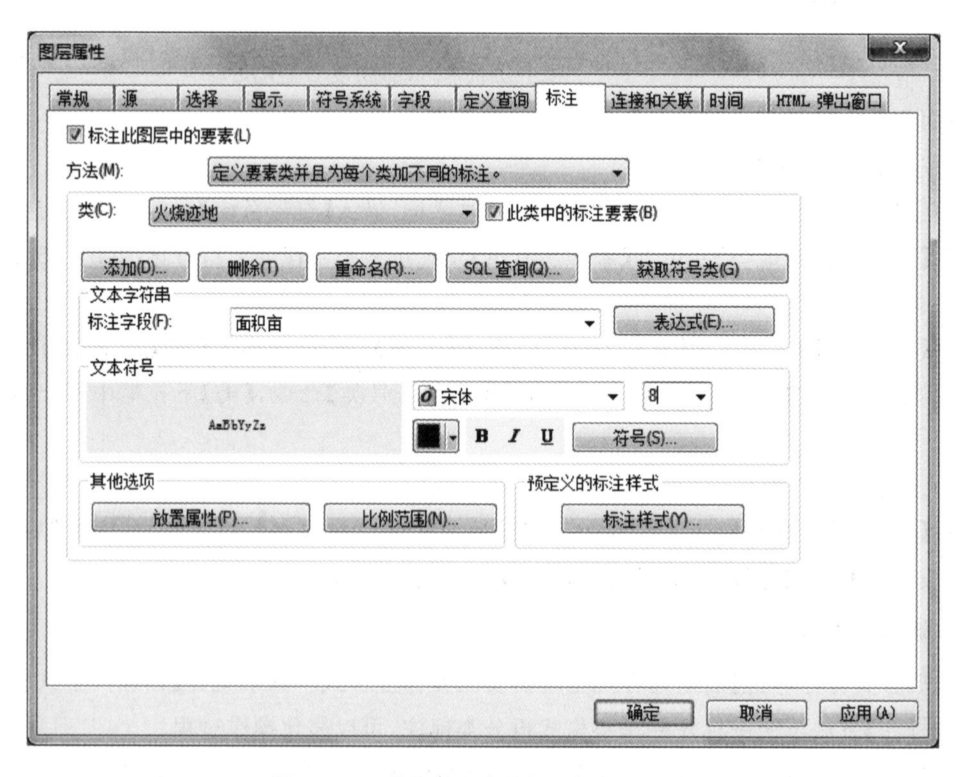

图 1-5-41　获取符号类使标注与符号匹配

1)调整字体格式

在【标注】标签中可以直接调整字体、字号、加粗等。

2)调整文本间距和背景

在【标注】标签中单击【符号】进入【符号选择器】页面，单击【编辑符号】打开【编辑器】对话框(见图 1-5-42)。在【格式化文本】中调整字符间距、行距、字符宽度等，使分子式更紧凑；在【高级文本】中勾选【文本背景】为标注加背景色，单击【属性】可以进一步编辑背景格式，如【线注释】类型的背景可以为标注加牵引线，修改牵引线符号更改牵引线格式，修改边框符号更改边框和背景颜色(见图 1-5-43)。

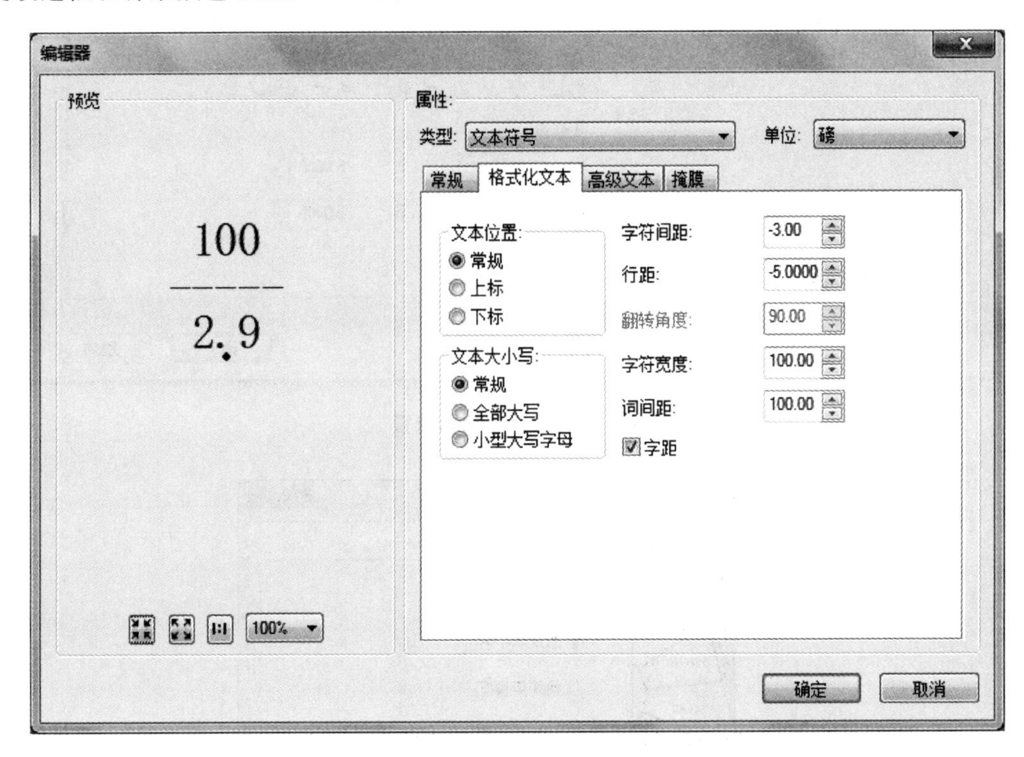

图 1-5-42　标注编辑器

3)放置属性

打开【标注】标签中的【放置属性】，勾选【仅在面内部放置标注】，超界标注将不显示，如图 1-5-44 所示。随着图件缩小，超界越多，隐藏的标注越多。

4)比例范围

打开【标注】标签中的【比例范围】，选择【缩放超过下列限制时不显示标注】，小于最小比例尺或大于最大比例尺标注均不能显示，如图 1-5-45 所示。

5. 标注转注记

将数据页面调整至出图比例，用鼠标右键点击图层，选择【标注转注记】，【存储注记】选择【在数据库中】形成独立的注记图层；也可以选择【在地图中】，即存储在地图文档中，但无法在其他文档中加载。勾选【将未放置的标注转换为未放置的注记】，将超界或有压盖未显示的标注转注记，该部分注记同样默认隐藏，如图 1-5-46 所示。

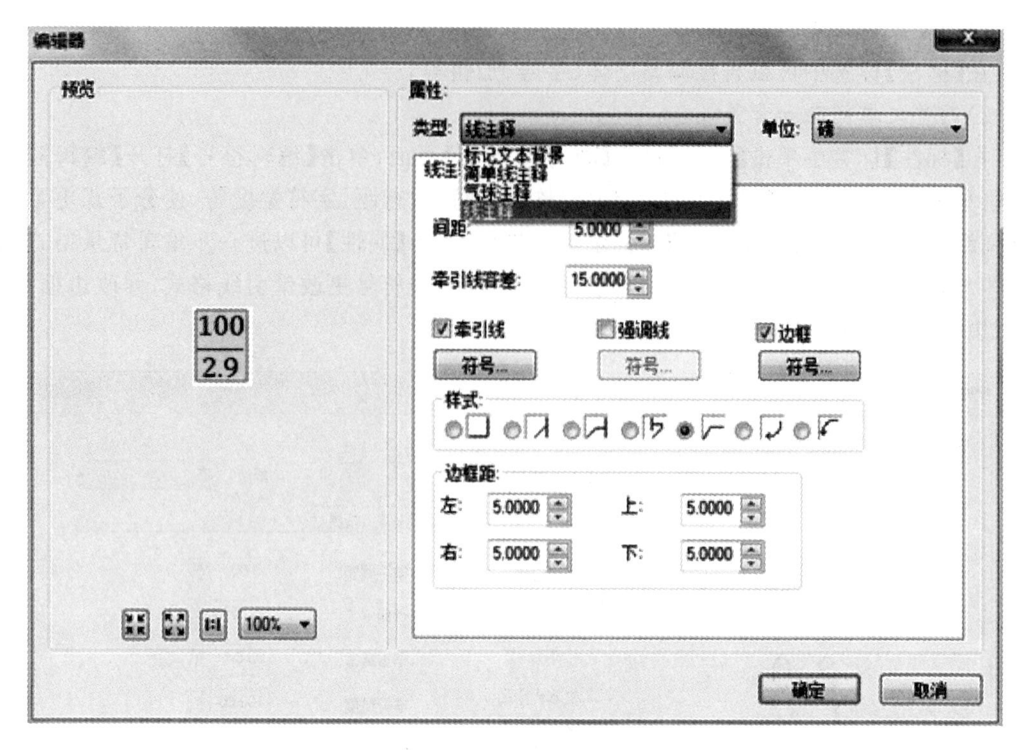

图 1-5-43　调整文本背景

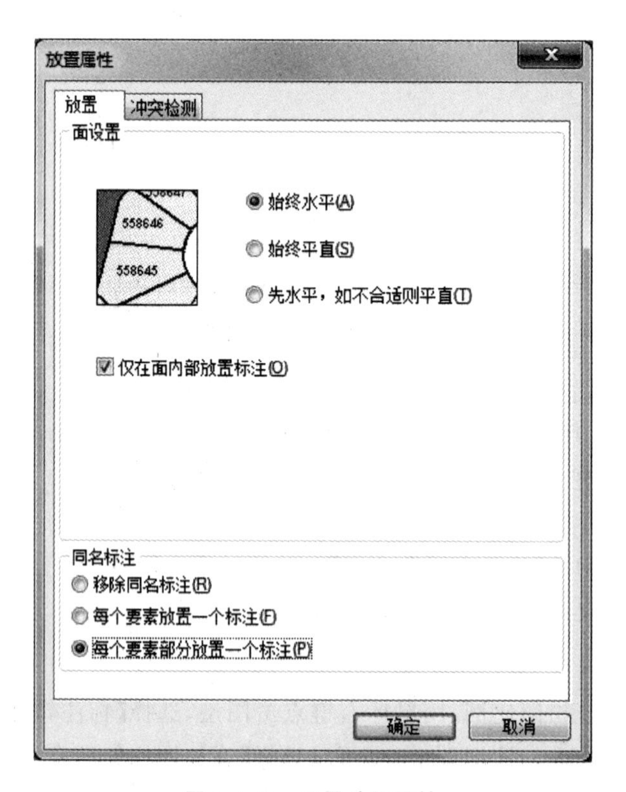

图 1-5-44　设置放置属性

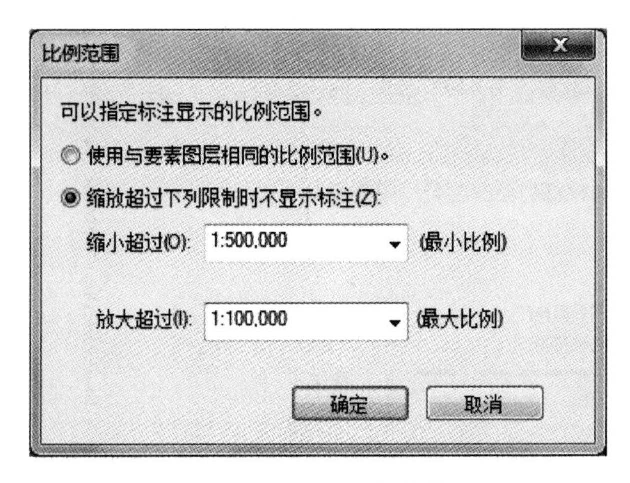

图 1-5-45　显示比例范围

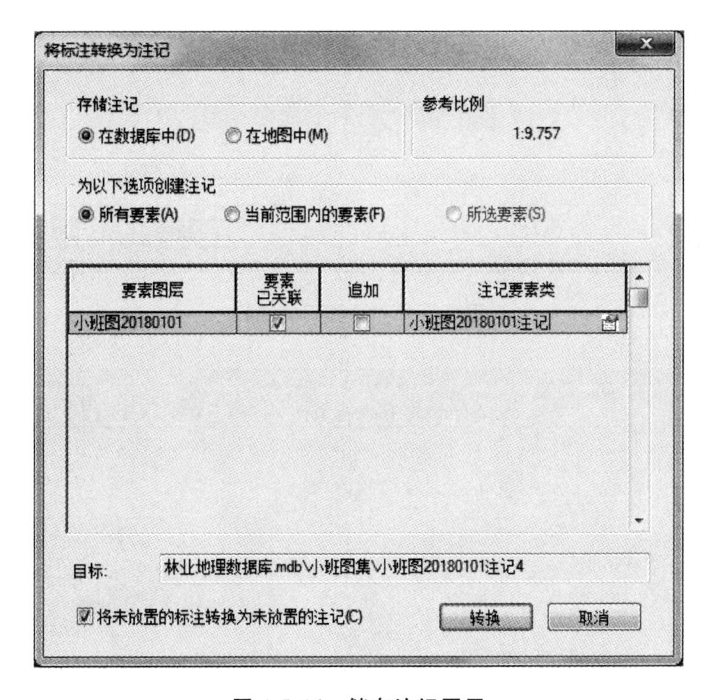

图 1-5-46　储存注记图层

6. 管理注记

转注记后，未放置的注记要全部显示，显示后如有压盖要手工移动，还可以为注记图层增加注记。为了完善图面信息，添加图形文本补充注记，如手动添加境界或权属界两侧的隶属注记、插入坐标系等动态文本。

1）显示未放置注记

用鼠标右键点击注记图层，打开【图层属性】对话框，在【符号系统】标签下勾选【绘制未放置的注记】（见图 1-5-47），未放置注记以红色显示（见图 1-5-48）。

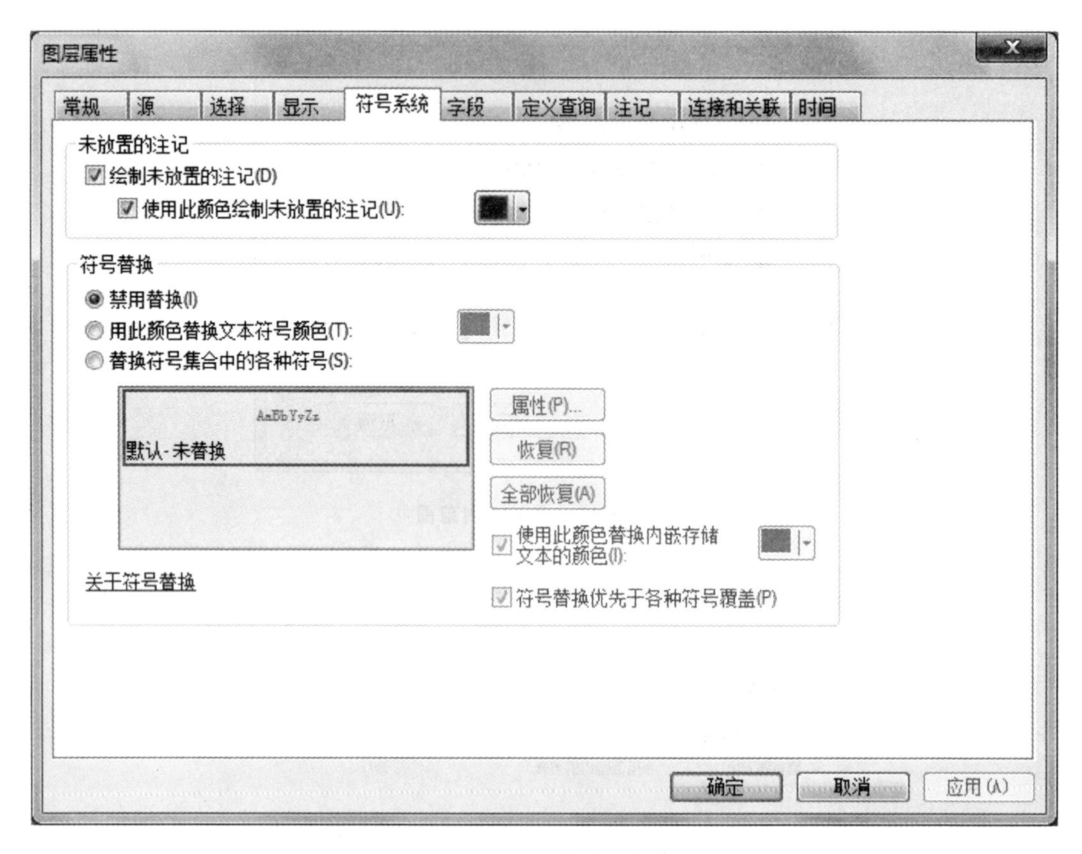

图 1-5-47　设置压盖注记

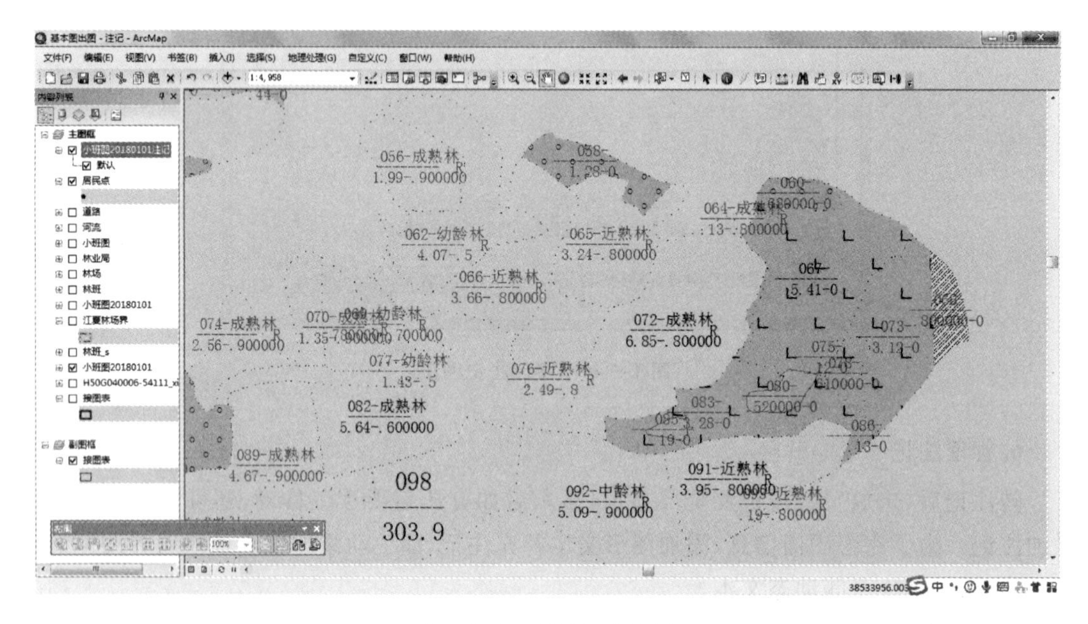

图 1-5-48　显示压盖注记

2)选择被编辑注记

用鼠标右键点击注记图层，选择【编辑要素】下的【开始编辑】，使注记图层处于编辑状态；打开编辑器工具条，用【编辑注记工具】 选中某条被标为红色的注记。

3）设置牵引线

打开工具条上的【属性】面板（见图 1-5-49），单击【牵引线】命令打开【编辑器】对话框，在【类型】下拉菜单中选择牵引线类型，如图 1-5-50 所示。【简单线注释】为一条从注记到要素的线，指向简单明了，一般用作小班注记的牵引线。

单击【编辑器】对话框中的【符号】命令打开【符号选择器】对话框，设置线的宽度（如 0.5）和颜色（如灰色），单击【确定】，如图 1-5-51 所示。

4）应用牵引线

单击注记【属性】面板上的【应用】，被选中注记的一个边角出现绿色方点，即为牵引线起点（见图 1-5-52）。

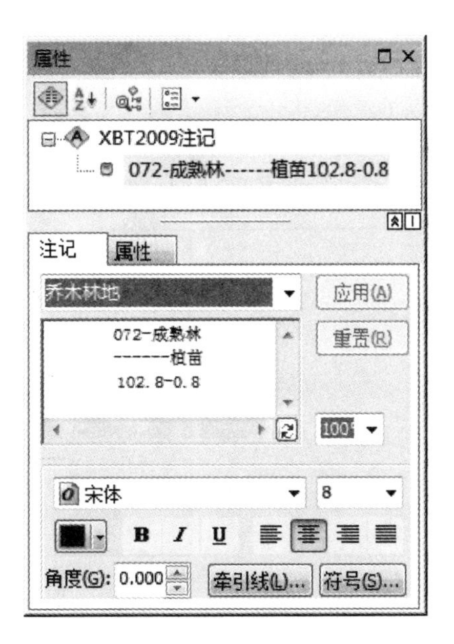

图 1-5-49　注记【属性】面板

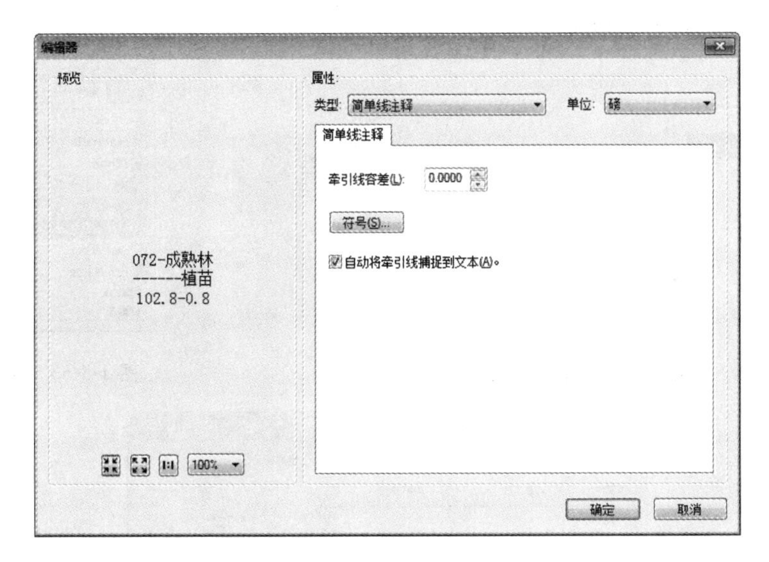

图 1-5-50　选择牵引线类型

5）移动注记

选中注记或牵引线的绿色方点移动到合适位置，进入注记【属性】面板的【属性】标签，单击【Status】属性项下拉框，将状态改为【已放置】（见图 1-5-53）。

6）编辑注记格式

单击注记【属性】面板的【注记】标签中的【符号】命令打开【符号选择器】对话框，设置被选中注记的字体、字符大小、颜色等，如图 1-5-54 所示。单击【编辑符号】打开符号【编辑器】对话框，在【常规】标签中设置字符对齐方式、偏移量等，在【格式化文本】标签中设置行距、字符宽度等，在【高级文本】标签中设置注记背景、阴影等，在【掩膜】标签中设置底色晕染等，如图 1-5-55 所示。

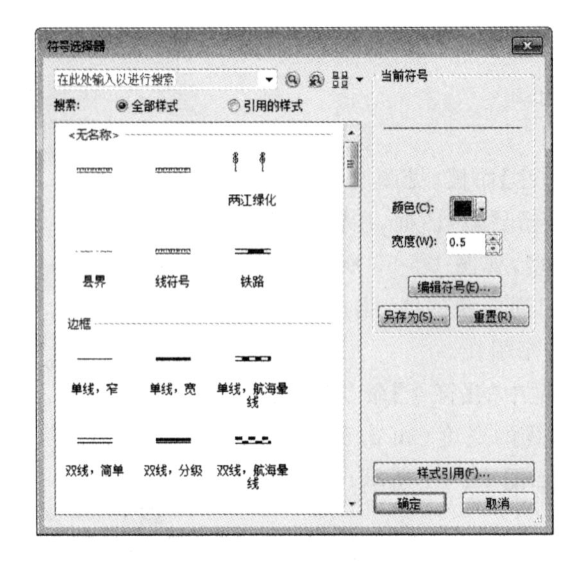

图 1-5-51　牵引线样式设置

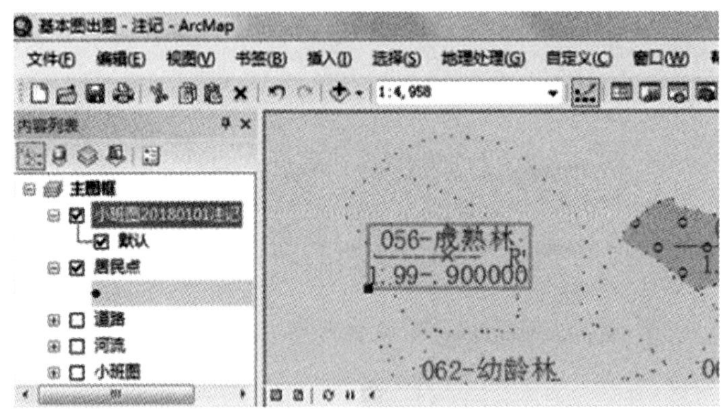

图 1-5-52　显示牵引线

图 1-5-53　修改注记状态

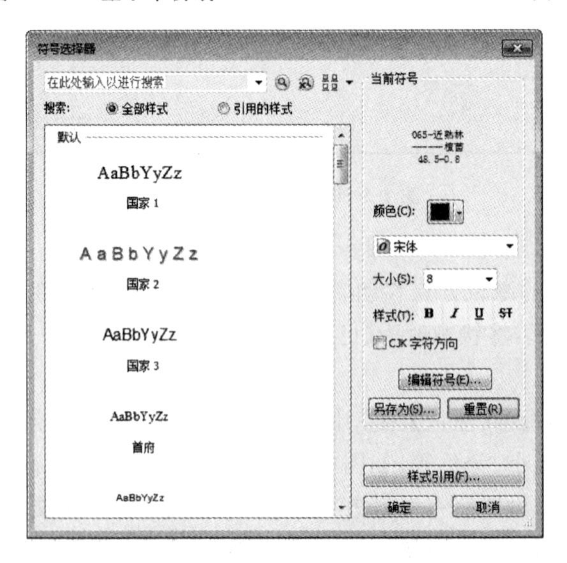

图 1-5-54　【符号选择器】对话框

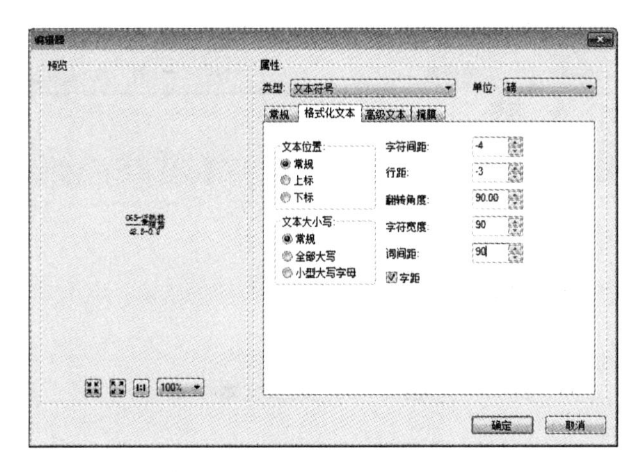

图 1-5-55　符号【编辑器】对话框

7)为注记图层增加注记

选择内容列表中的注记图层，单击编辑器工具条上的【创建要素】图标 打开【创建要素】面板(见图 1-5-56)，选择其中一种构造工具弹出【注记构造】窗口(见图 1-5-57)，输入注记内容后单击在注记图上要放置的位置，可以添加水平、垂直、带牵引线等格式的注记。

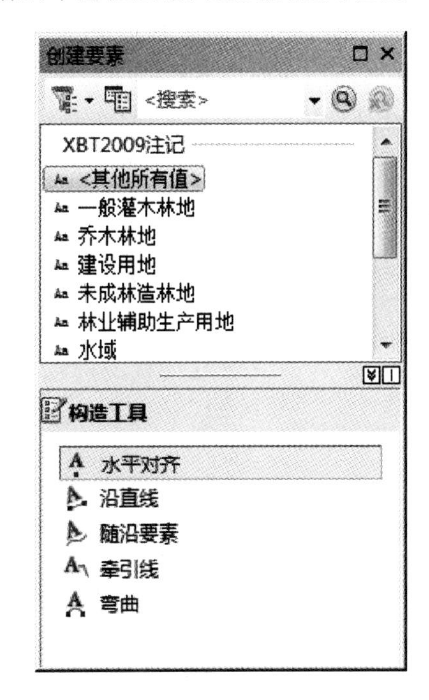

图 1-5-56　【创建要素】面板

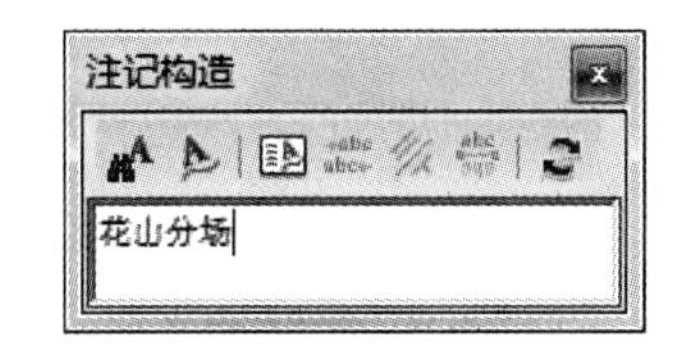

图 1-5-57　【注记构造】窗口

7. 补充图形文本

1)绘制文本

用鼠标右键点击菜单栏空白处，打开快捷菜单中的绘图工具条，使用绘图工具条上的任一文本工具向布局中添加新的文本(见图 1-5-58)。

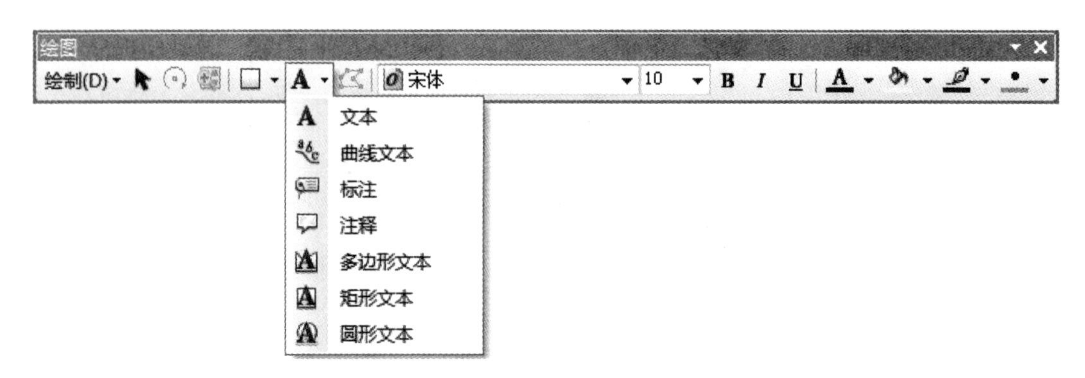

图 1-5-58　绘制文本

2)插入文本

单击布局页面【插入】菜单中的【文本】，插入文本框，双击文本框写入文本，如图 1-5-59 所示。单击布局页面【插入】菜单中的【标题】、【动态文本】、【比例文本】等将文本添加到布局中。其中动态文本会随地图文档、数据框或数据驱动页面的当前属性变化而发生变化。

8. Maplex 标注引擎管理注记

用鼠标右键点击菜单栏空白处，打开标注工具条(见图 1-5-60)，默认标准标注引擎，勾选【标注】下拉框的【使用 Maplex 标注引擎】启动 Maplex 标注引擎。如果由 Maplex 标注引擎切换为标准标注引擎，丢失已进行的高级标注放置设置且无法恢复。前述调整标注格式即在标准标注引擎完成，以下介绍 Maplex 标注引擎管理标注的方法。

图 1-5-59　插入文本

图 1-5-60　标注工具条

1)标注管理器

标注管理器可以同时管理数据框中的多个图层。

选中某图层的某个标注类别即可编辑该类标注，如图 1-5-61 所示。单击【放置属性】一栏的下拉框，选择放置形态，单击【位置】打开【位置选项】，选择放置位置；单击【比例范围】调整显示标注的最大和最小比例尺；单击【符号】或【标注样式】打开【符号选择器】，单击【编辑符号】打开符号编辑器，即可编辑样式。

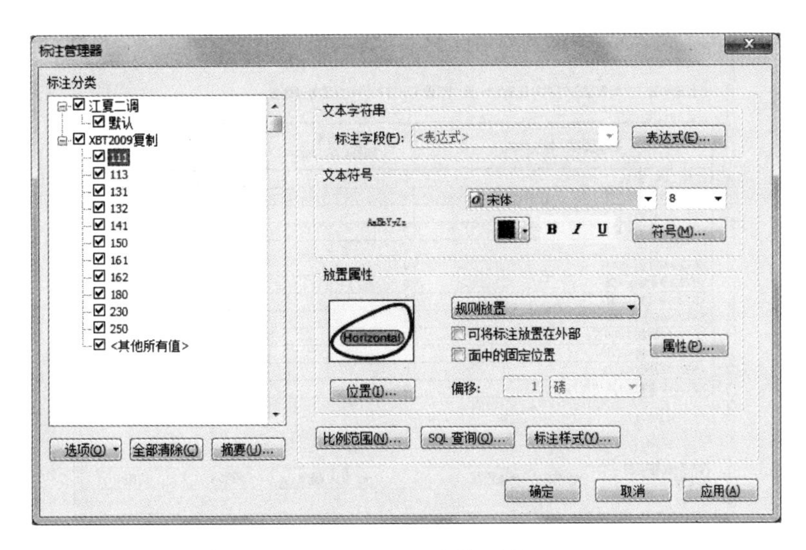

图 1-5-61　标注管理器

2)设置标注优先级

单击标注工具条的【设置标注优先级】工具，打开【设置标注优先级】对话框(见图1-5-62)，更改图层整体或某类型标注的要素权重和标注权重的优先级。当要素和标注有冲突(压盖)时，通过权重控制优先放置哪个，图形要素权重越高越不容易被压盖，反之标注越不容易被压盖。

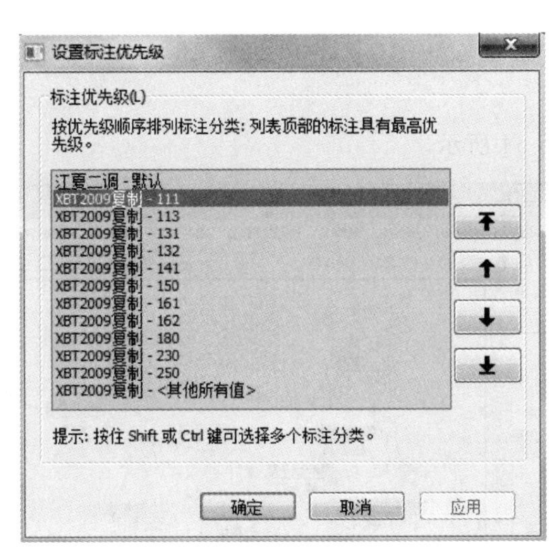

图 1-5-62　设置标注优先级

3)标注权重等级

Maplex 标注引擎不存在标注权重(标准标注引擎下可以设置要素和标注的权重及两者权重的关系)。要素的权重为 0～1000，权重越高，越不容易被压盖。1000 表示不应被标注压盖区域；0 表示可放置标注区域。面要素权重和面边界要素权重具有独立的设置。

单击标注工具条的【标注权重等级】工具，打开设置对话框，在【显示】属性项为要素图形的页面中设置不同要素的面要素与面边界权重(见图 1-5-63)。

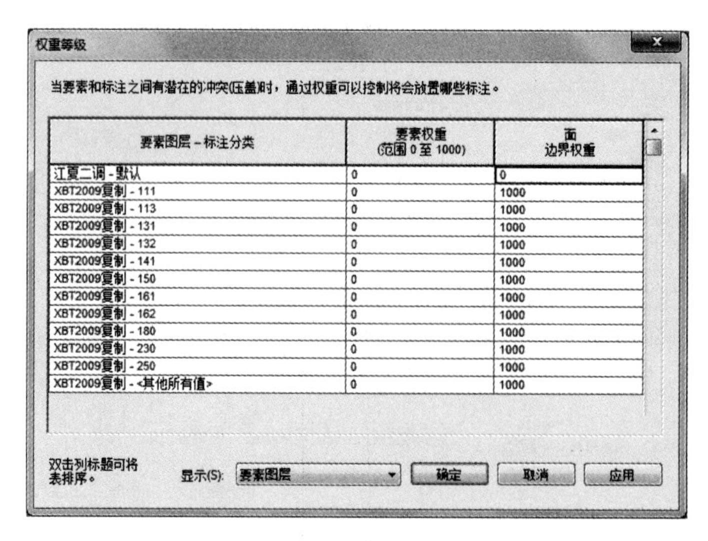
权重等级

当要素和标注之间有潜在的冲突(压盖)时，通过权重可以控制将会放置哪些标注。

要素图层 - 标注分类	要素权重(范围 0 至 1000)	面边界权重
江夏二调 - 默认	0	0
XBT2009复制 - 111	0	1000
XBT2009复制 - 113	0	1000
XBT2009复制 - 131	0	1000
XBT2009复制 - 132	0	1000
XBT2009复制 - 141	0	1000
XBT2009复制 - 150	0	1000
XBT2009复制 - 161	0	1000
XBT2009复制 - 162	0	1000
XBT2009复制 - 180	0	1000
XBT2009复制 - 230	0	1000
XBT2009复制 - 250	0	1000
XBT2009复制 - <其他所有值>	0	1000

双击列标题可将表排序。 显示(S): 要素图层 确定 取消 应用

图 1-5-63 不同类型要素标注的权重等级

4)其他设置

单击标注工具条的【锁定标注】工具，标注将随要素比例尺改变而呈比例变化；单击【暂停标注】工具，隐藏标注；单击【查看未放置的标注】工具，未放置标注在图上以红色显示；单击下拉菜单，选择最佳或快速放置方式。

工作成果展示

分类型注记如图 1-5-64 所示。

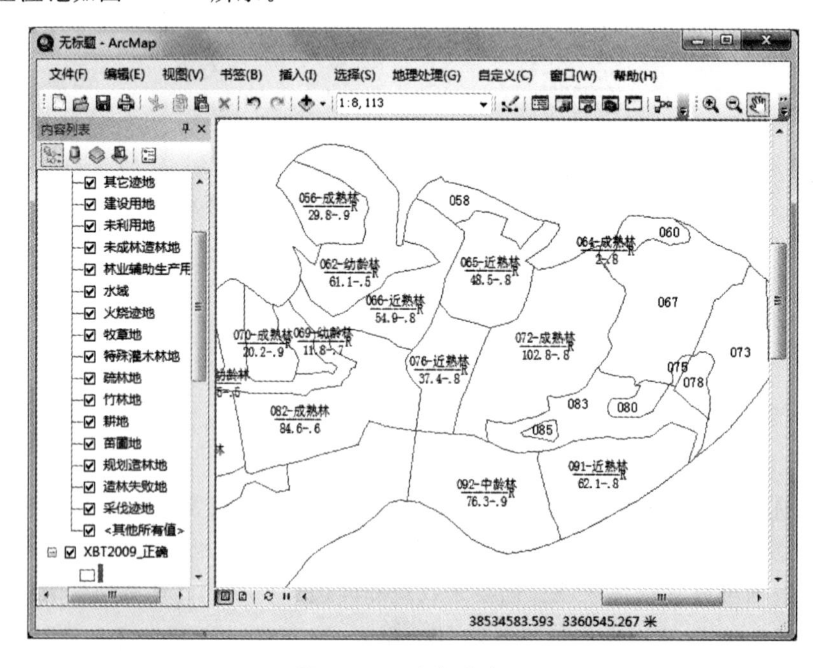

图 1-5-64 分类型注记

拓展训练

小班注记：$\frac{\text{小班号}}{\text{小班面积-地类}}$。

1)写标注表达式

[小班号]&chr(13)&"-----"&chr(13)&[小班面积]&"-"&[地类]。

2)调整标注样式

在【标注】标签中调整字体格式，点击【符号】进入【符号选择器】页面，点击【编辑符号】打开【编辑器】对话框，在【格式化文本】中调整字符间距、行距、字符宽度等，在【高级文本】中勾选【文本背景】为标注加背景色并进一步编辑背景格式。

3)编辑注记

转注记并保存为注记图层后，在【图层属性】的【符号系统】标签下，勾选【绘制未放置的注记】，以红色显示注记。在编辑状态下，选中被压盖注记，设置牵引线并移动注记，切换为已放置状态。

专题信息分子式注记

任务5.4 建立林业专题图样式库

任务描述

在介绍地图符号类型的基础上，建立林业专题图样式库，并根据《林业地图图式》(LY/T 1821—2009)行业标准中基本图、林相图、森林分布图等所用主要符号的样式和规格(包括行政中心、树种点符号，道路、河流、各级境界线等线符号，林相、林种、地类等面符号)，用ArcGIS软件和字体创建器制作符号并储存到样式库。

每人提交一个储存了部分点、线、面符号的林业地图个人样式库。

任务目标

一、知识目标

(1)掌握地图符号类型及其特征和作用。

(2)掌握地图符号库设计原则。

二、能力目标

(1)会创建地图符号样式库。
(2)会制作林业地图所用的点、线、面符号。

三、素质目标

(1)识别地图符号,锻炼读取地图信息的能力。
(2)对接技术标准,严格按照《林业地图图式》(LY/T 1821—2009)的要求制作林业地图符号。

知识准备

地图符号是在地图上表示各种空间对象的点符号、线符号、面符号等图形记号和注记符号。形状、尺寸和颜色是构成符号的三个基本要素。地图符号可以通过符号的变化把地图内容的分类、分级、主次等表达出来。

(1)面状符号的形状是由它所表示的事物平面图形决定的;点状符号的形状往往与事物外部特征相联系;线状符号的形状是各种形式的线划,如单线、双线。

(2)符号尺寸和地图内容、用途、比例尺、目视分辨能力、绘图和印刷能力等都有关系,不同比例尺的地图符号的大小也有所不同。

(3)符号的颜色可以增强地图各要素分类、分级的概念,简化符号的形状差别,减少符号数量,提高地图的表现力,使用颜色主要用以反映事物的质量特征、数量特征和等级。

地图符号库即符号的有序集合。地图符号库的设计原则如下。

(1)符号具有约定性特征,所以尽量使用已有规范或标准;对于国家基本比例尺地图,图形符号的颜色、含义与匹配比例尺,应尽可能符合国家规定图式。

(2)专题地图部分,尽可能采用国家及整个符号部门标准,有益于实现图件标准化和规范化。

(3)新设计符号应遵循图案化及整个符号系统的逻辑性、统一性、准确性、对比性、色彩象征性、制图和印刷可能性等一般原则。

不同专题图的符号不同,符号化占出图大部分时间,我们可以通过建立行业样式库,制作符号并储存到样式库来提高编图效率。ArcGIS 软件自带符号库不能涵盖所有出图需求的符号,可以用第三方软件制作并导入 ArcGIS 符号库。

任务实施

一、确定工作内容

建立林业专题图样式库,根据林业专题图的符号标准《林业地图图式》(LY/T 1821—

2009)，制作 1∶25000 比例尺林相图的点、线、面符号。

二、工具与材料

ArcGIS 10.2 软件、样式管理器、FontCreator 字体创建软件。

三、操作步骤

ArcGIS 10.2 软件支持 png 和 jpeg 格式标记符号，存放在样式库中(*.style 文件)，可通过样式管理器管理。

1. 建样式库

1)打开样式管理器

打开 ArcGIS 软件【自定义】菜单下的【样式管理器】对话框(见图 1-5-65)，左侧列出 ArcGIS 系统自带的和自定义后导入的样式库。展开样式库折叠按钮，各类地图元素、符号、符号属性储存在不同的样式文件夹中；选中样式文件夹，右侧展示该文件夹中的地图元素、符号和符号属性名称。

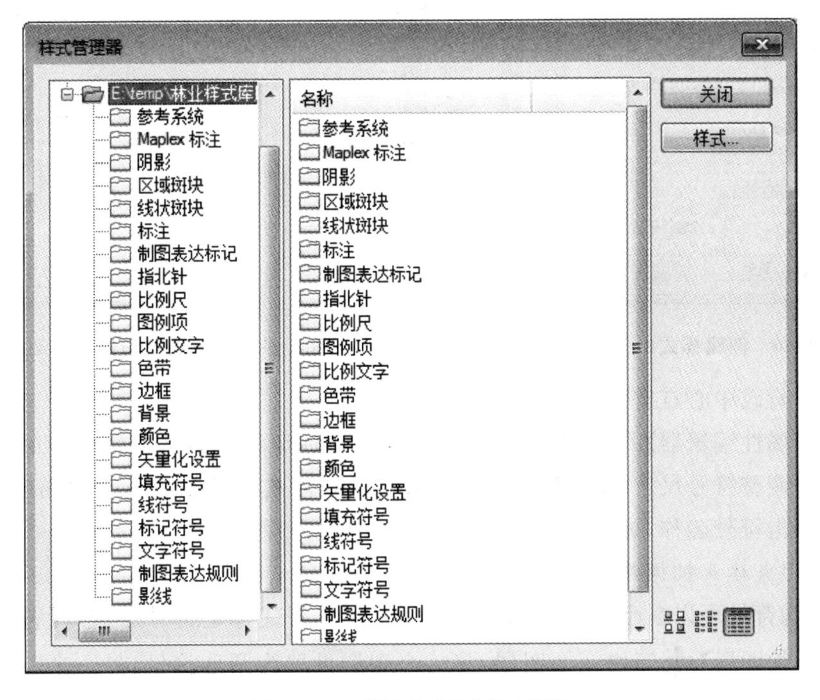

图 1-5-65　【样式管理器】对话框

2)创建样式库

单击【样式管理器】中的【样式】打开【样式引用】对话框，如图 1-5-66 所示，选择【创建新样式】，命名并保存，新建样式库自动添加到列表，格式为 style。

2. 制作点符号

点符号用标记符号制作。标记符号类型：箭头标记符号，是具有可调尺寸和图形属性的简单三角形符号(若要获得较复杂的箭头标记,可使用 Esri Arrowhead 字体中的任一字形创建字符标记符号);字符标记符号,是通过任何文本中的字形或系统字体文件夹中的显示字体创建的标记符号;图片标记符号,是由单个 Windows 位图(.bmp)或 Windows 增强型图元文件(.emf)图形组成的标记符号;简单标记符号,是由一组具有可选轮廓的快速绘制基本字形模式组成的标记符号。

1)引用现有符号作为省、市、县、乡、村的点符号

(1)新建符号。

单击【样式管理器】中某样式库的【标记符号】文件夹,用鼠标右键点击右侧空白处,选择【新建】下的【标记符号】打开【符号属性编辑器】对话框,如图 1-5-67 所示。

图 1-5-66　创建样式库

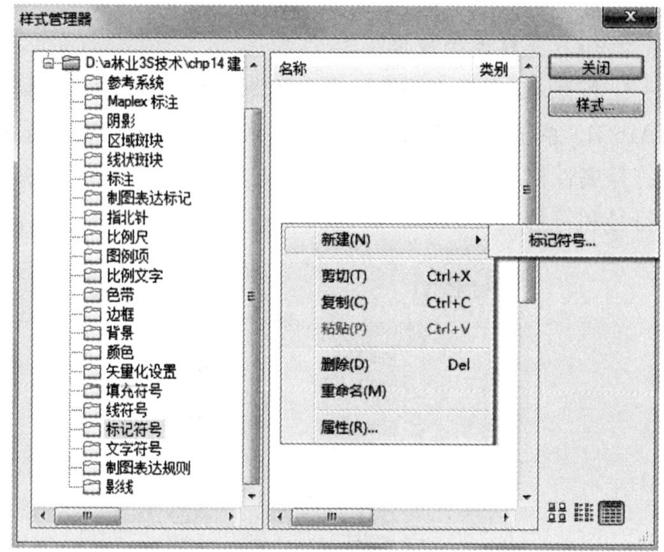

图 1-5-67　新建标记符号

(2)选择行政中心点符号。

在【符号属性编辑器】的【类型】下拉框选择【字符标记符号】,从系统自带的符号库中找到可用符号,调整符号尺寸,单击【确定】将符号保存到样式库,如图 1-5-68 所示。在【符号管理器】右侧双击符号名称,更改名称(如村)并输入类别(如行政中心)。

2)调整形成林业机构符号

林业机构符号可以在已有符号基础上调整而来。新建标记符号后进入【符号属性编辑器】,单击【添加图层】➕新增一个图层,将一个图层设置为圆形符号,另一个图层设置为三角形符号,进行符号的组建并调整符号大小(见图 1-5-69),单击【确定】保存并更改符号名称和类型(见图 1-5-70)。

3)创建树种符号

使用 FontCreator Professional(或 FontLab)创建字符标记符号。

可用字体包括 TrueType 字体和 OpenType 字体。TrueType 字体采用数学字形描述技术,既可用作打印字体,又可用作屏幕显示,显示质量比 PostScript 字体差;OpenType 字体比 TrueType 更强大,支持多个平台,支持很大的字符集,但是有版权保护。

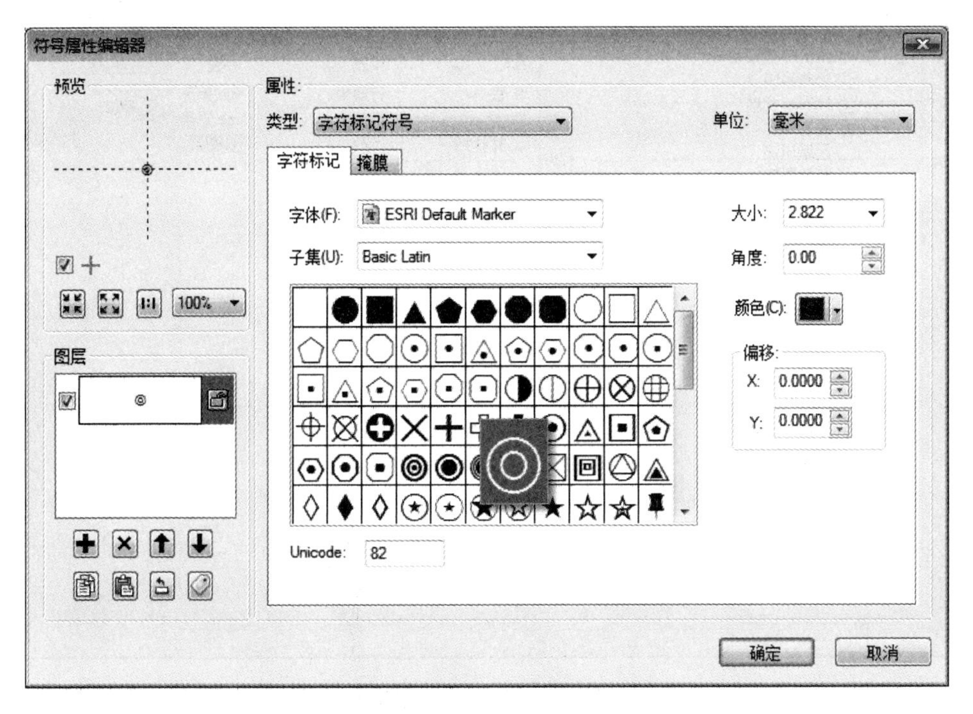

图 1-5-68　选择符号

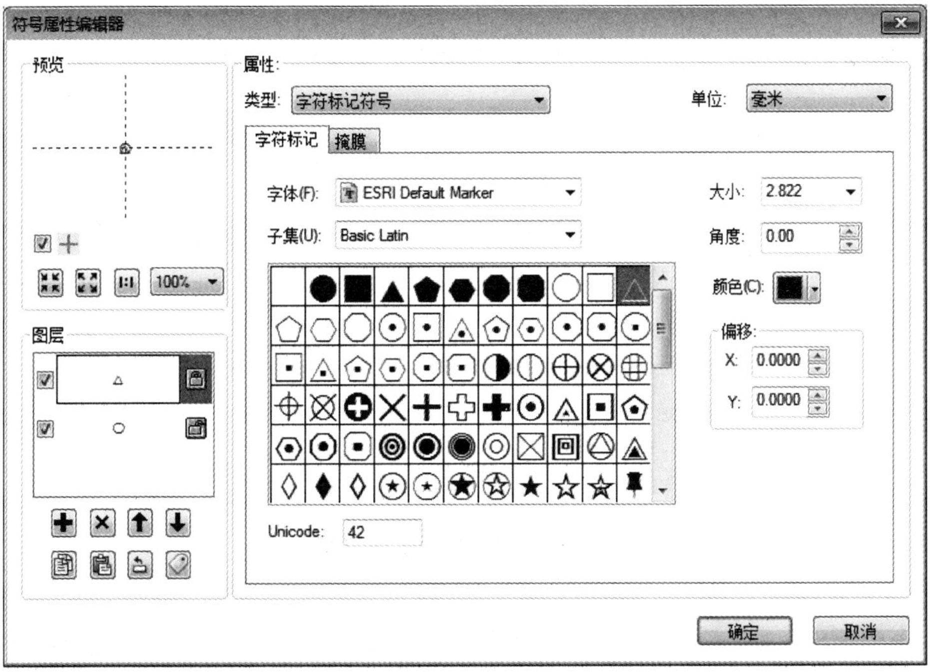

图 1-5-69　组建新符号

图 1-5-70　更改符号名称和类型

(1)建字体工程。

打开字体创建软件 FontCreator 9.1 Professional,选择【文件】菜单下的【新建】命令打开【新建工程】对话框(见图 1-5-71),在【字体族名称】栏设置储存若干字体的工程名称,在【预定义轮廓】处点选【包括轮廓】。新建的工程中将自动形成几个常规字形,如!、@、? 等(见图 1-5-72)。

图 1-5-71　【新建工程】对话框

(2)字形创建器。

双击任意预定义字形或空白字形打开字形创建器(见图 1-5-73),可以查看或修改预定义字形或自定义字形。窗口上部和窗口下部标记线定义了字形最大高度;大写高度、小写高度和基线定义了大小写字形的顶部和底部;两条纵向标记线定义了字形最大宽度。超过最

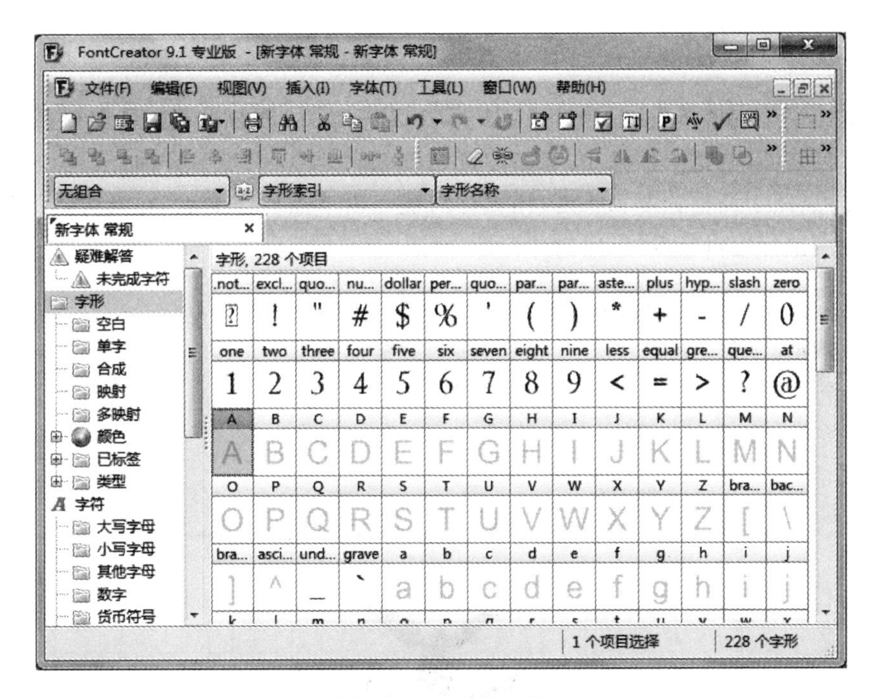

图 1-5-72　字体工程

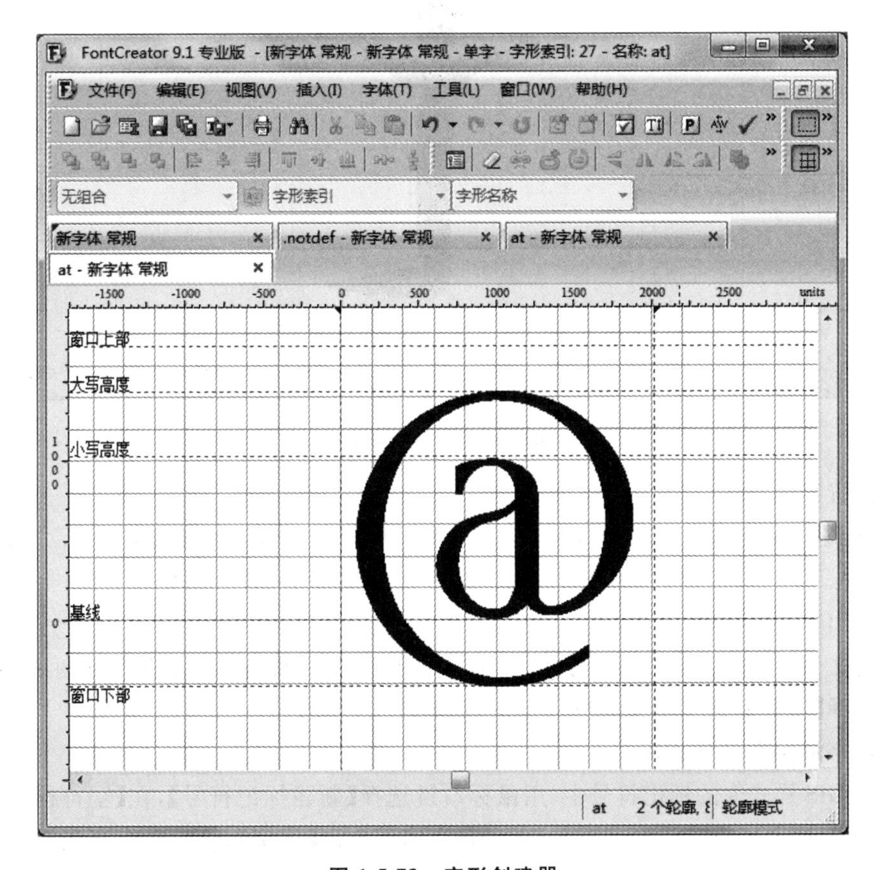

图 1-5-73　字形创建器

大高度或最大宽度的部分无法显示。

(3)创建字形。

双击空白字形,在《林业地图图式》(LY/T 1821—2009)中通过截图截取树种符号图片,粘贴到字体创建器,调整图片大小;双击图片出现编辑节点,圆点为开曲点,用于调整曲度,方点为闭曲点,用于调整宽度和长度;用鼠标右键点击节点可以删除、在其旁边添加或更改曲点类型。用鼠标编辑节点,形成树种符号,如图 1-5-74 所示。

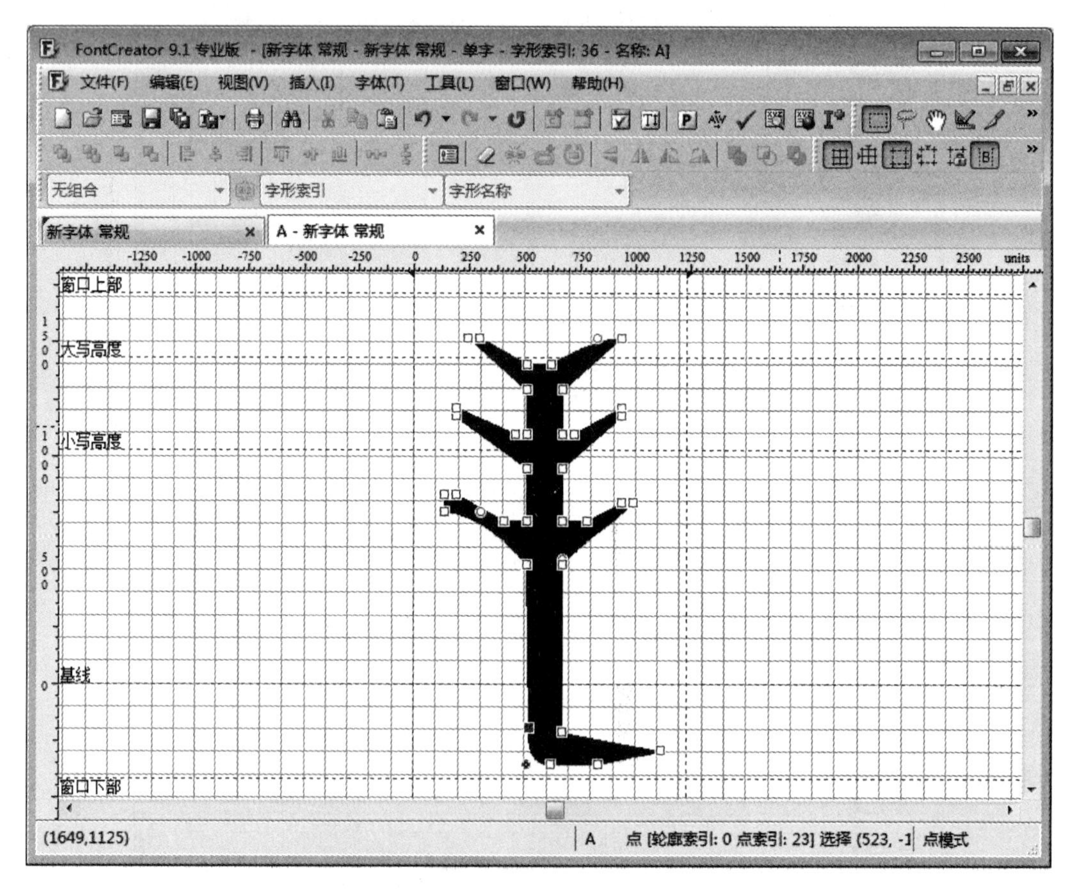

图 1-5-74 创建字形

(4)设置字形属性。

用鼠标右键点击字形创建器空白处,打开【字形属性(字形 #36)】对话框,为该字形命名(如樟子松),单击【应用】保存字形,如图 1-5-75 所示。用同样方法创建其他树种符号。

(5)导出并安装字形。

选择【文件】菜单的【全部导出】,命名并保存字形文件为【所有格式】,用鼠标右键点击字形文件,选择【安装】,将字形安装到 Windows 系统字体库。

(6)将字形保存到样式库。

在 ArcGIS 样式库的标记符号中,用鼠标右键选择【新建标记符号】,在【字符标记符号】中的【字体】下拉框中找到安装的字形名称(如新字体),单击【确定】,将字形保存到样式库(见图 1-5-76),修改该树种符号名称(如樟子松),填类别(如树种)。依次添加其他树种到样式库。

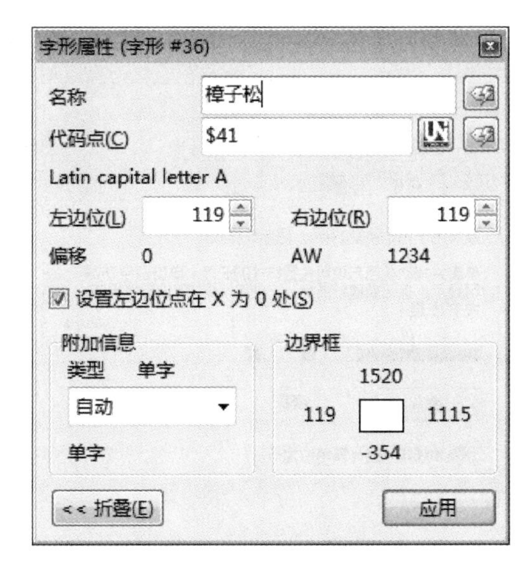

图 1-5-75　设置字形属性

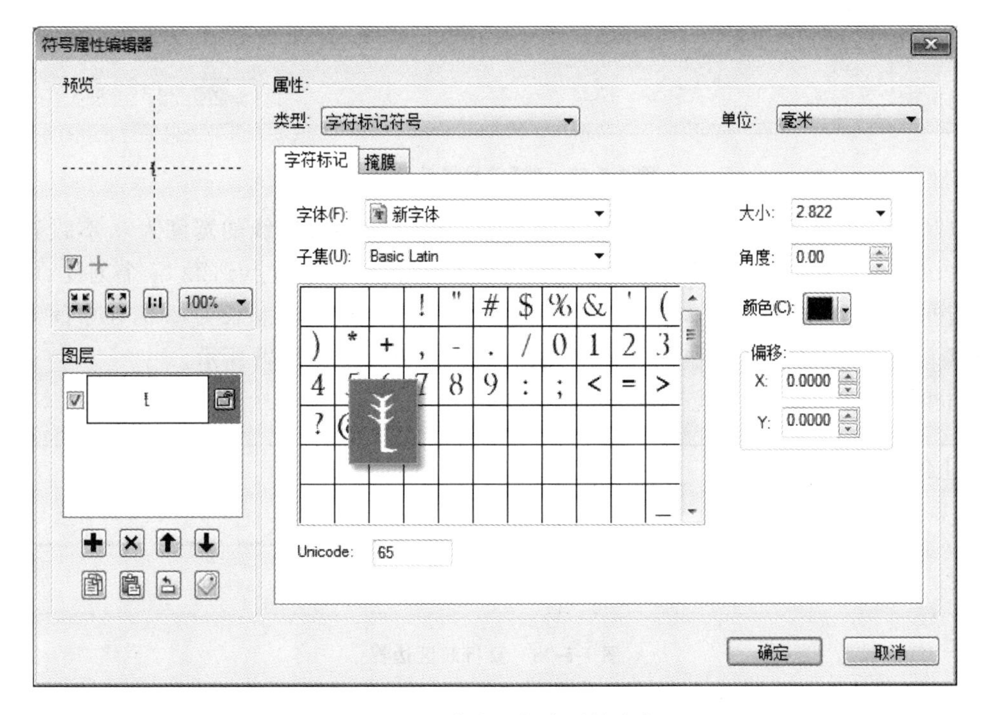

图 1-5-76　将字形保存到样式库

3. 制作线符号

1)县、乡、村等境界线单层符号

用鼠标右键点击样式管理器中样式库的【线符号】文件夹的空白处，选择【新建】菜单下的【线符号】打开线【符号属性编辑器】(见图 1-5-77)，【类型】下拉框选择【制图线符号】，在【制图线】标签中设置线的宽度和颜色，在【模板】标签中通过调整点数和间隔的单位长度(1 个点的长度)编辑虚线的样式。

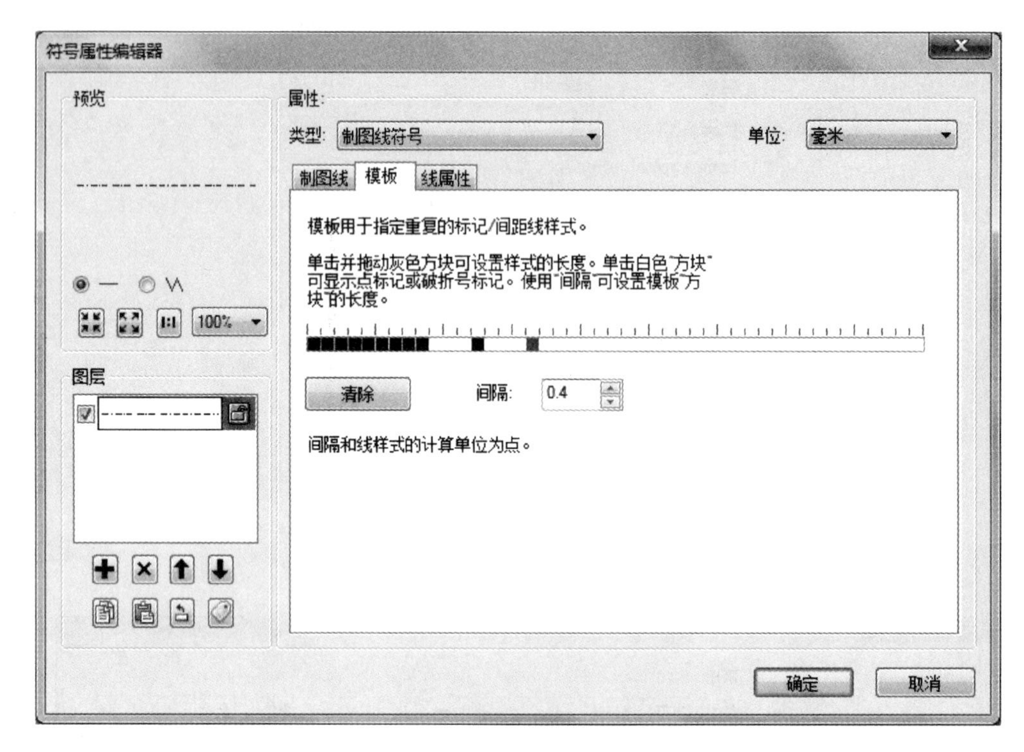

图 1-5-77　线【符号属性编辑器】

以制作虚线型县级行政区界线为例，在【制图线】标签中设置线的宽度为 0.3，设置颜色为黑色；在【模板】标签中设置间隔的单位长度为 0.4，拖动灰色方点到第 17 个刻度，用鼠标单击前 9 个刻度形成总长为 3.6 的 9 个黑色方点，剩余 7 个刻度总长为 2.8，在中间形成一个方点；单击【确定】完成线符号的编制。县行政区边界如图 1-5-78 所示。

用相同方法制作乡、村境界线符号。

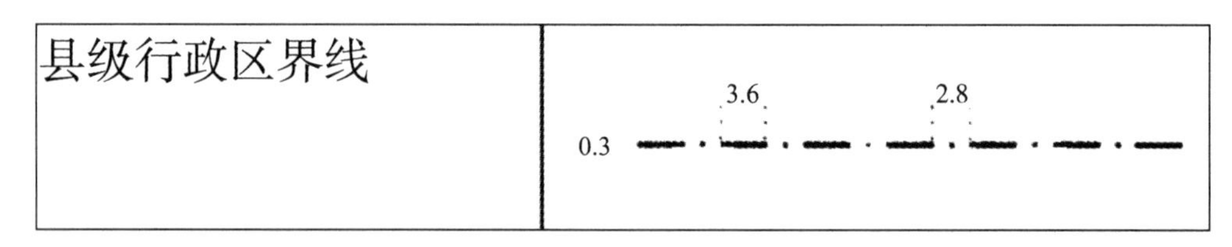

图 1-5-78　县行政区边界

2)林场、林班、小班界等多层符号

以 2 个图层组成的林场界线符号为例，在【符号属性编辑器】中单击【添加图层】➕新增一个图层，将一个图层用于制作顶图虚线，另一个图层用于制作单色底图，如图 1-5-79 所示。

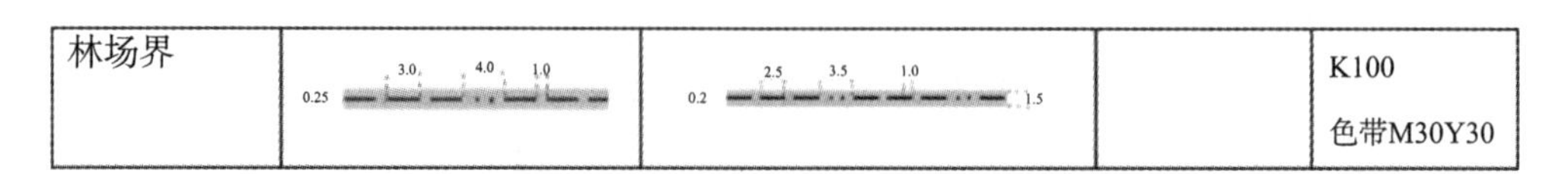

图 1-5-79　林场界线

(1)单色底图。

图层类型为【简单线符号】,在【简单线】标签中单击【颜色】,选择【更多颜色】打开【颜色选择器】(见图1-5-80);在颜色方案下拉框选择【CMYK】方案,颜色配比为C0M30Y30K0,宽度设置为1.5。

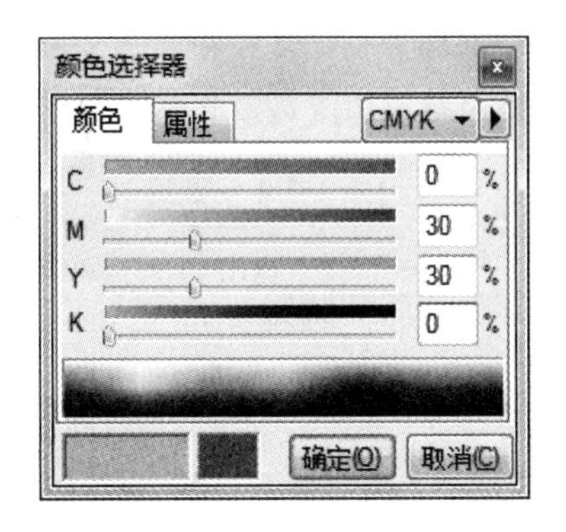

图1-5-80　【颜色选择器】

(2)顶图虚线。

图层类型为【制图线符号】,在【制图线】标签中设置线的宽度为0.2,设置颜色为黑色(【CMYK】颜色方案中的K100)。在【线属性】标签中将【偏移】设置为0(0为无偏移,正数为向上偏移,负数为向下偏移)。在【模板】标签中设置间隔的单位长度为1.0,拖动灰色方点到第27个刻度(见图1-5-81),用鼠标单击刻度形成按以下方式排列的虚线样式:

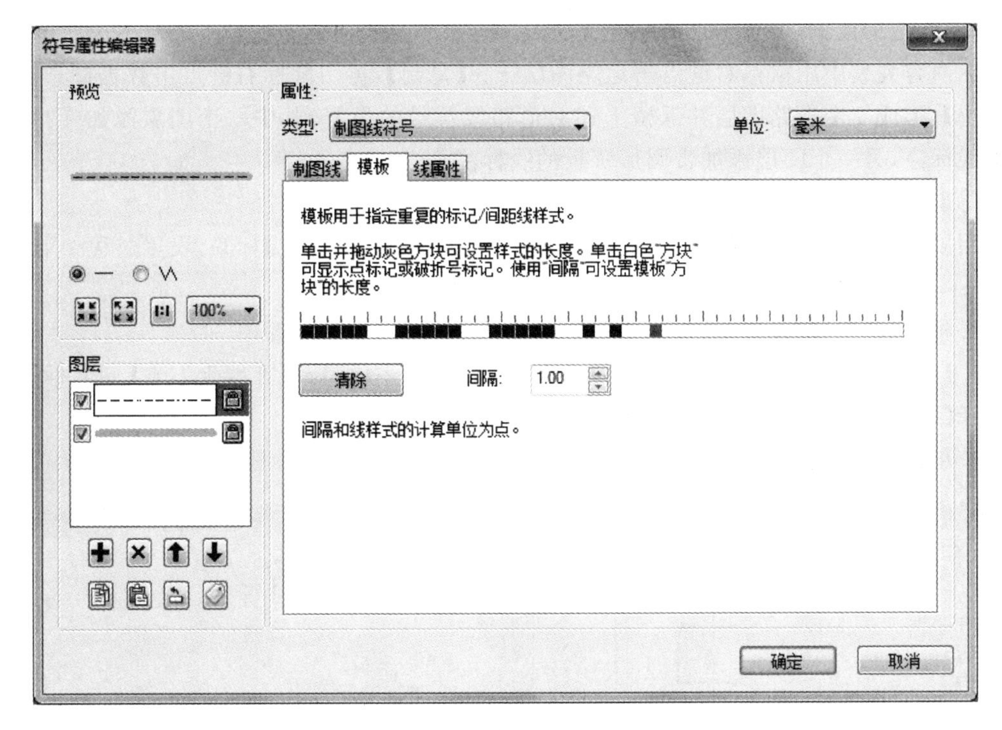

图1-5-81　林场界线符号

①5个黑色方点总长2.5;

②2个空刻度总长1.0;

③5个黑色方点总长2.5;

④2个空刻度总长1.0;

⑤5个黑色方点总长2.5;

⑥7个刻度总长3.5(2个空刻度加1个方点加1个空刻度加1个方点加2个空刻度加1个方点)。

用相同方法制作林班、小班界线符号。

3)道路等带标记线符号

道路符号由线符号和标记组成,以国道为例,如图 1-5-82 所示。

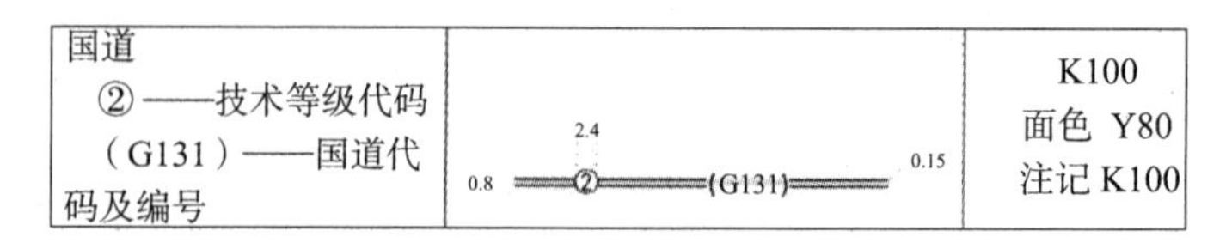

图 1-5-82　国道线符号

(1)线符号。

进入线【符号属性编辑器】,单击【添加图层】➕新增 2 个图层,共 3 个图层。中间彩色图层的类型为【简单线符号】,【CMYK】颜色方案为 Y80,宽度为 0.8;上边线的类型为【制图线符号】,【CMYK】颜色方案为 K100,宽度为 0.15,偏移量为 0.4;下边线的类型为【制图线符号】,【CMYK】颜色方案为 K100,宽度为 0.15,偏移量为−0.4。

(2)线上标注。

在内容列表中用鼠标右键点击道路图层选择【复制】,再用鼠标右键点击数据框选择【粘贴图层】,形成 2 个道路图层并保留上述对道路线符号的设置,其中一个图层添加带括号背景的线标注,另一个图层添加带圆形背景的线标注。

①带括号背景的线标注。

用鼠标右键点击道路图层打开【图层属性】对话框,进入【标注】标签,设置过程如下。

a. 勾选【标注此图层中的要素】复选框。

b. 将【标注字段】设置为【道路代码】。

c. 打开【放置属性】对话框,在【放置】标签中【位置】一项勾选【在线上】,在【同名标注】项选择【每个要素部分放置一个标注】(见图 1-5-83)。

d. 单击【符号】进入文本【符号选择器】,可以设置字体样式(见图 1-5-84)。

图 1-5-83　修改放置属性

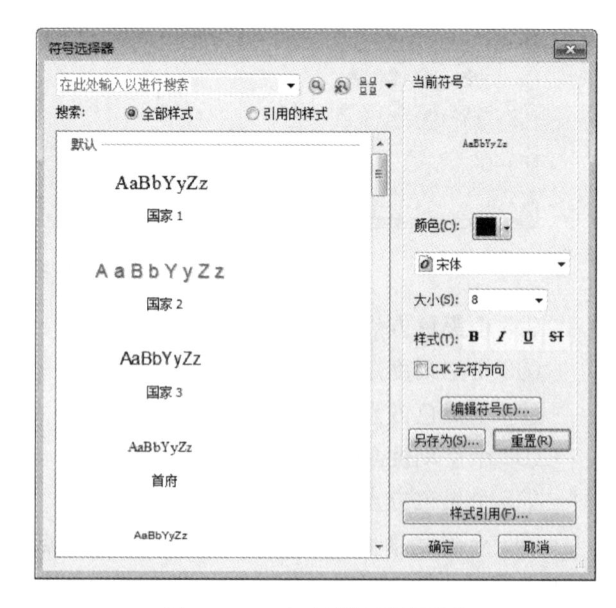

图 1-5-84　文本【符号选择器】

e. 选择【编辑符号】打开文本【编辑器】并进入【高级文本】选项卡，勾选【文本背景】复选框（见图 1-5-85）。

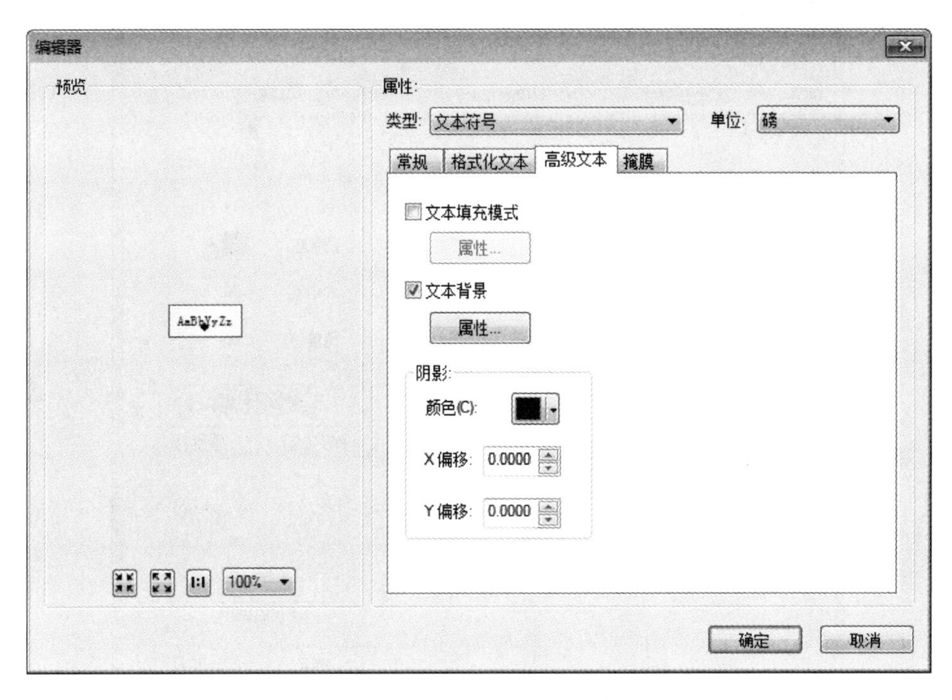

图 1-5-85　文本【编辑器】

f. 单击【文本背景】的【属性】打开背景【编辑器】对话框，在【类型】下拉框选择【标记文本背景】，勾选【缩放标记以适合文本】复选框（见图 1-5-86）。

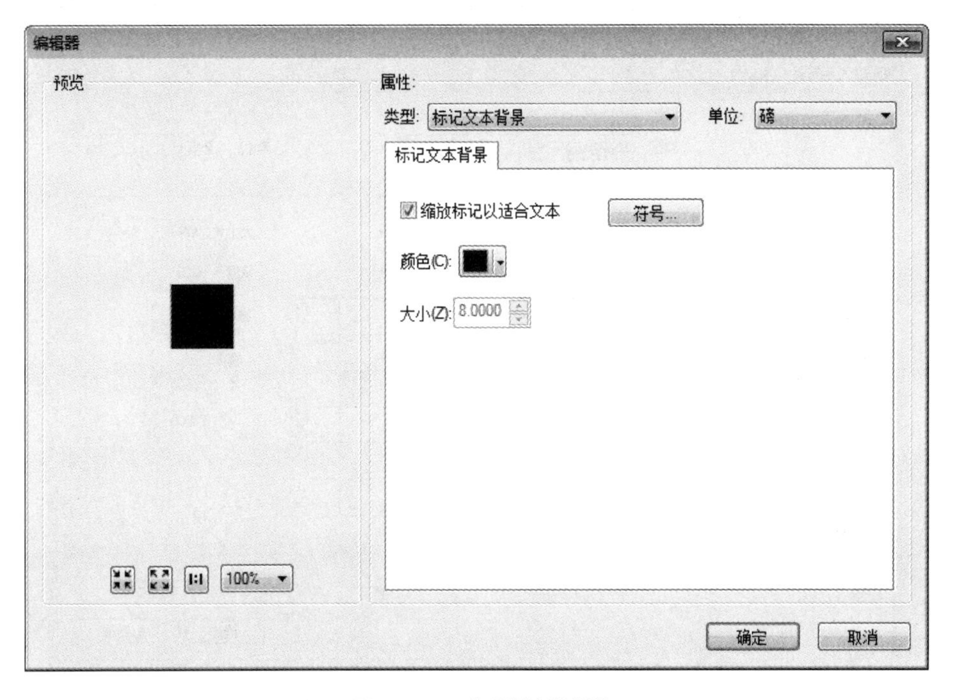

图 1-5-86　背景【编辑器】

g.单击【符号】进入背景【符号选择器】(见图 1-5-87)。

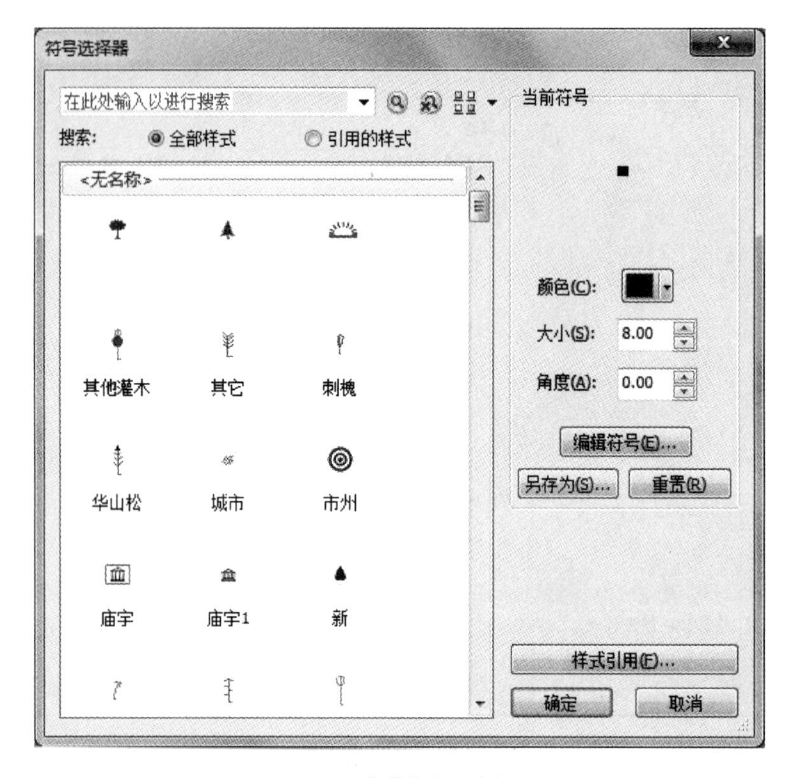

图 1-5-87　背景【符号选择器】

h.单击【编辑符号】进入背景【符号属性编辑器】(见图 1-5-88),在【类型】下拉框选择【字符标记符号】,单击【添加图层】➕形成 2 个符号图层。选中其中一个图层,在【字符标记】标

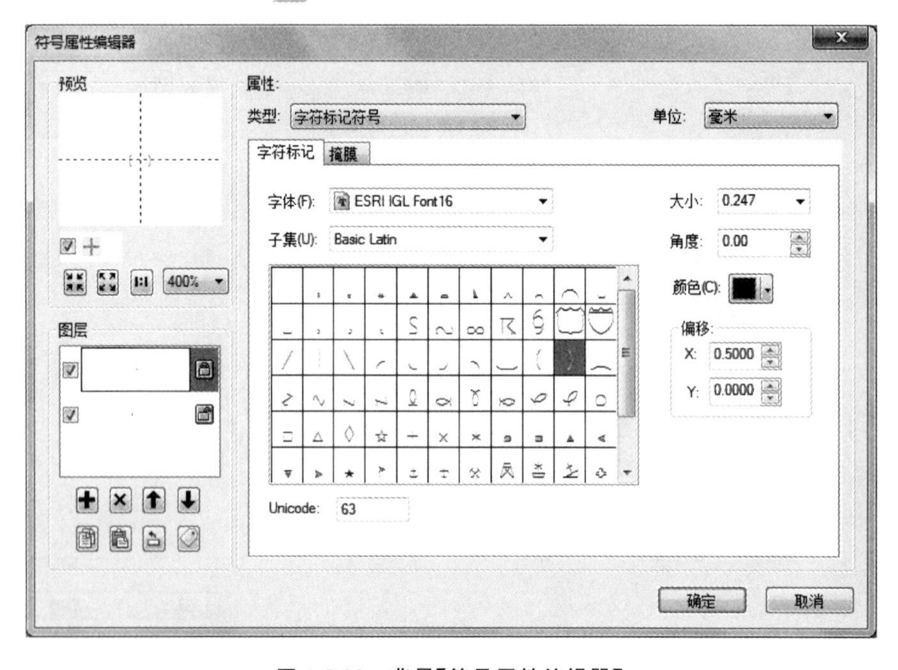

图 1-5-88　背景【符号属性编辑器】

签中的【字体】下拉框选择字体族，在字体族中选择合适的左括号，设置符号大小，向左偏移0.5；选中另一个符号图层，选择右括号，设置符号大小，向左偏移0.5；选择圆形符号，单击【确定】，设置成具有括号背景的道路编号线标注。

②带圆形背景的线标注。

带圆形背景的线标注的设置过程与带括号背景的线标注的设置过程相同，区别在于【标注字段】设置为【技术等级】、背景符号由括号改为圆形。

打开线【图层属性】对话框，进入【标注】标签，设置过程如下。

a. 勾选【标注此图层中的要素】复选框。

b. 将【标注字段】设置为【等级】。

c. 打开【放置属性】对话框，在【放置】标签中【位置】一项勾选【在线上】，在【同名标注】一项选择【每个要素部分放置一个标注】。

d. 单击【符号】进入文本【符号选择器】，可以设置字体样式。

e. 选择【编辑符号】打开文本【编辑器】并进入【高级文本】选项卡，勾选【文本背景】复选框。

f. 单击【文本背景】的【属性】打开背景【编辑器】对话框，在【类型】下拉框选择【标记文本背景】，勾选【缩放标记以适合文本】复选框。

g. 单击【符号】进入背景【符号选择器】。

h. 单击【编辑符号】进入背景【符号属性编辑器】，在符号【类型】下拉框选择【字符标记符号】，在【字符标记】标签中选择圆形符号，单击【确定】，设置成具有圆形背景的道路技术等级线标注（见图1-5-89）。

图1-5-89　带圆形背景的线标注

4. 建面符号

1)林相符号

林相符号为单色面符号,如表 1-5-2 所示。

表 1-5-2　林相符号

树种	龄组				色值
	幼龄林	中龄林	近熟林	成熟林、过熟林	
红松、樟子松、云南松、高山松、油松、马尾松、华山松及其他松属					C10Y10、C25Y25、C60Y60、C100Y100
落叶松、杉木、柳杉、水杉、油杉、池杉					C5Y10、C20Y35、C45Y75、C70Y100K5
云杉(红皮臭、鱼鳞松)、冷杉(杉松、臭松)、铁杉、柏属					M8、M30、M65、M95K10
樟、楠、檫木、桉及其他常绿阔叶树					C3Y20、C10Y45、C20Y80、C40Y100M5

以制作松属幼龄林林相色标为例,用鼠标右键点击样式库的【填充符号】文件夹空白处,选择【新建】菜单下的【填充符号】打开林相【符号属性编辑器】(见图 1-5-90),在【类型】下拉框选择【简单填充符号】;在【颜色】下拉框选择【更多颜色】打开【颜色选择器】,切换为 CMYK 配色方案,设置色值(如 C10Y10),单击【确定】回到样式库;修改该符号名称为【松属幼龄林】并定义其类别为【龄组】。

用同样方法制作并保存其他林相符号。

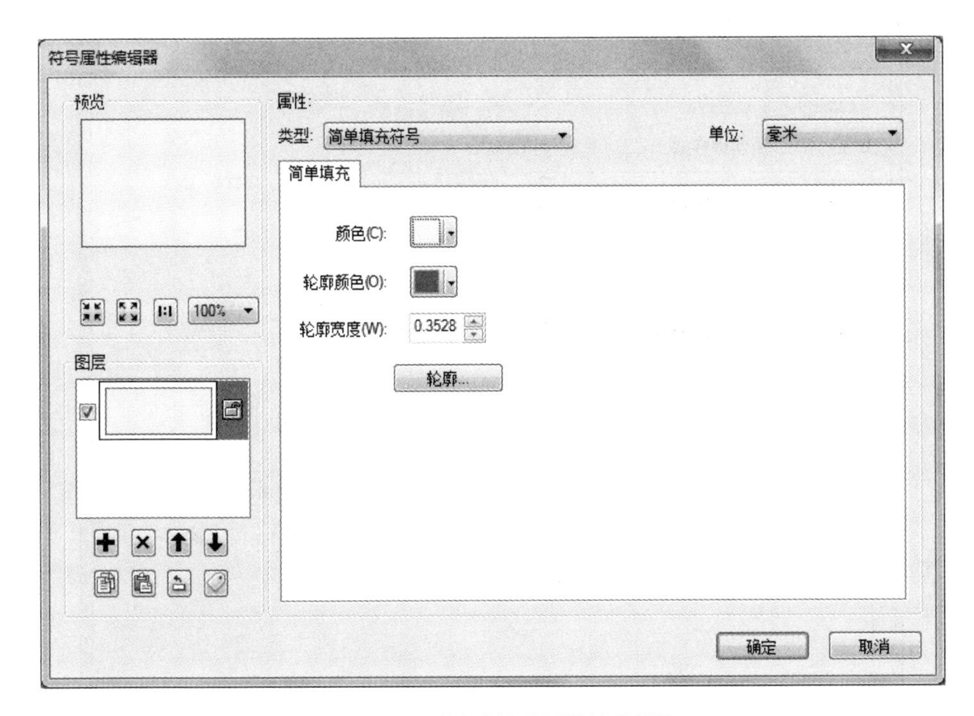

图 1-5-90　林相【符号属性编辑器】

2)地类符号

地类符号由 1 个底色图层、2 个标记符号图层组成,共 3 个图层。以建立竹林地符号为例,选中样式管理器中自定义样式库的【填充符号】文件夹,用鼠标右键点击空白处,选择【新建】菜单下的【填充符号】打开地类【符号属性编辑器】,单击【添加图层】 增加 1 个符号图层,进行如下编辑。

(1)底色图层。

选中位于底层的符号图层,在地类【符号属性编辑器】的【类型】下拉框选择【简单填充符号】;在【颜色】下拉框选择【更多颜色】打开【颜色选择器】,切换为 CMYK 配色方案,设置色值(如 M30Y60),单击【确定】回到样式库;修改该符号名称(如松属幼龄林)并为其命名类别(如龄组)。

(2)标记符号图层。

在地类【符号属性编辑器】的【类型】下拉框选择【标记填充符号】,单击【标记填充】标签中【标记】打开【符号选择器】(制作树种一节已经制作并保存了树种标记符号),在样式中选择竹类符号 (见图 1-5-91),单击【确定】回到地类【符号属性编辑器】,在【填充属性】标签中设置标记符号的间隔。

在地类【符号属性编辑器】中【复制】并【粘贴】以上设置好的竹类标记符号图层,选中其中一个图层,在【填充属性】标签里设置偏移量(见图 1-5-92),形成品字形标记。单击【确定】回到样式库,修改该符号名称为“竹林地”,并为其命名类别为“地类”。

用同样方法制作并保存其他地类符号。

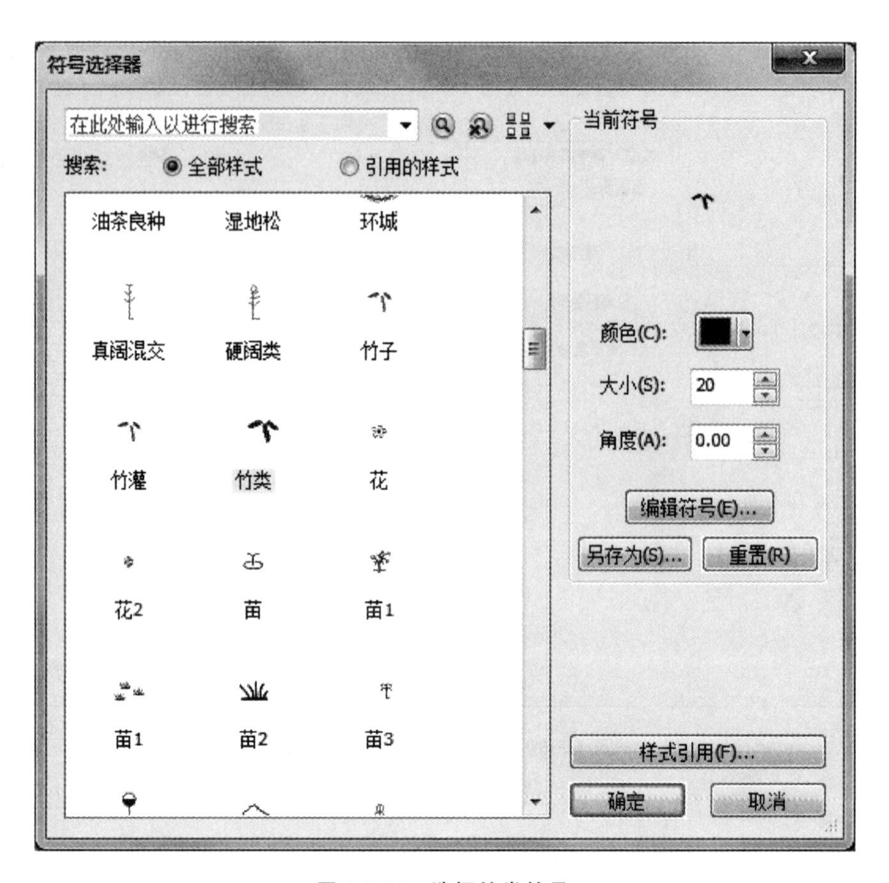

图 1-5-91　选择竹类符号

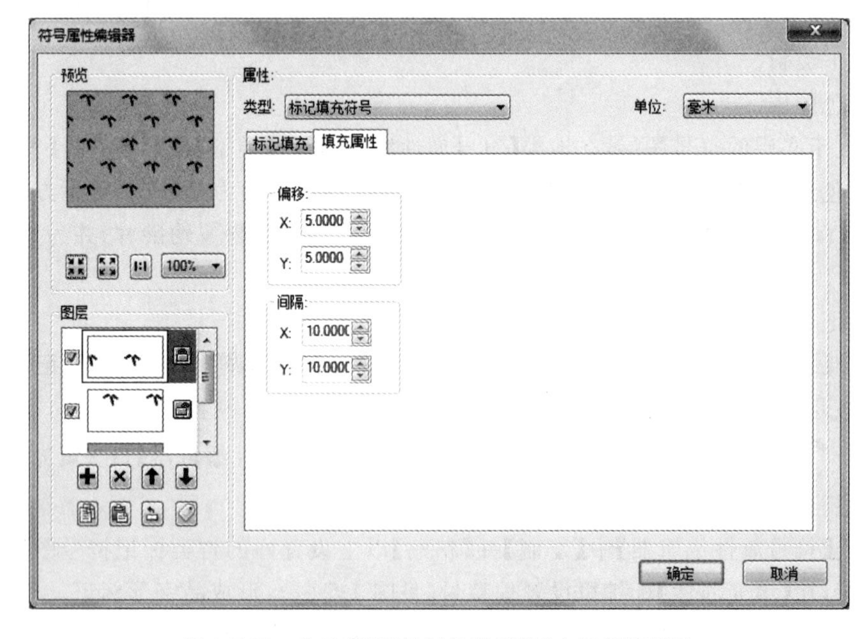

图 1-5-92　在地类【符号属性编辑器】中设置偏移量

5. 保存定制符号

将可用的系统自带符号或其他自定义符号保存到个人样式库，可以快速建立个人样式库。

单击内容列表中图层或图层要素的符号，弹出【符号选择器】，单击【编辑符号】进行符号调整后在该界面单击【另存为】弹出【项目属性】对话框。在【名称】中为符号命名，在【类别】中定义符号类别，单击【样式】的【打开】按钮 ... 打开保存符号的个人样式库，【标签】栏显示符号属性，单击【完成】将符号保存到个人样式库，如图 1-5-93 所示。

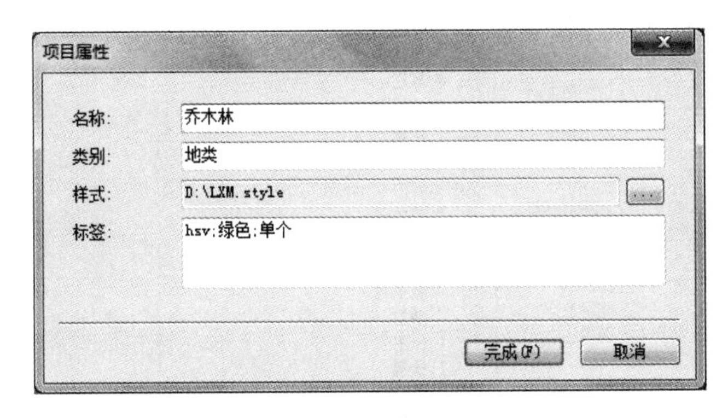

图 1-5-93　保存符号到个人样式库

6. 引用样式库

在 ArcGIS【自定义】菜单打开【样式管理器】，单击【样式】打开【样式引用】，单击【将样式添加到列表】打开自定义的个人样式库文件，个人样式库中的符号即出现在【符号选择器】中，如图 1-5-94 所示。

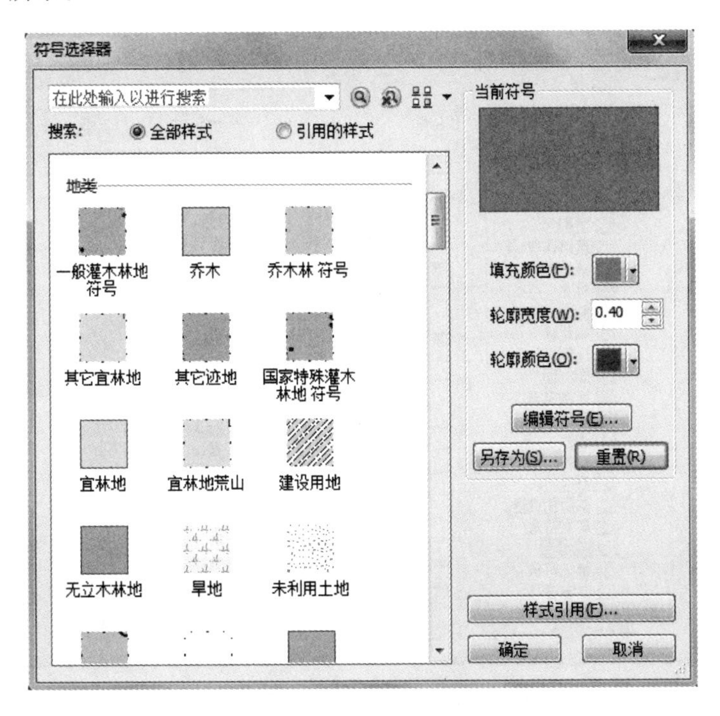

图 1-5-94　引用样式库

工作成果展示

点、线、面符号个人样式库如图 1-5-95 至图 1-5-97 所示。

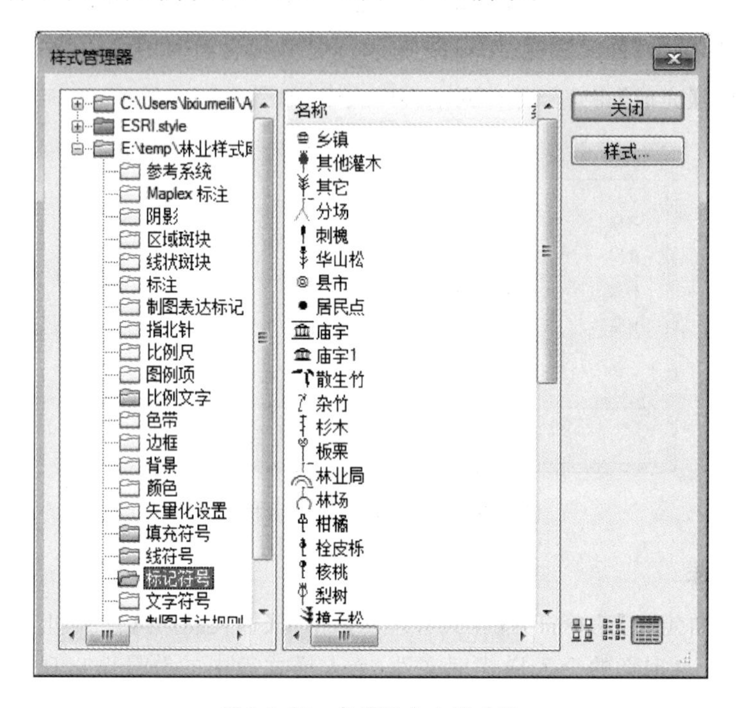

图 1-5-95　点符号个人样式库

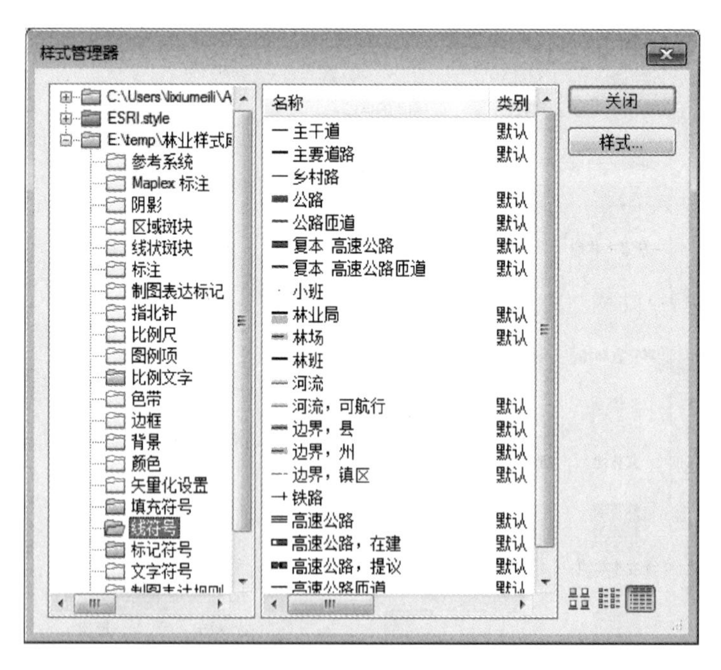

图 1-5-96　线符号个人样式库

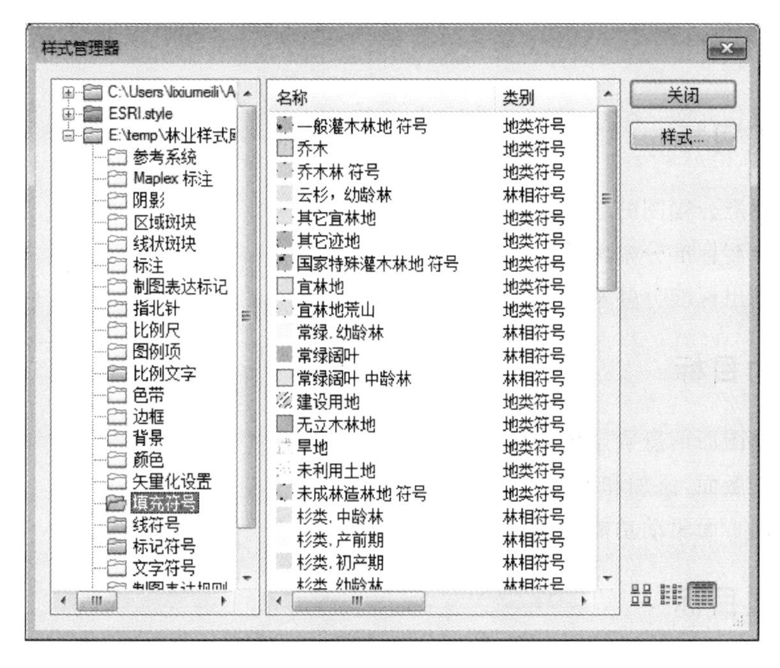

图 1-5-97　面符号个人样式库

拓展训练

建立林业专题图样式库

任务 5.5　输出标准分幅基本图

任务描述

在介绍森林资源基本图编制标准的基础上，用林场二类调查小班图衍生各级行政区划面状图和境界线线状图，并补绘道路、河流、居民点等自然地理和社会有关空间数据，编制 1∶10000 标准分幅基本图，并通过页面驱动功能实现标准分幅图的快速批量编制。

每人提交一幅 1∶10000 标准分幅森林资源调查基本图。

任务目标

一、知识目标

(1)了解标准分幅图的含义。

(2)掌握绘制标准分幅图的基本要求。

(3)掌握输出标准分幅基本图的流程。

二、能力目标

(1)会根据图面信息确定所需数据。

(2)会调整版面,添加和调整整饰要素。

(3)会利用页面驱动功能批量出图。

三、素质目标

(1)输出工作成果,提高成就感。

(2)对接技术标准,养成规则意识,参照《数字林业 制图 基本图》(DB21/T 1584—2008)制作成果图。

知识准备

制图之前要确定制图要求,如图幅大小、用途、主题等,然后进行数据准备、数据组织、数据处理和地图制作与输出。

标准分幅图是对于空间数据按照预定的比例尺、幅面长宽、西南角点坐标和经纬度间隔进行裁切而成的图,可以参照国家基本比例尺地形图进行裁切。森林资源分布基本图一般以经营单位林场为成图单位,按标准分幅制作,主要反映调查单位的自然地理要素、社会经济要素和林业调查测绘成果,是绘制林相图及其他林业专题图的基础资料,有以下基本要求。

(1)以经营单位(林场)为成图单位,为标准分幅图。

(2)信息丰富。

(3)可以用1∶10000比例尺投影坐标系地形图作为底图,也可以使用森林经营单位所在地的现有基础地理信息数据绘制基本图的底图。

(4)根据调查单位的面积和林地分布情况,可以选择1∶5000、1∶10000、1∶25000等不同出图比例。

(5)使用投影坐标系。

(6)版面及符号设计执行行业标准《林业地图图式》(LY/T 1821—2009)或地方规程(如《湖北省森林资源制图专用线型和符号》),使用与出图比例相符的符号。林班注记:$\frac{\text{林班号}}{\text{林班面积}}$,

$\frac{\text{宋体}}{\text{黑体}}$,16 号。小班注记:$\frac{\text{小班号}}{\text{小班面积}}$,黑体 8 号。小班面积单位为亩,保留 2 位小数。内图廓为图幅范围,为细线;外图廓为装饰,为粗线。图名图幅号放置在图廓外正上方或左上方。图例内容应包括全图所有要素的线划、符号、注记、色彩。图签应依次标明绘图时间、制图人、审核单位,放在图廓外右下方;图签应标明投影坐标,放在图廓外左下方。

(7)图面包括以下内容:①各级行政区境界线和各类区划线、小班线及注记,按低级服从高级的原则绘制及注记;②乡(镇)政府、林场、分场、采育场、保护区、村、工区、苗圃、村庄、林业企事业单位和主要设施所在地等社会经济要素;③铁路、高速公路、等级公路、简易公路、村道(硬化)等道路;④河流、水库、湖泊、水(干)渠等水系;⑤居民点、独立地物、地貌(山脊、山峰、陡崖等)等。

任务实施

一、确定工作任务

依据行业标准《林业地图图式》(LY/T 1821—2009),用某林场二类调查数据绘制林业调查 1∶10000 标准分幅基本图。

二、工具与材料

ArcGIS 10.2 软件、布局页面;自定义样式库、布局工具条、数据驱动工具条;地形图、小班图、林班界、林场界、道路图、水体图、居民点图、接图表等矢量图。

三、操作步骤

1. 生成林班和其他行政区划境界面状图

小班图属性表中有省、市、县、乡、村、林业局、林场、林班等属性因子,因此我们可以利用属性因子通过融合由小班面图层生成以上面图层。

以林班界为例,打开小班图,在标准工具条上单击图标打开【工具箱】,展开【数据管理工具】下的【制图综合】工具包,选择【融合】打开要素融合工具面板,如图 1-5-98 所示。单击【输入要素】下拉框确定被融合的小班图(如果未打开小班图,单击【文件夹】图标 找到小班图存放的位置并添加);【输出要素类】为融合形成的林班面状图,确定保存路径并命名;在【融合_字段】栏勾选林班字段;不勾选【创建多部件要素】(不勾选则形成独立的林班面,勾选则所有林班面组合成一个要素整体),单击【确定】形成林班面状图。用同样方法形成其他面状图。

2. 境界面状图转线状图

面状图转线状图以生成林班线状图为例。展开【工具箱】中【数据管理工具】的【要素】工具包,打开【要素转线】,如图 1-5-99 所示。【输入要素】处选择林班面状图;【输出要素类】为

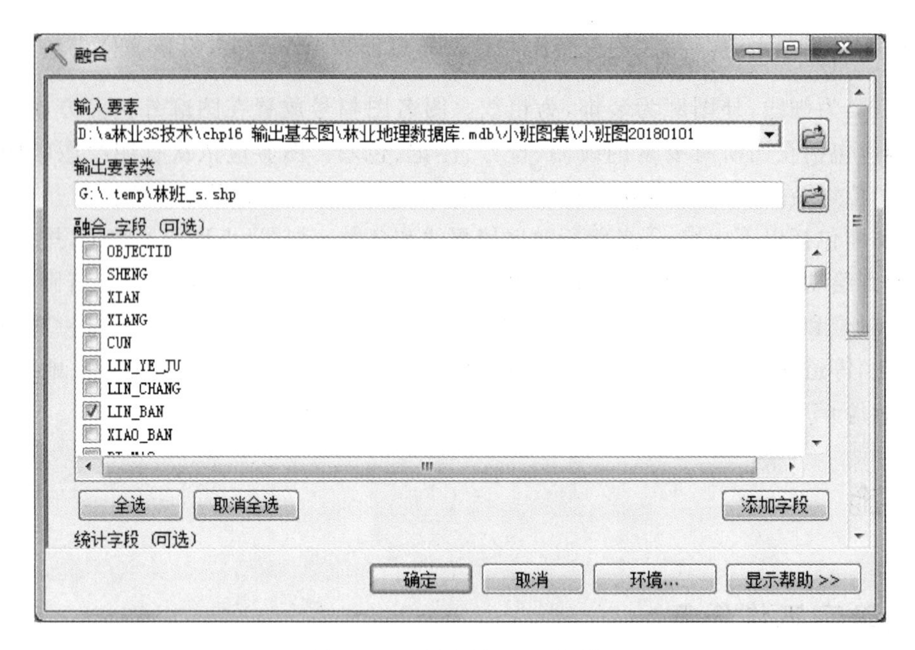

图 1-5-98　要素融合工具面板

图 1-5-99　面状图转线状图

转换后的线状图，确定保存路径并命名，可以不勾选【保留属性(可选)】，单击【确定】。用同样方法形成其他线图层。

3. 补绘其他要素

道路、河流、机构所在地、居民点等要素图如需补绘，绘制方法与小班预区划方法相似，以补绘道路为例。

1)建矢量图

在 ArcMap 中打开遥感影像和地形图底图,用鼠标右键点击目录中的文件夹,选择【新建】菜单下的【Shapefile】打开【创建新 Shapefile】,设置图层名称为【道路】,在【要素类型】下拉框选择【线】;单击【编辑】打开【空间参考属性】对话框,单击【添加坐标系】下拉框的【导入】,找到并选中小班图,单击【打开】导入小班图坐标系,单击【确定】完成矢量图创建。

2)绘制矢量图

在目录中选中创建的矢量图,拖动到视窗中,用鼠标右键点击矢量图选择【编辑要素】下的【开始编辑】;打开标准工具条上的【编辑器】,单击【创建要素】打开创建要素面板;选中面板上的【道路】线图层,调出不同类型构造线工具;选中直线工具,通过在数据视窗单击创建折点绘制线,双击完成一条线的绘制。

用同样方法补绘其他矢量图。

4. 加载图层数据

1)添加数据框

选择【插入】菜单的【数据框】插入新的数据框,作为副图数据框,原数据框作为主图数据框(见图 1-5-100)。视窗显示活动数据框的图层,用鼠标右键点击内容列表中的数据框,选择【激活】可以将当前数据框切换为活动状态。

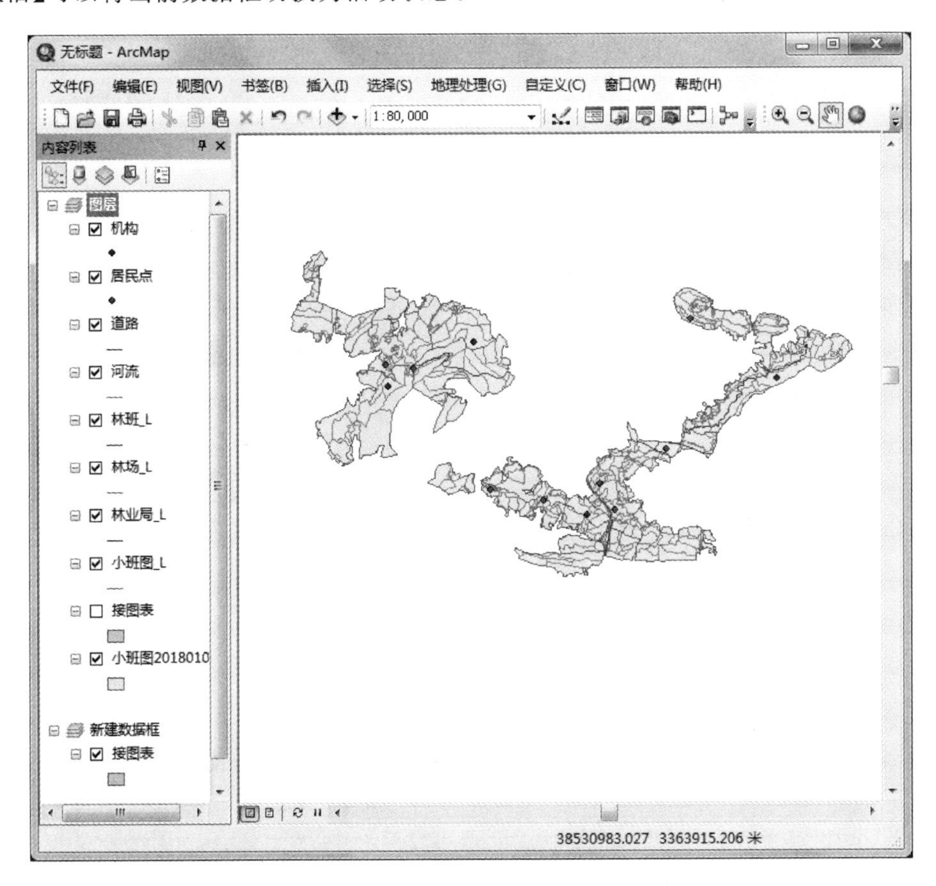

图 1-5-100　添加数据框

2)添加图层数据

(1)主图数据框加载机构和居民点等点图层,小班界、林班界、林场界、道路和水体等线图层,小班、林班和接图表等面图层,以及作为底图的地形图。

(2)副图数据框加载接图表。

5. 符号化

1)引用自定义样式库

打开【自定义】菜单下的【样式管理器】,单击【样式】打开【样式引用】,单击【将样式添加至列表】找到自定义的林业专题图样式库(如【林业样式库.style】),单击【确定】,将样式库添加到样式列表,如图 1-5-101 所示。

图 1-5-101　引用自定义样式库

2)境界线符号

在内容列表中点击某级境界线图层的符号,打开【符号选择器】,选择对应符号,如图 1-5-102 所示。

图 1-5-102　在【符号选择器】选择对应符号

3)河流等符号化

在内容列表中点击河流图层的符号,打开【符号选择器】,选择对应符号。

4)机构、居民点符号化

在内容列表中点击点图层的符号,打开【符号选择器】,选择对应符号。

5)道路符号化

(1)道路分类。

用鼠标右键点击道路图层,打开【图层属性】对话框,进入【符号系统】标签,选择【类别】中的【唯一值】,在【值字段】下拉框选择道路名称,单击【添加所有值】调出不同类别道路符号,单击【确定】完成分类,如图 1-5-103 所示。

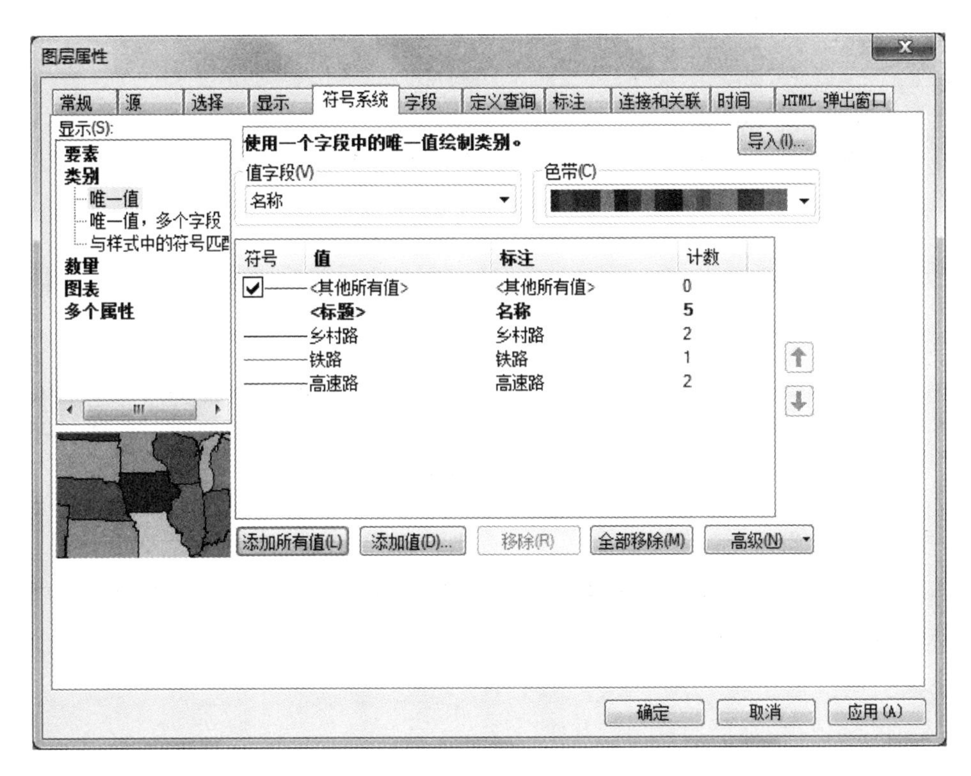

图 1-5-103　道路符号分类

(2)道路符号化。

在内容列表中点击不同类型道路符号,在【符号选择器】中选择对应类别道路的符号。

6)地类渲染

(1)地类分类。

用鼠标右键点击图层,打开【图层属性】对话框,进入【符号系统】标签,选择【类别】中的【唯一值】,在【值字段】下拉框选地类字段,单击【添加所有值】,单击【确定】完成分类,如图 1-5-104 所示。

(2)地类符号化、

在内容列表中点击不同地类符号,在【符号选择器】中选择对应符号。

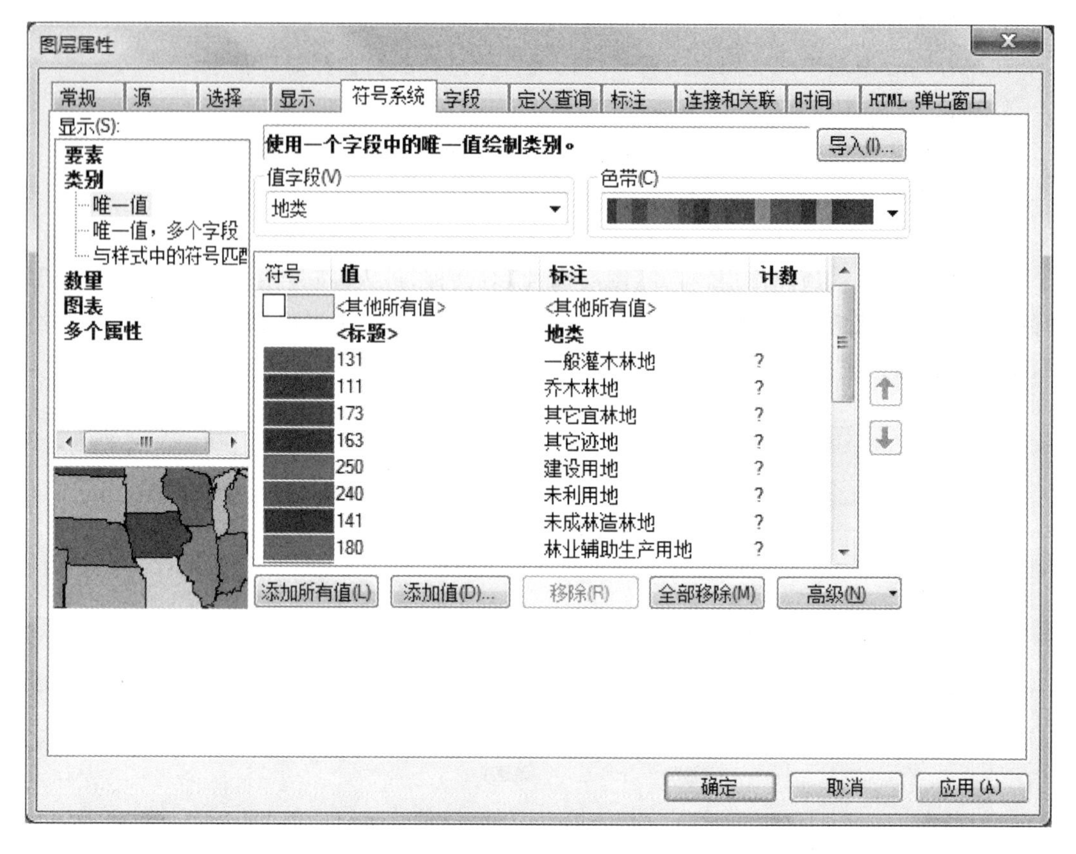

图 1-5-104　地类符号分类

6. 固定主图比例尺

用鼠标右键点击主图数据框，打开【数据框 属性】对话框，进入【数据框】标签，在【范围】下拉框选择【固定比例】，并在比例尺文本框输入标准分幅图出图比例，如图 1-5-105 所示。

7. 注记

1)主图注记

(1)计算小班面积。

单位为亩，保留 2 位小数。

①添加浮点型字段。

用鼠标右键点击小班图打开小班图层属性表，打开【选项】下拉框中的【添加字段】对话框，在【名称】中为字段命名；在【类型】下拉框选择字段类型为浮点型，【精度】视最大面积值的位数情况而定；【小数位数】设置为 1；单击【确定】完成字段创建。

②计算以亩为单位的面积。

用鼠标右键点击面积字段打开【字段计算器】，在表达式输入栏输入公式(以平方米为单位的面积字段/667)，换算出以亩为单位的面积，如图 1-5-106 所示。

③调整面积字段属性值的小数位数。

如果创建浮点型面积字段过程没有设定小数位数，其小数位数将超过 2 位，不符合出图

图 1-5-105　固定主图数据框比例尺

要求。解决方法：用鼠标右键点击面积字段打开【属性】对话框，单击【数值】打开【数值格式】对话框，选择【小数位数】并改为 2 位，单击【确定】，如图 1-5-107 所示。

(2)标注。

林班标注：$\frac{林班号}{林班面积}$，黑体 16 号。小班标注：$\frac{小班号}{小班面积}$，黑体 8 号。

在内容列表中用鼠标右键点击林班面图层，打开【图层属性】对话框，在【字体】下拉框选择【黑体】，在【字号】下拉框选择【16】号；进入【标注】标签，勾选【标注此图层中的要素】，单击【表达式】打开【标注表达式】对话框，写入分子式标注表达式(见图 1-5-108)，单击【验证】查看结果，无误后单击【确定】。

用同样方法进行小班标注。

表达式写法详见“专题信息分子式注记”章节。

(3)标注转注记。

标注转注记可以方便单独管理不同标注内容及其格式。

在内容列表中用鼠标右键点击林班图层打开【将标注转换为注记】对话框，【储存注记】

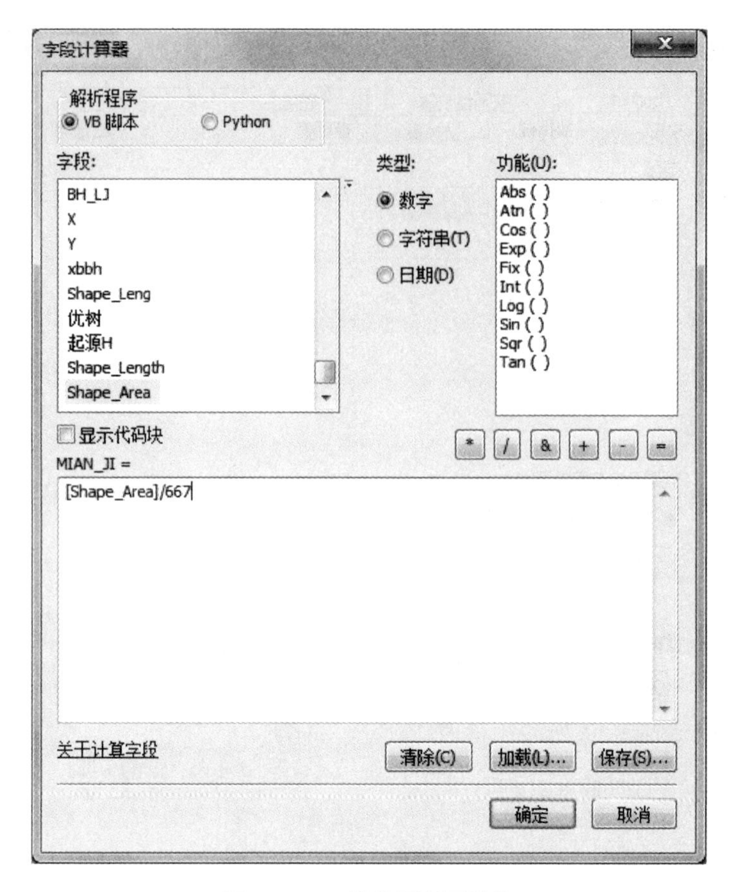

图 1-5-106　计算面积属性值

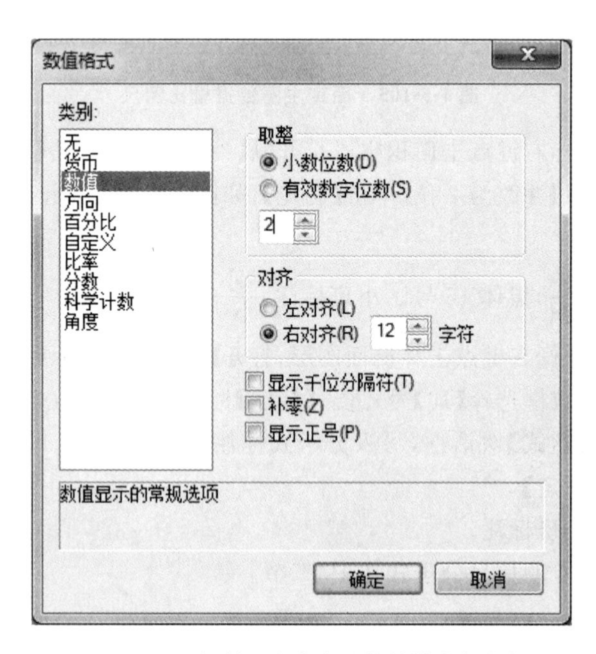

图 1-5-107　调整面积字段属性值的小数位数

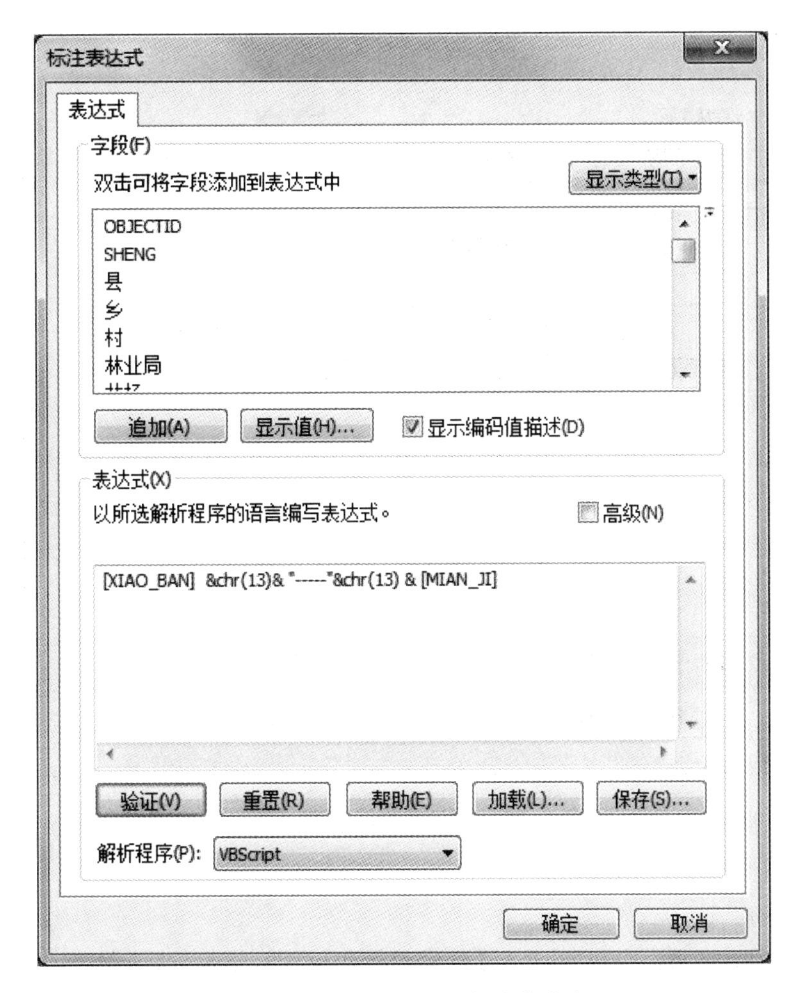

图 1-5-108 编写分子式标注表达式

选择【在数据库中】，勾选【将未放置的标注转换为未放置的注记】，形成独立的注记图层并自动加载到内容列表，如图 1-5-109 所示。

(4)编辑注记。

用鼠标右键点击注记图层，选择【编辑要素】下的【开始编辑】注记图层。用鼠标右键点击注记图层打开【图层属性】对话框，在【符号系统】标签中勾选【绘制未放置的注记】，颜色设置为红色。打开编辑器工具条，用【编辑注记工具】选中某注记，结合【属性】面板进行部分注记的调整，主要将重叠和超界注记移动到合适位置并加简单牵引线后将状态改为【已放置】，调整方法详见“专题信息分子式注记”章节。

用同样方法编辑小班注记。

2)副图加标注

用鼠标右键点击副图的接图表图层，打开【图层属性】对话框，在【标注】标签中勾选【标注此图层中的要素】;【标注字段】选择【图幅号】，调整字号为【8】号，单击【确定】。

8. 整饰

单击视窗左下角的【布局视图】切换到出图页面。除外图廓，添加与调整其他整饰要素

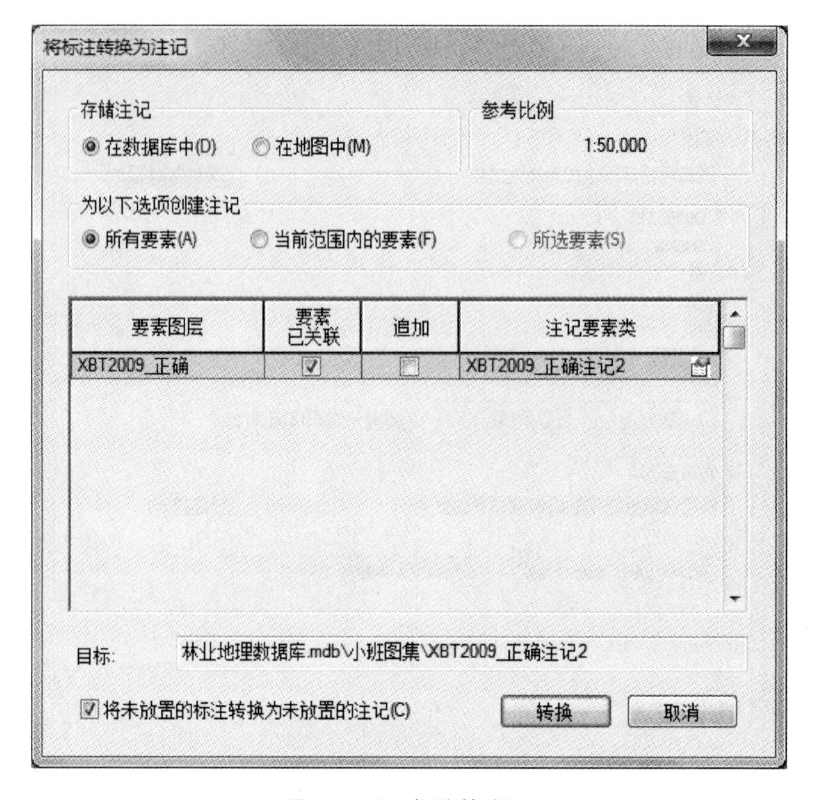

图 1-5-109　标注转注记

的方法详见“出图方法”章节。

1)调整页面

用鼠标右键点击页面空白处，打开【页面和打印设置】，不勾选【使用打印机纸张设置】，自定义纸张大小(如 20×24)。

2)图廓

内图廓为主图数据框边界，为细线；用鼠标右键点击菜单栏空白处，打开绘图工具条，用【矩形】工具绘制外图廓，为粗线。选中并用鼠标右键点击矩形，打开【属性】对话框，在【符号】标签中设置填充色为无填充色，设置轮廓宽度为 1.2。

3)添加文本比例尺

使主图框处于激活状态，选择【插入】菜单中的【比例尺文本】，选择【绝对比例尺】格式，放在图廓外左下方，双击比例尺文本打开【属性】对话框，修改格式。

4)加图名

选择【插入】菜单中的【标题】，输入【林业调查小班基本图】，放在图廓外上方，双击标题打开【属性】对话框，修改格式。

5)加图例

使主图框处于激活状态，选择【插入】菜单中的【图例】，将主图数据框图层的符号加入图例，放图廓外左侧或图面空白处(视出图版式而定)，双击图例打开【属性】对话框，修改格式；用同样方法加入副图框图例。

6)加图签

(1)选择【插入】菜单中的【文本】,输入分子式注记内容和形式,调整格式,放到图例中空白处。

(2)选择【插入】菜单中的【文本】,输入绘图时间、制图人、审核单位,放在图廓外右下方;也可以插入动态文本,即先打开【插入】菜单的【地图文档属性】对话框,输入作者、制作者单位等信息,再通过【插入】菜单的【动态文本】依次将该信息插入页面,放在图廓外左下方。

(3)插入菜单,选【动态文本】下的【坐标系】,放在图廓外左下方。

9. 页面驱动批量出图

1)设置主图数据框显示

(1)设置主图驱动。

打开布局工具条上的【数据驱动页面】工具条(见图 1-5-110),再打开工具条上的【设置数据驱动页面】对话框(见图 1-5-111),在【定义】标签中勾选【启用数据驱动页面】复选框,在【数据框】下拉菜单选择【主图框】,将【图层】设置为接图表,将【名称字段】设置为接图表图幅号;在【范围】标签中选择【居中并保持当前比例】。其结果是主图数据框被主图数据框中的接图表驱动,驱动字段是图幅号,图幅在数据框中居中显示,比例尺与当前主图框比例尺相同(1∶10000)。

图 1-5-110　【数据驱动页面】工具条

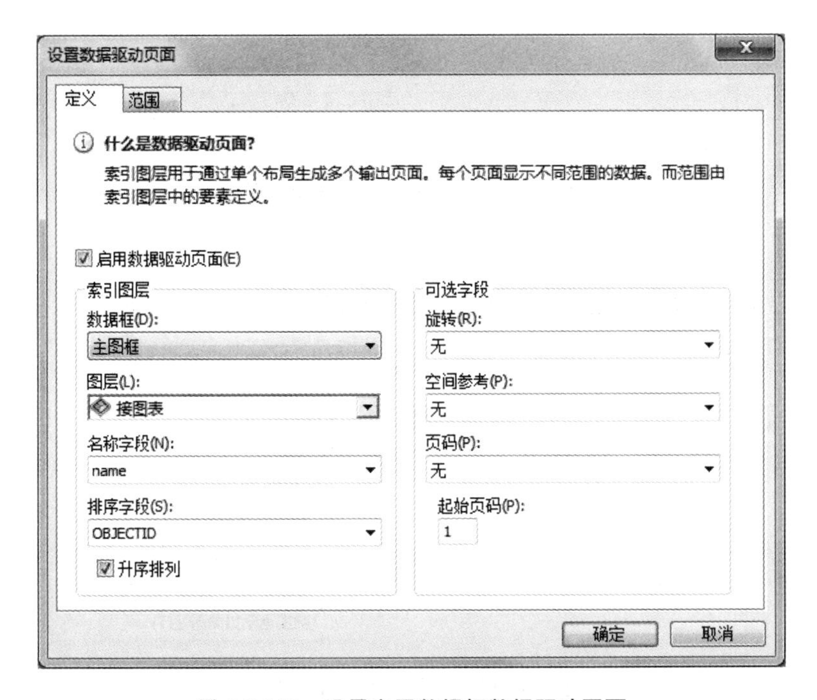

图 1-5-111　设置主图数据框数据驱动页面

(2)设置主图显示。

打开主图【数据框 属性】对话框，在【数据框】标签中的【剪裁选项】下拉框中选择【裁剪至当前数据驱动页面范围】(见图 1-5-112)。其结果是主图框只显示接图表中当前图幅号范围内的数据，超范围的数据被隐藏。

图 1-5-112　数据框数据显示范围

(3)标注主图图幅号。

在【数据驱动页面】的【页面文本】下拉框中选择【数据驱动页面名称】，插入图幅号，放置在图廓外正上方，如图 1-5-113 所示。

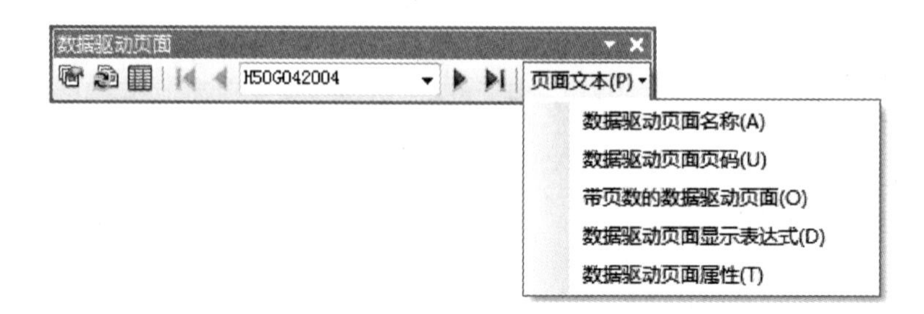

图 1-5-113　插入当前页面图幅号

2)设置副图链接与显示

(1)设置副图框大小。

用鼠标右键点击内容列表中的副图框打开【数据框 属性】对话框，在【大小和位置】标签中将大小设置为宽 4 cm、高 3 cm。

(2)与主图框链接。

在副图框【数据框 属性】对话框的【范围指示器】标签中，将主图数据框加入【显示这些数据框的范围指示器】(见图 1-5-114)，选中主图数据框，单击【框架】命令打开【范围指示器框架属性】对话框，单击【背景】后的【样式选择器】打开【背景选择器】对话框，单击【属性】命令打开【背景】对话框，单击【更改符号】打开【符号选择器】，从中选择斜线样式。

图 1-5-114　副图数据框与主图数据框链接

其结果是把主图框当作副图框的范围指示器，主图框当前显示的图幅范围就是副图框显示的图幅范围，该范围在副图框居中显示且被加了斜线背景着重显示。副图框中的图层为接图表，与主图框对应的范围加了斜线背景居中显示，如图 1-5-115 所示。

(3)指示范围与周围显示关系。

在副图框【数据框 属性】对话框的【数据框】标签中的【范围】下拉框中选择【其他数据框】；指定【从其他数据框的范围派生范围】为【主图框】，即副图框显示的范围由主图框派生；

H50G039005	H50G039006	H50G039007
H50G040005	H50G040006	H50G040007
H50G041005	H50G041006	H50G041007

图 1-5-115　副图框接图表

将【边距】设置为 260%，即从副图框被派生范围向外扩展 160%(上、下、左、右各 80%)以显示出周围其他要素(见图 1-5-116)。此处显示的是接图表中被派生图幅周围的其他图幅(对应副图框)。

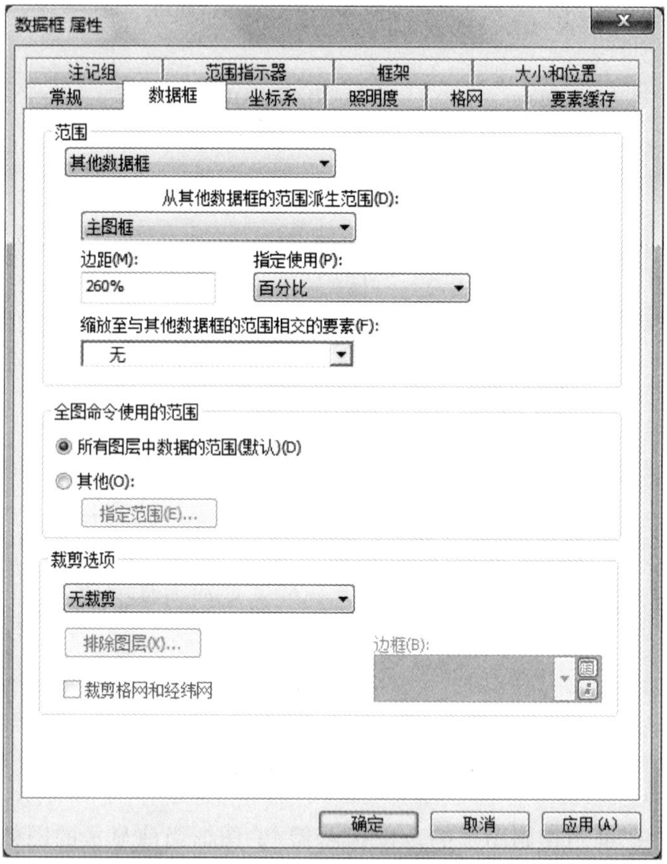

数据框 属性
注记组 范围指示器 框架 大小和位置
常规 数据框 坐标系 照明度 格网 要素缓存
范围
其他数据框
从其他数据框的范围派生范围(D):
主图框
边距(M): 260%
指定使用(P): 百分比
缩放至与其他数据框的范围相交的要素(F):
无
全图命令使用的范围
所有图层中数据的范围(默认)(D)
其他(O):
指定范围(E)...
裁剪选项
无裁剪
排除图层(X)...
边框(B):
裁剪格网和经纬网
确定 取消 应用(A)

图 1-5-116　图幅显示关系

(4)驱动。

通过手动输入或单击【下一页】▶改变【数据驱动页面】上的图幅号来切换号码不同的图，可实现主图框、副图框的接图表及图幅号同步切换的 1∶10000 标准分幅工程图制作完毕。

10. 输出成果图

边通过数据驱动切换图幅，边通过【文件】菜单下的【导出地图】输出成果图，命名，设置分辨率为 200 左右，导出成 jpg 图件。

工作成果展示

林业调查基本图如图 1-5-117 所示。

2017江夏区青龙山林场花山分场二类调查基本图

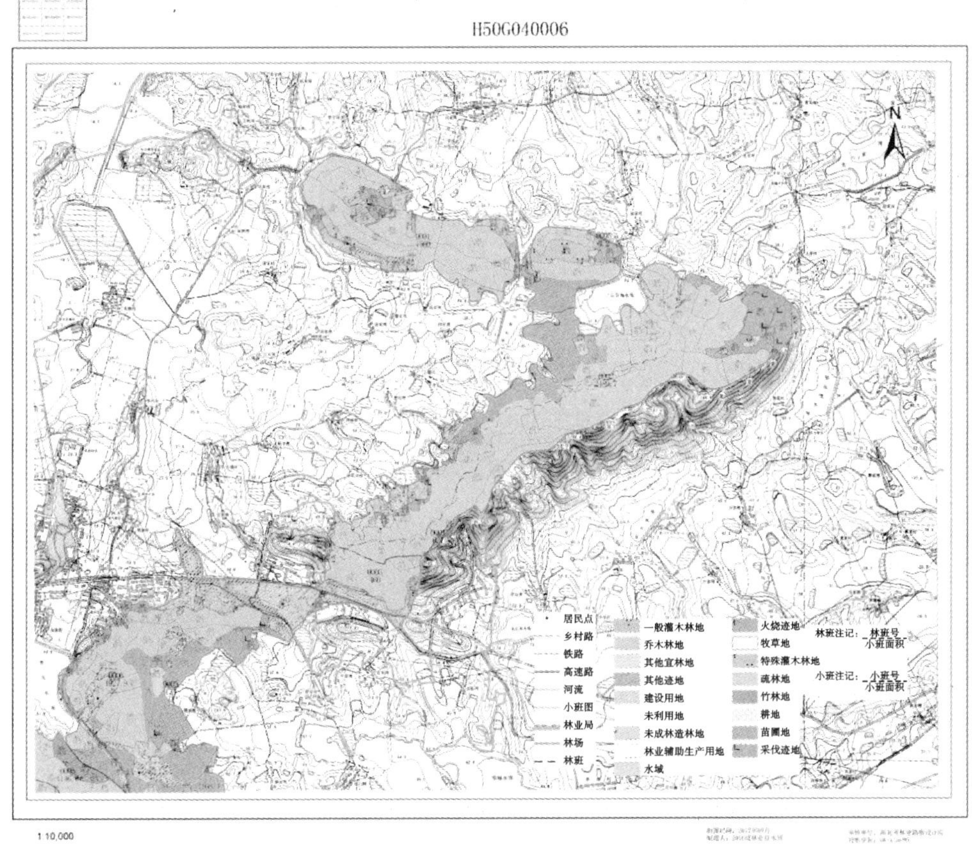

图 1-5-117　林业调查基本图

拓展训练

输出标准分幅基本图(上)

输出标准分幅基本图(下)

任务 5.6　输出林相图

任务描述

在介绍林相图编制技术要求的基础上，用林场二类调查小班图衍生各级行政区划图、境界线图、优势树种点图，补绘道路、河流、居民点等自然地理和社会有关数据，并编制 1∶25000 单幅林相图。

每人提交一幅以林场为单位的 1∶25000 林相图。

任务目标

一、知识目标

(1)了解林相图的含义。

(2)掌握绘制林相图的基本要求。

二、能力目标

(1)会根据图面信息确定所需数据。

(2)会调整版面，添加和调整整饰要素。

三、素质目标

(1)输出工作成果，提高成就感。

(2)对接技术标准，养成规则意识，参照林相图编制要求制作成果图。

知识准备

林相图是以林场或乡镇为单位，按不同地类、不同优势树种、不同龄组，分不同类型小班着色、填充符号和编写文字注记等绘制而成的，是绘制森林分布图和其他林业专题图的基础材料，有以下基本要求。

(1)以经营单位(林场)为成图单位、单幅图。

(2)以基本图为底图，通过缩小绘制而成。

(3)根据调查单位的面积和林地分布情况绘制，比例尺可采用 1∶25000 或 1∶50000。

(4)使用投影坐标系。

(5)符号设计。

执行行业标准《林业地图图式》(LY/T 1821—2009)或地方规程(如《湖北省森林资源制图专用线型和符号》)。林相图也包括自然地理、社会经济和林业 3 大要素,除了遵守出图的一般要求,图面内容要突出林业要素,包括以下内容:①林业区划各类境界线,包括林业局、林场、分场、林班、小班界;②林相;③林业机构,包括林业局、林场木材检查站等。林相渲染按优势树种确定色标,按龄组确定色层。优势树种按幼龄林,中龄林,近熟林,成熟林、过熟林四个龄组以颜色深浅程度来表示,龄组越高颜色越深。

(6)分类注记。

①标记林业机构,其他适当缩减,其中林班注记林班号。

②有林地小班注记为$\frac{\text{小班号}-\text{龄级}}{\text{小班面积}-\text{郁闭度(疏密度)}}$起源,森林起源(天然林或人工林)用拼音的第一个字母“T”或“R”表示。

③其他小班注记为$\frac{\text{小班号}}{\text{小班面积}}$,小班面积的单位为亩,保留一位小数。

④乔木林、竹林和灌木林中的经济林注记优势树种点符号。

⑤其他地类小班稀疏加绘相应地类点符号。

(7)其他整饰要素。

①图廓。内图廓为图幅范围,为细线;外图廓为装饰,为粗线;图廓加文本比例尺。

②图名。图名包含时间、制图单位和专题图种类等信息,字号为 40 号,放置在图廓外正上方。

③图例。图例应包括全图所有要素的线划、符号、注记和色彩等,符号的图形、大小、颜色等严格与图内符号一致,为宋体(12 号),放在主图下方空白处。

④文字说明(图签)。林相图的图签与基本图的要求相同,依次标明绘图时间、制图人、审核单位、投影坐标等,为宋体(10 号),放在图廓外下方。

(8)图纸大小。

为了合理利用图纸、便于晒印及保管,尽量采用标准图纸,如表 1-5-3 所示。

表 1-5-3　林相图图纸规格　　单位:cm

图纸号	1	2	3	4	5
图面积	90×100	⋆70×90	⋆46×60	⋆30×46	⋆25×30
有效面积	80×90	⋆60×80	⋆40×50	⋆25×35	⋆20×25

注:有“⋆”的一边,根据需要可加宽 25%。

任务实施

一、确定工作任务

依据行业标准《林业地图图式》(LY/T 1821—2009),用江夏区青龙山林场二类调查数据绘制 1∶25000 林相图。

二、工具与材料

ArcGIS 10.2 软件、出图页面；自定义样式库、布局工具条；小班图、小班界线状图、林班界线状图、林场界线状图、道路图、水体图、居民点图、林业机构点图、优势树种点图等。

三、操作步骤

部分操作方法详见“出图方法”和“输出标准分幅基本图”章节。

1. 融合形成各级行政境界面状图

打开小班图，单击标准工具条上的图标打开【工具箱】，展开【数据管理工具】下的【制图综合】工具包，选择【融合】打开要素融合工具面板，用小班图依次融合形成林班、林场、林业局面状图，如图 1-5-118 所示。

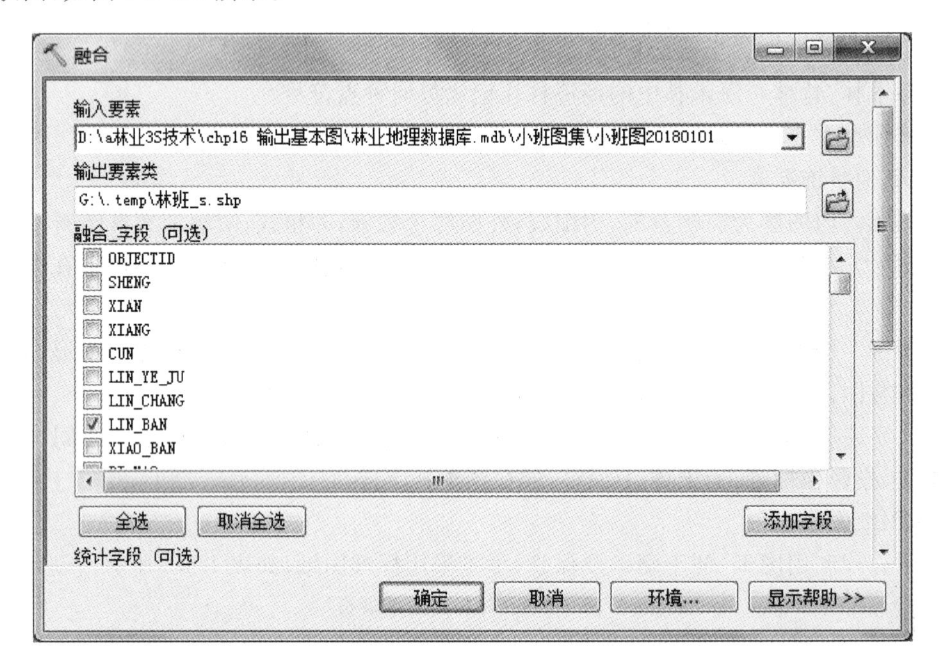

图 1-5-118 进行要素融合

2. 面状图转线状图

展开【工具箱】中【数据管理工具】的【要素】工具包，打开【要素转线】，依次把林班、林场、林业局、小班面图层转为线图层，如图 1-5-119 所示。

3. 形成优势树种点图层

1）导出林地小班面状图

用鼠标右键点击内容列表中的小班图，选择【打开属性表】，打开【选项】中的【按属性选择】对话框。

2）面要素转点

展开【工具箱】中【数据管理工具】的【要素】工具包，打开【要素转点】。

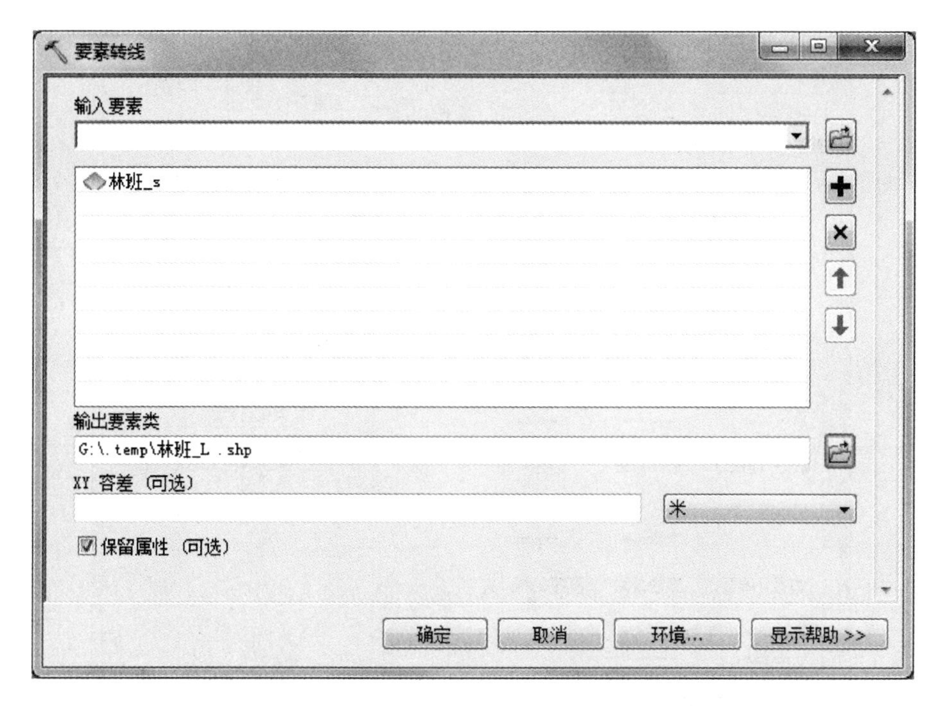

图 1-5-119　林相图面状图转线状图

4. 符号化

1)打开自定义样式库

打开【自定义】菜单下的【样式管理器】,单击【样式】打开【样式引用】,单击【将样式添加至列表】找到自定义的林业专题图样式库(如【林业样式库.style】),单击【确定】,将样式库添加到样式列表。

2)完成区划境界线、道路、河流等符号化

分别单击内容列表中区划境界线、道路、河流等图层的符号,打开【符号选择器】,选择对应的线符号,如图 1-5-120 所示。

3)林相符号分类与渲染

(1)林相符号分类。

只保留地类为乔木林、竹林和特殊灌木林的林相类别。

用鼠标右键点击小班图选择【属性】打开【图层属性】对话框,进入【符号系统】标签,选择【类别】中的【唯一值,多个字段】,将【值字段】从上到下依次设置为【地类】、【优树】、【龄组】,单击【添加所有值】调出所有林相类型,系统自动为每种类型设置符号(见图 1-5-121)。选中并用鼠标右键点击除乔木林、竹林和特殊灌木林以外的其他类别的符号,选择【移除】移除被选符号。单击被保留类别的【标注】属性项删除其中的地类名称,只保留优树和龄组名称(见图 1-5-122),单击【确定】。

(2)地类符号分类。

添加或复制小班图层到内容列表,用鼠标右键点击小班图打开【图层属性】对话框,进入【符号系统】标签,选择【类别】中的【唯一值】,在【值字段】下拉框选地类字段,单击【添加所有

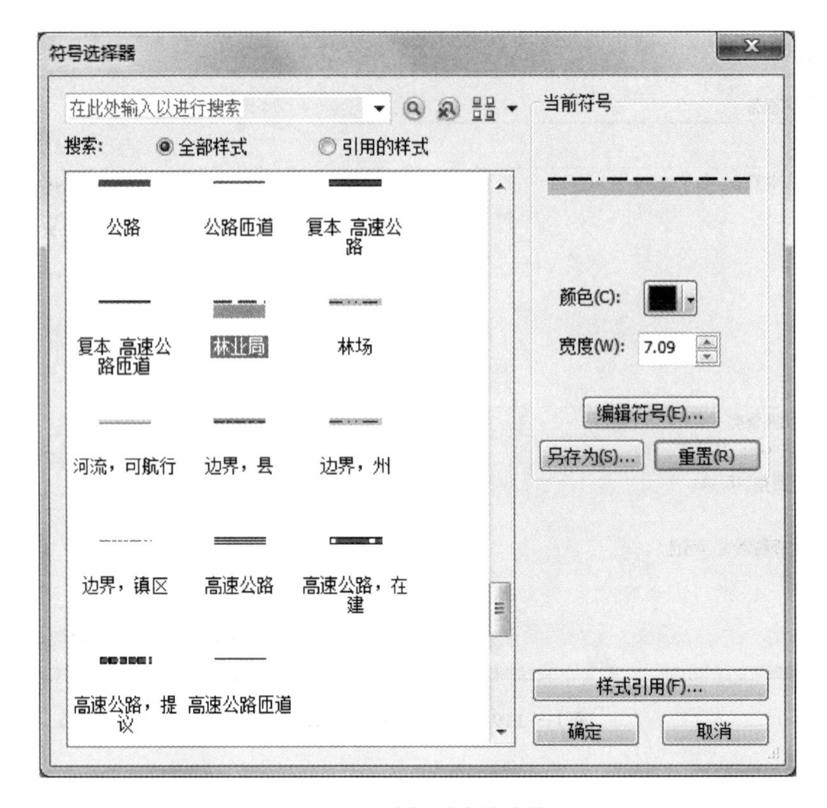

图 1-5-120　选择对应的线符号

图 1-5-121　林相符号分类

图 1-5-122　编辑林相符号标注

值】。选中并用鼠标右键点击乔木林、竹林和特殊灌木林地类的符号，选择【移除】移除被选符号，只保留其他地类符号，单击【确定】。

(3)符号化。

单击内容列表中乔木林、竹林和特殊灌木林的每个林相类别的符号进入【符号选择器】，选择对应的林相符号，如乔木林中的【松类，成熟林】的符号(见图 1-5-123)；用同样方法实现其他地类小班符号化，其他地类小班稀疏加绘相应地类点符号，如火烧迹地(见图 1-5-124)。

4)注记树种符号

乔木林、竹林和特殊灌木林注记优势树种点符号。

用鼠标右键点击优势树种点图层打开【图层属性】对话框，进入【符号系统】标签，选择【类别】中的【唯一值】，在【值字段】下拉框选择优势树种，单击【添加所有值】显示所有树种类别，单击每个树种符号打开【符号选择器】，从中选择对应符号，如图 1-5-125 所示。

5)其他图层要素符号化

道路图、水体图、小班界、林班界、林场界等线状图，居民点、林业机构等点状图，根据要素类别和符号库对应的符号样式分别进行符号化。

5. 固定出图比例

用鼠标右键点击数据框，打开【数据框 属性】对话框，进入【数据框】标签，在【范围】下拉框选择【固定比例】并将比例设置为 1∶25000，单击【确定】。

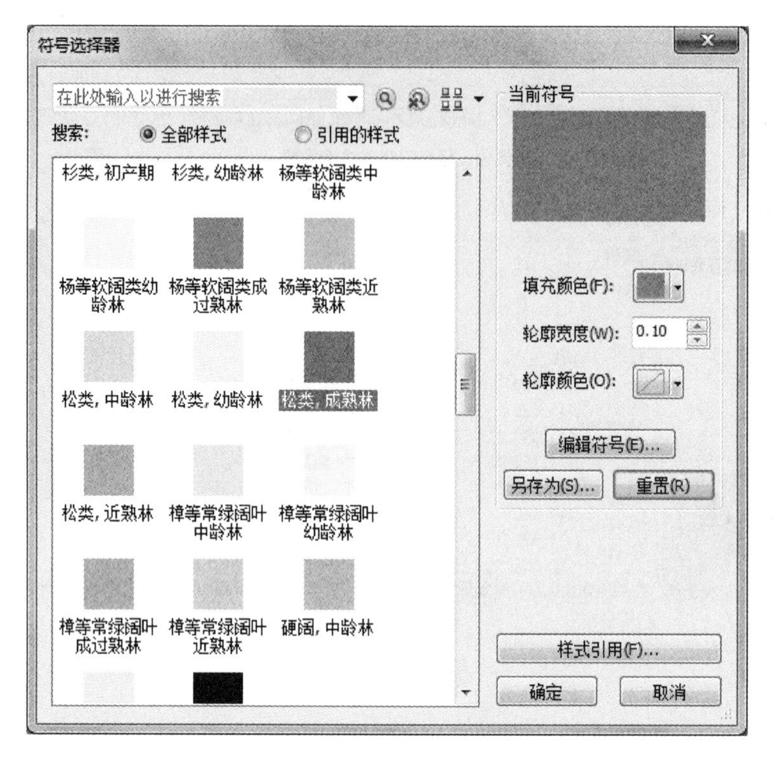

图 1-5-123　林相符号

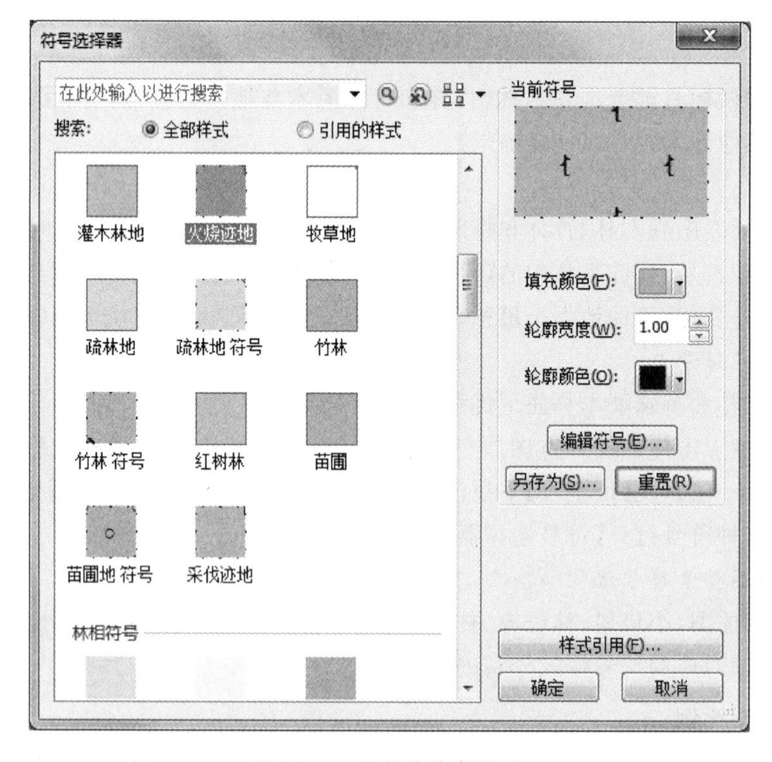

图 1-5-124　其他地类符号

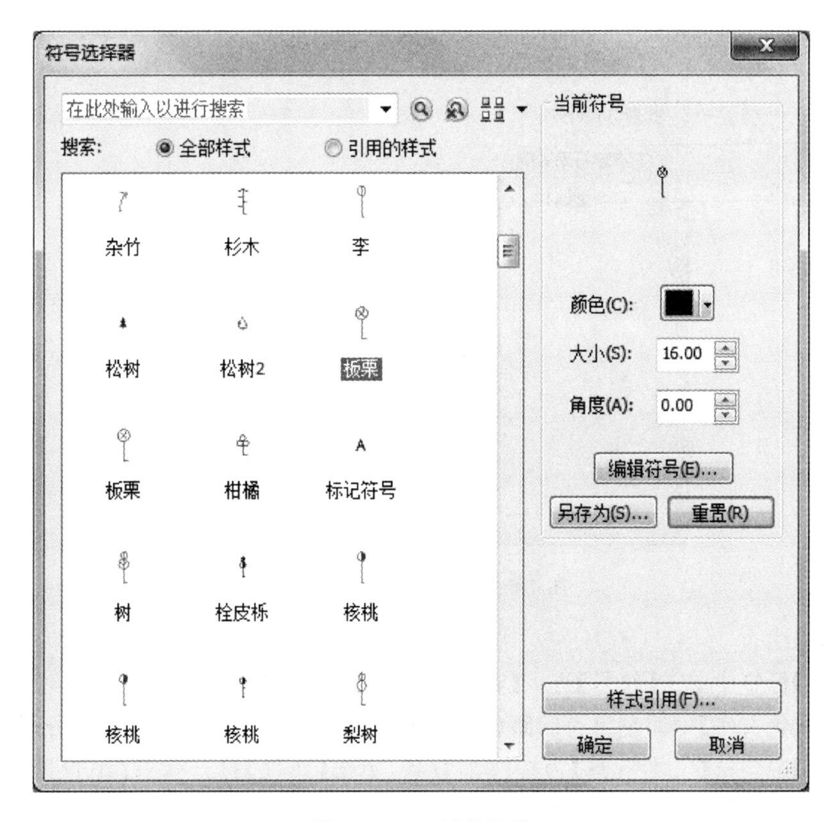

图 1-5-125　树种符号

6. 标注与注记

具体方法详见“专题信息分子式注记”章节。

1)林班标注林班号

用鼠标右键点击内容列表中的林班面图层,打开【图层属性】对话框,进入【标注】标签,勾选【标注此图层中的要素】,在【标注字段】下拉框选择林班号字段,在【字体】下拉框选择【黑体】,在【字号】下拉框选择【16】号。标注无须转注记。

2)小班分类注记

有林地小班注记为$\dfrac{\text{小班号－龄级}}{\text{小班面积－郁闭度(疏密度)}}$起源;其他小班注记为$\dfrac{\text{小班号}}{\text{小班面积}}$。

(1)统一分子式标注有林地小班信息。

用鼠标右键点击内容列表中的小班面图层,打开【图层属性】对话框,进入【标注】标签,勾选【标注此图层中的要素】,在【字体】下拉框选择【黑体】,在【字号】下拉框选择【16】号;进入【标注】标签,单击【表达式】打开【标注表达式】对话框,写入分子式标注表达式([XIAO_BAN]&"-"&[LING_ZU]&chr(13)&"-----"&[起源]&chr(13)&[MIAN_JI]&"-"&[YU_BI_DU]),单击【验证】查看结果,无误后单击【确定】(见图 1-5-126)。

(2)统一调整标注格式。

①编辑字体。

在小班图【图层属性】对话框的【标注】标签中直接调整字体为黑体,调整字号为 8 号。

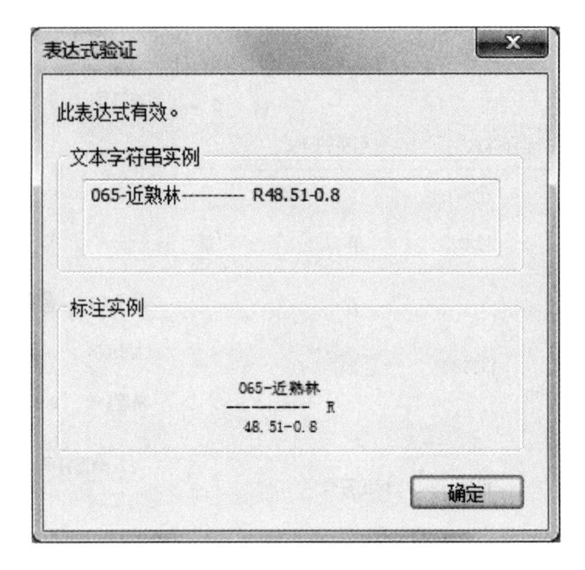

图 1-5-126　有林地小班注记

②加牵引线。

在【标注】标签中单击【符号】进入【符号选择器】，单击【编辑符号】打开标注【编辑器】对话框，在【格式化文本】中调整字符间距(－4)、行距(－4)、字符宽度(90)，使分子式更紧凑；在【高级文本】中勾选【文本背景】为标注加背景，单击【属性】打开背景【编辑器】对话框，在【类型】下拉框选择【简单线注释】(见图 1-5-127)，可以进一步修改牵引线符号样式，单击【确定】回到【标注】标签。

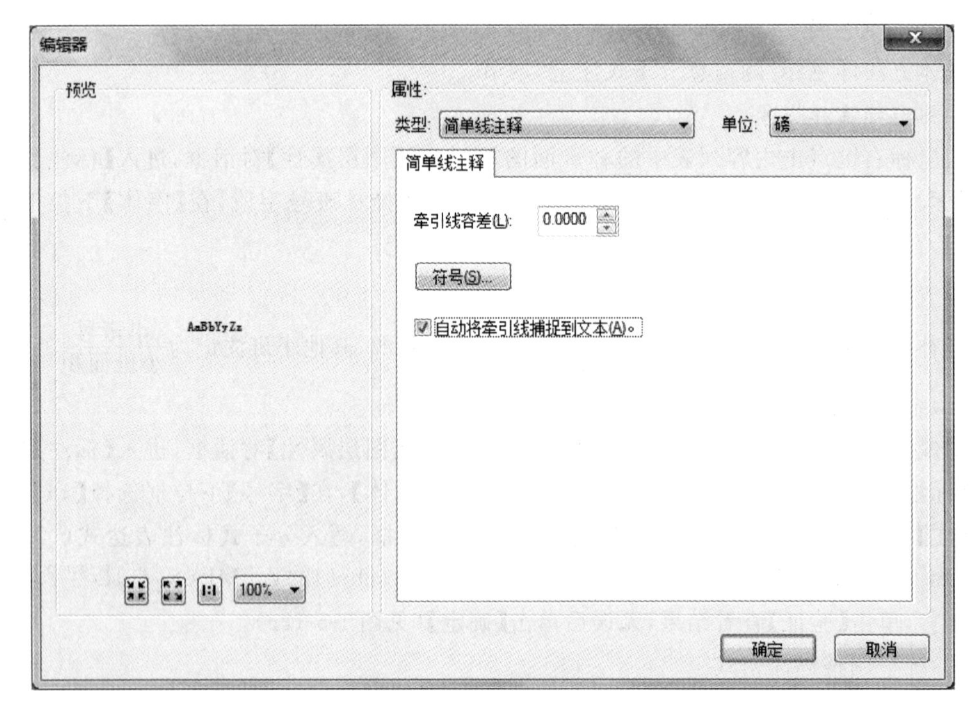

图 1-5-127　为文本加牵引线

③放置属性。

打开【标注】标签中的【放置属性】，勾选【仅在面内部放置标注】，单击【确定】。

(3)按地类进行小班分类。

在小班图【图层属性】对话框的【符号系统】标签中的【类别】一项选择【唯一值】，在【值字段】下拉框选地类并单击【添加所有值】调出所有类型；在【标注】标签中的【方法】下拉框选择【定义要素类并且为每个类加不同的标注】，单击【获取符号类】命令，【类】下拉框中即出现各种地类。

(4)分类标注。

在【类】下拉菜单中选择除有林地以外的其他某种地类(如农田、水体、居民工矿建设用地等)，勾选【此类中的标注要素】，单击【标注字段】的【表达式】打开【标注表达式】对话框，将表达式更改为$\frac{\text{小班号}}{\text{小班面积}}$：[XIAO_BAN]&chr(13)&"-----"&chr(13)&[面积]，单击【确定】，依次更改所有非有林地小班的标注。

(5)标注转注记。

用鼠标右键点击小班图层，选择【标注转注记】，【存储注记】选择【在数据库中】，勾选【未放置的标注转换为未放置的注记】，将超界或有压盖未显示的标注转换为注记并隐藏。

(6)编辑注记。

打开编辑器工具条，在下拉菜单选择【开始编辑】，使注记图层处于编辑状态；打开其【图层属性】对话框并进入【符号系统】标签，勾选【绘制未放置的注记】，以红色显示未放置注记；打开工具条上的【属性】面板，通过【注记】标签中的【牵引线】功能加简单牵引线；用编辑器工具条上的【编辑注记工具】选中某个重叠或超界注记并移动到合适位置；在【属性】标签中将【Status】属性项改为【已放置】。

7. 加副图并进行出图设置

(1)加副图：在【插入】菜单下选择【数据框】，插入新数据框，加载林业局面状图、林场面状图。

(2)符号化：面符号填充色为无颜色，边界样式即对应境界线样式。

(3)标注图层要素的名称。

8. 整饰

单击【布局视图】切换到出图页面，根据前述要求添加出图要素，具体方法详见“出图方法”章节。

1)调整数据框

调整主图数据框大小，以完整地显示图形数据。

2)调整页面

用鼠标右键点击空白处打开【页面和打印设置】，调整页面使其适合数据框大小，并结合版面布局的设计，优先选用林相图图纸规格。

3)加图廓

内图廓为主图数据框边界，为细线；用绘图工具条的【矩形】工具绘制外图廓，做装饰，为粗线。

4）加图例比例尺

选中主图数据框，在【插入】菜单下选择【比例尺】，添加图例格式比例尺并编辑比例尺样式，将单位设置为千米。

5）加标题

在【插入】菜单下选择【标题】，加图名，如××年×××林场林相图。

6）加图例

选中主图数据框，在【插入】菜单下选择【图例】；图例中要包含图件所有要素的符号，主要有居民点、林业机构、优势树种、道路图、水体图、小班界、林班界、林场界和小班图中的林相符号与地类符号，点、线、面符号整体遵循自上而下的顺序排列并应美观整齐。

7）加图签

在【插入】菜单下选择【文本】，写入制图时间、制图人、制图单位、主图坐标系统；编写分子式注记内容和形式，放到图例旁适当位置。

8）加坐标网

选中主图数据框，在【数据框 属性】对话框的【格网】标签中新建方里格网坐标网。

9. 输出

选择【文件】菜单中的【导出地图】，输出 jpg 格式图件，分辨率不低于 200。

工作成果展示

林相图如图 1-5-128 所示。

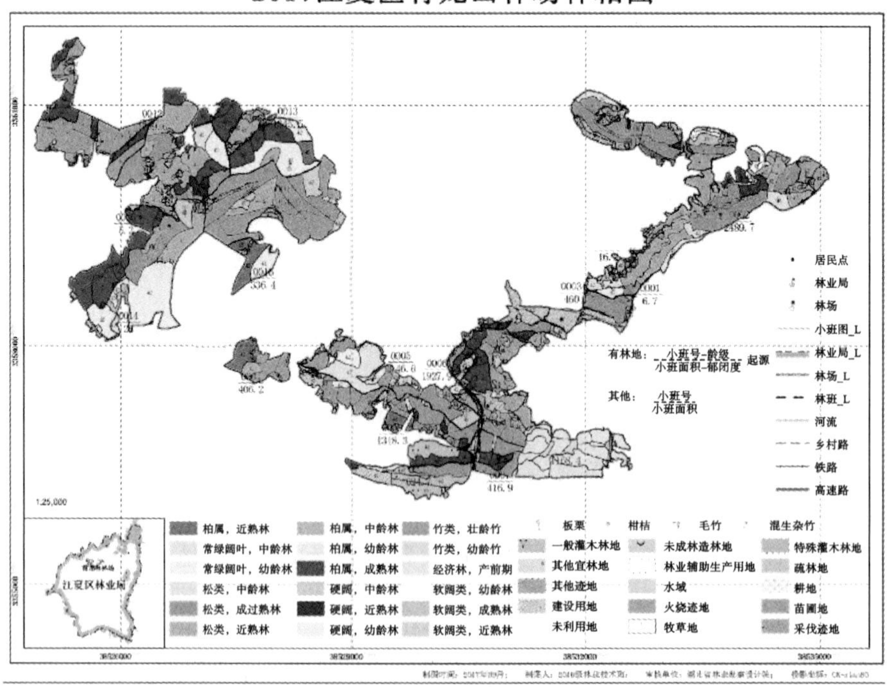

图 1-5-128　林相图

拓展训练

输出林相图(上)

输出林相图(下)

参考文献

[1] 汤国安,杨昕. ArcGIS 地理信息系统空间分析实验教程[M]. 北京:科学出版社,2012.
[2] 石文华. 应用 ArcGIS 制作林业专题图方法探析[J]. 现代农业科技,2013,(11):197-199.
[3] 罗燕彬. ArcGIS 在林业标准分幅图编制中的应用[J]. 林业调查规划,2013,38(05):5-9.
[4] 林丽梅. 地图制图中 ArcGIS 软件的使用研究[J]. 低碳世界,2017,(19):28-29.
[5] 国家林业局. 林业地图图式:LY/T 1821—2009[S]. 北京:中国标准出版社,2009.

第二篇　案　例　篇

除了森林资源规划设计调查，森林资源调查与规划管理岗位还有森林督查、征占用林地、公益林更新等需要借助“3S”技术才能完成的其他常规工作。本篇选取基础篇中的技能点，根据工作流程，重组形成基于“3S”技术的各项典型工作案例。通过案例篇的学习，使学生熟悉林业典型工作内容和实施方法，拓展学生能力。

案例1　森林督查

一、森林督查工作的目的、意义

湖北省森林督查工作于2018年正式启动，此项工作开展的目的是加大破坏森林资源案件的发现、查处和整改力度，更有效地打击和遏制破坏森林资源的违法行为，提升森林资源保护管理水平，同时为森林资源管理"一张图"年度更新提供数据支撑。

二、工作依据

(1)《关于开展2019年森林督查暨森林资源管理"一张图"年度更新工作的通知》(林资发〔2019〕30号)。

(2)《国家级公益林区划界定办法》。

(3)《国家级公益林管理办法》。

(4)《林地变更调查技术规程》(LY/T 2893—2017)。

(5)《土地利用现状分类》(GB/T 21010—2017)。

(6)第三次全国国土调查工作分类标准。

(7)《林地保护利用规划林地落界技术规程》(LY/T 1955—2022)。

(8)《森林资源规划设计调查技术规程》(GB/T 26424—2010)

(9)《林业数据库更新技术规范》(LY/T 2174—2013)。

(10)《湖北省森林资源规划设计调查操作细则》。

三、森林督查工作的总体思路

以上一年度森林资源管理"一张图"为基础，采用两期遥感影像(两个年度)叠加分析，通过NDVI植被指数提取和遥感图像目视判读相结合的方法，参考林地变更数据库，对发现的改变林地用途和采伐林木等变化地块进行判读，形成变化图斑数据库，并下发各县(市、区)林业主管部门。主管部门内业将伐区设计图、占地设计图、案件设计图等林业专题数据进行叠加分析，对变化图斑进行分类得到有证占地图斑、有证采伐图斑、疑似无证占地图斑和疑似无证采伐图斑；外业核查现地是否与影像一致，确定各变化图斑的变化原因；将涉嫌违法改变林地用途、违法采伐林木的图斑移交林业行政执法部门进行依法查处。森林督查工作的流程如图2-1-1所示。

四、基础数据集来源

(1)上年度森林资源管理"一张图"数据库。

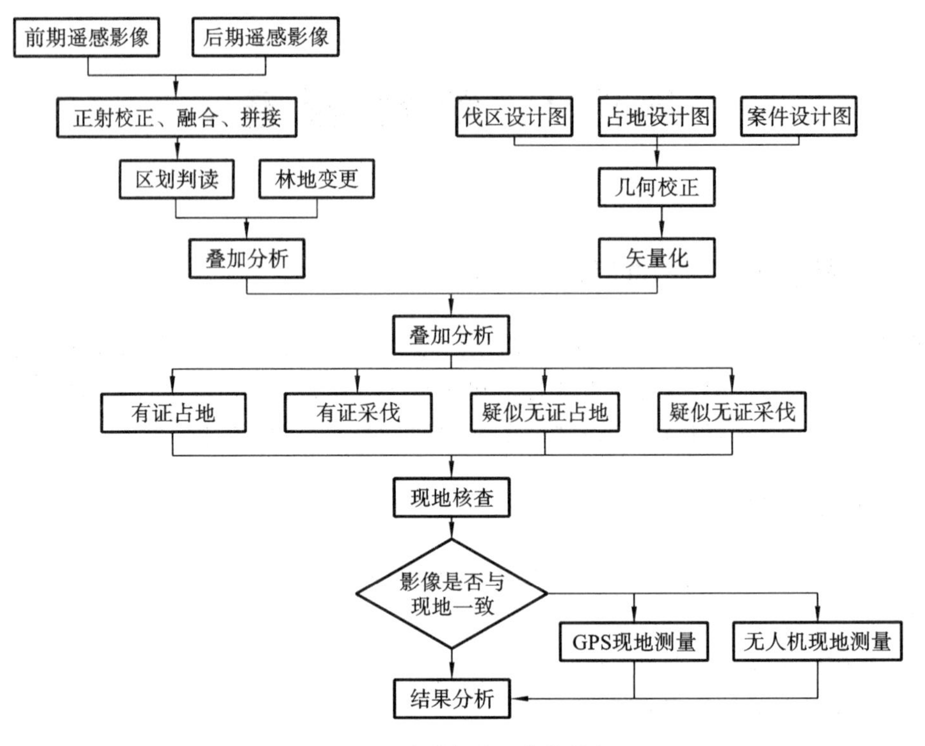

图 2-1-1　森林督查工作的流程

(2)上年度林地征占用数据库。

(3)上年度造林验收数据库。

(4)森林督查变化图斑。

(5)上年度和本年度高分辨率遥感影像图。

五、注意事项

(1)以林地“一张图”为基础,结合各村委会林地征占用、林木采伐审批许可材料进行现地核查。

(2)图斑核实。采集现地现状照片、GPS 坐标照片,坚持“乡和核查人员共同负责”的原则,按要求填写森林督查改变图斑验证表和森林督查现地核查卡片。

(3)不得随意改变自然保护区、森林公园、重点国有林区、国有林场,以及重点生态工程、公益林、林地保护等级等的范围和界线;原则上不得改变林地“一张图”确定的林地界线;变为有林地、灌木林地、未成林造林地等新增的林地,实施退耕还林等林业工程新增的林地,以及林地保护利用规划已规划为林地的新增的林地,未经批准,不得擅自变更为建设用地等非林地。

六、森林督查工作的具体流程

1. 数据处理

1)影像融合

打开 ArcGIS 软件【工具箱】中的【数据管理工具】中的【栅格】工具包,在【栅格处理】中打开【波段合成】工具面板，选择【创建全色锐化的栅格数据集】，设置组合的波段，打开高分辨率影像（全色波段），选择锐化类型，进行影像融合。

2）影像正射校正

在 ArcGIS 软件加载待校正影像和 DEM 数据，打开要进行正射校正图层的属性对话框，在【显示】标签中勾选【使用高程的正射校正】并确定进行正射校正的 DEM 数据（若不采用 DEM 数据，可选择指定常量高程值进行校正），勾选【大地水准面（可选）】。

打开【工具箱】中的【数据管理工具】中的【栅格】工具包，在【栅格处理】中打开【创建正射校正的栅格数据集】工具面板，打开待校正影像，确定【输出栅格数据集】和【正射校正类型】（用 DEM 校正时需要确定 DEM 文件），进行正射校正，如图 2-1-2 所示。

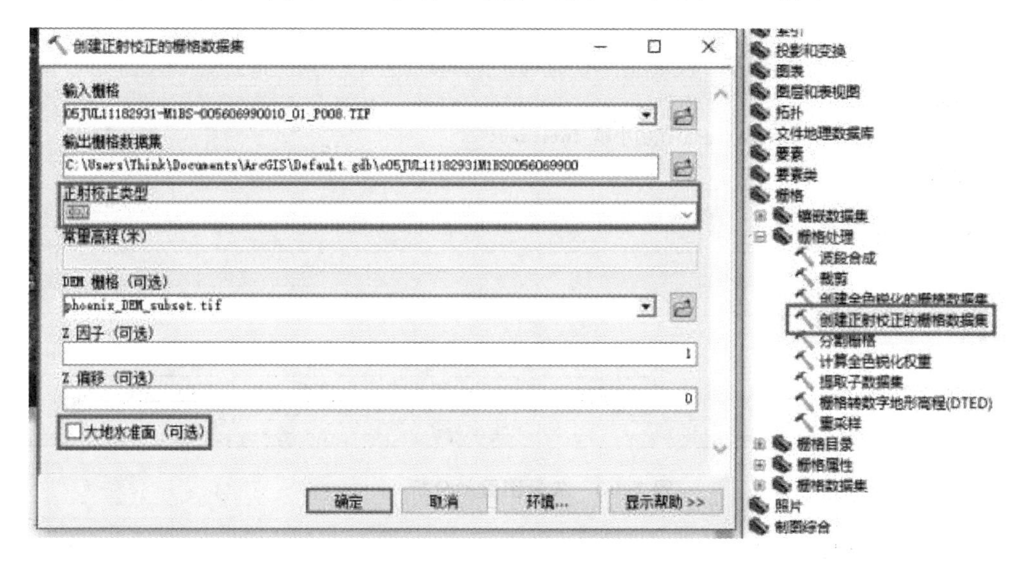

图 2-1-2　影像正射校正

3）影像拼接

在 ArcGIS 软件中打开【工具箱】中的【数据管理工具】中的【栅格】工具包，利用【栅格数据集】中的【镶嵌至新栅格】工具面板加载同一时期不同幅影像，确定像素类型、波段数、像元大小，进行拼接。

4）设计图校正

在 ArcGIS 软件中加载图件，设置数据框坐标系，打开【地理配准】工具条，在【地理配准】下拉框中取消自动校正命令，选择待校正影像，输入 3 对以上控制点坐标，进行图件校正。

5）矢量化

在 ArcGIS 软件中建矢量图，以被校正的设计图为底图，用编辑器工具条的创建要素工具，绘制设计图斑。

6）矢量图叠加分析

在 ArcGIS 软件中打开【工具箱】中的【分析工具】中的【叠加分析】中的【相交】工具面板，输入相交的矢量图，将输出类型设置为【INPUT】，如图 2-1-3 所示。图形只保留重叠处，重叠处要素相交并保留所有相交要素的属性。

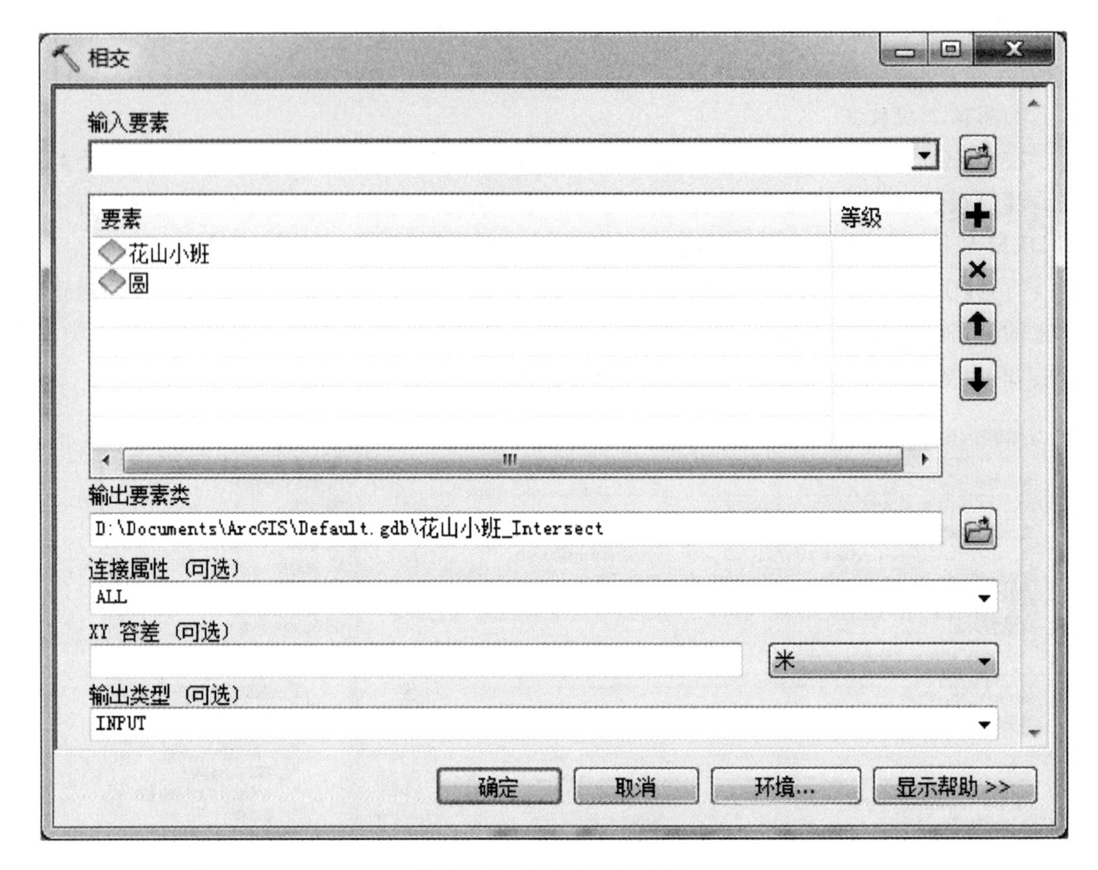

图 2-1-3　矢量图叠加分析

2. 督查基础资料的下发

1)导出变化图斑

在 ArcGIS 软件中打开叠加分析结果图,选择变化图斑,用鼠标右键点击图层,在【数据】中选择【导出数据】,形成变化图斑面图层。

2)数据下发

省林业主管部门(资源处)或省林业调查规划院将森林督查变化图斑、上年度森林资源管理“一张图”数据库、上年度林地征占用数据库、上年度造林验收数据库、两期遥感影像通过拷贝分发至各县(市、区)林业主管部门。

3. 内业档案资料的核实

各县(市、区)林业主管部门组织技术人员结合林木采伐管理档案、林地征占用审批管理档案、森林公安部门处罚档案等有关资料进行内业核实,确定相关图斑的变化原因。

1)打开数据

打开变化图斑、征占用林地小班图、造林作业小班图、遥感影像等。

2)内业对比核查

(1)加备注字段。

进行矢量图、栅格图、档案资料对比,查找变化原因;用鼠标右键点击图斑面图层,选择

【打开属性表】,在【表选项】中选择【添加字段】,添加备注字段。

(2)备注变化原因。

用鼠标右键点击变化图斑面图层,在【编辑要素】中选择【开始编辑】,打开编辑器工具条上的属性面板,将变化原因写入备注字段。

4. 外业现地核查

采用现地实测和无人机航拍测量相结合的方法进行调查。当有最新清晰影像或地形较为简单,采取现地实测的方法进行调查;对于现地与遥感影像不一致,无最新清晰影像或有矿区等难以测量区划变化图斑,采用无人机航拍进行面积变化测定。现地实测的过程如下。

1)从数据库中导出矢量图

分别在数据库中用鼠标右键点击林地变更小班图、造林小班图等矢量图,选择【导出】快捷菜单下的【转为 Shapefile 批量】,从数据库中导出形成独立图层。

2)数据导入平板

对于档案资料中没有记录的变化图斑或根据档案资料难以确定变化原因的变化图斑,将其矢量图层和影像保存至或导入平板电脑中的专业调查软件中(一般使用的是通图采集软件),由技术人员到实地进行调查,现场对变化图斑进行核查(将一个变化图斑区划为若干个细斑),并编号、记录、拍照,分别确定其变化原因。

(1)数据格式转换。

打开通图采集软件桌面端,用【矢量背景图】模块的【新建底图】功能建工程并设置坐标系,使工程坐标系参数与转换图件坐标系参数相同,用【增加图层】功能转换林地变更小班图、造林小班图等起参考作用的矢量图格式,无须转换变化图斑图层格式。

(2)栅格图格式转换。

在通图采集软件中用【栅格背景图】中的【打开图像】工具找到并打开 tif 格式遥感影像图和地形图,执行【格式转换】工具中的【导出】,转换为 imx 格式栅格图。

(3)数据导入平板。

①拷贝数据。

将 shp 格式变换图斑、vmx 格式矢量参考图、imx 格式栅格底图拷入平板电脑通图采集文件夹中的 map 文件夹。

②建工程。

打开通图采集软件移动端,单击【新建】建工程,使工程坐标系与数据坐标系相同,选中并打开工程。

③加图层。

单击工程左下角的【图层】,在【矢量底图管理】中打开转换后的造林作业小班图、林地变更小班图等起参考作用的矢量图,在【栅格底图管理】中打开转换后的栅格影像,在【导入图层】中打开可编辑的变化图斑面图层。

(4)导航到目的地。

单击页面上的【卫星定位】图标,开启定位。用工具条中的【测量】工具在被核查小班中打点并将测量点添加为导航点,自动导航到目标小班。

(5)图斑核查。

展开【工具】图标,用【选择】工具 选中小班,点【采集】工具图标 展开编辑工具条,用编辑工具进行变化图斑边界的修改,并做必要的记录。

5. 收集佐证资料

将与变化图斑相关的林木采伐证、林地征占用审批文件、林业行政处罚文件、上年度造林验收文件、耕地承包经营权证以及其他一些能够证明图斑变化合法性的资料扫描打包。

6. 建立森林督查数据库

将平板电脑中的外业核查数据导入台式电脑,在 ArcGIS 软件中将相关数据进行修改完善,形成督查数据库并导出 shp 格式图层。

1)平板电脑导出数据

在平板电脑上用通图采集软件打开工程,单击【工具】图标中的【更多】,选择【导出数据】,将变化图斑面图层导出成 shp 格式,拷贝到台式电脑。

2)修改数据

用 ArcGIS 软件打开导出的图斑面图层,进一步进行图形和属性的编辑修改。

7. 成果数据的上传

将森林督查数据库上传至全国森林督查信息管理系统,上传后进行逻辑检查,逻辑检查通过后导出成果数据(森林督查数据汇总表、森林督查数据卡片)。

8. 相关成果报告撰写

根据全国森林督查信息管理系统生成的表格数据,完成年度森林督查报告、森林督查图斑说明、违法图斑情况说明等文字资料的撰写。

9. 森林督查成果的提交审核

将所有成果数据及佐证资料、外业照片、督查报告及说明打包后提交省林业调查规划院、国家林业局中南院进行审核。

10. 违法图斑的移交

根据省林业调查规划院及国家林业局中南院的审核意见,将初步认定的违法图斑移交本地林业执法部门(一般为基层森林公安局)进行调查立案查处。

七、总结

基础数据(森林资源“一张图”数据)不准确,如“一张图”中的小班区划范围、地类、林地管理类型等属性因子填写不准确,导致在人工判读变化图斑的过程中出现误判,将本不该纳入的小班纳入变化图斑范围,造成后期调查中人力资源的浪费。

督查数据在时效上存在滞后问题。有些变化图斑实际上在 3 年前就发生了变化,导致后期在对违法图斑进行查处时难以找到违法行为人(特别是违法采伐林木图斑,找不到违法采伐人)。

影像清晰度、调查技术人员业务水平等因素,导致变化图斑的区划面积与林木采伐作业设计的区划面积经常不一致,使本来属于合法采伐的图斑变成超面积采伐图斑。

案例2　征占用林地报告编制

一、征占用林地的概念

征占用林地分为占用林地、征用林地、临时占用林地、林业单位使用林地。

(1)占用林地指建设工程需使用林地，不改变林地的所有权性质(林地所有权为国有)，只是改变林地用途、改变林地使用权，把林地变为建设用地。

(2)征用林地指国家因建设工程需使用集体林地，由政府按照法定的程序和有关规定将集体所有林地征为国家所有，然后改变林地用途。

(3)临时占用林地指建设工程在建设过程中确需在短时间内使用少量的林地。

(4)林业单位使用林地指森林经营单位在所在的林地范围内修筑直接为林业生产服务的工程设施需占用林地。

二、征占用林地报告编制的目的

执行《建设项目使用林地审核审批管理办法》，为各级林业主管部门审核审批和监督管理建设项目使用林地提供依据。

三、工作依据

(1)《建设项目使用林地审核审批管理办法》。

(2)《建设项目使用林地可行性报告编制规范》。

(3)《湖北省森林资源规划设计调查操作细则》。

四、征占用林地报告编制的总体思路

通过建设项目单位提供的国土部门认可的项目拟使用土地范围红线图叠加林地保护利用规划“一张图”及林地变更调查成果等资料来确认建设项目红线范围内拟征占用林地的面积和位置，并出前期调查示意图，如图2-2-1所示。外业专班实地调查拟征占用林地现状收集资料后编写成果报告。

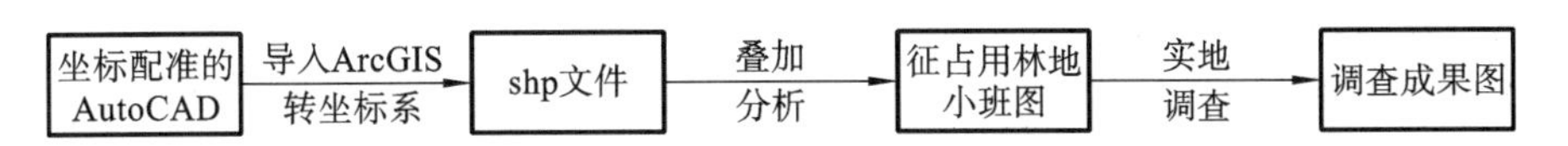

图2-2-1　征占用林地报告编制的总体思路

五、基础数据集来源

1. 项目建设方提供资料

(1)国土部门项目用地定界红线图、勘测定界表。

(2)项目有关批准文件。

(3)工程建设概况简述。

(4)项目建设单位社会统一信用代码。

(5)项目法人代表身份证复印件。

(6)项目可行性研究报告等资料。

2. 空间数据

(1)林地保护利用规划“一张图”。

(2)森林资源规划设计调查、公益林、重点生态区域区划界定等资料。

(3)近期遥感影像图。

(4)古树名木及国家和省级重点保护野生动植物资源。

(5)有关自然保护区、森林公园、湿地公园、风景名胜区、国有林场、重点生态建设工程等规划材料。

(6)区域林业重点工程设计及竣工验收资料等。

六、注意事项

在实践中,调查人员必须充分了解区域内的在建和待建项目,明确项目建设位置和范围,通过调查与核实对建设项目征占用林地的现状进行总结。虽然这种方法的有效性极高,但使用难度相对较高,只有保障信息采集全面性、信息处理有效性和信息整合科学性才能保障工作质量、效率。在此环节,调查人员不仅要时刻观察林地资源信息,更要关注工程项目申报和审批信息,通过全面整合这些信息得到准确数据,从而做好建设项目征占用林地现状调查工作。

七、征占用林地报告编制的具体流程

1. 位置范围确认及小班现状图前期工作

1)导出占地红线图

在 ArcGIS 软件中打开项目用地定界红线图,选中占地红线(见图 2-2-2),用鼠标右键点击占地红线所在图层,选择【数据】菜单下的【导出数据】,形成占地红线 shp 图层(见图 2-2-3),通过遥感影像确定占地位置。

2)生成征占用林地小班图

把占地红线数据与“一张图”数据林地叠加分析生成占用林地图层。展开【工具箱】中的【分析工具】小工具箱,展开【叠加分析】工具包,选择并打开【相交】工具面板(见图 2-2-4),将【输入要素】设置为占地红线图与和“一张图”数据,将【输出要素类】设置为相交后的征占

图 2-2-2　选中占地红线

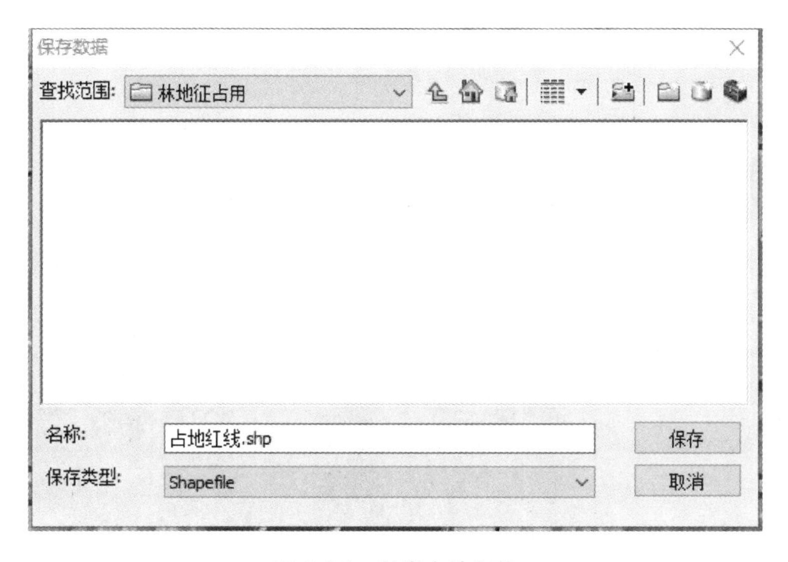

图 2-2-3　导出占地红线

用林地图；将【连接属性】默认为两个图的属性均连接到输出结果中；将【容差】默认为与原图相同；将【输出类型】默认为与输入类型相同；单击【确定】生成征占用林地图斑如图 2-2-5 所示。

3）获取征占用林地小班边界拐点坐标

（1）征占用林地小班图面转点。

打开【工具箱】，打开【数据管理工具】小工具箱中的【要素】工具包中的【要素折点转点】，

图 2-2-4　相交生成征占用林地图

图 2-2-5　征占用林地图斑

设置【输入要素】为征占用林地小班面图层，设置【输出要素类】为转化后的征占用林地小班边界点图层，如图 2-2-6 所示。

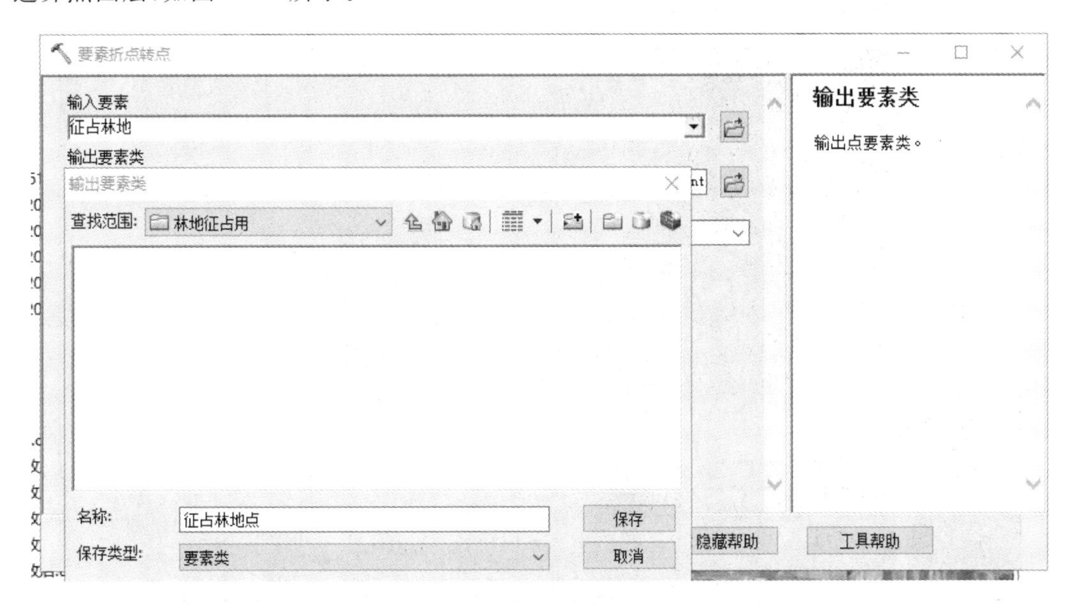

图 2-2-6　征占用林地小班图面转点

(2)计算点的坐标。

用鼠标右键点击图层打开征占林地点图层属性表，打开【选项】中的【添加字段】对话框，添加 x 字段和 y 字段，字段类型均为双精度；用鼠标右键点击字段打开【计算几何】对话框，分别计算点的 x 坐标和 y 坐标。

(3)属性表导出为 Excel 表。

展开工具箱中的【转换工具】小工具箱，进入【Excel】工具包，选择【表转 Excel】导出属性表并整理小班坐标统计数据。

2. 外业实地调查

外业专班带着前期调查图、小班坐标统计表、GPS 及其他外业调查工具对征占用林地进行实地调查记录并收集小班现状图片资料，调查内容包括林地类别、森林类别、林木权属、林地权属、林种、树种、起源、年龄、林地面积、活立木蓄积、林地保护等级、项目区域及项目区珍稀动植物、林业生产建设、古树名木、集体林场、森林公园、自然保护(小)区、风景名胜、天然林等内容；对根据“一张图”数据得到的林地范围、位置、属性等情况进行调整，得到最终结果。

3. 输出征占用林地调查成果图

导出前期的征占用林地调查图，加载到 ArcGIS，切换到【布局视图】，在【图层属性】对话框的【标注】标签中写表达式([小班号]&"-"&[小班面积]&chr(13)&"------"&[地类]&"-"&[林地类型])，标注占用林地小班的小班号、面积、现状地类(实地调查后)等；在【插入】菜单中添加标题、图例、比例等整饰要素，输出成 jpg 结果图，形成调查成果图，如图 2-2-7 所示。

4. 征占用林地报告编写

根据外业调查实际情况编写项目使用林地现状调查报告并在 ArcGIS 里完善小班现状图。

图 2-2-7 前期调查成果图

八、征占用林地工作应注意的问题

由于国土部门勘定的林地数据与林业部门林地数据没有完成数据对接形成统一数据，在办理征占用林地工作中时常会出现国土林地与林保林地重叠的情况，会给工作带来不便。

参考文献

杨佳颖.建设项目征占用林地现状调查方法及改进措施浅析[J].南方农业，2020，14(33)：86-87.

案例3　公益林年度更新

一、公益林年度更新工作的目的、意义

确保数据、信息准确、真实，推进项目建设规范化。确保面积平衡，按“不影响整体生态功能、保持集中连片”原则，实行“总量控制、区域稳定、动态管理、增减平衡”的管理机制，将不符合公益林区划标准的地类调出后，及时足额、按标准补进，确保公益林面积总量不减少。

二、工作依据

(1)《关于开展2019年森林督查暨森林资源管理“一张图”年度更新工作的通知》(林资发〔2019〕30号)。

(2)《国家级公益林区划界定办法》。

(3)《国家级公益林管理办法》。

(4)《生态公益林建设　技术规程》(GB/T 18337.3—2001)。

(5)《林业数据库更新技术规范》(LY/T 2174—2013)。

三、公益林年度更新工作的总体思路

公益林年度更新工作的总体思路如图2-3-1所示。

四、基础数据集来源

(1)公益林数据库：省院最新下发的国家级公益林数据库、省级公益林数据库。

(2)二类成果数据库：最终提交省院的森林资源普查成果数据库。

(3)有效文件相关数据：最近一次报省政府同意或经省林业局(厅)批准同意调整或审批征占用的国家级公益林和省级公益林数据。

五、注意事项

(1)为保证公益林专题数据库与森林资源“一张图”数据库的一致性，避免工作重复，本次公益林年度更新工作必须与森林资源“一张图”年度更新工作全面衔接。

(2)本次公益林年度更新工作中使用的矢量数据和提交的成果矢量数据均使用西安80坐标系，由省院统一将2020年公益林年度更新成果矢量数据转换为CGCS2000坐标系后再次下发。

(3)调出和补进的公益林图斑(除根据有效文件调出的图斑外)，按照二类小班边界整小班调出和补进。

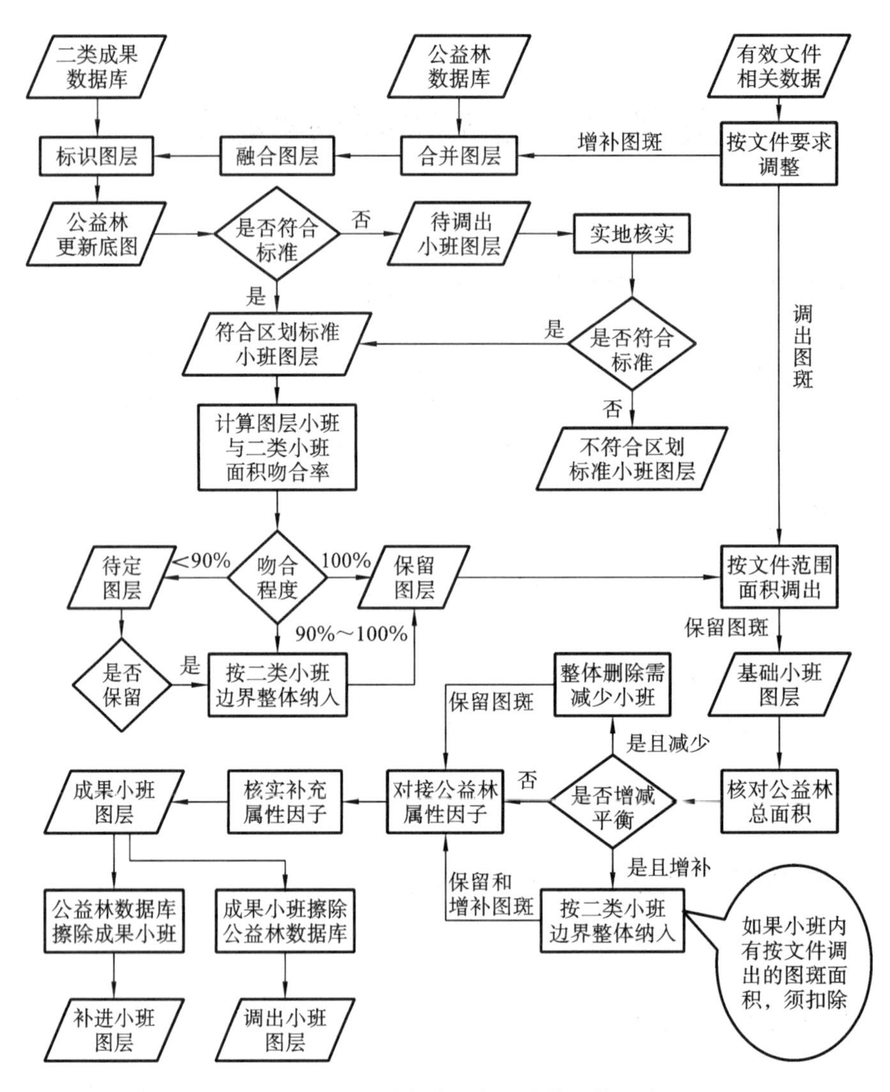

图 2-3-1　公益林年度更新工作的总体思路

(4)公益林的调出和补进,必须符合《省林业局办公室关于报送国家级公益林、省级公益林年度变化情况的通知》(鄂林办天〔2020〕24 号文件)的要求。

(5)国家级公益林数据库、省级公益林数据库分别按更新方法进行操作。

(6)公益林小班中,属性因子标准和要求参照《公益林矢量数据库结构》。

六、公益林年度更新工作的具体流程

1. 制作公益林更新底图

(1)将公益林数据库小班图层、有效文件相关增补小班图层合并为新的公益林图层。

方法:使用 ArcGIS 软件的【地理处理】菜单的【合并】工具;输入数据集为原公益林小班图和增补小班图;输出数据集为合并后的新公益林图层。

(2)使用融合工具,将合并后的新公益林图层融合成公益林范围图层。

方法:使用 ArcGIS 软件的【地理处理】菜单的【融合】工具;输入数据集为新公益林图层,输出数据集为公益林范围图层,融合字段为村字段。

(3)使用标识工具,用二类成果数据库小班图层,标识公益林范围图层,生成公益林更新底图。

方法:使用 ArcGIS 软件的【工具箱】的【分析工具】的【叠加分析】的【标识】工具;输入数据集为公益林范围图层,标识要素为二类调查小班图,输出数据集为公益林更新底图。

(4)分带计算图斑面积,删除小于 1 亩的碎班,完成公益林更新底图制作。

方法:使用 ArcGIS 软件的公益林更新底图的【属性表】的面积字段的【计算几何】;在面积字段中从小到大排列面积,删除小于 1 亩的碎班。

2. 剔除不符合区划标准的小班

(1)依据地类、林种、优势树种等属性因子,筛选出非林地、无林木林地、宜林地、苗圃地、林业辅助生产用地等不符合区划标准的小班,生成待调出小班图层。

方法:使用 ArcGIS 软件的公益林更新底图属性表的【按属性选择】;【地类】字段为非林地、无林木林地或宜林地;使用【导出数据】形成待调出小班图层。

(2)依据相关文件、资料,结合森林督查和森林资源管理"一张图"年度更新工作,辅助外业实地核实,复核待调出小班。

方法:使用通图采集软件进行外业核查。

(3)在公益林更新底图中,将确定不符合区划标准的小班剔除,生成符合区划标准小班图层。

3. 计算小班吻合度

(1)添加新字段,在符合区划标准小班图层属性表中,新添加双精度型的面积字段和吻合度字段。

方法:使用 ArcGIS 软件的符合区划标准小班图的图层属性表的【添加字段】。

(2)计算小班面积和吻合度,在公益林更新底图属性表中,在新添加的面积字段中分带计算小班面积(以公顷为单位,保留两位小数),在新添加的吻合度字段中用公式【round((原小班面积字段一新添加面积字段)/原小班面积字段*100,0)】计算吻合度。

方法:使用 ArcGIS 软件的符合区划标准小班图的图层属性表的面积字段的【计算几何】;使用【吻合度】字段的【字段计算器】。

4. 保留图层和待定图层

(1)在符合区划标准小班图层中,筛选吻合度大于等于 90%的图斑,使用空间位置选择工具,在二类成果数据库中选择完全包含公益林更新底图图斑的二类小班,制作保留图层。

方法:使用 ArcGIS 软件的符合区划标准小班图层属性表的【按属性选择】,【吻合度】字段为≥90%;使用 ArcGIS 软件的【选择】菜单的【按位置选择】,目标图层为二类调查小班图,源图层为符合区划标准小班图层,使用所选要素进行选择,空间选择方法为在源图层范围内导出数据,形成保留图层,其吻合度大于 90%且在公益林底图范围中。

(2)在符合区划标准小班图层中,筛选吻合度小于 90%的图斑,制作待定图层。

方法:使用 ArcGIS 软件的符合区划标准小班图层属性表的【按属性选择】,【吻合度】字段＜90％，导出数据形成待定图层。

(3)待定图层处理，确定需要保留的图斑(注意控制总面积，是否保留应当征得林权权利人的同意)，使用空间位置选择工具，在二类成果数据库中选择完全包含待定图斑的二类小班，添加到保留图层。

方法：使用 ArcGIS 软件的【选择】菜单的【按位置选择】，目标图层为二类调查小班图，源图层为待定图层，使用所选要素进行选择，空间选择方法为在源图层范围内导出数据，形成新增图层；使用 ArcGIS 软件的【地理处理】菜单的【合并】工具，合并新增图层与保留图层。

5. 有效文件相关数据调出

(1)在保留图层中，严格按照有效文件相关数据的范围和面积调出图斑。

(2)重新计算保留图层小班面积，删除面积小于 1 亩的碎班，作为基础小班图层使用。

6. 核对公益林总面积，保证增减平衡

(1)使用基础小班图层统计相关面积，对比原公益林相关统计面积，保证增减平衡。

(2)少于原公益林总面积时，增补面积的处理方法：在二类成果数据库中选择符合公益林区划标准和要求的小班，按二类小班边界整小班添加到基础小班图层中(如果增补小班内存在根据有效文件调出的斑块，必须扣除)。

(3)超出原公益林总面积时，减少面积的处理方法：在基础小班图层中整小班调出。

7. 制作成果小班图层

(1)对基础小班图层进行拓扑检查：图层内不允许出现重叠，国家级公益林基础小班图层与省级公益林基础小班图层不允许重叠。

方法：在添加了国家级公益林基础小班图层和省级公益林基础小班图层的数据集中将省级公益林基础小班图层进行面转线，建拓扑，省级公益林基础小班线图层必须被国家级公益林基础小班面图层的边界覆盖。

(2)对基础小班图层进行细碎检查：图层内不允许出现面积小于 1 亩的碎班。

方法：使用面积字段排序。

(3)在没有错误的基础小班图层的基础上，挂接公益林数据库(下发的公益林图层)小班的土地所有权属、土地使用权、公益林保护等级、生态区位、林权权利人等相关属性因子。

方法：在基础小班图层属性表中用【连接和关联】连接下发的公益林图层属性表，连接依据的字段为小班号，用【字段计算器】复制下发的公益林图层的各字段的属性值到基础小班图层对应字段。

(4)检查公益林成果小班的土地所有权属、土地使用权、公益林保护等级是否与原公益林数据一致，如果发生变化或为新增公益林小班，必须核实后按实际填写。

(5)国家级公益林保护等级划分为 1 级和 2 级，省级公益林保护等级划分为 1 级、2 级和 3 级，详见《公益林矢量数据库结构》。

(6)起源为天然起源的统一填写代码 1，起源为人工起源的统一填写代码 2。

(7)在原公益林数据库的基础上，核实生态区位相关因子，按实际填写。

(8)将核实后的基础小班图层数据导入公益林成果小班数据库模板，生成成果小班图层。

(9)检查是否有漏填的属性因子,按《公益林矢量数据库结构》的标准和要求补充完整。

8.制作补进小班图层

(1)使用擦除工具,用公益林数据库小班图层去擦除公益林成果小班图层,生成补进小班图层。

方法:使用ArcGIS软件的【工具箱】的【分析工具】的【叠加分析】的【擦除】工具;输入数据为公益林成果图层,擦除要素为公益林数据库图层,输出数据为补进小班图层。

(2)在补进小班图层中,重新分带计算小班面积,删除面积小于1亩的碎班。

方法:使用ArcGIS软件的补进小班图层的【属性表】的面积字段的【计算几何】;在面积字段中从小到大排列面积,删除小于1亩的碎班。

9.制作调出小班图层

(1)使用擦除工具,用公益林成果小班图层去擦除公益林数据库小班图层,生成调出小班图层。

(2)在调出小班图层中,重新分带计算小班面积,删除面积小于1亩的碎班(如果是根据有效文件调出的小班,不允许删除)。

(3)将国家级公益林、省级公益林调出小班图层,分别导入对应的数据模板转换数据结构。

(4)依据有效文件相关数据、不符合区划标准小班数据等,按《公益林矢量数据库结构》的标准和要求,修改完善属性因子。

10.成果编制

(1)公益林区划落界和更新成果须报县级人民政府审核同意。

(2)上报成果应包括成果小班图层、调出小班图层、补进小班图层、变化情况说明、公益林变化情况报告、统计表,上报成果名为县名+国家级公益林(或省级公益林),如洪山区国家级公益林、洪山区省级公益林。

(3)小班图层为shp格式矢量数据,统一采用西安80坐标系,图层名为县代码+JCXB(TCXB、BJXB)+国家级(省级),JCXB为成果小班图层,TCXB为调出小班图层,BJXB为调入小班图层,如420111_TCXB_省级。

(4)变化情况说明提交DOC格式文档资料,应包括以下内容。

①报省政府同意或经省林业局(厅)批复调整或行政审批的文号,调减或征占用公益林地面积和涉及乡(镇)、村、对应原公益林数据库的图斑数据小班号,补进公益林面积和涉及乡(镇)、村、对应公益林成果小班图层的图斑数据小班号。

②不符合公益林区划标准和要求调出的公益林面积、原因、地类、权属、保护等级等情况,补进公益林面积、地类、权属、国家级公益林分级等情况。

③统计表参照公益林统计表格式。各项统计数据,必须与公益林更新成果数据库保持图、数、表一致。

④国家级公益林变化情况报告,包括国家级公益林总量、分地类、权属、等级等,国家级公益林调出、补进情况;省级公益林变化情况报告,包括省级公益林总量、分地类、权属等,省级公益林调出、补进情况。

案例 4　办理林权类不动产证

一、办理林权类不动产证工作目的

确保深化集体林权制度改革的顺利推进，促进不动产登记与深化林改的协调发展。逐步实施林权类不动产登记。

二、工作依据

(1)《中华人民共和国土地管理法》。
(2)《中华人民共和国森林法》。
(3)《中华人民共和国农村土地承包法》。

三、工作思路

办理林权类不动产证的流程如图 2-4-1 所示。

图 2-4-1　办理林权类不动产证的流程

四、工作流程

1. 接收申请

集体经济组织或组织成员提交办证申请。相关部门接收申请，收集林权登记申请表、集体林地承包合同书、林权调查表、不动产登记一窗受理申请表、林权所在地地形图、身份证复印件等资料，如图 2-4-2 所示。

2. 实地勘测确界

1)已有林权登记附图

(1)已有林权登记附图校正。

使用 ArcGIS 软件的【地理配准】工具，参考地形图，对已有林权登记附图进行校正。

(2)宗地矢量化。

应用矢量图的【创建要素】工具，将校正后附图的地籍矢量化，形成宗地图层。

2)实地踏勘

用通图采集软件，参考宗地图层、1∶10000 地形图和遥感影像图，林草部门和权利人、

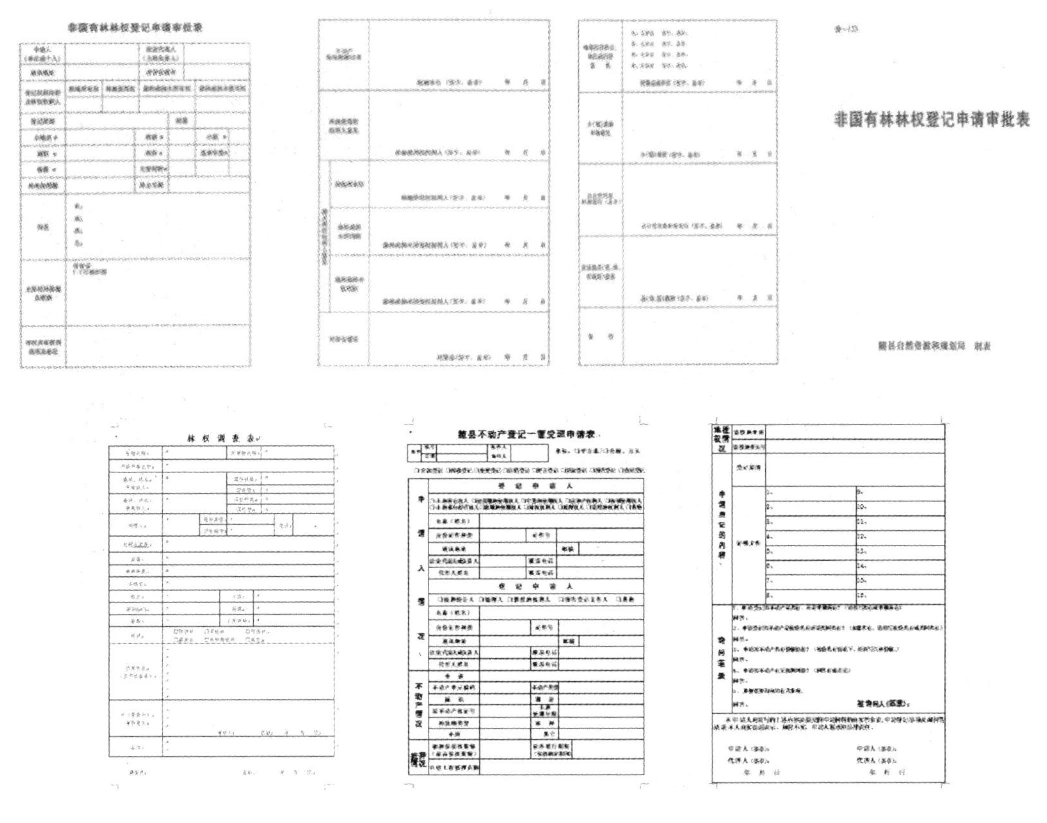

非国有林林权登记申请审批表

非国有林林权登记申请审批表

林权调查表

随县不动产登记一窗受理申请表

图 2-4-2　办证资料

利害关系人配合明确四至界线。权利人指界，林权边界权利人现场对照平板电脑确认并签字，发包方（村委会成员）现场确认，如图 2-4-3 所示。

图 2-4-3　实地勘测

3. 数据整合移交

使用 ArcGIS 软件通过联合分析形成实地勘测数据和数据库的并集，再按属性区分地块性质，剔除非林地后计算面积、出图、建档案并移交给登记机构，如图 2-4-4 所示。

图 2-4-4　内业成图

4. 公示

打印林权(四至界限、面积、承包年限)公示表,张贴于村委会公示栏中公示十五天,若公示期间无纠纷、无异议,由村委会签字盖章确认并存档。

5. 领证

林权权利人到办证中心领不动产证。

案例5　林区森林病虫害调查监测

一、“3S”技术在森林病虫害调查监测中的作用和意义

森林病虫害信息的及时获取和准确传递，是各级林业管理部门科学决策、科学管理的基础，对森林资源的保护和生态环境的建设具有十分重要的意义。新中国成立后，我国便开始了对森林病虫害的系统管理，50多年来各基层部门积累了大量的资料。这些资料多是以手工绘制及记录的图表，因此给信息的汇总、统计、分析和信息的利用与共享带来巨大不便；即使以电子表格形式记录的资料，由于缺乏统一的数据库管理系统，各地区数据不能交流，信息还是无法得到充分利用。森林病虫害具有空间分布特性，已有的属性数据库系统很难适应森林病虫害监测、预测预报和防治管理的要求。因此，建立基于地理信息系统平台的森林病虫害监测和管理系统将有效地解决目前森林病虫害信息管理中存在的问题，并能满足其特有的时空数据处理的需求，对森林病虫害信息进行规范、系统和动态的管理，达到及时准确地收集、传递、分析和发布信息的目标。

“3S”技术即全球定位系统（GPS）、遥感（RS）和地理信息系统（GIS），具有快速、实时或准实时地采集、存储管理、更新、分析、应用与地球空间分布有关数据的能力，在森林病虫害动态监测与防治问题的研究中发挥着越来越重要的作用。

二、工作依据

（1）国家林业和草原局颁布的病虫害标准地调查要求。

（2）森林病虫害防治条例。

（3）森林病虫害预测预报办法。

三、“3S”林区森林病虫害预测系统

森林病虫害预测系统的工作思路如图2-5-1所示。

四、林区森林病虫害调查监测

利用航空和地面样地调查相结合的方法，进行林区森林病虫害监测。

1. 基础数据的获取与处理

1）收集森林资源数据

收集林区森林分布图、林相图、土壤分布图、病虫害分布图、降水分布图、气象数据、辐射量分布图、日照量分布图、热量资源分布图等。

收集林区基础地理数据，如地形图、地貌图、水系分布图、流域分布图等。

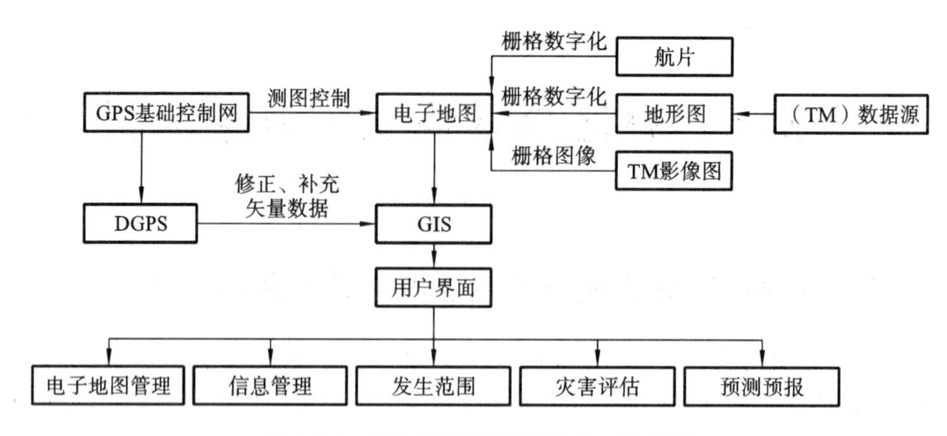

图 2-5-1　森林病虫害预测系统的工作思路

收集林区病虫害发生和防治历史数据，如发生区图、防治区图、标准地分布图、病虫害监测图、病虫害预测图等。

收集林区社会经济地图，如交通分布图、居民点分布图等。

将森林资源数据按统一的标准编码体系和结构建立数据库。

2）森林资源数据的统计处理

将森林资源基础数据用统计学软件进行分析处理获得基础统计数据，主要包括历届调查的小班资料、虫害发生情况调查数据及各种林业方面的统计资料。有些统计资料可以通过到省林业勘察设计院查阅获得。

森林病虫害动态监测及防治的某些专题应用领域信息管理往往只需要一部分图件作为信息源。以上列出的所有资源数据有些是最初的原始材料，有些则可以利用地理信息系统的空间、属性数据分析处理功能被制作出来。

2. 林区森林样地调查与数据处理

1）样地调查

选取林区设置的标准地（样地），开展林区标准地概况调查。样地调查对象主要包括标准地位置、人为干扰因素、林龄、林分组成、病虫害情况、地形条件特征、土壤类型及郁闭度等。将样地调查的数据进行统计处理得到标准地基本概况统计表，如表 2-5-1 所示。

表 2-5-1　标准地基本概况统计表

地号	地理位置坐标	所在小班	地形	林分组成及林型	郁闭度	受害情况

2）建立样地调查数据库

林区森林病虫害动态监测及防治数据是样地调查数据，经输入、检查、修改，建成发生区因子数据库和样地调查数据库。林区森林病虫害样地调查数据主要用于辅助遥感影像信息提取，为研究提供现时野外实地调查数据。

在数据库中，数据项就是每项调查因子。

为实现属性库与图形库的联结，对应于图形库中的关键字，在发生区数据库中增加了一个数据项 ID。

记录：以发生区记录或样地记录为单位。

文件：以林区、林场或林班（小林班）为单位，文件以林场或林班（小林班）名称命名。

3. 空间数据的采集与处理

1）使用GPS对林区定位

使用GPS对林区森林样地地理位置进行精确定位，一般采用四角点定位测定，对野外采得的定位数据应用处理软件，获得林区森林病虫害监测的空间数据。

2）基础图件矢量化及信息提取

基础图件数据主要包括地形图数据和林相图数据。将地形图及林相图分幅扫描，进行矢量化处理，同时将林相图与小班资料结合建立文件数据库，为森林信息提取提供基础数据支持，便于今后研究。进行矢量化处理后得到研究区域的电子地形图，也可以用于矢量分析。

3）数字高程模型（DEM）的建立

利用GPS、全站仪等仪器直接测量林区森林地面空间信息，或者从已知数据航空影像、航天影像和地形图中采集获得林区地面空间信息，在地理信息系统软件的支持下，将其生成的矢量图转成DEM数据。

4. 林区森林病虫害遥感数据整理及影像的预处理

结合实地调查情况，围绕受害首发年、人工采取措施年、当年受害树木能在外观反映出来的月份、历年当地受害情况、实地调查年五个方面选取森林病虫害动态监测研究所需的遥感数据源（见图2-5-2）。将获得的遥感数据进行统计特征分析和影像配准（见图2-5-3），获得森林病虫害动态监测的遥感影像（见图2-5-4）。

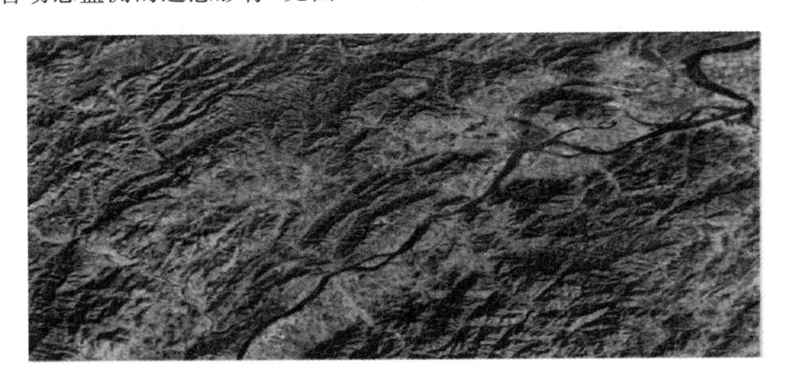

图2-5-2　影像控制点分布图

五、森林病虫害测报系统的构建

以林区森林病虫害发生区的地理信息和林区森林病虫害资源数据为基础，应用GPS、GIS和RS技术，使用全球定位系统，借助遥感进行资料的搜集，利用地理信息系统进行空间分析，从RS和GPS提供的浩如烟海的数据中提取有用信息；利用GIS的数据库和实时监测数据，根据森林病虫害的发生发展规律，以及与环境生态因子的关系，进行综合集成，并结合专家的知识建立预测预报模型，使之有效地对森林病虫害进行预测预报、灾情监测和损失估算。

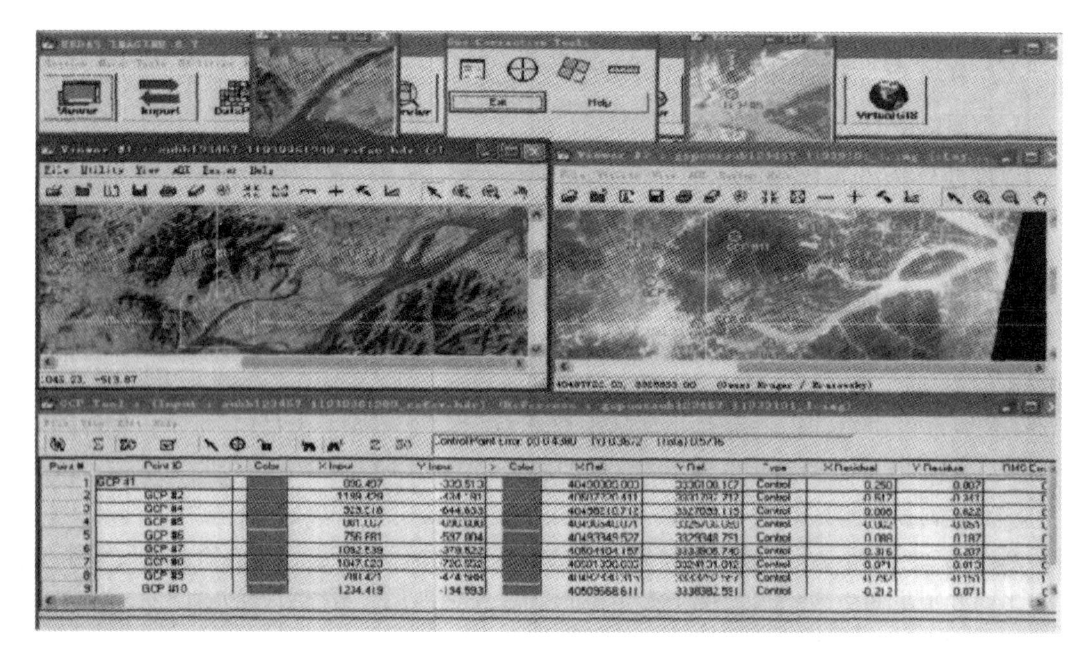

图 2-5-3　影像配准校正过程

图 2-5-4　研究区域 DEM 遥感影像图

(1)用 RS 提供的最新图像作为森林病虫害调查的数据源(或以 GPS 提供的点线空间坐标作为数据源),通过计算机将 RS 图像进行矢量化,并判读出灾情发生点。

(2)利用 GPS 作为定位目的点精确空间坐标的辅助工具,可制定出测报点分布图、踏查路线图,并帮助地面实地调查人员找到虫源地的准确位置。三者紧密结合可为用户提供内容丰富的虫情资料和及时精确的基础资料。

(3)利用 GIS 作为图像处理、分析应用、数据管理和储存的操作平台,借助 GPS 定位技术绘制监测路线,确定其距离和监测率,确定病虫害发生区、防治区位置和面积,确定病虫害发生点的精确地理坐标、危害程度、发生范围和面积等信息;利用 GIS 标准地病虫害发生趋势,动态、综合分析标准地的定位。

六、森林病虫害监测工作的局限性

目前各级灾害或病虫情数据主要依靠人工地面调查获取，在少数中心测报点开始应用信息素技术，但由于经费、人力的局限，很难了解全局或宏观的情况。遥感技术的宏观性和周期性特点为病虫害的监测提供了有利条件。因此，航空录像、航空电子勾绘、航天遥感等技术应该尽快用于森林病虫害的监测。

虽然已有大量的预测预报模型，但它们多是建立在一般统计学方法基础上的，主要关注的是种群随时间波动的规律，而不是在静态规律或静态格局间关系的基础上研究其时间推演，即空间分析，从而不能很好地实现准确定位预测。

案例6　造林规划专题图制图

一、造林规划设计的目的

造林规划设计是一项综合性的工作，也是造林的基础工作，其主要目的就是科学地安排造林工作，保证造林施工的科学、高效。这就要求造林规划设计要在调查研究拟造林区自然条件和掌握森林资源、土地利用现状的基础上，安排相关造林任务，使造林密度、布局符合客观实际，同时使林种、树种选择因地制宜并提出相应的造林技术措施。

二、工作依据

(1)《造林技术规程》(GB/T 15776—2023)。

(2)《造林作业设计规程》(LY/T 1607—2003)。

(3)相关法律法规、工作细则。

三、造林规划设计的内容与要求

造林规划设计的内容是由造林的任务和要求决定的，主要包括造林地的整体布局、土地利用规划、立地类型划分与林种规划、不同树种所占的比例、采取的技术措施、工作进度和今后的发展方向等。

四、造林规划专题图制图过程

1. 造林作业小班区划

专题要素的制作要在ArcGIS软件中加载spot5遥感影像作为数据源，通过建立解译标志、内业判读区划、外业调查核实、内业核对及逻辑检查、数据平差等步骤完成；对以往森林资源调查、林业区划、规划设计、森林分类区划等纸质版资料通过扫描存储为tif格式文件后，在ArcMap模块中进行图像配准，然后进行小班区划。小班属性要素包括林班号、小班号、小班面积(hm^2)、地类、权属、地貌、海拔、坡度、坡向、坡位、母岩、土壤名称、图层厚度(cm)、腐殖层厚度(cm)、植被类型、植被总盖度、各层盖度、植物高度、造林前树种等。

在林业小班区划中，小班是通过人工点击鼠标连接成线条，通过切割、添加、合并围合成的，难免出现锯齿、起伏、不够平滑和生硬的尖角等情况，应尽量避免小班移动或误删。空间数据输入之后，必须对点、线、面图元空间位置进行编辑与处理，建立正确拓扑关系，为后续属性连接、空间分析与数据查询奠定基础。

2. 区划调查

(1)数据上传:将桌面端影像、地形图和行政区划参考图进行格式转化,上传至桌面端。

(2)在桌面端建工程,加载图件。

(3)进行外业调查,纠正边界错误,校对属性。

3. 造林作业区面积测算

在ArcGIS软件中,利用小班图属性表中字段的【计算几何】计算面积,单位为hm^2,精度为0.01。

4. 符号制作

ArcGIS软件自带符号库,在林业专题图实际应用中,不能满足所有的需求,则需要根据实际需求制作符号库。ArcMap模块提供了交互式符号设计系统,能方便实现所需符号的制作,其步骤是打开ArcMap,利用【符号属性编辑器】功能生成新的符号,建立林业专题图所需符号。

5. 小班注记

林地利用现状图小班注记比较单一,一般只要求标注小班号;在林相图及其他造林作业设计图的制作中要求标注多个属性,采用分子式标注的办法。以三北防护林工程造林设计标注为例,分子为小班号、小班面积,用"-"连接;分母为造林年度、树种,用"-"连接。

操作时在ArcMap中Label选项下通过Expression创建标注表达式,其中分式线可以应用函数Vbnewline来实现。

6. 要素着色

林地利用现状图的色标应符合《林业地图图式》(LY/T 1821—2009)的要求,在ArcMap中选择【颜色编辑器】对RGB或CMYK分别赋值,得到所需色标。

7. 图层组织

制图要素采用分层方式绘制,图层压盖从上至下依次是注记、行政界线、其他基础地理要素、林地利用现状类型区域分布。

8. 成果输出

输出位置示意图和造林总平面图。按成图要求向版面添加图名、图廓、地理位置示意图、指北针和风向玫瑰图、比例尺、图例、署名和制图日期等。将输出要素按需要位置放在版面视图上,在版面视图中可以调整数据框的大小和位置、改变数据框中图层的显示比例、设置边框等。

参考文献

[1] 黄贝.无人机在天空地一体化森林资源调查监测中的应用——以森林督查为例[J].林业建设,2019,(05):13-17.

[2] 杨佳颖.建设项目征占用林地现状调查方法及改进措施浅析[J].南方农业,2020,14(33):86-87.